SPPS 25.0 / AMOS / HLM을 이용한 3판

알기 쉬운 통계분석

기술통계에서 **구조방정식모형**까지

| **성태제** 저 |

학지사

3판 머리말

정년을 앞두니 여러 일을 정리하게 된다. 지금까지 연구한 논문이나 저서들, 특별히 수행하였던 과제들을 다시 들추어 보다보니, 그동안 연락이 닿지 않은 제자들은 지금 어디서 무엇을 하고 있는지 궁금하다. 특히 많은 독자의 사랑을 받았던 저서들에 대한 애착 때문에 그 책들의 이력을 훑어보고 어떻게 할 것인가를 생각해 본다.

『알기 쉬운 통계분석』 초판은 2007년 7월부터 13쇄가 발행되었고, 2판은 2014년 3월부터 지금까지 11쇄가 발행되었다. 10년이 넘었지만 독자의 사랑을 꾸준히 받고 있는 '알통'은 앞으로도 많은 분에게 도움을 줄 것이라는 믿음이 공고해졌으며, 독자의 사랑에 보답하기 위해서라도 책을 개정해야겠다는 의무감이 들었다.

초판은 SPSS 14.0 버전으로 자료를 분석하였으며, 2판은 IBM SPSS 21.0 버전으로 자료를 분석하였다. 현재 출시되고 있는 IBM SPSS는 25.0버전이다. 2판의 버전과 현재 출시되고 있는 버전의 차이를 비교하였더니 큰 변화는 없었고 용어나 분석결과표에서 다소 차이가 있음을 알게 되었다. 그래도 새로운 버전으로 개정하는 것이 '알통'을 사용하는 분들을 위하는 최소한의 예의라는 생각에 작업을 하게 되었다.

'알통' 개정 작업을 도와준 박사과정생 안선영과 곽예린에게 고맙다는 말씀을 드린다. 내가 집필한 여러 책을 출판, 판매, 관리하여 주시는 학지사 김진환 사장님께도 감사드린다. 그 책들을 지속적으로 개정하는 데 꾸준하고 성실하게 임해 주시는 김순호 이사님께 고맙다는 말씀을 드린다.

2019년 7월 1일

2판 머리말

어느 날인가 제자가 '알통이 어쩌고저쩌고' 하기에 '남편이 군인이니까 알통 이야기를 하나 보다.' 했다. 내가 군대 생활을 할 때 부대마다 사병들의 신체 단련을 위해 태권도 교육을 강화해서 초단이 되기 전까지는 휴가를 보내지 않는다거나 아니면 알통이 어느 정도 나와야만 한다는 부대가 있어서 그런 생각을 했다. 그런데 듣다 보니 그 '알통'이 '근육이 불룩 나온 부분'이 아니라 '알기 쉬운 통계분석'을 줄여서 대학원생들이 부르는 말이라는 것을 알았다. 대학원생들 사이에 워낙 많이 알려져 있는 책이어서 줄임말을 사용해도 충분히 소통이 되기 때문에 편하고 쉽게 부르기 위하여 '알통'이라는 말을 사용한다고 한다. 어떤 통계분석 방법을 알려줄 때 '알통의 어디를 보라.'고 한다고 한다.

참 재미있다. 그리고 책 이름을 잘 지었다는 생각과 함께 내가 대학원생들과 교감하지 못했던 부분이 많다는 생각도 했다. 2판을 내면서 몇 부를 인쇄했는가를 확인하니 2007년 8월 27일 1판 1쇄가 발행되고 2013년 7월 30일 13쇄가 발행되었다. 실로 많은 분이 이 책을 애용하였다고 할 수 있다.

최근에 SPSS 프로그램의 최신 버전이 출시되어 일부 프로그램이 수정되었고, AMOS 프로그램에도 변화가 있어 개정판을 출판하게 되었다. 크게 달라진 점은 없으나, 프로그램 실행과 분석 결과에 대한 내용이 일부 수정되었다. 또 다층모형분석에 관련된 장이 보강되었다. 큰 폭의 수정이나 보강이 없음에도 책을 수정하게 된 것은 조금이라도 새로운 모습을 통해 독자의 사랑에 보답하기 위함이다.

2판을 준비하는 과정에서 작업을 도와준 대학원생 김성은, 박산하에게 감사를 드린다. 또 이 책에 대하여 지속적인 관심을 가지고 출간을 도와주신 학지사 김진환 사장님과 관계자 분들께도 감사함을 표한다.

2014년 2월

정동 평가원장실에서

1판 머리말

책명은 책의 내용을 대표하며 쉽게 찾을 수 있도록 간결하고 명확한 것이 좋다. 서문은 책을 쓰게 된 동기와 저자의 의도를 진솔하게 전달하는 내용이면 더할 나위 없다. 여러 권의 책을 집필하면서 서문을 쓸 때마다 느낌이 다르고 전할 내용이 그렇게 부족하지도 않았던 것 같다.

책을 최종적으로 마무리하면서까지도 책명을 고민하고, 서문도 맨 나중에 정리하기는 처음이다. 책의 내용이 특별한 주제를 다루는 내용이나 전공 분야 서적이라기보다 경험과학을 전공하는 모든 연구자가 필요로 하는 다양한 통계분석 방법을 다루었기 때문에 더욱 그런 것 같다.

주변에는 좋은 자료가 많다. 최근에는 국책연구기관들이 자료를 체계적으로 수집하고 있으며 패널조사 자료도 증가하고 있다. 뿐만 아니라 개인적인 연구를 위하여 연구자들은 다양한 자료를 수집하고 있다. 그러나 '구슬이 서 말이라도 꿰어야 보배'라는 속담이 있듯이 이 자료들을 올바른 통계방법으로 분석하지 않으면 구슬에 불과하다. 구슬을 보석으로 만들기 위해서는 실과 바늘이 있어야 하고, 구슬들을 꿰어 멜 수 있어야 한다. 이렇게 만들어진 보석은 필요에 맞게 사용될 때 보석으로서 가치가 높아진다.

구슬이 보석이 되고 값지게 되듯이, 수집된 자료가 자료 이상의 가치를 발휘하고 사회현상을 설명할 수 있도록 하기 위해 이 책을 집필하였으며, 책명을 'SPSS/AMOS를 이용한 알기 쉬운 통계분석-기술통계에서 구조방정식모형까지'라 하였다. 사회 · 자연 현상을 과학적으로 분석하기 위하여 가능한 많은 통계분석 방법을 소개하였으며, 특히 SPSS와 AMOS로 자료를 분석하는 절차를 단계적으로 소개하였다. 또한 분석한 결과를 APA 양식에 의하여 서술하는 방법도 설명하였다.

책의 마지막 교정지를 넘기면서 항상 느끼는 것은 '부족하다'는 마음인데, 이번 책은 더한 것 같다. 아직도 아쉬움이 많음을 느끼고 있으나 이 수준에서 책을 출간하고 동료들이나 선 · 후배, 제자들과 독자들의 도움을 받고자 한다. 그리고 한 가지 더 드리는 말씀은 계속 수정 · 보완할 것이라는 약속이다.

모쪼록 이 책이 연구에 보탬이 되기를 바라면서, 이 책을 집필하는 과정에서 도움을 준 신진아, 김나진, 박효희, 장윤선, 권승아 대학원생에게 감사한다. SPSS를 실행하고 난 결과파일을 캡처하는 작업뿐 아니라 독자로서의 비판과 수정이 이 책의 가독성을 높였기에 더욱 감사한다. 책을 집필할 수 있도록 해 주신 모든 분에게 고마움이 충만하다. 너무 많은 분들이라 열거하기에는 공간이 부족하여 생략하고 책이 출간되기까지 도와주신 학지사 임직원에게 감사한다.

2007. 7.
봉제산 자락 서재에서

일러두기

이 책에서는 수집된 자료를 올바른 통계방법으로 분석하고 분석결과를 충실히 보고할 수 있도록 하는데 도움을 주고자 한다. 자료를 분석하기 위하여 사용한 프로그램은 SPSS, AMOS, HLM이며, 자료파일의 생성, 파일 읽기, 통계분석 실행, 결과파일의 해석, 그리고 APA양식에 의하여 분석결과를 서술하는 내용을 다루고 있다. 보다 쉽게 프로그램을 실행하게 하기 위하여 IBM SPSS Statistics 25.0, IBM SPSS AMOS 25.0, HLM 7.01을 사용하였다.

총 7부로 구성되어 있으며 1부에서는 자료와 SPSS 프로그램 소개, 2부에서는 기술통계, 3부에서는 추리통계와 기본 개념, 4부에서는 집단간 차이분석, 5부에서는 관계분석, 6부에서는 모형추정, 7부에서는 타당도와 신뢰도에 관한 내용을 다루었다. 5부에서는 복잡한 사회현상을 설명하기 위하여 사용되는 경로분석과 구조방정식 모형분석을 설명하였으며, AMOS와 HLM으로 실제 자료를 분석하고 결과를 해석하며 보고하는 내용을 다루었다.

각 장에서 설명하고 있는 통계방법을 실제 자료에 적용하기 위한 '데이터 파일'은 학지사 홈페이지(hakjisa.co.kr) 내 부록 자료실에서 내려받을 수 있다. 독자들은 이 자료를 활용하여 이 책에서 설명하는 절차에 따라 자료를 분석할 수 있으며, 이를 통해 통계분석 능력을 높일 수 있을 것이다. 저자가 저술한 『현대 기초통계학의 이해와 적용』의 일러두기 말미에 '**百聞이 不如一見이요, 百見이 不如一行**'이라 하였듯이 행하여 보지 않음은 행함보다 못한 것이기에 최근에는 수행평가가 강조되고 있다. 독자들이 이 책에 소개된 모든 통계분석 방법을 숙

지할 필요는 없으나 연구의 목적에 부합하는 통계방법을 이해하고 자료를 분석할 수 있으며, 분석 결과를 해석하고 보고할 수 있기를 바란다.

이 책은 통계학에 대한 이론서도 아니고, 그렇다고 연구방법을 구체적으로 설명하는 책도 아니다. 오히려 수집된 자료를 분석하는 책으로서 통계학에 대한 이해와 연구방법에 대한 이해를 곁들인다면 정말 훌륭한 연구결과를 얻을 수 있을 것이라 기대한다.

각각의 장을 학습하고 난 후 학습의 강화를 위하여 연습문제를 제시하였다. 연습문제는 다양한 자료를 포함하는 것이 바람직하지만 각 통계방법에 적합한 자료를 얻기가 용이하지가 않았다. 그러므로 수집 가능한 자료만을 제시하여 분석방법이 제한된 듯한 아쉬움이 남는다. '자료공개법'이 국회를 통과하였다 하니 앞으로 많은 자료가 공개될 것으로 기대한다.

많이 해 본 사람이 많이 알듯이, 통계분석을 많이 하여 전문가가 되기를 바랄 뿐 아니라 새로운 사실과 결과를 발견하여 날로 새로워지고 발전하는 사회와 우리나라가 되기를 희망한다.

처음이나 마지막이나, 부탁은 '**통계분석을 직접 해 보십시오.**'라는 것이다.

차 례

제2부 기술통계

제3부 추리통계와 기본 개념

제4부 집단간 차이분석

제1부

자료와 SPSS

제1장 자료분석

연구는 양적연구와 질적연구로 구분한다. **경험과학**(empirical science)은 일반적으로 자료에 근거한 양적연구가 대부분이다. 양적연구를 통하여 새로운 사실을 발견하거나 기존의 이론을 지지 혹은 거부하기 위해서 수집된 자료를 분석하여야 한다.

1. 자료분석의 절차

타당하고 신뢰로운 연구결과를 얻기 위해서는 자료수집과 자료분석, 분석 결과에 대한 이해와 해석, 그리고 보고까지 모든 절차가 체계적이고 과학적이어야 한다. 이를 위해서는 자료분석의 계획과 수행, 평가의 절차를 거쳐야 한다.

세부적으로는 다음 **7단계에 따라 자료를 분석**한다.

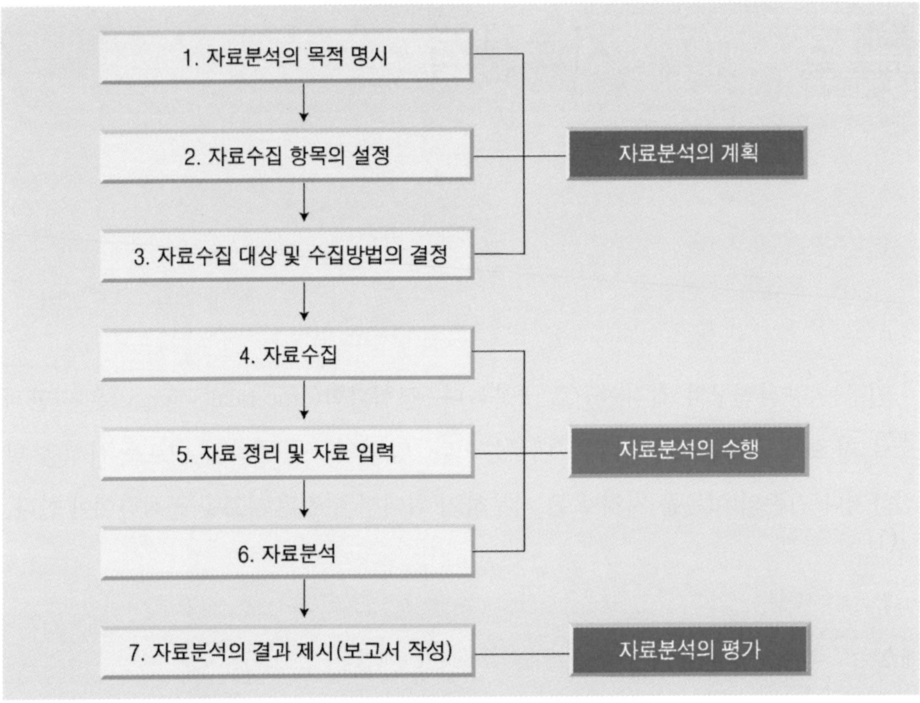

[그림 1-1] 자료분석의 절차

1) 자료분석의 목적 명시

경험과학은 자료에 의존한다. 자료를 수집할 때는 연구목적을 달성하기 위하여 어떻게 자료를 분석할 것인가를 고려하여야 한다. 그러므로 자료를 분석할 때 가장 먼저 고려해야 할 것은 자료를 분석하는 목적을 명료화하는 것이다. 자료를 분석하는 목적이 명료하지 않으면 자료분석의 방향이 적합하지 않아 타당하고 신뢰로운 연구결과를 얻을 수 없다.

2) 자료수집 항목의 설정

일단 자료를 분석하는 목적과 목표를 적합하게 제시하였다면 그와 같은 목적을 달성하는 데 필요한 자료의 내용과 형태를 구체적으로 설정하여야 한다. 예를 들어, '학습시간이 많을수록 학업성취도가 향상 된다.'는 가설을 검정하고자 할 때, '학습시간이 많다.' '학업성취도가 향상 된다.' 등의 모호한 개념을 구체화하여야 한다.

즉, '하루에 평균 몇 시간 공부하는가?', '현재의 학업성취도는 어느 수준인가?' 등과 같이 구체화하여야 한다. 또한 구체적 가설에 따라 수집된 자료의 형태가 어떤 척도에 의한 것인지, 그리고 양적변수 혹은 질적변수인지를 규명하여야 한다.

3) 자료수집 대상 및 수집방법의 결정

"필요한 정보를 가지고 있는 연구대상은 누구인가, 연구대상이 되는 모집단은 무엇이고, 모집단을 대표하는 표본은 어떻게 설정하며, 표본을 어떻게 추출할 것인가?" 하는 문제를 결정한다.

(1) 모집단

필요한 정보를 가지고 있는 연구대상의 총집합, 즉 자료를 수집하고자 하는 연구대상의 전체를 **모집단**(population)이라 한다. 예를 들어, 전국 중학교 3학년 학생 전체, 서울에 있는 기업체에 근무하는 모든 직원, 수도권 지역에 있는 모든 초등학교 등은 하나의 모집단이 될 수 있다. 이와 같은 모집단의 정의는 주로 자료분석의 목적에 의해 결정된다.

(2) 표본

모집단 전체에서 자료를 수집하는 것은 시간과 비용 면에서 비효율적인 경우가 많으며 때로는 불가능하다. 그러므로 모집단을 대표할 수 있는 일정 비율 또는 일정한 수의 부분집합을 추출하여 자료를 수집하는 경우가 대부분이며, 이 경우 일정 비율 또는 일정한 수의 부분집합을 가리켜 **표본**(sample)이라 한다. 자료분석의 경우, 추출된 표본의 특성인 통계치로 모집단의 특성인 모수치를 추정하게 된다. 그러므로 잘못된 표본의 추출은 모집단의 모수치와 거리가 먼 결과를 추정하게 되기 때문에 표본을 추출하는 방법에 보다 세심한 주의를 기울여야 한다. 표본추출방법에 대한 보다 상세한 내용은 '표집방법'이나 '조사연구'에 대하여 기술한 책을 참고하기 바란다.

(3) 자료수집방법

자료를 수집하는 방법은 크게 **조사**(survey)**와 실험**(experiment)**으로 구분**할 수 있다.

첫째, **조사**란 자료수집 대상을 인위적으로 통제하지 않는 '자연적인 상황'에서 자료를 수집하는 방법으로, 현상을 설명하기 위하여 실시하므로 'is'에 관심을 둔다. 자료수집 대상의 범위에 따라 전수조사와 표본조사로 나뉘며, 조사방법으로는 설문조사, 면접조사, 관찰조사 등이 있다.

둘째, **실험**이란 어떤 문제에 포함되는 변수의 효과를 분석할 수 있도록 연구자가 자료 발생의 요인을 통제하여 '인위적인 상황'에서 필요로 하는 특정 자료를 수집하는 방법이다. 실험연구는 일반적으로 통제된 상황에서 결과에 대한 원인을 밝히고자 하므로 'does'에 관심을 둔다.

(4) 케이스, 변수 및 변수값

자료수집의 대상이 되는 개별단위를 가리켜 **케이스**(case) 또는 **사례**라고 한다. 또한 수집하는 자료의 개개 항목을 '**변수**'라 하며, 각 케이스의 변수에 해당하는 값을 변수값이라 한다. 예를 들어, 서부 교육청에 속한 여러 학교를 대상으로 교육환경 조사를 할 경우, 개개의 학교를 케이스라 하고, '설립 유형', '학교 규모', '학급당 학생 수' 등을 변수라 하며, '공립', '사립', '20학급', '60학급', '30명', '50명' 등을 변수값이라 한다.

4) 자료수집

자료분석의 목적, 수집 항목 및 수집 대상과 방법에 따라 실제로 자료를 수집하는 단계로서 조사연구, 실험연구 등을 통하여 타당하고 신뢰로운 자료를 수집하여야 한다.

5) 자료 정리 및 입력

(1) 코딩양식의 설계

수집된 자료를 일정한 규칙에 따라 정리하는 단계를 '**코딩**(coding)' 혹은 '**부호화**'라 하며, 코딩과정에서는 각 변수값에 대해 적절한 코딩값을 할당하고, 자료에 포함되어 있는 오류나 혼동되는 점을 제거하여야 한다. 코딩을 보다 효과적으로 수행하려면, 코딩양식(coding scheme)을 작성하여야 한다.

코딩양식을 작성할 때에는 다음의 몇 가지 사항에 **주의**하여야 한다.

첫째, 각 케이스에 일련번호를 부여한다. 자료의 오류나 불합리한 자료를 확인하기 위해 각 케이스에 일련번호를 부여하여야 한다. 설문조사의 경우 설문지상에 일련번호를 기록하는 난을 미리 설정하지 않았다 하더라도, 일단 설문지가 모두 수거되면 조사자가 인위적으로 일련번호를 부여하고 자료를 입력하는 것이 바람직하다.

둘째, 불성실하게 응답된 설문지를 검토하고 제외 여부를 결정하여야 한다. 이는 성의 없이 응답한 자료가 분석의 대상에 포함되는 것을 방지하기 위한 절차로서, 앞뒤 문항 간에 상호 모순이 발생하는 설문지나 응답하지 않은 문항이 상당수인 설문지는 자료 입력에서 제외할 수 있다. 그렇다고 기대하는 연구결과를 얻기 위하여 연구자가 의도하는 응답을 하지 않은 설문지를 제외하라는 의미는 아니다.

셋째, 단일응답 항목임에도 중복응답이 많은 경우 응답지를 제거할 수 있다. 연구자가 한 가지만을 답하도록 요구하였으나 응답자가 두 가지 이상을 답하는 것은 조사자의 의도와 응답자의 이해 간의 차이가 클 경우에 발생한다. 이 경우 하나의 항목만을 코딩하여야 하므로, 앞뒤 문항의 내용을 기초로 한 가지만을 고르거나 이것이 어려울 경우는 무작위로 하나만 남기고 나머지는 제거한다. 이런 판단이 용이하지 않을 경우 해당 응답을 제거하는 것이 바람직하다.

넷째, 무응답에 관한 사항이다. 응답자가 특정 문항에 대하여 답을 하지 않은 경우에 부여되는 코딩값을 '**결측값**(missing value)'이라고 한다. 결측값이 많으면 분석결과를 해석하는 데 문제가 야기되므로, 조사의 전 과정에 걸쳐 이러한 결측값이 최소가 되도록 세심한 주의를 기울여야 한다.

다섯째, 다중반응에 관한 사항으로 한 문항에서 두 가지 이상의 항목을 선택하도

록 구성된 문항을 다중반응문항이라 한다. 다중반응문항을 코딩하는 방법은 크게 중복법과 이분법이 있다. 이에 대해서는 '제7장 다중반응분석'에서 설명하기로 한다.

(2) 자료의 코딩과 자료파일의 작성

코딩양식에 따라 수집된 자료를 컴퓨터에 입력하는 절차를 '코딩'이라 하고, 그 결과로 만들어진 자료를 파일 형태로 저장함으로써 자료파일이 만들어진다. 이때 코딩결과에 대하여 주의 깊게 확인하여 입력오류(input error)를 최소화하려고 노력하여야 한다. 자료파일 작성에 대해서는 '제3장 자료파일'에서 자세히 설명하기로 한다.

6) 자료분석

자료를 종합적으로 요약하여 객관적인 결과를 도출하기 위한 통계는 크게 수집한 자료의 현상을 단순히 요약 · 정리하여 기술하는 **기술통계**(descriptive statistics)와 표집한 표본자료를 통해 모집단의 특성을 파악하고자 하는 **추리통계**(inferential statistics)로 구분된다. 따라서 각 연구목적에 적합하고, 자료의 특성에 맞는 통계방법을 찾아 자료를 분석하는 것이 중요하다.

7) 보고서 작성

기술통계를 이용하여 분석한 결과는 한눈에 알아보기 쉽도록 표나 그래프로 나타내며, 추리통계를 이용하여 검정한 결과는 해당 검정방법에 적합한 결과표의 양식에 맞추어 정리한다.

2. 변수의 측정

1) 측 정

우주에 존재하는 모든 사물은 다양한데, 그 다양한 정도를 나타내기 위해서는 사물의 속성을 재야 한다. 이렇게 사물을 구분하기 위하여 이름을 부여하거나 사물의 속성을 구체화하기 위하여 수를 부여하는 절차를 **측정**(measurement)이라 한다. 그리고 수를 부여하기 위해서는 단위와 수를 부여하는 규칙이 필요한데, 이는 척도로 해결된다.

2) 측정의 단위: 척도

척도(scale)는 사물의 속성을 구체화하기 위한 측정의 단위다. 이러한 척도의 종류로는 명명척도, 서열척도, 등간척도, 비율척도, 절대척도가 있다.

(1) 명명척도

명명척도(nominal scale)란 사물을 구분하기 위하여 이름을 부여하는 것이다. 예를 들어, 성별, 인종, 색깔 등을 말한다. 명명척도의 특징은 일대일 변환(one to one transformation)으로 하나의 사물은 하나의 이름을 부여받게 된다. 이러한 특징 때문에 일부 학자들은 이름을 부여하는 것이지 척도라 할 수 없다는 주장도 있으나 사물을 구분한다는 차원에서 척도에 포함시킨다.

(2) 서열척도

서열척도(ordinal scale)란 사물의 등위를 나타내기 위하여 사용되는 척도로 성적 등위 혹은 어떤 능력의 서열을 말한다. 서열척도의 특징은 단조증가함수(monotonic increase function) 혹은 단조감소함수(monotonic decrease function)로 척도 단위 사이의 등간성이 존재하지 않는 특징이 있다.

학생들이 얻은 점수를 등위로 변환하였을 때, 그 등위는 서열척도가 된다. 가장 높은 점수를 1등으로 가장 낮은 점수를 최하위 등위로 변환하였을 때 등위와 학업 점수 간의 관계를 도표로 그리면 등위 변화에 따라 점수가 계속 감소한다. 이러한 함수를 단조감소함수라 한다.

척도 단위 사이에 등간성이 존재하지 않음은 1등과 2등의 점수차가 2등과 3등의 점수차와 항상 똑같지 않다는 것을 의미한다.

(3) 등간척도

등간척도(interval scale)는 다음과 같은 특징이 있다.

- 똑같은 간격에 똑같은 단위를 부여하므로 등간성을 지닌다.
- 임의영점과 임의단위를 지닌다.
- 덧셈법칙은 성립하나 곱셈법칙은 성립하지 않는다.

등간척도의 대표적인 예로 온도를 들 수 있다. 등간성이란 5℃에서 10℃ 사이의 온도 차이가 20℃에서 25℃ 사이의 온도 차이와 같다는 것이다. 이것은 열량이 온도를 변화시키므로 5℃에서 10℃로 증가시키는 데 쓰이는 열량이나 20℃에서 25℃로 증가시키는 데 필요한 열량이 같음을 의미한다. **임의영점**이란 온도에서와 같이 0℃가 아무것도 없는 것이 아니라 무엇이 있음에도 불구하고 임의적으로 어떤 수준을 정하여 0이라 합의하였다는 것이다. 즉, something을 의미하지 nothing을 의미하지는 않는다. 또한 **임의단위**란 어느 정도의 변화에 얼마의 수치를 부여한다고 협약한 것이다. 온도의 단위인 ℃는 절대단위가 아니라 얼마의 열량이 소모되어 변화되는 온도를 1℃로 협약하였기에 임의단위라 할 수 있다.

등간척도의 다른 예로 학업성취도 점수를 들 수 있다. 갑돌이의 수학점수가 80점이었고, 을순이의 점수가 60점이었으며, 병식이의 점수가 40점이었다고 하자. 갑돌이와 을순이의 점수차 20점은 을순이와 병식이의 점수차 20점과 동일하다. 25문항으로 구성된 수학시험이라 할 때 갑돌이와 을순이가 맞힌 문항 수의 차이는 5문항이었고 병식이와 을순이가 맞힌 문항 수의 차 역시 5문항이다. 그러므로 수학점수는 등간성을 유지한다. 이때 만약 어떤 학생의 수학점수가 0점이라 하였을 때, 이는 그 학생이 수학능력이 전혀 없음을 의미하지는 않는다. 그 학생은 어느 정도 수학능력은 있으나 0점을 얻었을 뿐이다. 그러므로 0점은 절대영점이 아니라 임의영점이 된다.

등간척도에 있어서 덧셈법칙은 적용되나 곱셈법칙은 적용되지 않는다는 것은 10℃는 5℃에 5℃를 더한 것이라는 사실은 성립되지만 10℃는 5℃의 두 배만큼 더운 것을 의미하지는 않는다. 수학점수의 예에서 갑돌이는 80점을 얻었고, 병식이는 40점을 얻었다는 것으로 갑돌이의 수학능력이 병식이의 두 배라고 말할 수는 없다.

(4) 비율척도

비율척도(ratio scale)란 다음과 같은 특징이 있다.

- 똑같은 간격에 똑같은 단위를 부여하므로 등간성을 지닌다.
- 절대영점과 임의단위를 지닌다.
- 덧셈법칙, 곱셈법칙이 모두 적용된다.

비율척도의 예는 무게 혹은 길이를 들 수 있다. 길이의 예를 들어 비율척도의 특징을 설명하면 다음과 같다.

2cm에서 3cm까지의 실질적 길이는 4cm에서 5cm까지의 실질적 길이와 같고 0점, 즉 0cm는 아무것도 없는 것을 말한다. 0이란 nothing을 말하므로 절대영점이라 하고, 길이의 단위로서 어떤 특정 길이를 1cm로 협약하였으므로 임의단위를 지니고 있다. 1feet란 단위는 길이의 길고 짧음이 체계적으로 비교되지 않던 시절 영국의 Henry Ⅳ세가 자신의 발 길이를 1feet로 정하였다. 만약 Henry Ⅳ세의 발이 더 컸다면 1feet은 30.3cm가 아니라 그 이상이었을 것이다. 그러므로 1cm, 1feet는 임의단위가 된다.

비율척도에서 0점은 절대영점을 의미하므로 덧셈법칙뿐만 아니라 곱셈법칙도 적용된다. 10cm는 5cm에 5cm를 더한 길이요, 또한 10cm는 5cm의 두 배의 길이라고 말할 수 있기 때문이다.

(5) 절대척도

절대척도(absolute scale)란 절대영점과 절대단위를 가지고 있는 척도로 덧셈법칙과 곱셈법칙 모두 적용된다. **절대영점**은 아무것도 없음을 말하고 **절대단위**도 협약에 의한 것이 아니라 절대적인 것이다. 예를 들어, 사람 수의 0은 사람이 없음을 말하고 한 사람, 두 사람 등은 분명히 셀 수 있는 단위를 가지고 있음을 알 수 있다.

절대척도의 예로 자동차 수, 공의 수 등을 들 수 있다.

경험과학에서 이상의 다섯 가지 척도에 의하여 측정된 모든 변수가 연구의 대상이 된다. 특히, 서열척도, 등간척도, 비율척도에 의한 변수가 연구에서 많이 이용되고 있음을 주지할 필요가 있다.

3) 변 수

우주에 존재하는 만물은 다양하다. 같은 종류의 물건이라도 엄밀히 말하면 똑같은 것이 있을 수 없다. 신발이 똑같고 젓가락이 똑같고 하는 동요는 있을 수 있으나 기계화에 의하여 수만 분의 1 오차도 허용하지 않는 고도의 기술을 요구하는 제품이라도 똑같은 것은 없다. 하물며 인간은 매우 다양하며, 일란성 쌍생아도 같은 부분보다는 다른 부분이 더 많음을 알 수 있다. 따라서 교육에 있어서 개인차의 문제는 중요하게 고려되어야 하며, 개인을 이해하는 데 활용되어야 한다.

변수(variable)는 변하는 모든 수를 말한다. 예를 들어, 사람의 키, 체중 등을 변수라 할 수 있으며, 교육학에서는 이를 오래 전부터 변인이라 하였다. 변수는 X 혹은 Y로 표기한다. 일반적으로 X_i 혹은 Y_i로 표기함은 i번째 X값, i번째 Y값을 뜻한다. 변수와 상반되는 개념으로 상수가 있다. **상수**(constant)는 변하지 않는 고정된 수를 말하며, 일반적으로 C로 표기한다.

변수는 인과관계에 의하여 독립변수와 종속변수로, 속성에 따라 질적변수와 양적변수로 구분하며, 양적변수는 연속성에 의하여 연속변수와 비연속변수로 구분한다.

(1) 독립변수와 종속변수, 매개변수

변수는 인과관계에 따라 독립변수와 종속변수로 구분된다. **독립변수**(independent variable)란 다른 변수에 영향을 주는 변수를 말하며, **종속변수**(dependent variable)란 영향을 받는 변수, 즉 독립변수에 의하여 변화되는 변수를 말한다. 통제된 실험상황에서 알코올의 섭취량이 반응속도에 미치는 효과를 연구한다면 알코올의 섭취량은 독립변수가 되고 반응속도는 종속변수가 된다. 실험에 의하여 통제되지 않은 상태인 학력에 따른 수입의 차이 연구에서 독립변수는 학력, 종속변수는 수입이 된다.

연구논문을 보거나 연구를 하다 보면 매개변수라는 단어를 자주 접하게 된다. **매개변수**(extraneous variable, nuinsance variable)란 종속변수에 영향을 주는 독립변수 이외의 변수로서 연구에서 통제되어야 할 변수를 말한다. 예를 들어, 교수법에 따른 어휘력의 차이를 연구할 때 전통적 교수법, 컴퓨터 보조학습법을 사용하였다고 하자. 두 집단에 할당된 아동들에게 각기 다른 교수법을 실시한 후, 어휘력의 차이를 비교하였을 때 교수법의 효과에 대한 연구를 분석하기가 곤란할 경우가 있다. 만약, 우연하게 전통적 교수법에는 지능이 낮은 아동들이, 그리고 컴퓨터 보조학습에는 지능이 높은 아동들이 할당되었다면 그 결과 어휘력에서 차이가 있었다 하더라도 그것은 교수법에 의한 효과라고 주장하기 어렵다. 이것은 실험 전부터 어휘력에 영향을 주는 지능이 통제되지 않았기 때문이다. 그러므로 이와 같은 실험을 위해서 지능이란 변수는 마땅히 통제되어야 한다. 왜냐하면 지능은 어휘력에 영향을 주는 변수이기 때문이다. 지능이라는 매개변수를 통제하기 위하여 두 집단에 같은 지능을 가진 아동을 할당해야 한다. 이러한 매개변수의 통제는 연구자의 사려깊음에 기인하며, 이러한 사려깊음은 연구영역에 대한 많은 문헌연구와 풍부한 연구경험에서 출발한다.

다시 한 번 강조하지만 독립변수, 종속변수, 때로는 매개변수가 무엇인지, 그리고 그 변수들이 어떤 속성을 지니는지를 명확히 파악할 때 실험설계, 사회조사 등의 타당한 연구를 수행할 수 있다. 이 변수들을 분명히 이해하지 못하면 올바른 연구방법과 분석방법을 선택할 수 없다.

(2) 질적변수와 양적변수

독립변수, 종속변수의 이해와 더불어 두 변수의 속성을 파악해야 한다. 이는 추리통계 부분에서 연구의 목적에 따라 선택하여야 할 통계방법이 다르기 때문이다.

변수는 지니고 있는 속성에 따라 질적변수와 양적변수로 구분된다. **질적변수**(qualitative variable)란 분류를 위하여 용어로 정의되는 변수며, **양적변수**(quantitative variable)란 양의 크기를 나타내기 위하여 수량으로 표시되는 변수를 말한다. 그 예로 질적변수는 성별, 인종, 학력 등을 들 수 있다. 성별, 인종과 같이 서열을 정할 수 없는 질적변수를 **비서열 질적변수**(unordered-qualitative variable)라 하고, 학력과 같이 초졸, 중졸, 고졸, 대졸의 서열로 구분할 수 있는 변수를 **서열 질적변수**(ordered-qualitative variable)라 한다. 양적변수의 예는 키, 체중, 성적 등을 들 수 있다. 이러한 양적변수는 변수의 연속성에 의하여 연속변수와 비연속변수로 나뉜다. **연속변수**(continuous variable)는 주어진 범위 내에서 어떠한 자료라도 가질 수 있는 변수다. 쉽게 표현하면 소수점으로 표시될 수 있는 변수를 말한다. 예를 들어, 체중이라든지 키, 나이 등을 들 수 있다. 이에 비해 **비연속변수**(uncontinuous variable)는 특정 수치만을 가질 수 있는 변수를 말한다. 즉, 특정 수로 표현되는 변수로 자동차 대수, IQ 점수, 휴가일 수 등을 들 수 있으며, 생일날 맞는 나이 등도 비연속변수라 할 수 있다.

(3) 범주변수

개인의 지각이나 인식 혹은 만족도 등을 묻는 질문으로 단계적 순서에 의한 정도를 측정하는 경우가 있다. 예를 들어, 매우 만족, 만족, 보통, 불만, 매우 불만이라든가, 전혀 그렇지 않다, 그렇지 않다, 그저 그렇다, 그렇다, 매우 그렇다와 같이 어떤 느낌이나 정도를 묻는 척도를 **Likert 척도**라 하며, 이런 변수를 **범주변수**(categorical variable)라 한다. 뿐만 아니라, 사회계층을 분류할 때의 상, 중, 하나 정치적 성향을 분류할 때의 진보, 보수, 중도 등도 범주변수라 할 수 있다. 따라서 범주변수는 척도가 범주로 구성되어 있는 변수를 말한다.

제2장 SPSS 소개

자료를 분석하기 위하여 다양한 방법이 사용될 수 있다. 컴퓨터가 발명되기 전에는 주판이나 계산기를 이용하여 자료를 분석하였으나 컴퓨터가 발명되고 난 이후부터는 자료를 분석할 수 있는 통계 프로그램이 사용되고 있다. 이 장에서는 **SPSS**(Statistical Package for Social Science) 프로그램을 소개한다.

1. 실행 절차

1) SPSS Win의 구성

SPSS Win은 고유의 명령어에 의해 작동하는 자료분석 소프트웨어 패키지다. 즉, **데이터 파일(*.sav)**을 열고, 분석에 적합한 메뉴를 클릭하여 SPSS 내에서 명령을 실행하면 그 **실행결과가 출력결과 파일(*.spv)**로 생성된다. 명령을 실행하는 과정에서 **명령어 파일(*.sps)**을 작성하면 실행하였던 통계분석에 대한 명령을 저장할 수 있어 추후 필요에 따라 분석과정을 재검토하는 것이 가능하다. 따라서 가급적이면 명령어 파일을 만들어 저장할 것을 권한다.

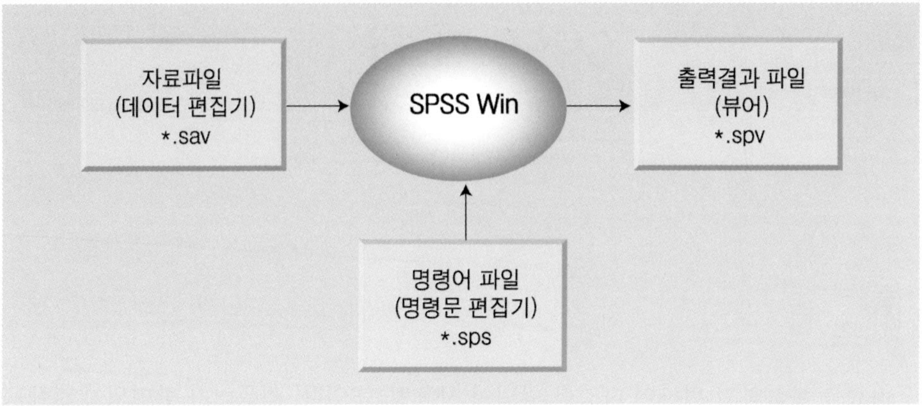

2) SPSS의 실행

Windows 작업표시줄의 을 클릭한 다음 [모든 프로그램]을 가리킨 후 [IBM SPSS Statistics 25]를 선택하면 SPSS가 실행되면서 자동으로 데이터 편집기가 열린다. 또는 데이터 파일을 두 번 클릭하면 SPSS가 실행되면서 데이터 편집기가 열린다.

3) SPSS Win 분석의 기본 단계

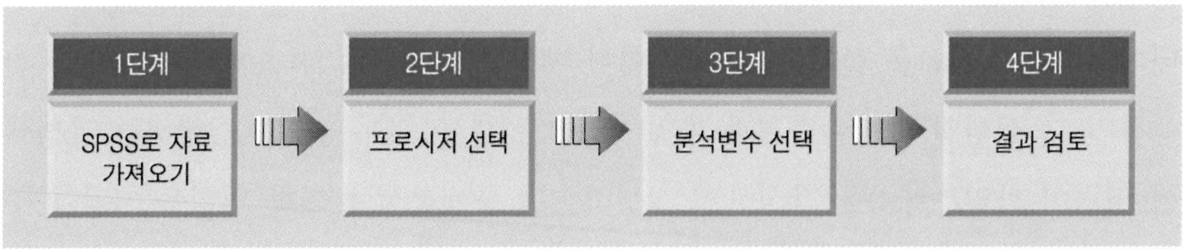

| 1단계: SPSS로 자료 가져오기 | 이전에 저장한 SPSS 데이터 파일을 열거나 스프레드시트, 데이터베이스, 텍스트 자료 파일 등을 읽거나 데이터 편집기에 직접 자료를 입력한다.

| 2단계: 메뉴에서 프로시저 선택 | 메뉴에서 프로시저를 선택하여 통계량을 계산하거나 도표를 작성한다.

❙3단계: 분석하기 위한 변수 선택❙ 분석시 사용할 변수를 선택하면 자료파일의 변수가 해당 프로시저의 대화상자에 표시된다.

❙4단계: 결과 검토❙ 프로시저를 실행한 출력결과 파일에서 결과를 확인한다.

2. SPSS의 창 종류

1) 데이터 편집기

SPSS **데이터 편집기**에는 데이터 파일의 내용이 표시된다. 새로운 데이터 파일을 작성할 수 있을 뿐만 아니라 기존의 데이터 파일을 읽어 들여서 자료를 삭제, 수정, 추가할 수 있다. SPSS 14.0버전부터는 동시에 여러 개의 데이터 편집기를 열 수 있다.

❙데이터 보기❙ 자료파일의 내용이 표시되는 창으로 작성된 자료파일을 불러오거나 직접 자료를 입력, 수정할 수 있다.

❙변수 보기❙ 변수의 이름 및 유형, 설명, 결측값, 열, 형식 등을 지정할 수 있다.

2) 명령문 편집기

SPSS 명령문을 작성, 편집하고 수행하기 위한 창이다. 명령문 창에서 직접 명령문을 입력하거나 프로시저 대화상자에서 [붙여넣기(P)]를 클릭하면 해당 명령문이 자동으로 명령문 편집기에 작성된다. 동시에 2개 이상의 명령문 편집기를 열 수 있다.

3) 뷰 어

출력결과를 작성하는 명령을 실행할 때 뷰어에는 통계분석 결과와 도표가 자동으로 표시된다. 동시에 2개 이상의 뷰어를 열 수 있다.

▌피벗표 편집기▐ 뷰어의 특정 피벗표를 두 번 클릭하면 그것을 편집, 수정할 수 있는 창이 열린다. 여기서 문자열을 편집하거나 행과 열을 전치하거나 색상 등을 변경할 수 있다. 단, 두 개 이상의 피벗표 편집기를 동시에 열 수 없다.

▌도표 편집기▐ 뷰어에서 특정한 도표를 두 번 클릭하면 열리는 창으로 도표의 양식을 수정할 수 있다. 단, 두 개 이상의 도표 편집기를 동시에 열 수 없다.

▌텍스트 출력물 편집기▐ 피벗표 형식으로 나타낼 수 없는 출력물은 텍스트 형식으로 출력된다. 특정한 텍스트 출력물을 두 번 클릭하면 창이 열린다. 여기에서 텍스트 출력물을 수정할 수 있다. 단, 두 개 이상의 텍스트 출력물 편집기를 동시에 열 수 없다.

제3장 자료파일

수집된 자료를 SPSS와 같은 통계 프로그램으로 분석하기 위해서는 자료파일이 필요하다. 이 장에서는 자료파일을 생성하기 위하여 파일에 입력되는 변수, 파일의 형식, 자료 변환, 자료의 확인 등을 설명한다.

1. 정의와 작성

SPSS에서 새로운 자료를 입력하거나 별도의 다른 파일에 저장된 자료를 읽어 올 수 있다. 데이터 편집기에서 각 행은 한 케이스를 나타내고, 각 열은 단일 변수에 해당하며, 각 셀에 변수값을 기록한다. 예를 들어, 설문조사에서 각 응답자는 케이스가 되고, 각 질문은 변수가 되며, 선택지는 변수값이 된다. 데이터 편집기에서 자료를 입력하고 편집할 수 있는데, 새로 자료를 입력하는 경우를 먼저 설명한다.

1) SPSS를 사용한 자료입력

(1) 자료입력

'**데이터 보기**(D)' 창에서 셀을 선택하고 숫자를 입력하면 자료값이 셀에 나타나는데 그 값을 기록하려면 [Enter↵] 를 누른다. 변수에 이름을 별도로 지정하지 않으면 SPSS에서 고유한 변수명(예: VAR00001)을 지정한다.

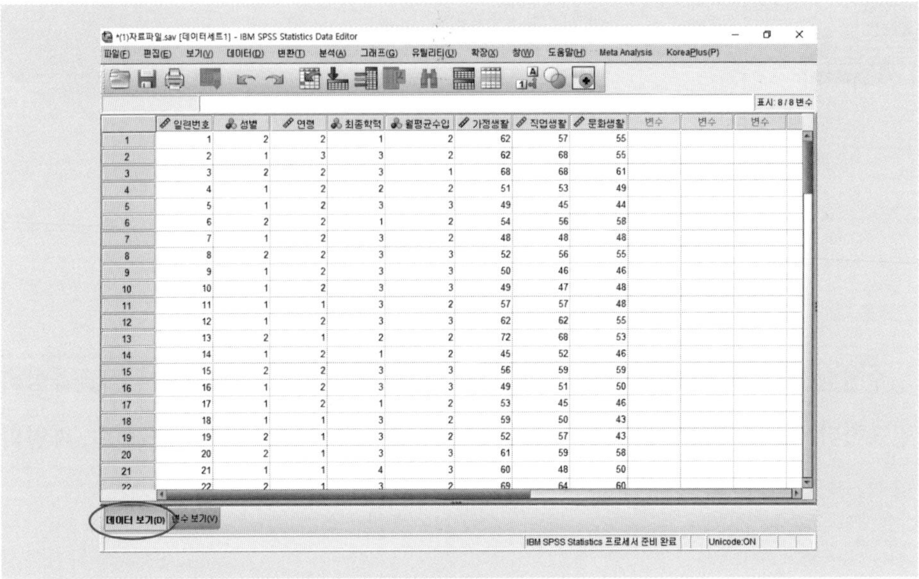

(2) 변수 정의

데이터 편집기에서 '**변수 보기**(V)' 또는 해당 열 맨 위의 변수 이름을 두 번 클릭하면 다음과 같은 창이 나오고 변수 이름, 형태 등을 지정할 수 있다.

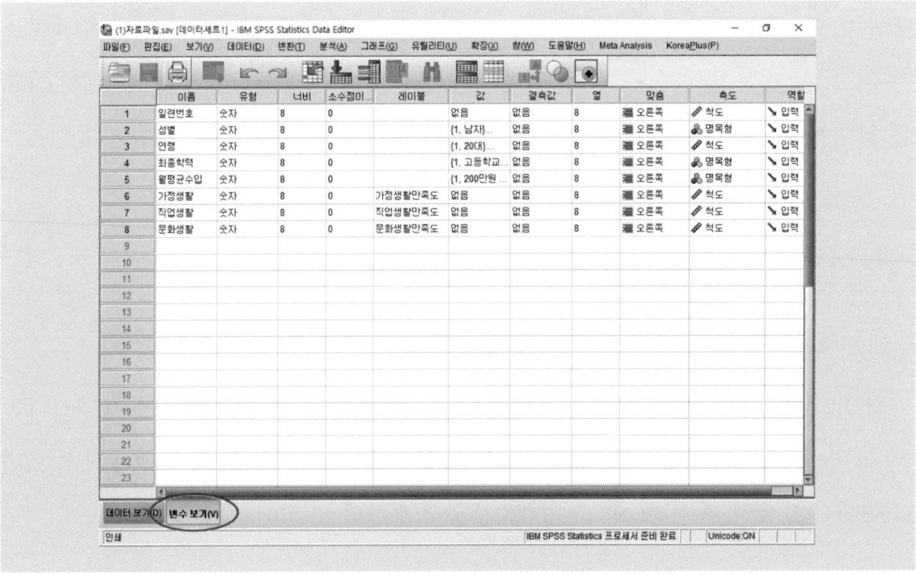

| 이름 | 변수의 이름을 직접 입력한다.

변수 이름을 지정하는 데 있어서 지켜야 할 규칙들은 다음과 같다.

- 동일한 이름을 중복하여 사용할 수 없다.
- 공란(space)이나 & ! ? / % ^ 등과 같은 특수문자를 사용할 수 없다.
- 예약 키워드(예: ALL, AND, BY, EQ, GE, GT, LE, LT, NE, NOT, OR, THRU, TO, WITH 등)를 사용할 수 없다.
- 숫자로 시작할 수 없다(예: 1번 문항 → 문항1).

| 유형 | 변수의 유형을 지정(기본설정: 숫자)

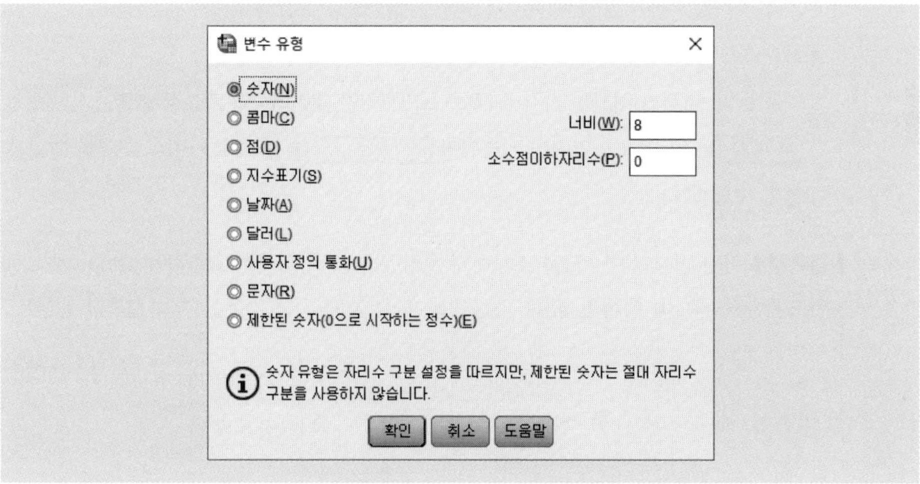

- 너비와 소수점이하자리수도 동시에 지정할 수 있다.
- 숫자가 아닌 자료를 입력하려면 변수의 유형을 문자로 바꾼 다음, 숫자 자료와 같은 방법으로 입력

| 너비 | 변수가 차지하는 자리수를 지정(기본설정값: 8)

| 소수점이하자리수 | 변수의 소수점 이하 자리수를 지정(기본설정값: 2)

| 레이블 | 변수 이름을 간략하게 지정한 경우, 해당 변수의 구체적인 내용을 입력할 수 있다. 변수에 대한 설명을 입력하면, 출력결과에 변수 이름 대신 변수 설명이 나타난다.

| 값 | 통계 보고서와 도표 등에 제시될 기술적 설명을 입력

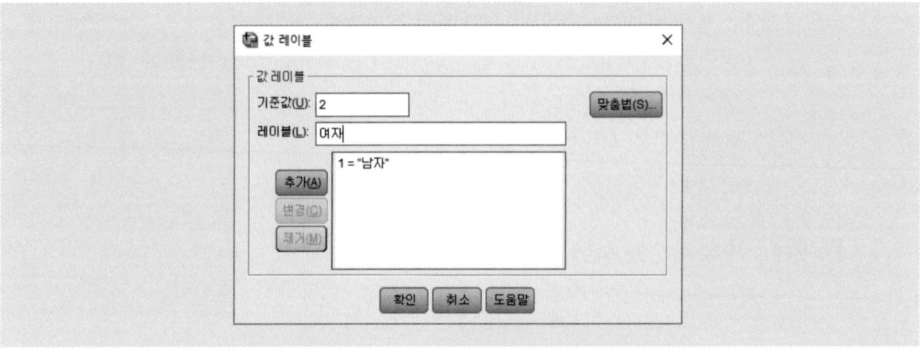

예를 들어, 남자와 여자를 각각 1과 2로 표기하려면 데이터값과 기술적 설명을 입력하고, [추가(A)]를 클릭한다. 입력이 완료되면 [확인]을 클릭한다. 변수 자체에 대해 설명할 수도 있다.

| 결측값 | 어떤 변수의 변수값을 조사하지 못하였을 경우, 이러한 결측값(missing value)을 표시하기 위하여 특정한 값(예: 9, 99)을 지정할 때 사용(기본설정값: 결측값 없음)

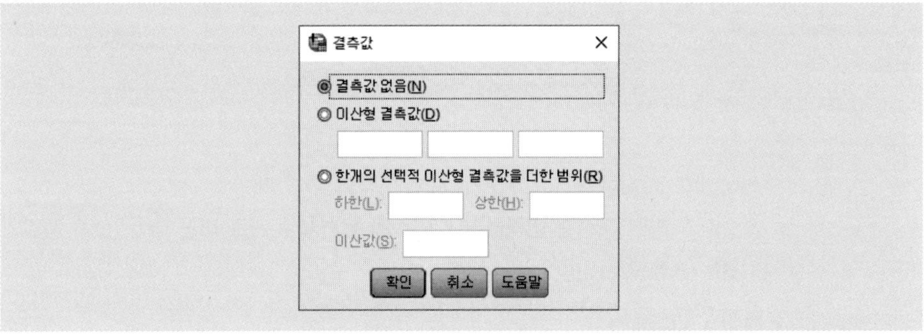

자료를 입력할 때 결측값은 일반적으로 빈 칸으로 처리하고, 결측값 없음(N)을 선택한다. 특정 값을 결측값으로 지정하려면 자료를 입력할 때 결측값에 특정 값을 넣고 이산형 결측값(D)을 선택한 후 특정 값을 입력

| 열 | '데이터 보기' 창에서 변수가 차지하는 column 수를 지정

| 맞춤 | '데이터 보기' 창에서 변수의 정렬 형태를 지정(왼쪽, 오른쪽, 가운데)

| 측도 | 변수의 특성을 정의(척도: 등간척도, 순서: 서열척도, 명목: 명명척도)

| 역할 | 사전 정의된 역할을 지원(입력, 대상, 모두, 없음, 분할)

(3) 변수값 설명을 이용한 자료입력

보기(V) ▷ 변수값 설명(V) 또는 도구모음에서

변수 보기에서 정의한 변수값 설명을 사용하여 자료를 입력할 수 있다.

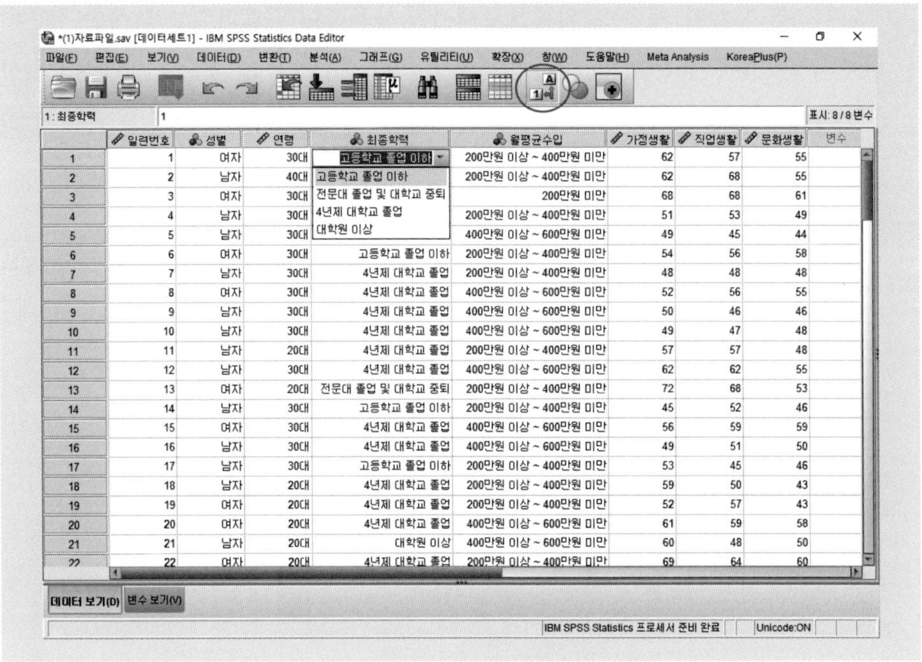

값을 입력할 셀을 더블 클릭하면 셀의 오른쪽에 아래로 향하는 화살표가 나타나는데, 이 화살표를 클릭하면 정의된 변수값 설명을 모두 볼 수 있고, 이 중에서 원하는 설명을 클릭하면 변수값 설명이 셀에 나타난다.

(4) 자료파일의 저장

파일(F) ▷ 저장(S) , 다른 이름으로 저장(A) 또는 도구모음에서

데이터를 '**다른 이름으로 저장**(A)' 대화상자에서 파일 이름 부분에 저장할 파일 이름을 입력한 후 저장(S) 을 클릭한다.

2) 여러 가지 형식의 파일 읽기

(1) ASCII 텍스트 파일 읽기

파일(F) ▷ 데이터 가져오기(D)... ▷ 텍스트 데이터(T)...

HWP나 MS-WORD와 같은 워드프로세서를 사용하여 자료파일을 작성할 경우에는 반드시 **ASCII**(American Standard Code for Information Interchange) 파일 형식으로 저장해야 한다. 만약, 다른 형식으로 파일을 저장하게 되면, SPSS는 파일의 내용을 읽을 수 없게 된다. ASCII 파일로 저장하는 방법은 해당 워드프로세서 매뉴얼을 참조하기 바란다. 워드프로세서나 다른 편집기(예: WINDOWS의 Notepad, Wordpad 등)에서 작성한 ASCII 파일을 읽는 방법은 다음과 같다.

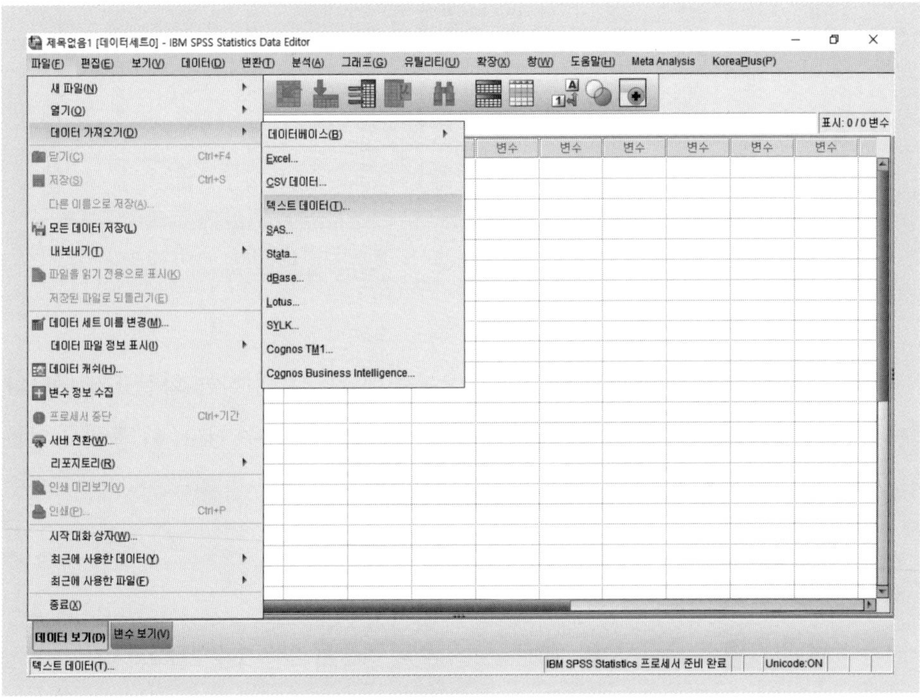

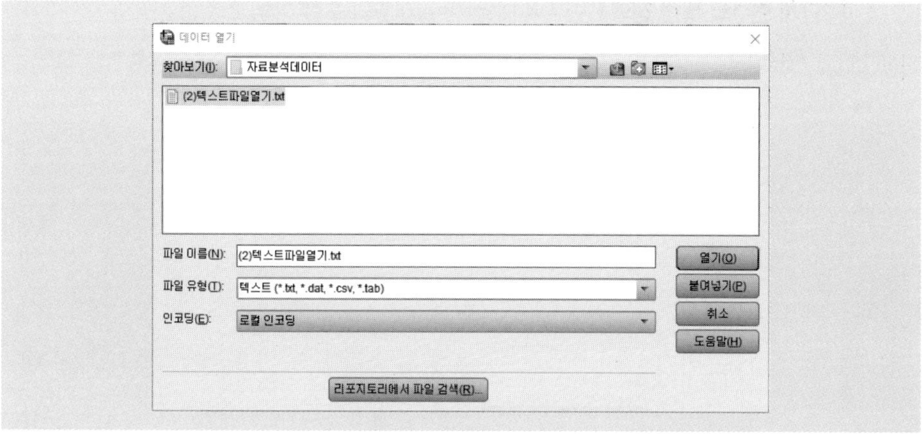

파일의 위치를 지정하고 원하는 파일을 선택한 다음 [열기(O)]를 클릭하면, 텍스트 가져오기 마법사 창이 열리면서 다음과 같은 6단계가 실행된다.

❙1단계 텍스트 파일의 미리보기❙ 텍스트 파일의 형식을 확인할 수 있다.

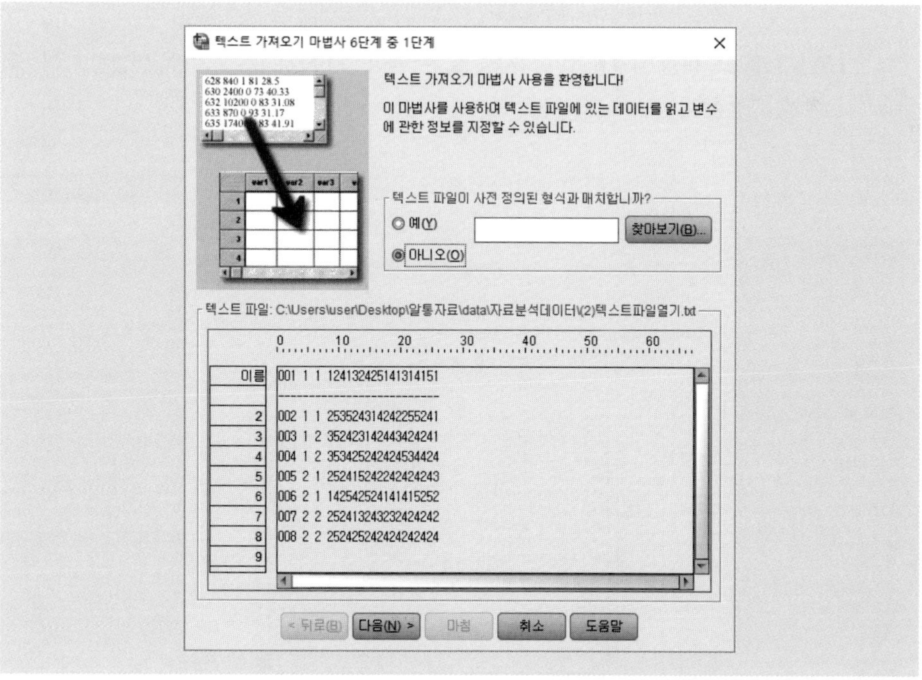

▎2단계 변수의 특성 정의▎ 변수의 배열, 변수 이름의 포함 여부, 소수점 기호의 표시방식을 지정한다.

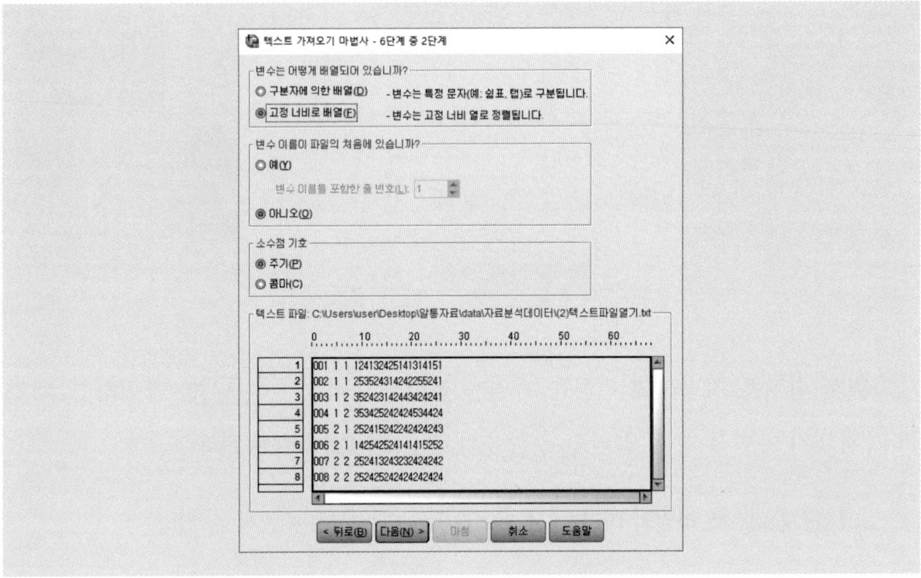

▎3단계 케이스 특성 정의▎ 케이스 시작 줄, 한 케이스가 차지하는 줄의 수, 변환할 케이스의 수를 지정한다.

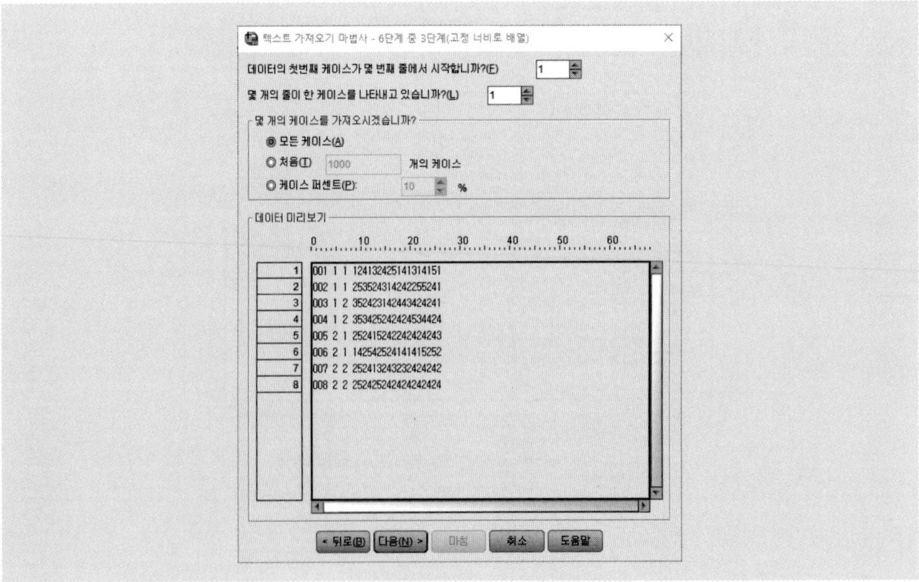

▍4단계 변수의 구분▍ 각 변수 사이의 구분 형식을 지정한다.

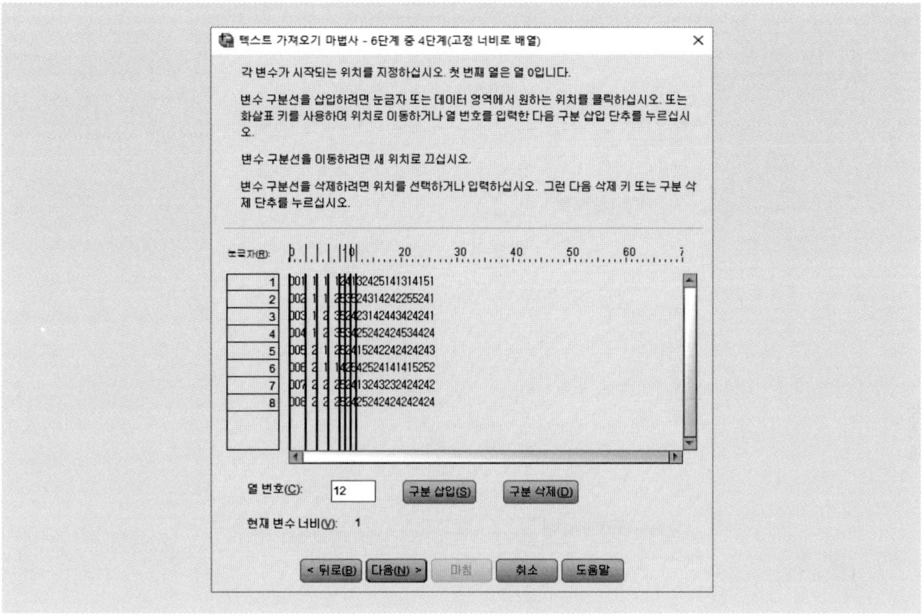

▍5단계 변수 정의▍ 데이터 미리보기 창에서 변수의 이름과 데이터 형식을 지정한다.

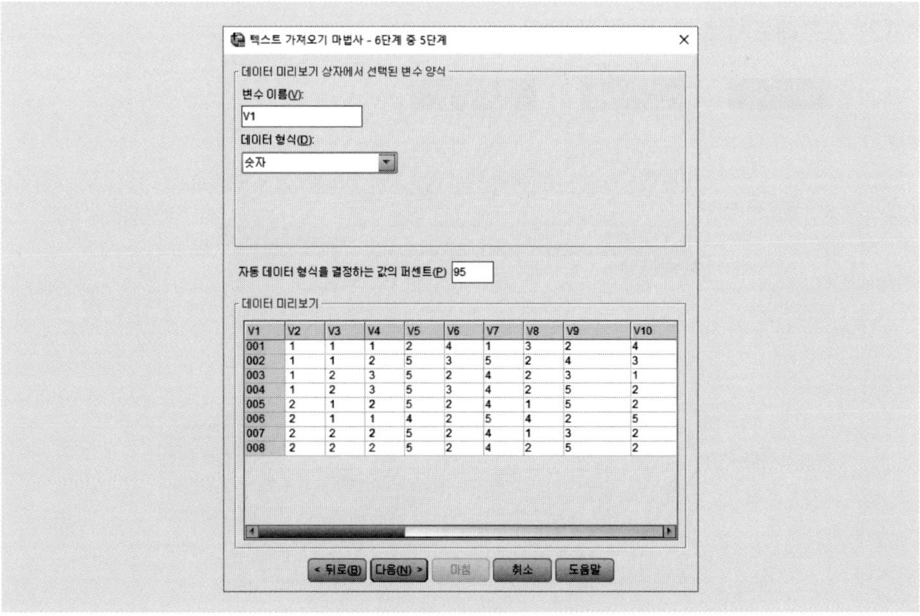

| 6단계 저장 | 지정된 텍스트 파일 형식의 저장 여부, 명령문 작성 여부를 지정한다.

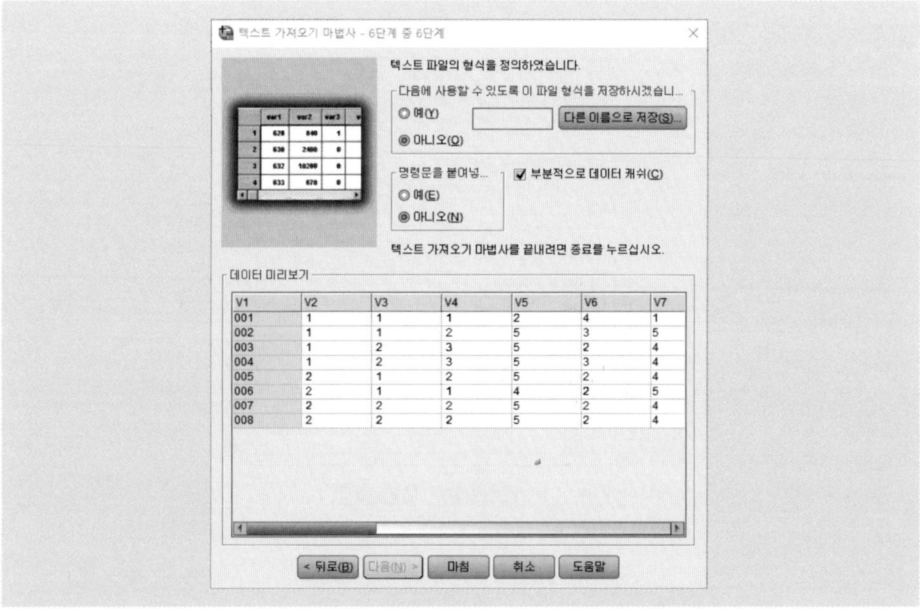

마침 을 클릭하면 데이터 편집기에 변환된 데이터 파일이 나타난다.

(2) 스프레드시트 파일 읽기

파일(F) ▷ 열기(O) ▷ 데이터(D)

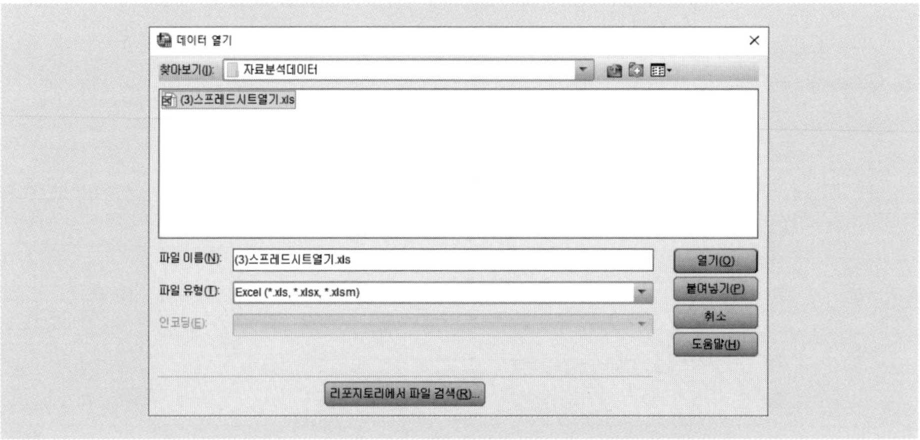

데이터 열기 대화상자의 목록에서 **파일 유형**을 Excel(*.xls, *.xlsx, *.xlsm)로 선택하고, 목록에서 파일을 선택하면 데이터 열기 옵션 대화상자가 열린다. 여기서 기억해야 할 사항은 각 변수에 대한 자료 유형은 스프레드시트 첫 행에 나오는 값에 따라 정의된다.

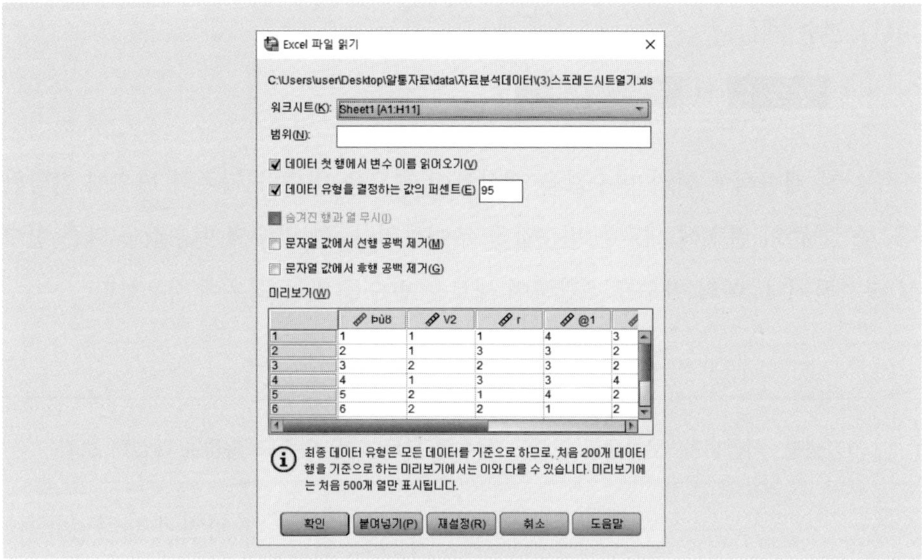

❙ 데이터 첫 행에서 변수 이름 읽어오기 ❙ 첫 행에 열 제목(변수명)이 있을 때, 스프레드시트 첫 행에 나오는 값은 SPSS에서 변수명으로 사용되고, 두 번째 행의 데이터값에 따라 자료 유형을 정의

❙ 워크시트 ❙ 읽으려는 데이터의 범위를 지정

❙ 범위 ❙ 스프레드시트에서 읽으려는 데이터가 처음 행이나 처음 열에서 시작되지 않을 경우 파일 열기 옵션에서 읽으려는 스프레드시트 프로그램에서 사용하는 동일한 형식으로 셀의 범위를 지정(예: A1 : D10)

❙ 데이터 유형을 결정하는 값의 퍼센트 ❙ 각 변수의 데이터 유형이 동일한 형식을 따르는 값의 백분율에 의해 결정

- 값은 50보다 큰 값으로 지정
- 지정된 백분율 값에 사용되는 일관된 형식이 없는 경우 해당 변수에 문자열 데이터 유형 지정
- 백분율 값을 기준으로 숫자 형식(날짜 및 시간 포함)이 지정된 변수의 경우, 해당 형식을 따르지 않는 값에 시스템 누락값 지정

2. 자료 변환

1) 변수값을 대상으로 하는 자료 변환

(1) 변수 계산

변환(T) ▷ 변수 계산(C)...

주어진 계산식에 따라 변수값을 계산하여 새로운 변수나 기존의 변수에 할당한다. 즉, 기존의 변수에 새로운 변수값을 부여하거나, 한 변수의 변수값을 다른 변수로 복사하거나, 여러 변수를 조합하여 새로운 변수를 만들 경우에 사용한다.

예 제

가정생활, 직업생활, 문화생활 만족도 점수를 모두 더한 만족도 총점을 계산해 보자.

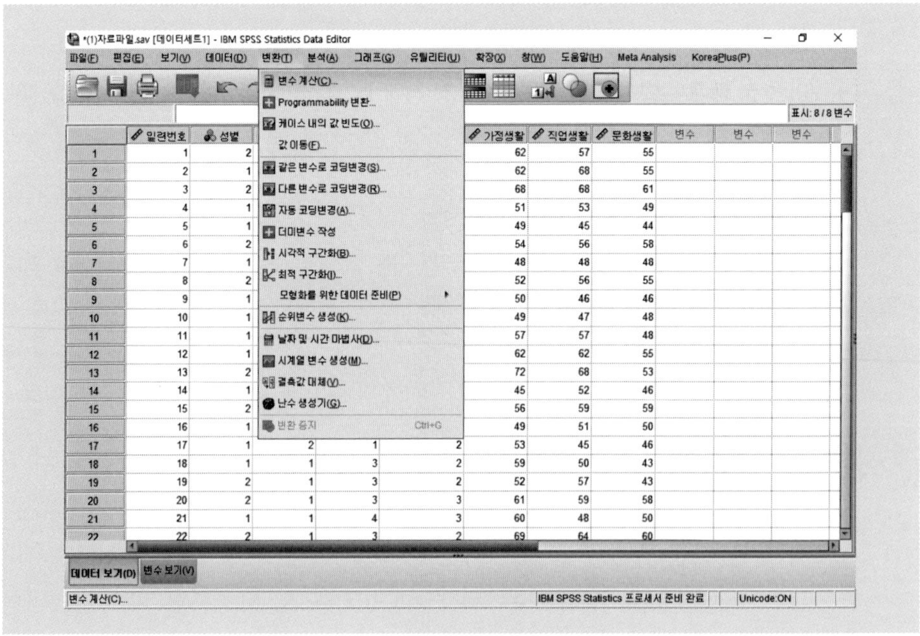

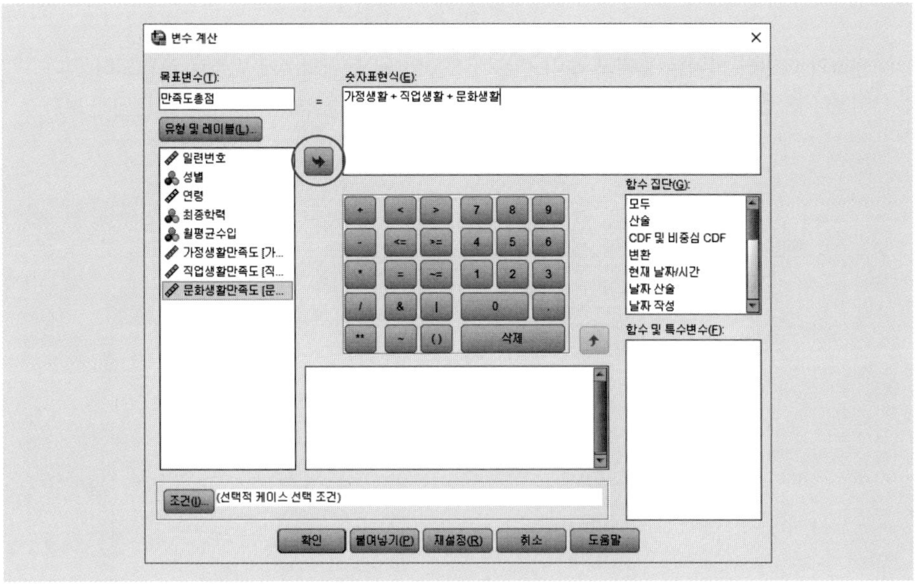

목표변수(T)의 이름과 숫자표현식(E)을 입력한다. 이때 변수 목록에서 변수를 숫자표현식(E) 상자에 옮기려면 해당 변수를 선택하고 ➡를 클릭한다. 숫자표현식(E)에는 계산기에 있는 숫자와 연산자를 붙여 넣는다. 그리고 [확인]을 클릭하면 새 변수가 데이터 파일 오른쪽 끝에 추가된다.

(2) 코딩변경

코딩변경은 특정 변수의 변수값을 변경하기 위해 사용하는데, 다음의 두 가지 방법을 사용할 수 있다.

변경된 코딩값을 원래의 변수에 저장하려면

[변환(T)] ▷ [같은 변수로 코딩변경(S)] 를 선택하고,

변경된 코딩값을 다른 변수로 저장하려면

[변환(T)] ▷ [다른 변수로 코딩변경(R)] 를 선택한다.

예 제

원래의 데이터 파일은 월평균 수입 변수가 200만 원 단위의 4개 범주로 코딩되어 있다. 이 변수를 월소득 수준이라는 새로운 변수로 저장하고 상, 중, 하의 3개 범주로 변경해 보자.

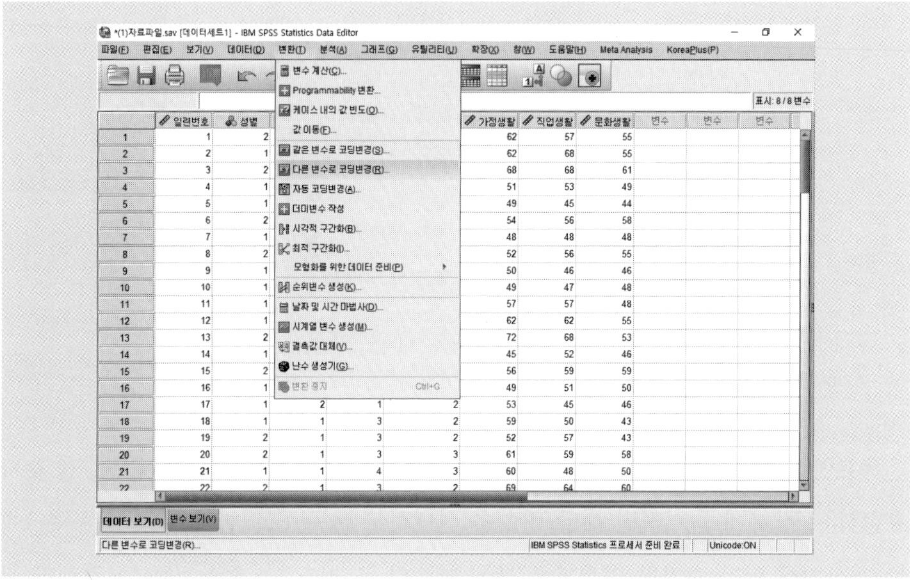

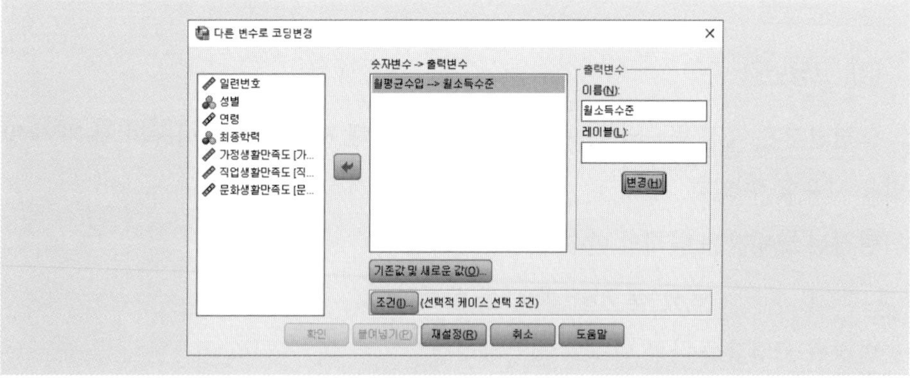

변수 목록에서 코딩값을 변경하고자 하는 변수를 선택하고 출력변수의 이름(N)에 새로운 변수 이름를 입력한 다음 [변경(H)]를 클릭하고 나서, [기존값 및 새로운 값(O)...]을 클릭하면 다음과 같은 대화상자가 나타나는데, 여기에서 코딩 규칙을 변경한다.

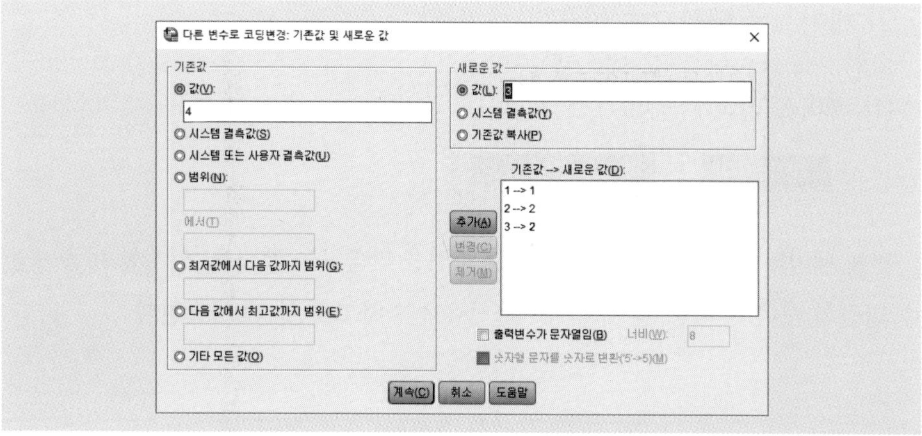

기존값의 값(V)에는 변경할 기존값을, 새로운 값의 값(L)에는 변경하고자 하는 새로운 값을 입력한 후 [추가(A)]를 클릭하여 기존값 → 새로운 값(D)에 추가한다. 같은 방법으로 변경할 기존값을 새로운 값으로 모두 지정한 후 [계속(C)]을 클릭하고, 새로운 변수로 코딩변경 대화상자에서 [확인]을 클릭하면 데이터의 가장 오른쪽 열에 새로운 변수가 추가된다. 새로 생성된 변수는 변수 보기 창에서 유형, 소수점 이하 자리, 레이블, 값 등을 입력한다.

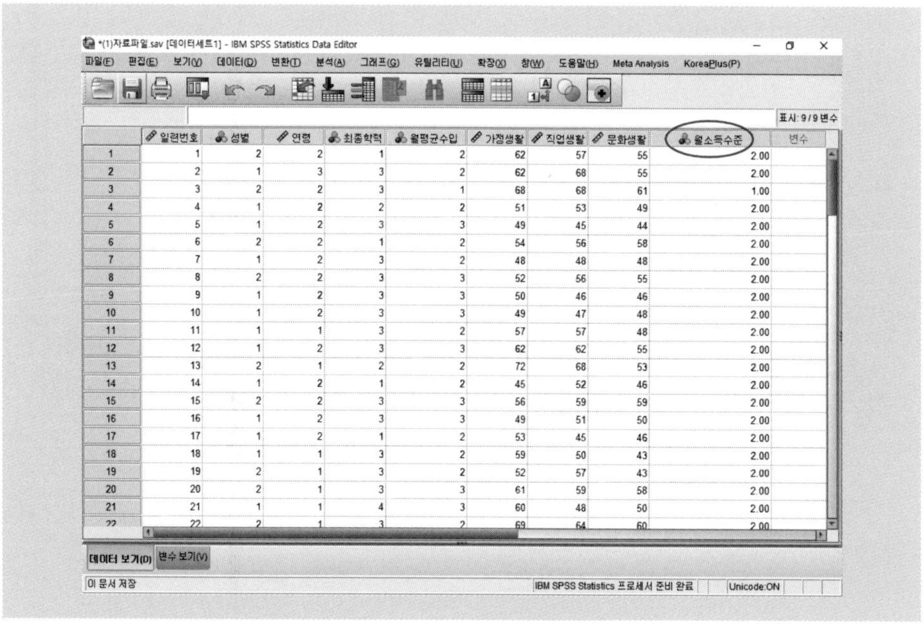

2) 케이스를 대상으로 하는 자료 변환

(1) 케이스 선택

데이터(D) ▷ 케이스 선택(S)...

전체 데이터에서 필요에 따라 특정한 조건을 만족하는 케이스, 일정한 비율 또는 수 만큼의 케이스, 처음 몇 개의 케이스만을 선택하고자 할 때 사용한다.

예 제

수집한 자료에서 성별이 남성인 케이스만을 선택하여 보자(남자는 '1', 여자는 '2'로 코딩되어 있다).

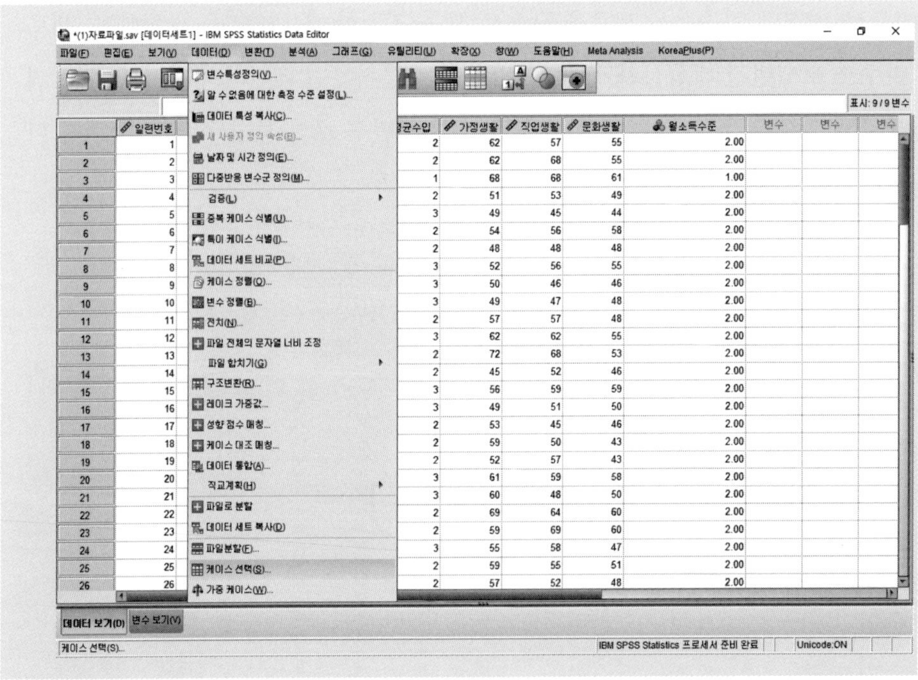

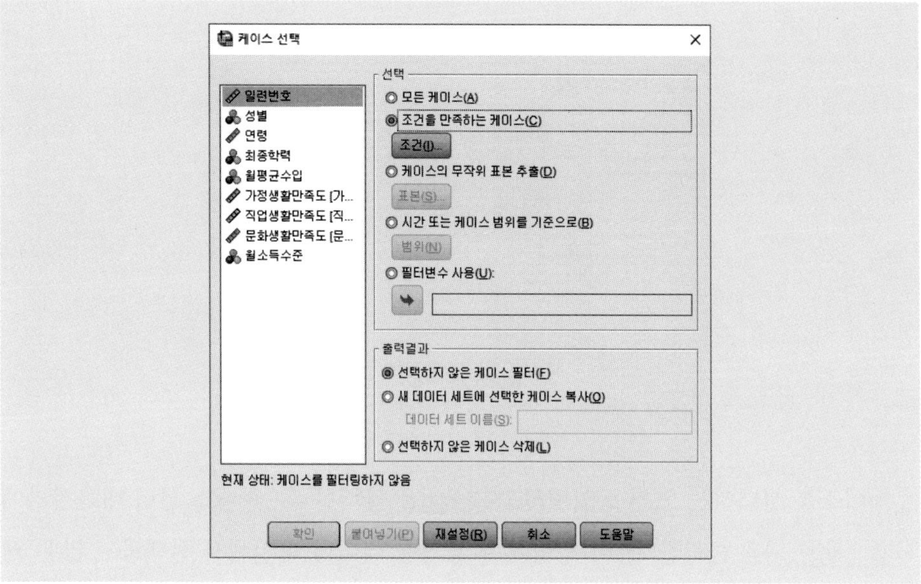

조건을 만족하는 케이스(C)에서 [조건(I)...]을 클릭한다.

선택

▌**모든 케이스(A)** ▌ 특정한 조건에 해당하는 케이스를 선택하여 분석한 후, 다시 모든 케이스를 사용할 때 사용

▌**조건을 만족하는 케이스(C)** ▌ 조건을 지정하여 표본을 선정할 때 사용

[조건(I)...]을 클릭하여 선택 조건을 지정할 수 있다.

▌**케이스의 무작위 표본 추출(D)** ▌ 일정 비율 또는 일정 수만큼의 표본을 선정할 때 사용

▌**시간 또는 케이스 범위를 기준으로(B)** ▌ 케이스의 번호 범위를 지정하여 표본을 선정할 때 사용

▌**필터변수 사용(U)** ▌ 데이터 파일에서 선택한 숫자 변수를 사용하여 0 또는 결측값을 제외한 값을 가지는 케이스를 선택하고자 할 때 사용

출력결과

▌**선택하지 않은 케이스 필터(F)** ▌ 데이터 편집기에서 케이스 번호에 대각선(임시지움)으로 표시

▌**새 데이터 세트에 선택한 케이스 복사(O)** ▌ 선택한 케이스를 새 데이터 파일로 만든다. 원래의 데이터 파일은 그대로 유지

▌**선택하지 않은 케이스 삭제(L)** ▌ 선택되지 않은 케이스는 파일에서 완전히 삭제

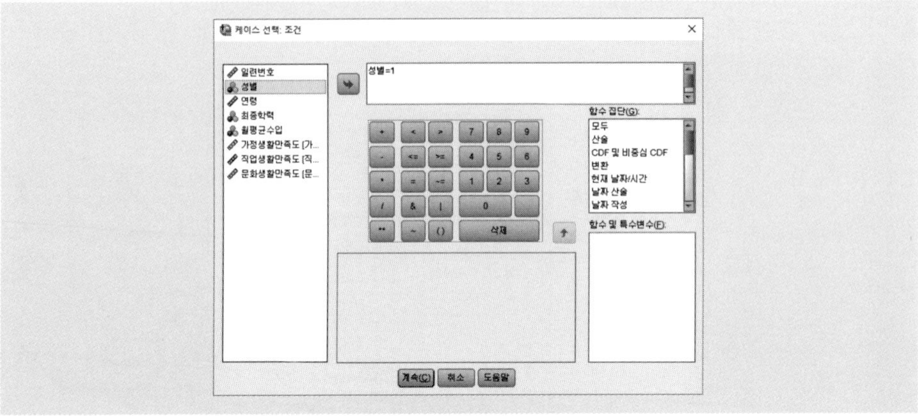

케이스를 선택하는 조건을 입력하고 계속(C) 을 클릭한 후, 케이스 선택 대화상자에서 확인 을 클릭한다. 이 명령이 수행되면 데이터 파일에서 선택하지 않은 케이스 번호에 빗금이 생기고 분석에서 제외된다.

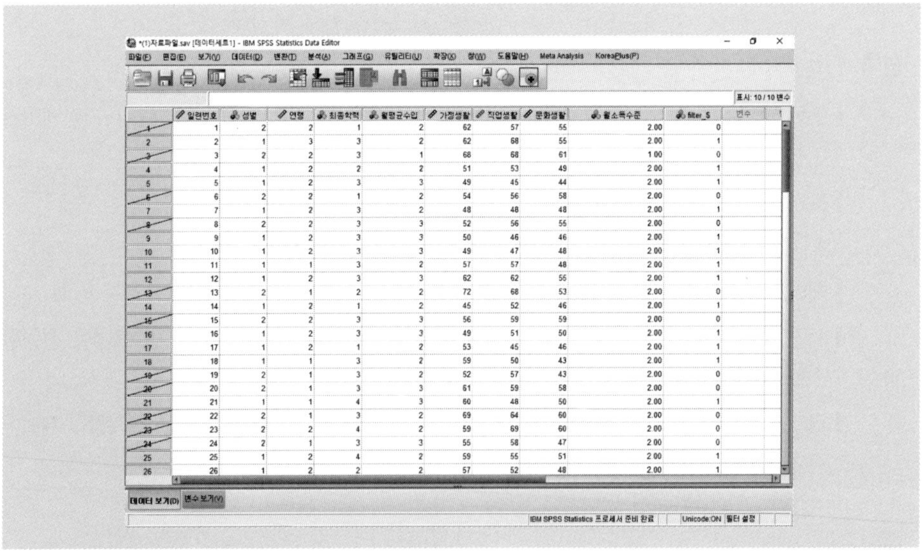

(2) 가중값 부여

데이터(D) ▷ 가중 케이스(W) ...

특정한 변수값에 따라 서로 다른 비중을 두어 처리할 경우에 사용한다.

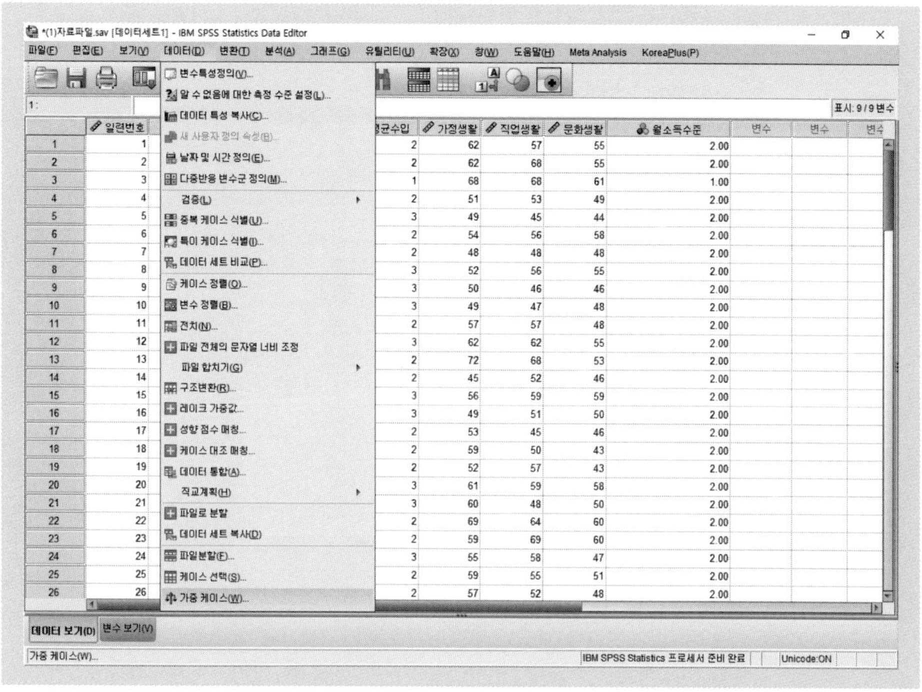

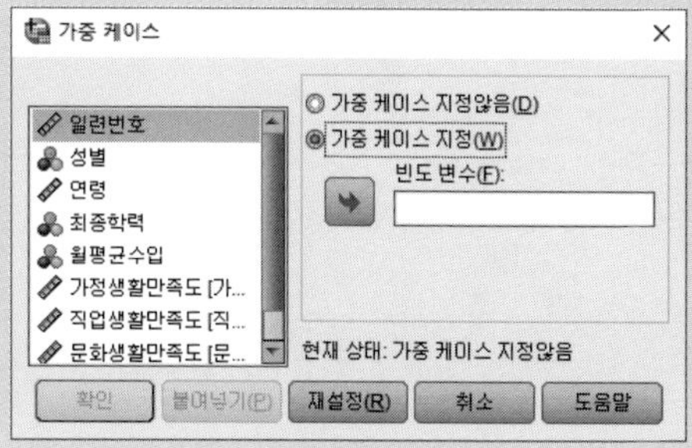

▌가중 케이스 지정(W)▐ 빈도 변수(F)에 가중값을 부여할 빈도 변수를 옮김

(3) 케이스 정렬

데이터(D) ▷ 케이스 정렬(O) ...

특정 변수들의 정렬 순서에 따라 케이스를 재배치할 때 사용한다.

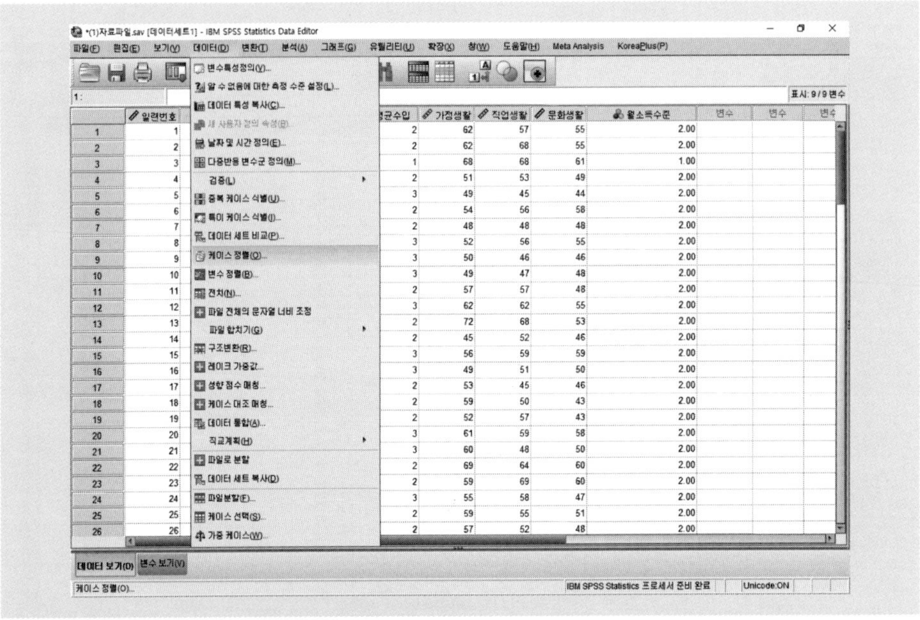

정렬할 기준 변수와 정렬 순서를 지정한 후 확인 을 클릭한다.

3) 자료파일을 대상으로 하는 자료 변환

(1) 파일 합치기

자료파일을 합치는 방법은 케이스를 추가하는 방법과 변수를 추가하는 방법이 있으며, 그 차이를 그림으로 나타내면 다음과 같다.

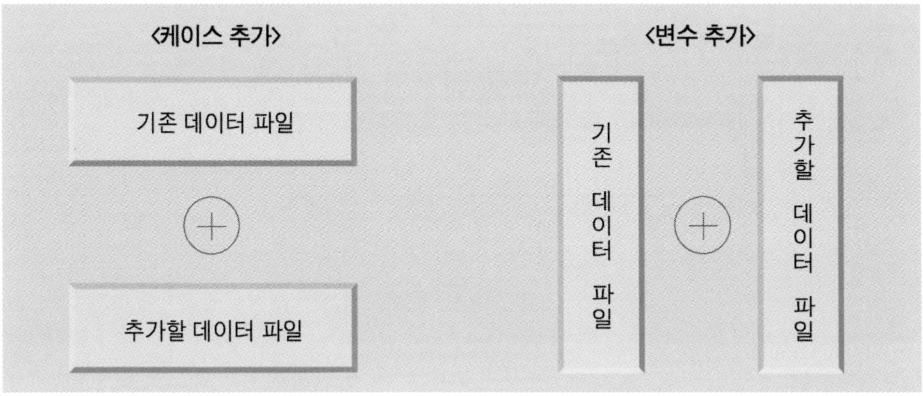

가. 케이스 추가

데이터(D) ▷ 파일 합치기(G) ▷ 케이스 추가(C) ...

두 개 이상의 파일을 위와 아래로 결합하여 케이스의 수를 늘린다.

예 제

자료파일.SAV에 자료파일추가(케이스).SAV를 결합하여 케이스를 추가해 보자.

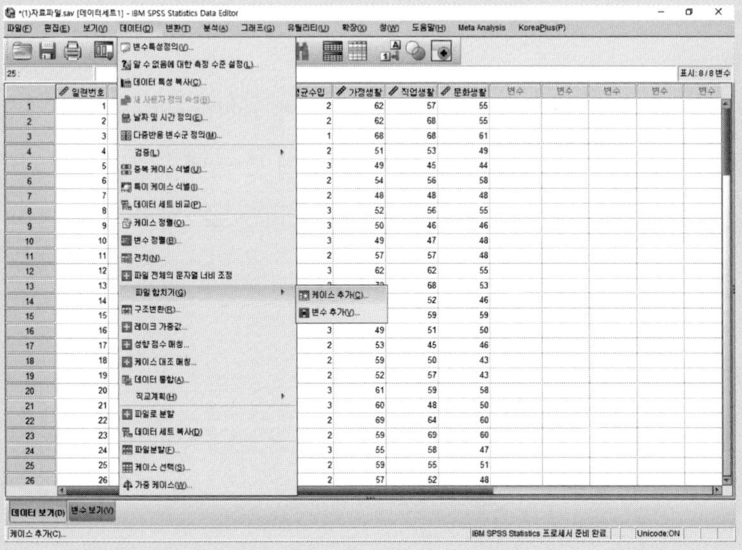

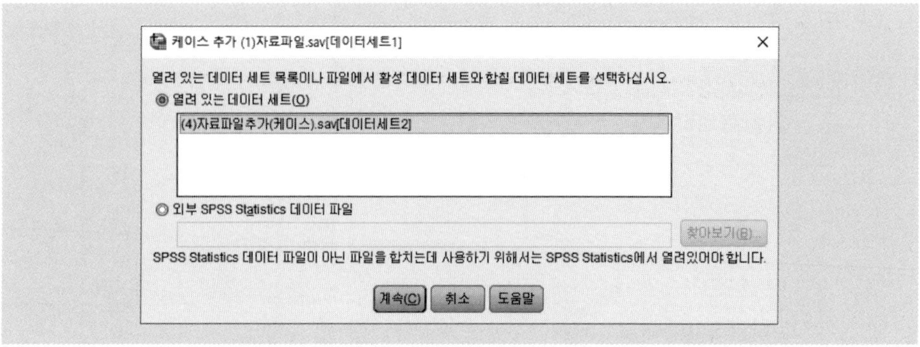

열려 있는 데이터 세트(O) 부분에서 파일 이름을 클릭하고 계속(C)을 클릭한다.

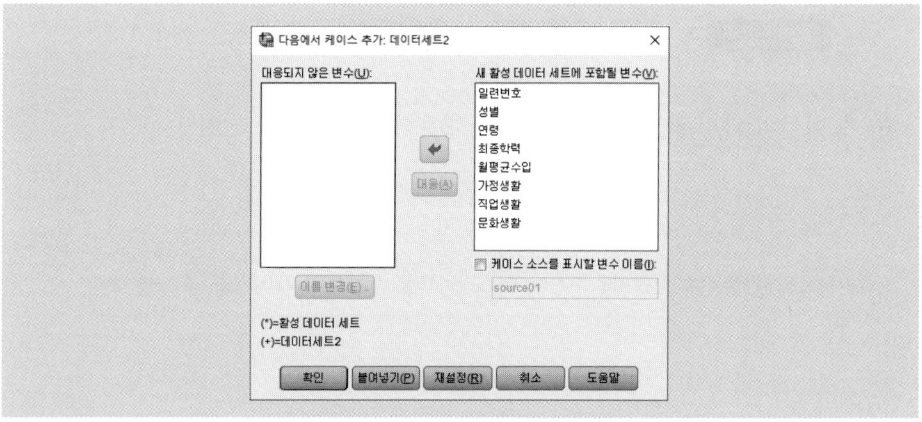

현재의 데이터 파일과 읽어 올 데이터 파일 간에 일치하지 않는 변수가 있으면 왼쪽의 대응되지 않은 변수(U)에 나타난다. 만약, 실제 변수 내용은 같은데 변수 이름이 다를 경우는 이름 변경(E)...을 클릭하여 변수 이름을 바꿀 수 있다.

나. 변수 추가

데이터(D) ▷ 파일 합치기(G) ▷ 변수 추가(V) ...

두 개 이상의 파일을 옆으로 결합하여 변수의 수를 늘린다.

예 제

자료파일.SAV에 자료파일추가(변수).SAV를 결합하여 변수를 추가해 보자.

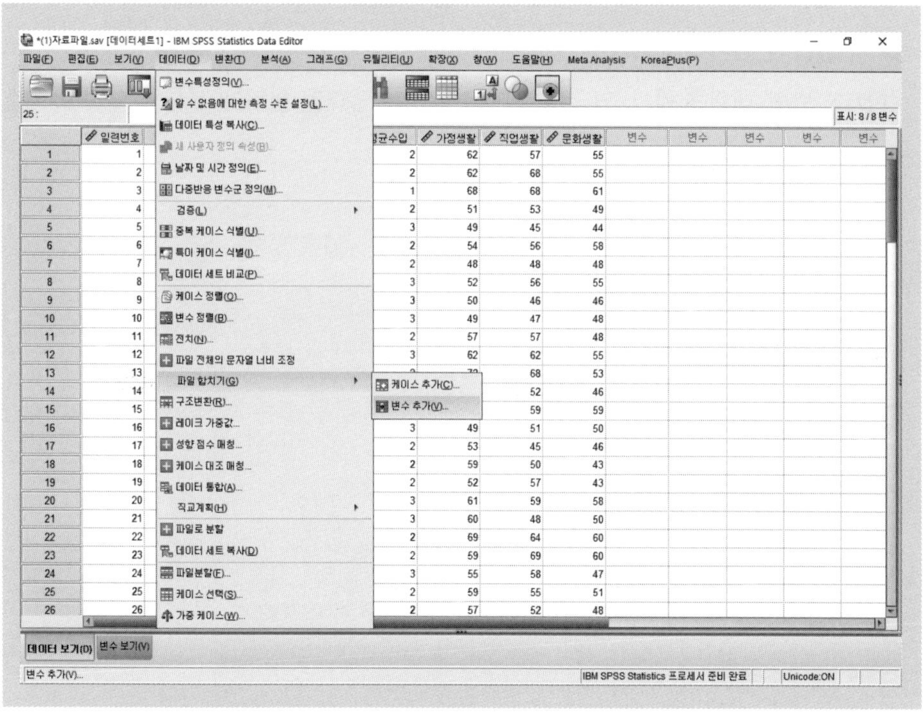

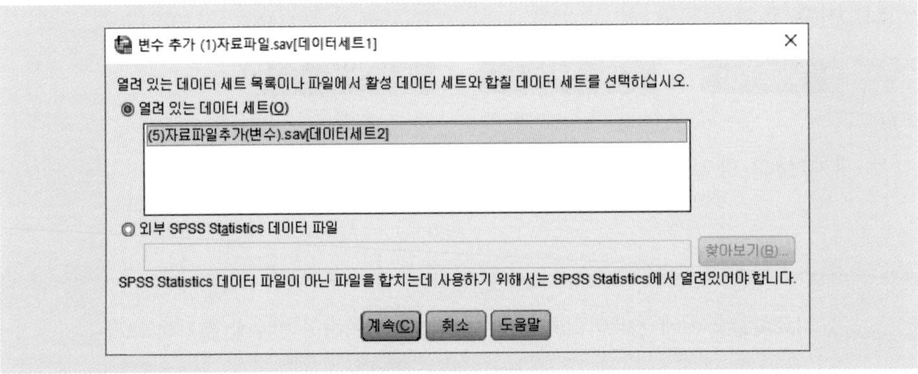

열려 있는 데이터 세트(O) 부분에서 파일 이름을 클릭하고 계속(C)을 클릭하면 '합치기 방법'과 '변수' 대화창이 나온다.

'합치기 방법' 대화창에서 '키 값을 기반으로 하는 일대일 합치기(N)'를 선택하고 기준변수(K)를 지정한다.

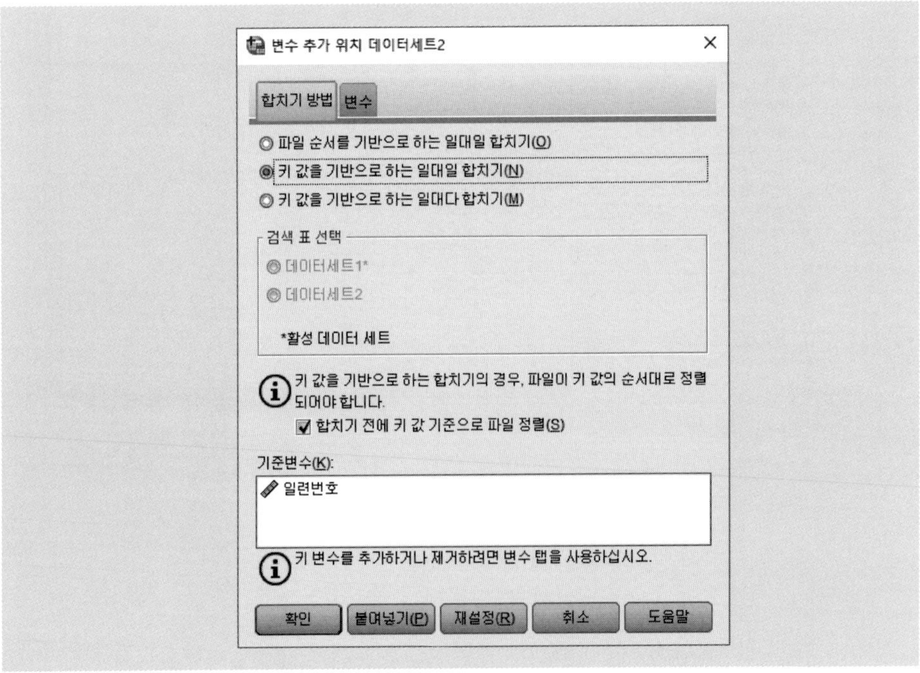

현재의 데이터 파일과 읽어 올 데이터 파일에서 공통된 변수는 제외된 변수(E)에 나타난다. 만약, 실제 변수 내용이 같더라도 파일에 모두 포함시키고자 할 경우 [이름변경(A)...]을 클릭하여 변수 이름을 바꿀 수 있다.

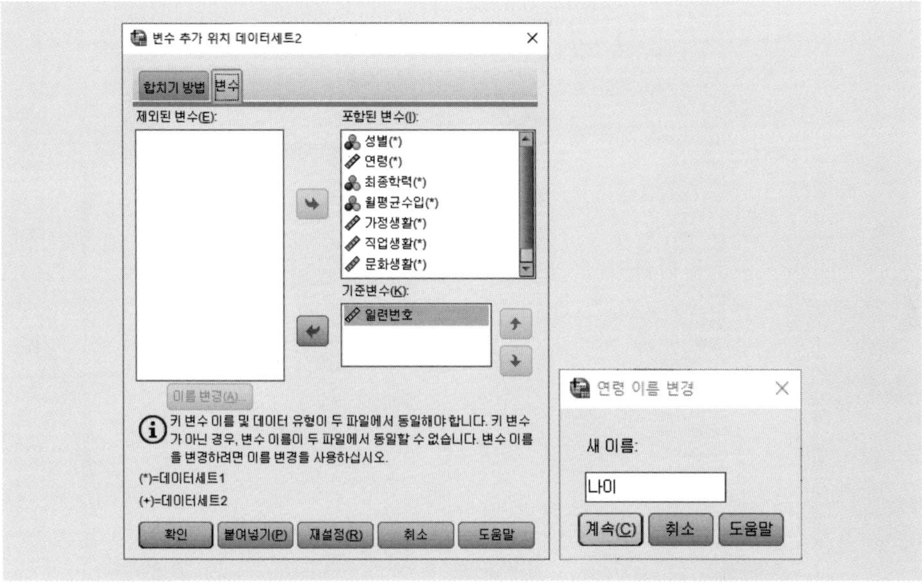

키 변수에서 일치하는 사례에서 양쪽 파일에 기준이 있음(B)을 선택하고 기준변수(K)를 지정한 후 [확인]을 클릭한다. 변수를 추가할 경우에는 현재의 데이터 파일과 읽어 올 데이터 파일이 모두 같은 기준변수에 의해 동일한 순서로 정렬되어 있어야 한다(예: 일련번호의 오름차순 정렬. 제3장 2절 케이스 정렬 참고).

(2) 데이터 통합

데이터(D) ▷ 데이터 통합(A) ...

특정 변수에 따라 같은 변수값을 가지는 케이스에 대하여 합계나 평균 등을 계산하여 별도의 파일을 구성할 필요가 있을 때 사용한다. 예를 들어, 성별에 따른 가정생활 만족도의 평균값을 나타내는 새로운 변수를 만들거나 그것을 새로운 데이터 파일에 따로 저장하고자 할 때 사용할 수 있다.

예 제

성별에 따른 가정생활 만족도 평균을 별도의 데이터 파일로 저장해 보자.

가. 데이터 통합 대화상자 열기

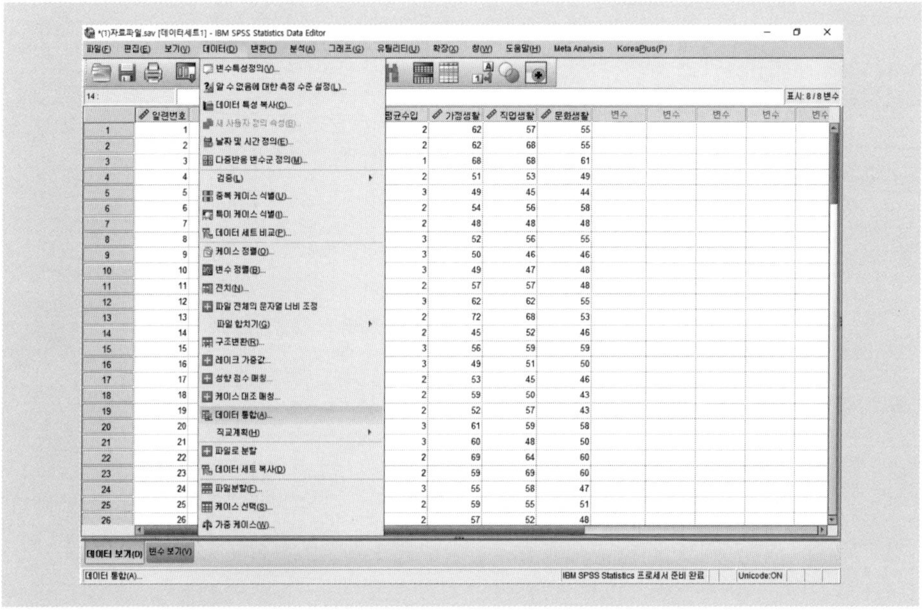

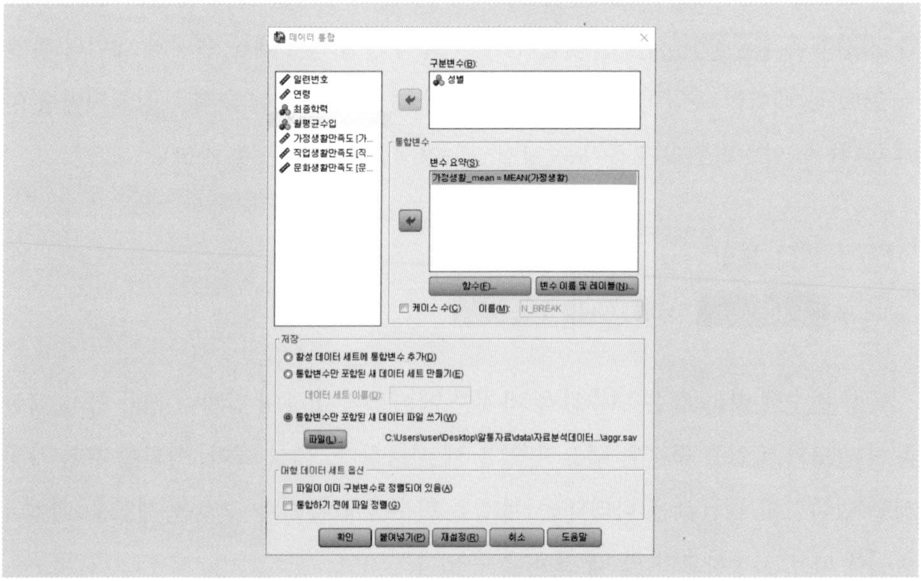

변수들 중에서 **구분변수(B)**와 **통합변수**를 지정하고, 통합할 함수식을 지정한다.

> **❙ 구분변수(B) ❙** 통합집단을 정의하는 데 사용하는 변수로서 구분변수값에 따라 각 케이스를 집단으로 분류한다.
>
> **❙ 통합변수 ❙** 통합함수에 대한 새 변수를 작성하기 위해 통합함수에 사용된 변수다. 통합함수에 대한 원래의 변수는 숫자여야 한다.

나. 변수 이름 및 설명 대화상자 열기

데이터 통합 대화상자에서 [변수 이름 및 레이블(N)...]을 클릭하여 **변수 요약(S)** 목록에서 선택한 변수에 대해 변수 이름을 바꾸고 변수 설명을 입력한 후 [계속(C)]을 클릭한다.

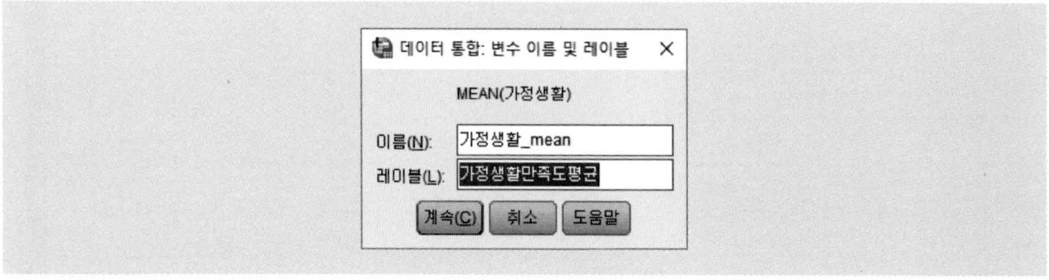

다. 통합함수 대화상자 열기

데이터 통합 대화상자에서 [함수(F)...]를 클릭한 후, 원하는 옵션을 지정하고 [계속(C)]을 클릭한다.

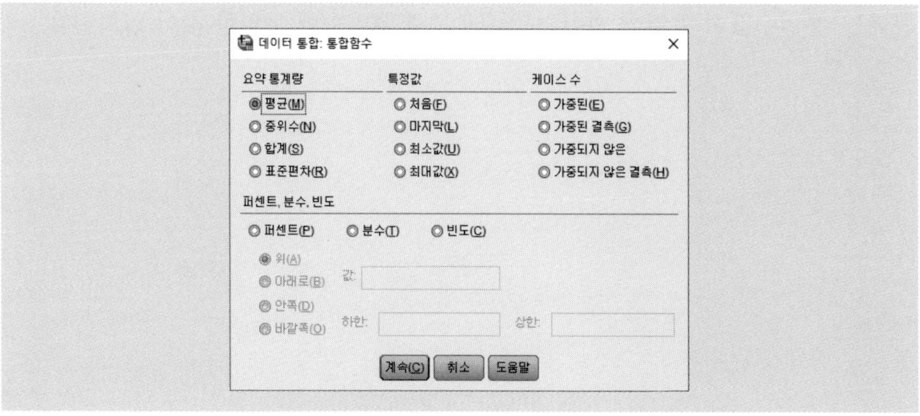

라. 데이터 파일 저장

데이터 통합 대화상자의 저장 부분에서 통합변수만 포함된 새 데이터 파일 쓰기(W)를 선택하고 파일(L)... 을 클릭하여 통합 데이터 파일을 작성한 후, 원하는 파일 이름과 위치를 지정하면 다음과 같은 새로운 파일이 생성된다.

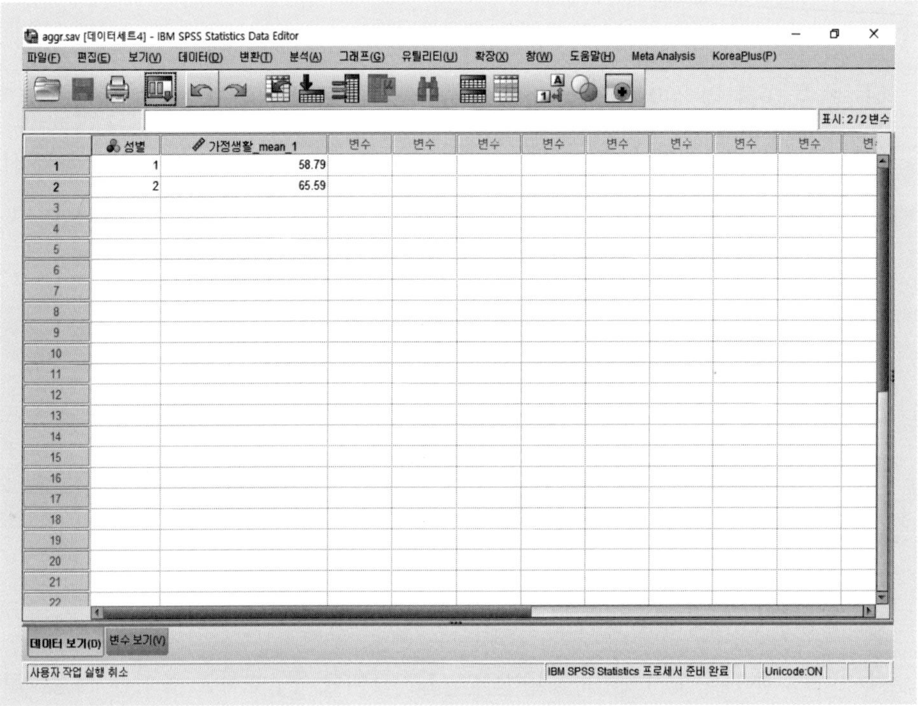

활성 데이터 세트에 통합변수 추가(D)는 현재의 데이터 파일에 통합변수를 추가하는데, 구분변수값이 동일한 케이스는 새로운 통합변수에 동일한 값이 입력된다.

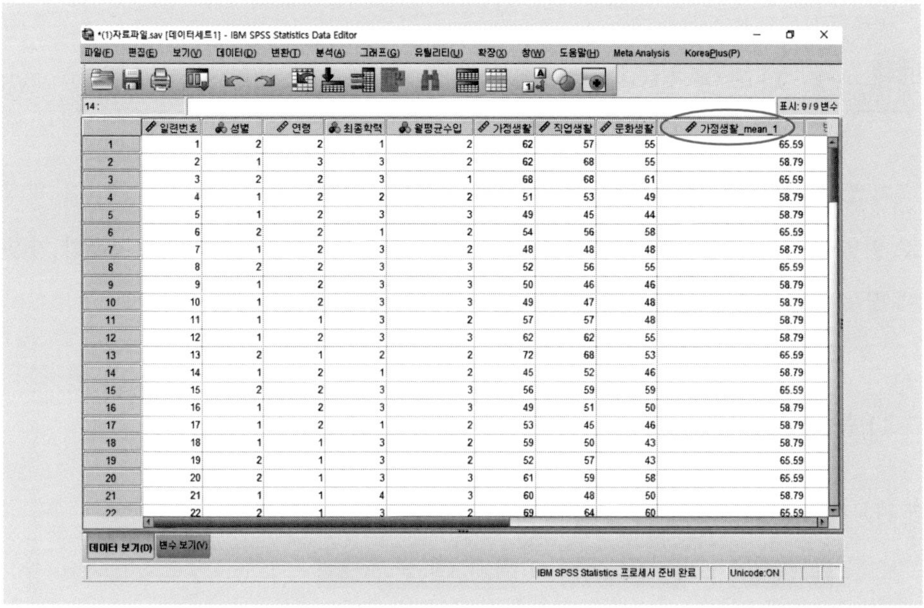

통합변수만 포함된 새 데이터 세트 만들기(E)를 선택하고 파일 이름(가정생활평균)을 지정하면 현재 데이터 파일은 변함없이 현재 세션에서 다음과 같은 새로운 데이터 파일이 생성된다.

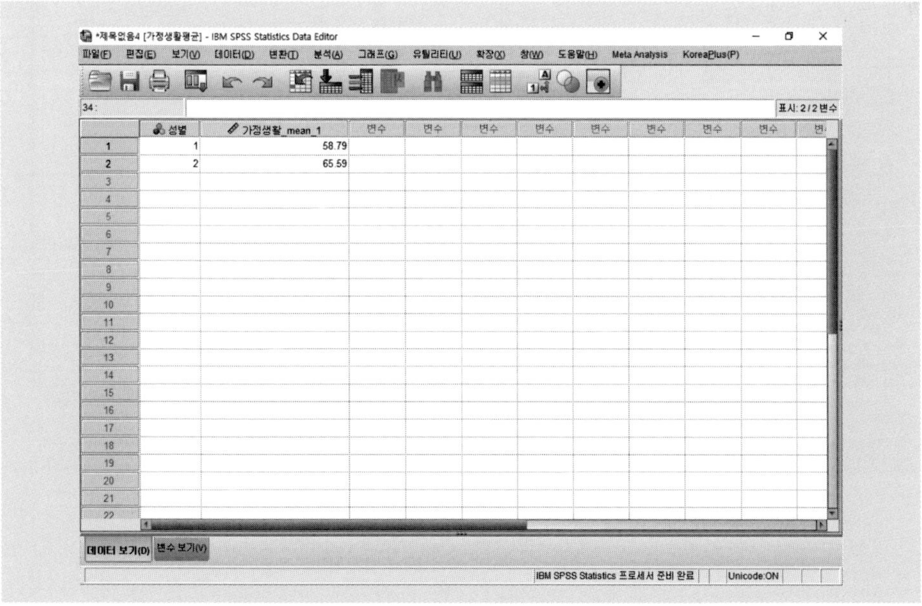

3. 자료의 확인

자료파일을 오류 없이 입력하였는지, 다른 프로그램으로 작성된 자료파일을 제대로 읽었는지 확인하는 과정을 거친 후에 여러 가지 자료분석을 수행하여야만 차후에 잘못된 수행결과를 반복하는 실수를 방지할 수 있다.

1) 분석 실행

(1) 케이스 요약 대화상자 열기

분석(A) ▷ 보고서(P) ▷ 케이스 요약(M) ...

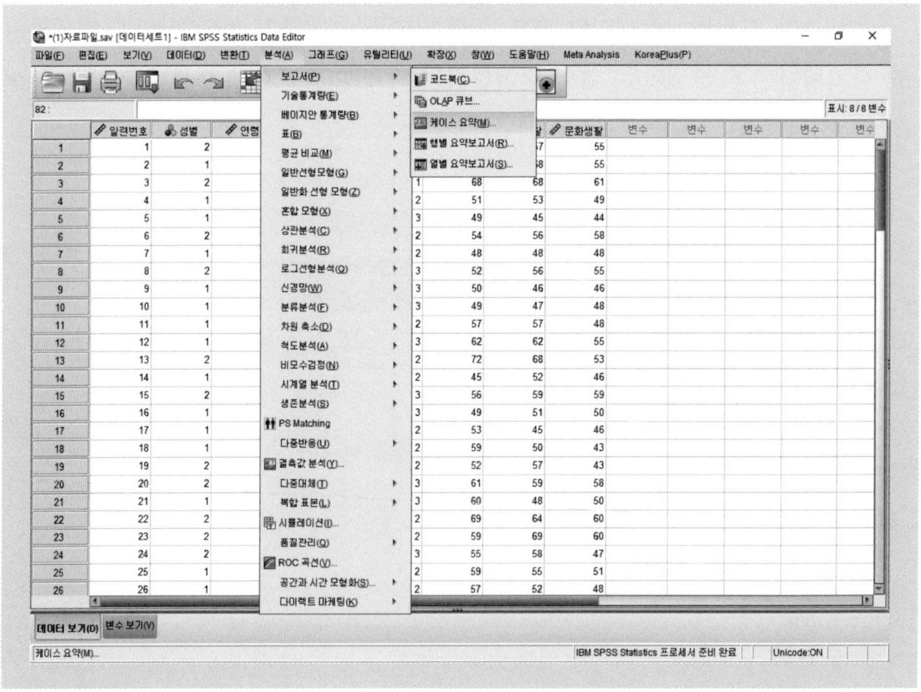

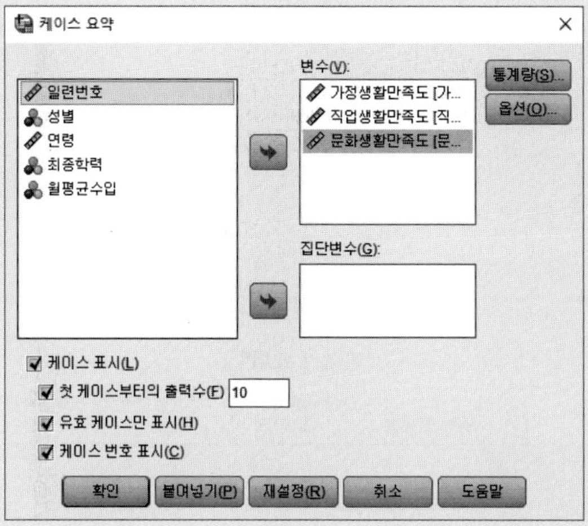

확인하고 싶은 변수를 지정한다. 이때 집단변수(G)를 지정하면 확인하고 싶은 변수값이나 요약통계량을 지정한 집단변수에 따라 구분하여 나타낸다.

❙ 케이스 표시(L) ❙ 케이스 표시를 설정할 경우에는 개별 케이스의 지정한 변수에 대한 변수값을 출력하고, 해제하였을 경우에는 개별 케이스의 변수값은 출력하지 않고 요약통계량만 출력한다.

(2) 통계량 대화상자 열기

케이스 요약 대화상자에서 [통계량(S)...]을 클릭한다.

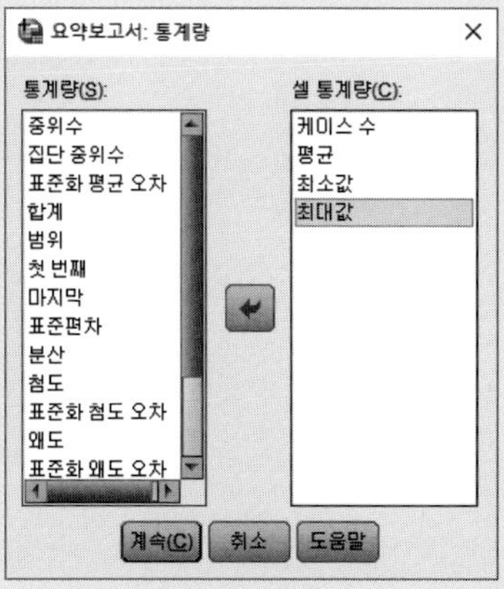

출력하고자 하는 통계량을 왼쪽의 **통계량(S)** 상자에서 오른쪽의 **셀 통계량(C)**으로 이동시킨다.

2) 분석 결과

케이스 요약[a]

		케이스 번호	가정생활만족도	직업생활만족도	문화생활만족도
1		1	62	57	55
2		2	62	68	55
3		3	68	68	61
4		4	51	53	49
5		5	49	45	44
6		6	54	56	58
7		7	48	48	48
8		8	52	56	55
9		9	50	46	46
10		10	49	47	48
전체	N		10	10	10
	평균		54.50	54.40	51.90
	최소값		48	45	44
	최대값		68	68	61

a. 처음 10 케이스로 제한됨.

연 • 습 • 문 • 제

다음은 5명의 교사를 대상으로 수행평가 실시에 대한 의견을 조사한 결과다. 다음의 응답 결과표와 수행평가 실시에 대한 설문지를 보고 SPSS에서 자료파일을 작성하시오.

일련번호 \ 문항	1	2	3	4	5	6	7	…
1	1	2	25	1	4	4	5	…
2	2	1	2	2	5	5	5	…
3	2	2	13	2	3	5	4	…
4	1	1	1	1	3	4	5	…
5	2	1	4	1	4	5	4	…

〈첫 번째 교사의 응답 예〉

수행평가 실시에 대한 설문지

▣ 다음은 연구를 위해 필요한 인적 사항과 관련된 문항들입니다. 해당란에 ∨표해 주십시오.

1. 성 별 : ___∨___ ① 남　　______ ② 여
2. 학교 유형 : ______ ① 사립　　___∨___ ② 국·공립
3. 교직 경력 : ___25___ 년
4. 수행평가에 대한 연수를 받은 경험이 있습니까?

___∨___ ① 있다.　　______ ② 없다.

▣ 다음은 수행평가 실시의 장애요인과 관련된 문항들입니다. 각 문항의 내용이 수행평가 실시에 있어 장애가 된다고 생각하는 정도에 따라 ∨표 해 주십시오.

	전혀 그렇지 않다	그렇지 않다	보통이다	그렇다	매우 그렇다
5. 수행평가 실시에 대한 외부 기관의 지원이 부족하다.	1__	2__	3__	4 ∨	5__
6. 수행평가를 실시하기에는 한 학급 당 학생 수가 너무 많다.	1__	2__	3__	4 ∨	5__
7. 교사의 과중한 행정업무가 수행평가 실시에 장애가 된다.	1__	2__	3__	4__	5 ∨

〈생략〉

제4장 분석 실행 및 결과

자료파일을 생성한 다음 SPSS 프로그램으로 자료분석을 실행한 후, 자료분석 결과를 정리하여야 한다. 이 장에서는 제3장에서 설명한 자료파일을 가지고 자료를 분석하는 절차, 분석 결과의 통계표 및 도표 편집 방법, 다른 프로그램으로 편집하기 용이하도록 내보내기(T) 명령을 사용하는 방법 등을 설명한다.

1. 분석 실행

특정 프로시저를 실행하려면 메뉴에서 해당 프로시저를 선택한다. 메뉴에서 프로시저를 선택한 다음에는 대화상자에서 변수와 옵션을 선택한다. 그런 다음 소스 목록에서 변수를 선택하여 대상 목록으로 이동시킨 다음, 옵션을 지정하고 확인단추를 클릭하여 프로시저를 실행한다. 이렇게 하면 뷰어에 결과가 표시된다.

2. 뷰 어

SPSS에서 분석 프로시저를 수행하면 그 결과가 SPSS 뷰어 창에 표시된다. 표시된 뷰어는 저장 메뉴를 사용하여 저장할 수 있다.

저장: 파일(F) ▷ 저장(S) 또는 ☞ 출력결과 파일(*.SPV)

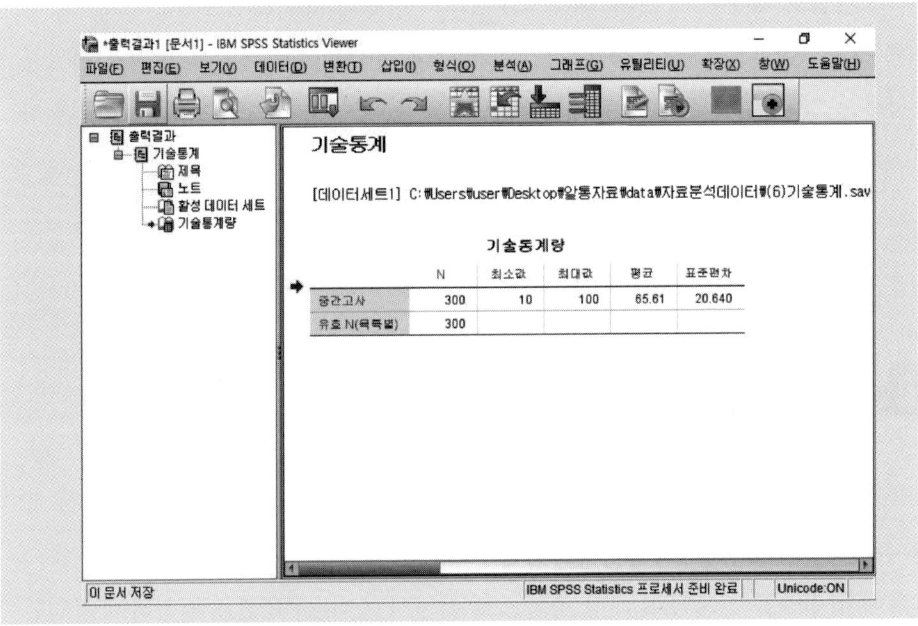

뷰어의 왼쪽 부분에는 개요가 표시되고, 오른쪽 부분에는 통계표, 도표, 텍스트 출력결과가 표시된다. 개요의 특정 항목을 클릭하면 대응하는 표나 도표로 바로 이동할 수 있다.

1) 피벗표 편집기

피벗표를 두 번 클릭하면 테두리에 점선이 표시되면서 편집 가능한 상태로 변한다. 이때 피벗표를 수정할 수 있다.

(1) 피벗표의 양식

형식(O) ▷ 표모양(L) ...

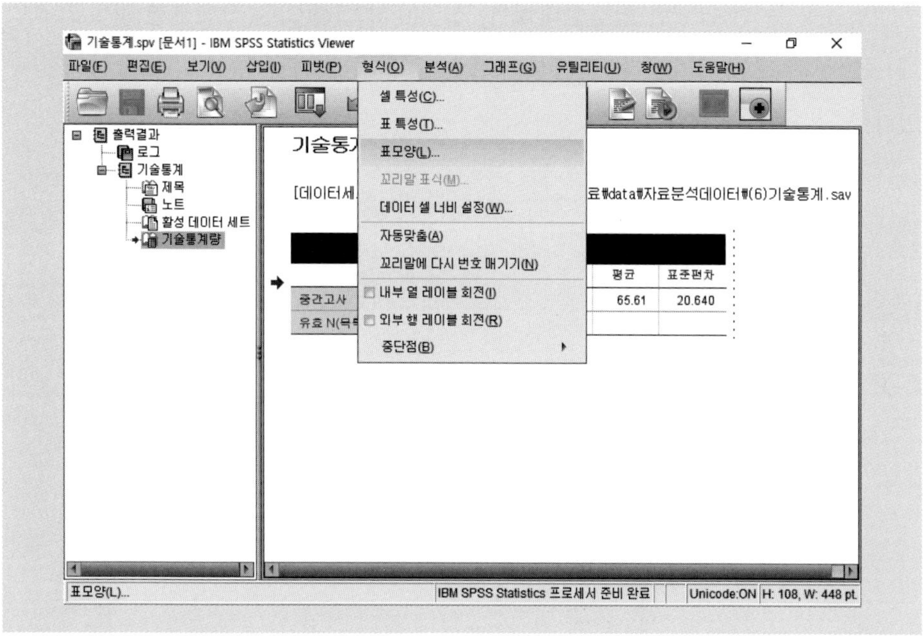

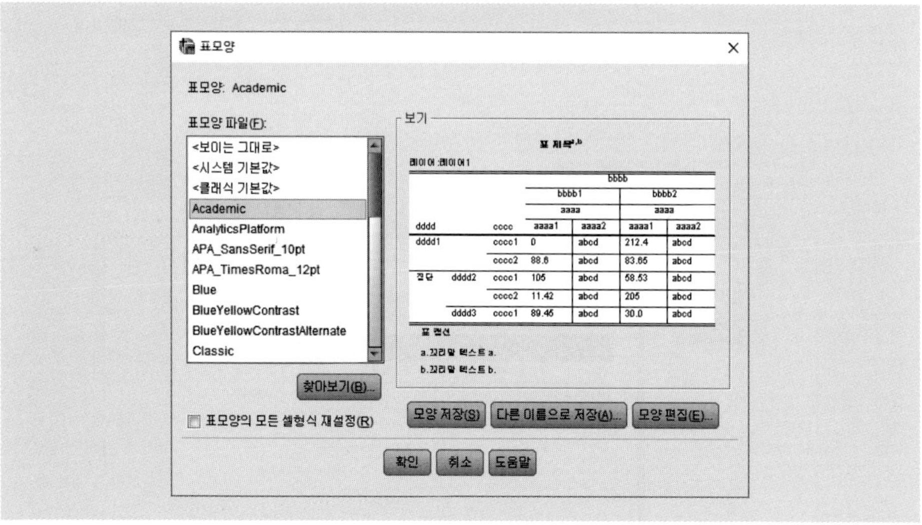

피벗표의 양식은 왼쪽의 **표모양 파일(F)**에서 선택할 수 있다.

(2) 피벗표 또는 특정 행이나 열 또는 셀에 대한 주석

삽입(I) ▷ 캡션(C)

피벗표를 두 번 클릭한 편집상태에서, '삽입(I)'의 캡션(C)을 선택하면 피벗표 하단에 표캡션 부분이 나타난다. 표캡션 부분을 두 번 클릭하면 주석을 직접 입력할 수 있다.

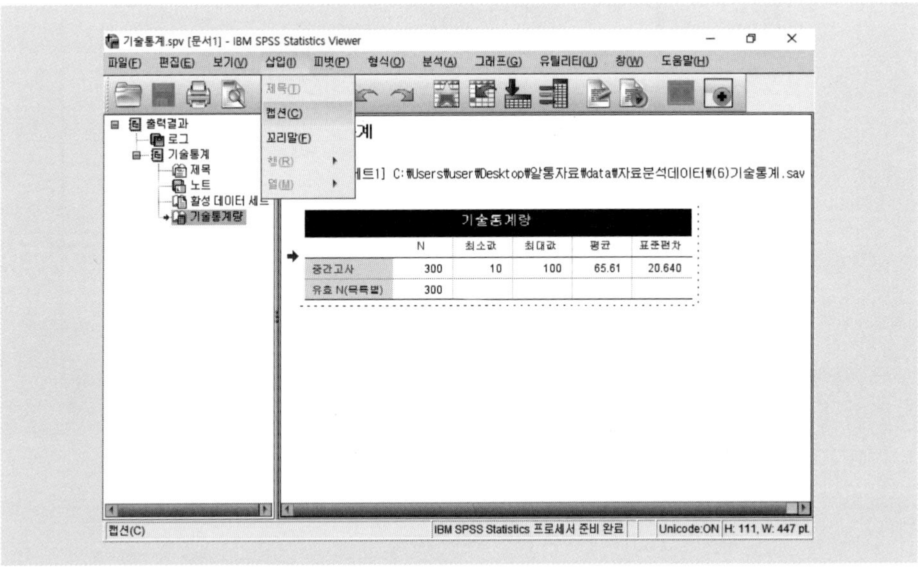

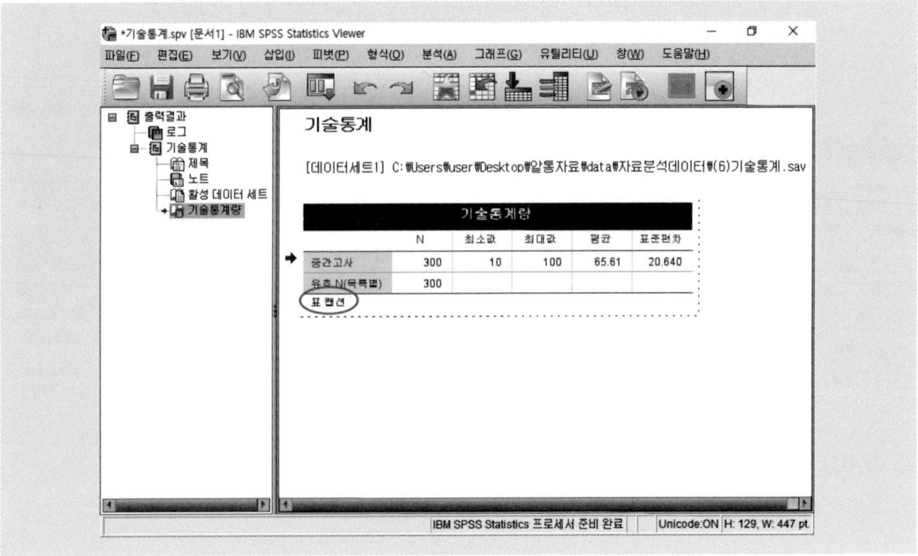

삽입(I) ▷ 꼬리말(F)

피벗표를 두 번 클릭한 편집상태에서, 주석을 입력하고자 하는 셀에서 '삽입(I)'의 꼬리말(F)을 선택하면 피벗표 하단에 꼬리말 부분이 나타난다. 꼬리말 부분을 두 번 클릭하면 주석을 직접 입력할 수 있다.

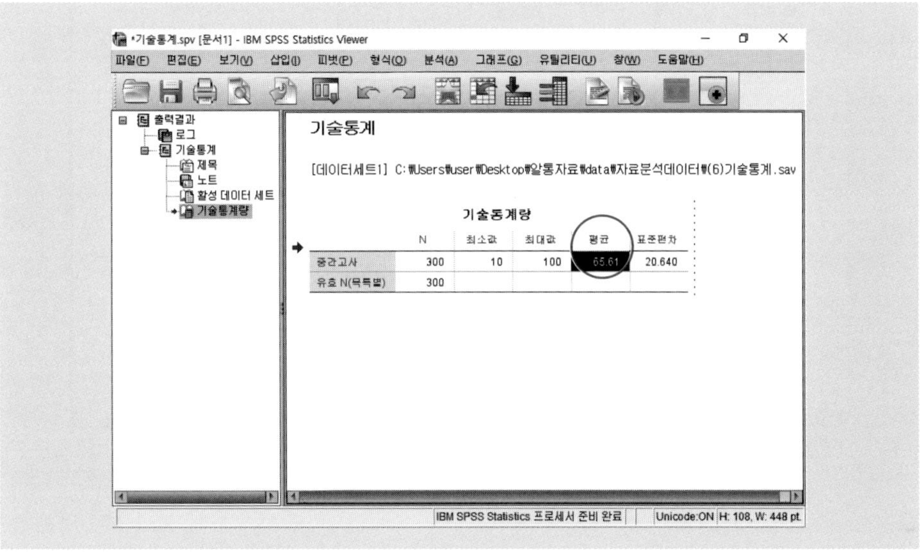

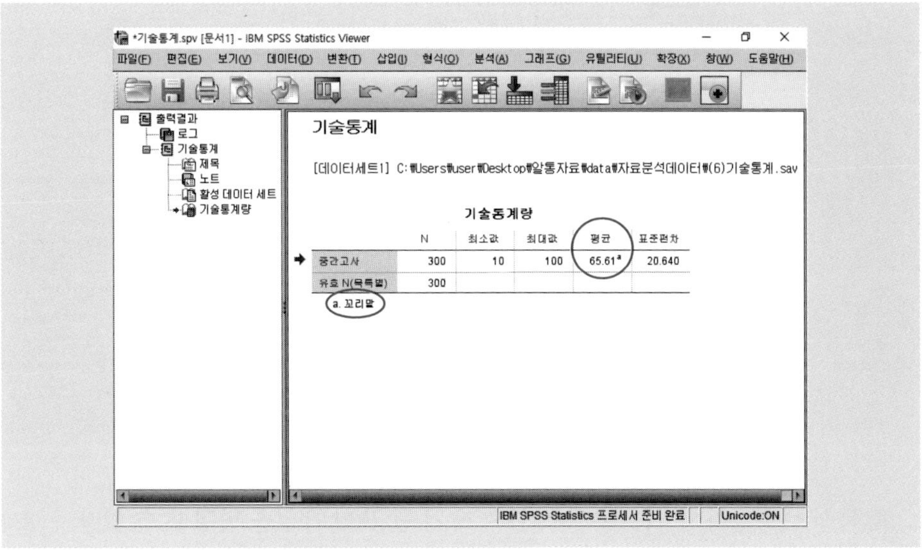

(3) 피벗표 형식 변경

형식(O) ▷ 표 특성(T) ...

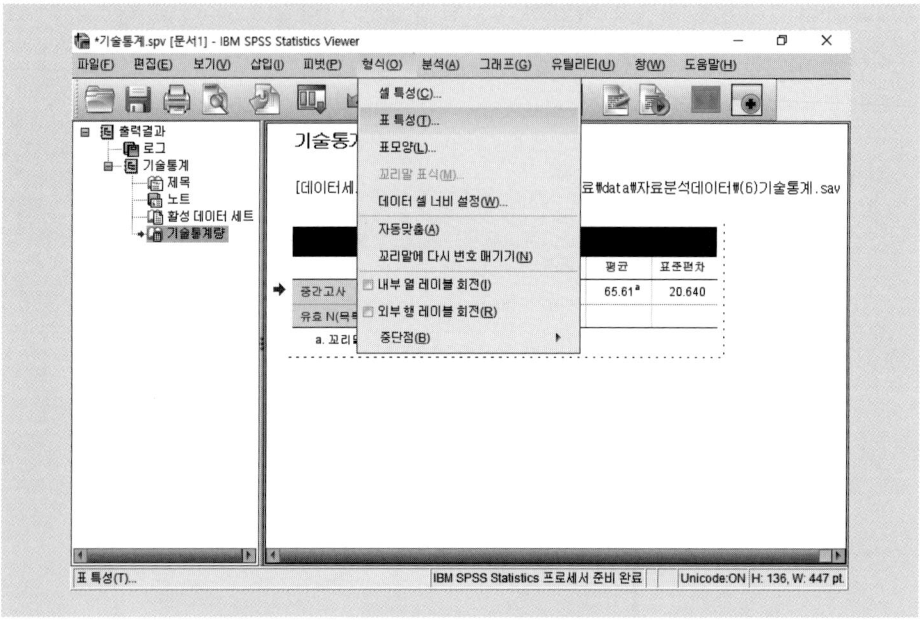

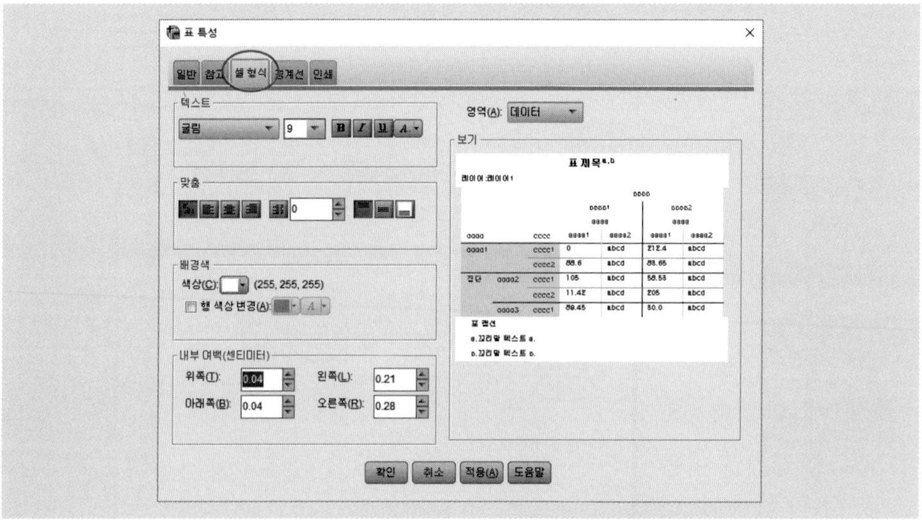

표 특성 대화상자에서는 글씨체, 글씨 크기 등 표의 특성을 변경할 수 있다.

(4) 피벗 트레이

피벗(P) ▷ 피벗 트레이(P)

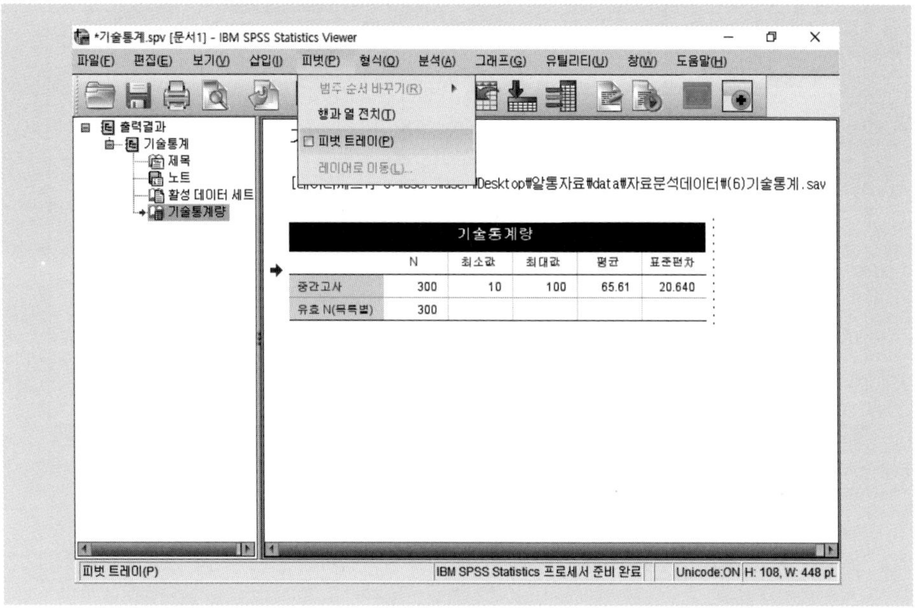

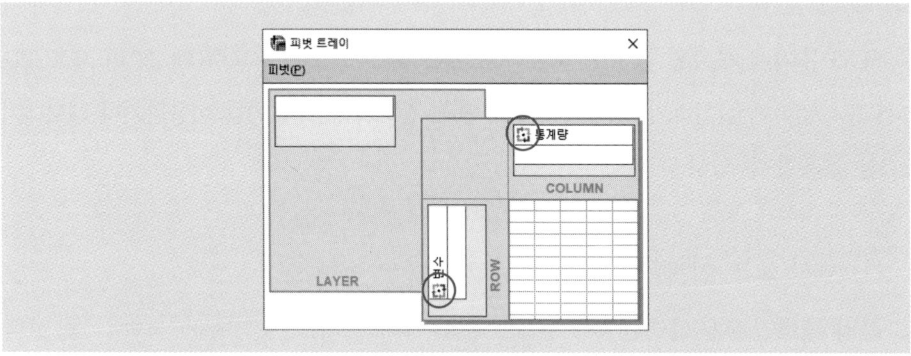

피벗 트레이 대화상자에서 행, 열, 레이어의 3개 영역으로 표시되는 특정한 아이콘을 마우스 끌기로 이동시키면, 행, 열, 레이어의 위치를 변경할 수 있다. 앞의 피벗 트레이에서 열 부분의 아이콘은 통계량을, 행 부분의 아이콘은 변수를 나타낸다. 열 부분의 아이콘을 행으로, 행 부분의 아이콘을 열로 이동시키면 앞의 기술통계량 표가 다음과 같은 형식으로 변경된다.

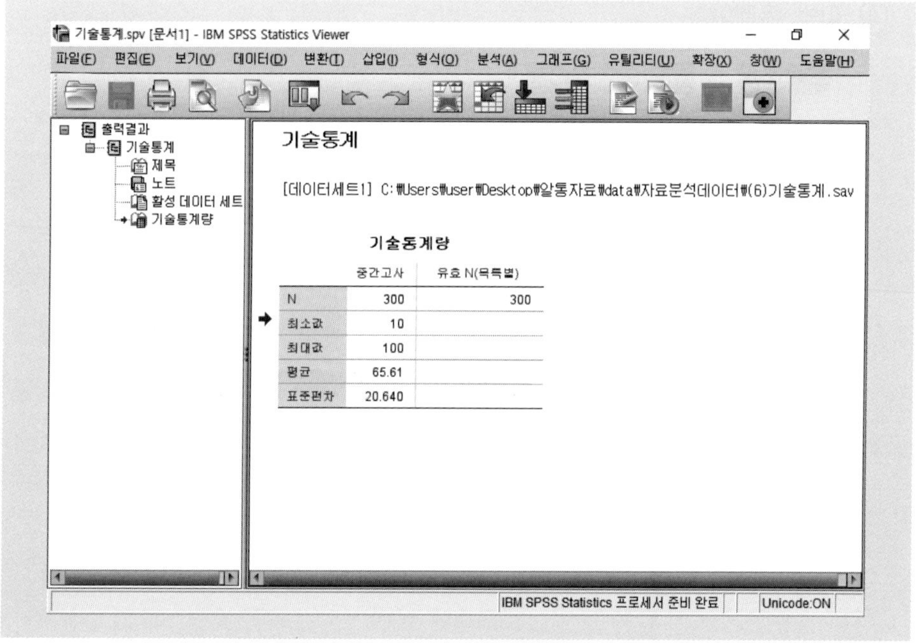

2) 다른 프로그램으로 삽입

SPSS 뷰어에 제시된 특정 피벗표나 도표를 다른 응용프로그램(예: HWP, EXCEL, MS-WORD)에 삽입하기 위해서 복사(C) 또는 선택하여 복사(Y)를 이용하거나 내보내기(T)를 이용할 수 있다.

(1) 복사 또는 선택하여 복사

특정 출력결과를 선택한 후 [편집(E)] ▷ [복사(C)] 또는 [선택하여 복사(Y)]를 선택하거나 마우스 오른쪽 단추를 눌러서 팝업 메뉴에서 복사 또는 선택하여 복사를 선택한 다음 다른 프로그램에 붙여넣기를 한다.

(2) 내보내기

파일(F) ▷ 내보내기(T) ... 를 선택하거나 내보내기 단추 를 클릭하면, 다음과 같은 내보내기 출력결과 창이 열린다.

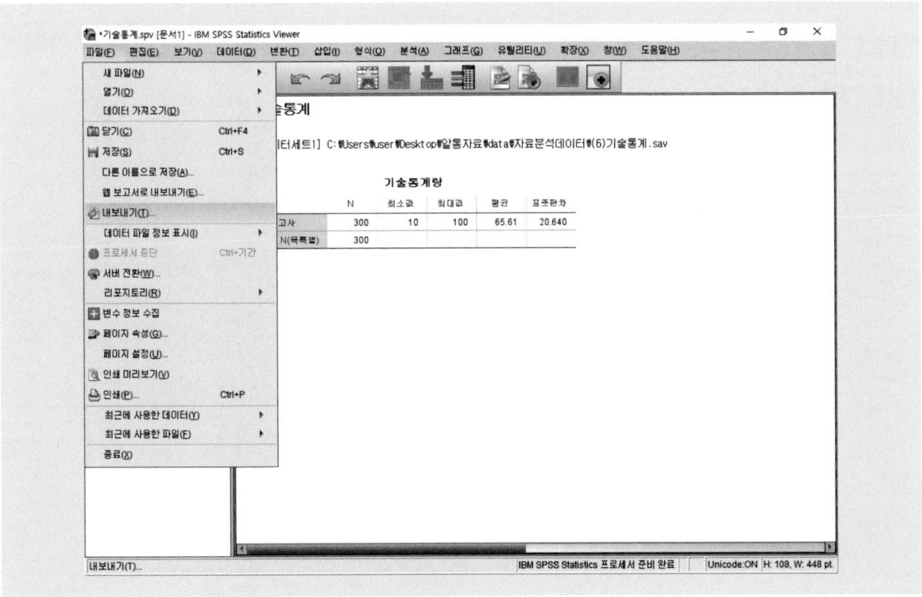

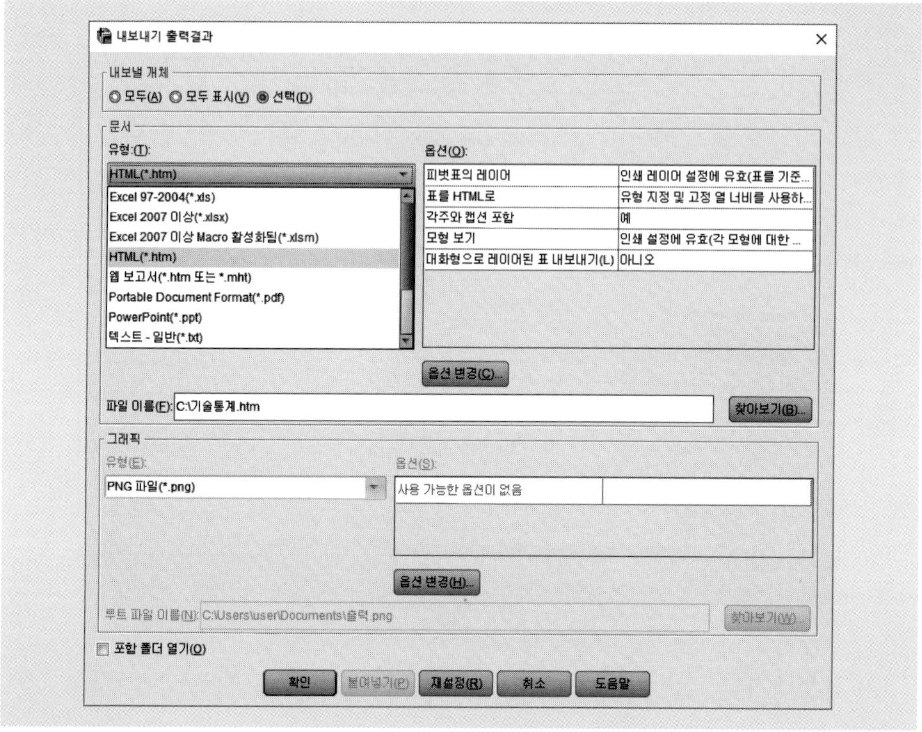

문서의 파일이름에 출력결과를 저장할 위치와 파일 이름을 지정하고, 유형(T)을 선택한다. 파일 유형은 ASCII 형식으로 저장되는 Text 파일과 HTML 파일이 있고, 엑셀이나 워드 프로그램 형식이 있는데, 피벗표의 형식을 그대로 유지하기 위해서는 HTML 형식으로 지정한 다음 [확인]을 클릭한다.

제2부

기술통계

제5장 빈도분석

빈도분석(Frequency analysis)을 실시하면 수집한 자료의 형태를 알 수 있다. 빈도분석에 의한 분포의 특성을 나타내 주는 통계값과 결과는 다음과 같다.

- 빈도, 백분율, 누가백분율을 나타내는 빈도표
- 중심경향값으로 평균, 중앙값, 최빈값
- 분산도로 범위, 분산, 표준편차
- 자료의 특성을 도식화하는 그래프(막대도표, 원도표, 히스토그램)

변수의 특성에 따라서 선별적으로 통계값을 얻을 수 있다. 즉, 범주형 변수인 경우에는 각 변수에 대한 빈도표와 막대도표, 원도표를 통해 빈도분석을 시행하는 반면, 연속변수인 경우에는 변수의 단위에 따라 빈도표를 구할 수도 있다. 일반적으로 중심경향, 분산도, 히스토그램을 통해서 변수의 분포를 알아보는 데 이용한다.

1. 빈도분석

1) 범주형 변수의 빈도분석

질적변수인 범주형 변수의 경우 빈도분석에 의하여 각 변수에 대한 응답의 특성을 분석할 수 있다.

(1) 분석 실행

> **예 제**
>
> 자료의 남녀 빈도와 퍼센트를 구하고, 이에 적합한 그래프를 그려 보자.

가. 빈도분석 대화상자 열기

분석(A) ▷ 기술통계량(E) ▷ 빈도분석(F)...

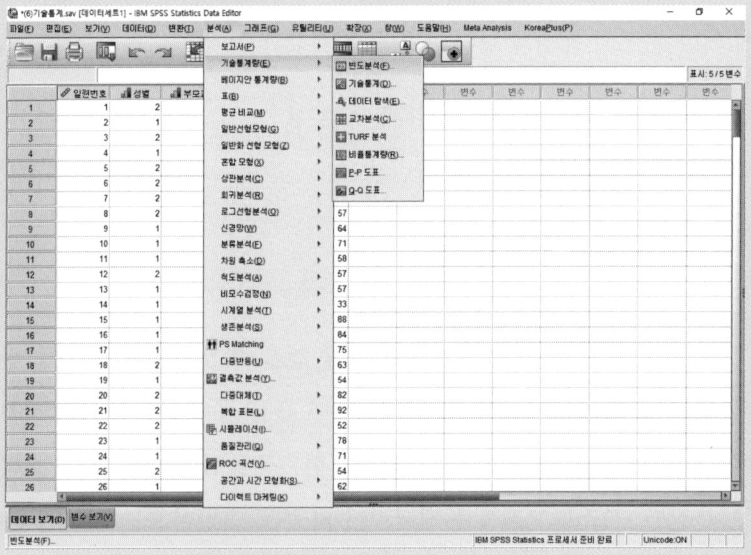

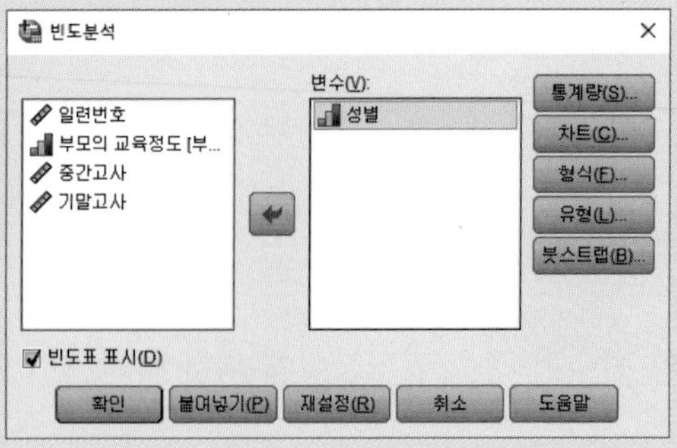

왼쪽 상자에 나열된 변수 중에서 빈도분석을 수행하고자 하는 질적변수 혹은 범

주형 변수를 선택한다. 빈도표가 출력되도록 기본설정값이 설정되어 있으므로 빈도표는 필요하지 않고 다른 통계값이나 그래프만 출력하고자 하는 경우에는 빈도표 표시(D) 옵션을 해제하여야 한다.

나. 차트 대화상자 열기

빈도분석 대화상자에서 [차트(C)...]를 클릭하면 다음과 같은 차트 대화상자가 열린다.

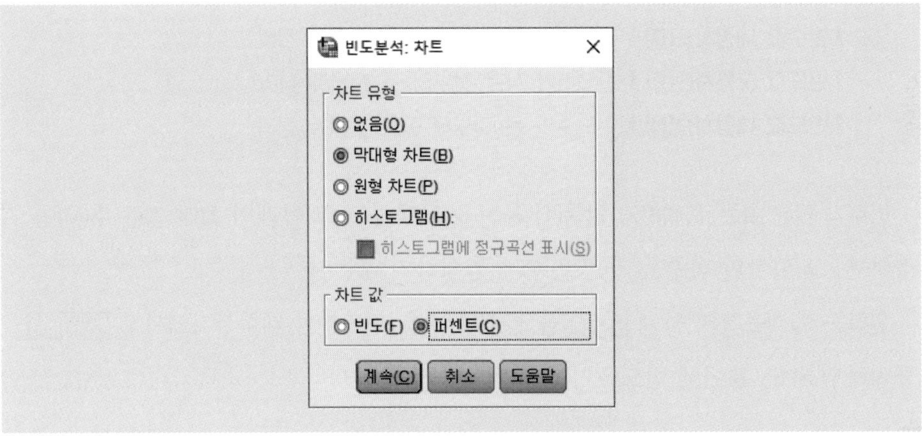

차트 유형에서는 막대형 차트(B), 원형 차트(P), 히스토그램(H)을 선택할 수 있다(기본설정값: 없음(O)). 범주형 변수인 경우에는 막대형 차트나 원형 차트를 선택하고 차트 값에서 빈도(F)나 퍼센트(C)를 선택한다.

다. 형식 대화상자 열기

빈도분석 대화상자에서 [형식(F)...]을 선택하면 다음과 같은 형식 대화상자가 열린다. 분석 결과를 출력할 때 빈도표의 수직축 형식을 지정할 수 있다.

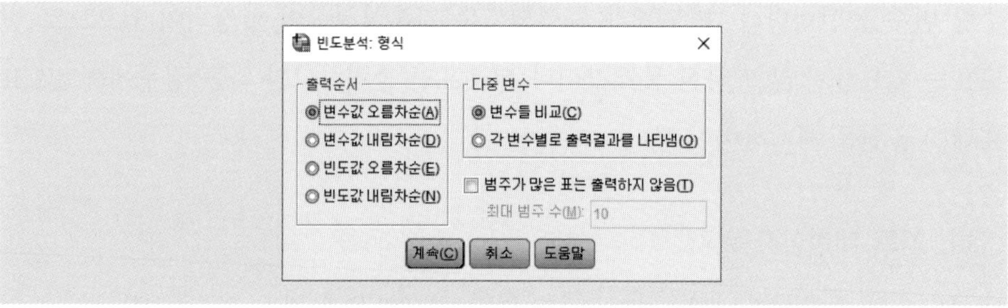

출력순서: 빈도표에서 변수값이 제시되는 순서를 지정

- **▌변수값 오름차순(A)▐** 변수값이 작은 것부터 큰 순서로 정리(기본설정값)
- **▌변수값 내림차순(D)▐** 변수값이 큰 것부터 작은 순서로 정리
- **▌빈도값 오름차순(E)▐** 빈도수가 작은 것부터 큰 순서로 정리
- **▌빈도값 내림차순(N)▐** 빈도수가 큰 것부터 작은 순서로 정리

범주가 많은 표는 출력하지 않음(T) 옵션을 선택하고 그 아래의 최대 범주 수(M)를 지정하면, 그 이상의 범주를 가진 변수는 출력하지 않는다.

원하는 형식을 선택하고 [계속(C)]을 클릭한 다음 빈도분석 대화상자에서 [확인]을 클릭하면 SPSS 뷰어에 빈도표가 출력된다.

(2) 범주형 빈도분석의 결과 해석

▪ 분석 결과 1. 성별의 빈도표

성별

		빈도	퍼센트	유효 퍼센트	누적 퍼센트
유효	남자	131	43.7	43.7	43.7
	여자	169	56.3	56.3	100.0
	전체	300	100.0	100.0	

결측값이 없는 자료의 경우 **퍼센트와 유효 퍼센트**가 동일하므로 어떤 것을 사용해도 무방하나, 결측값이 있는 자료의 경우 **퍼센트**는 결측값을 합계에 포함시키므로 결측값을 고려하고 싶지 않을 때는 **유효 퍼센트**를 사용한다.

■ 분석 결과 2. 성별의 막대도표

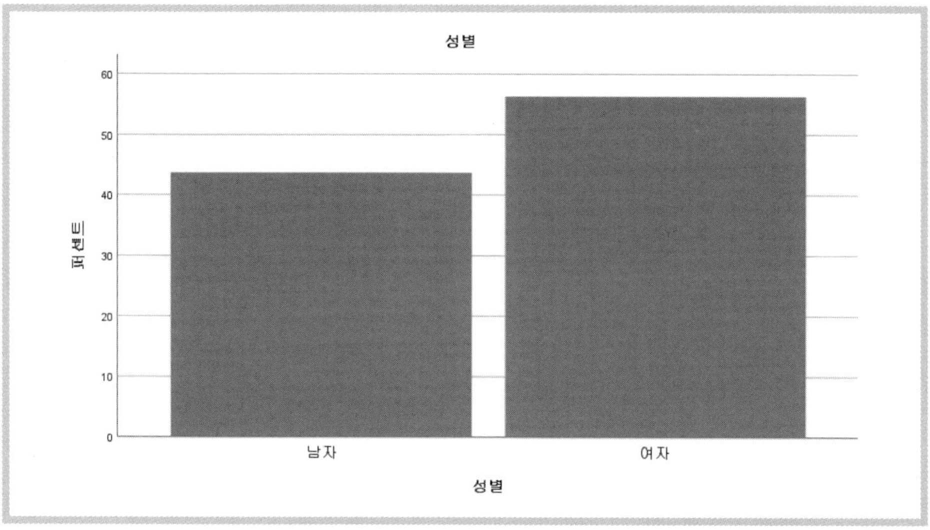

(3) 분석 결과 보고

성별의 빈도표는 〈표 2-1〉과 같다.

〈표 2-1〉 성별의 빈도표

	빈도	퍼센트
남	131	43.7
여	169	56.3
합계	300	100.0

전체 연구대상은 300명이고, 이 중 남자는 131명으로 43.7%이며, 여자는 169명으로 56.3%이다. 표의 내용이 간단할 경우에는 표를 제시하지 않고 서술만 하여도 된다.

2) 연속형 변수의 빈도분석

양적변수의 경우 빈도분석보다는 중심경향값이나 분산도를 분석하여 자료의 특성을 파악하는 것이 일반적이다.

(1) 분석 실행

예 제

중간고사 점수의 백분위수, 중심경향값, 산포도를 구하고 적절한 도표를 그려 보자.

가. 빈도분석 대화상자 열기

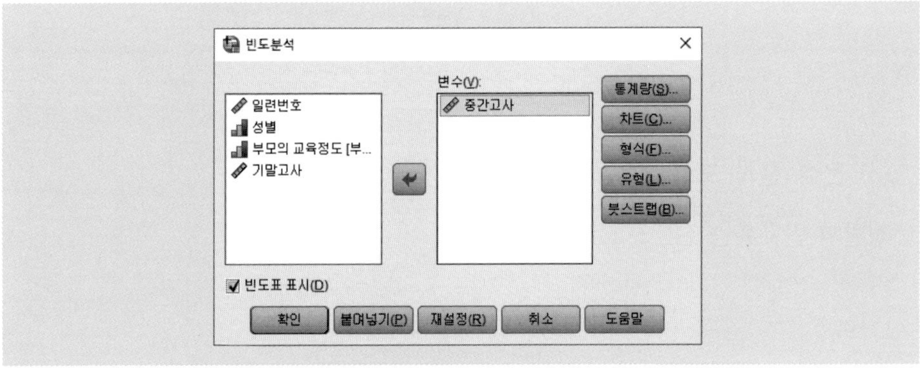

왼쪽 상자 안에 나열된 변수 중에서 빈도분석을 수행하고자 하는 양적변수를 선택한다. 빈도표는 필요하지 않고 다른 통계값이나 그래프만 출력하고자 하는 경우에는 빈도표 표시(D) 옵션을 해제한다.

나. 통계량 대화상자 열기

빈도분석 대화상자에서 [통계량(S)...]을 클릭하면 다음과 같은 통계량 대화상자가 열리며, 각각의 통계량 중에서 하나 이상을 선택할 수 있다.

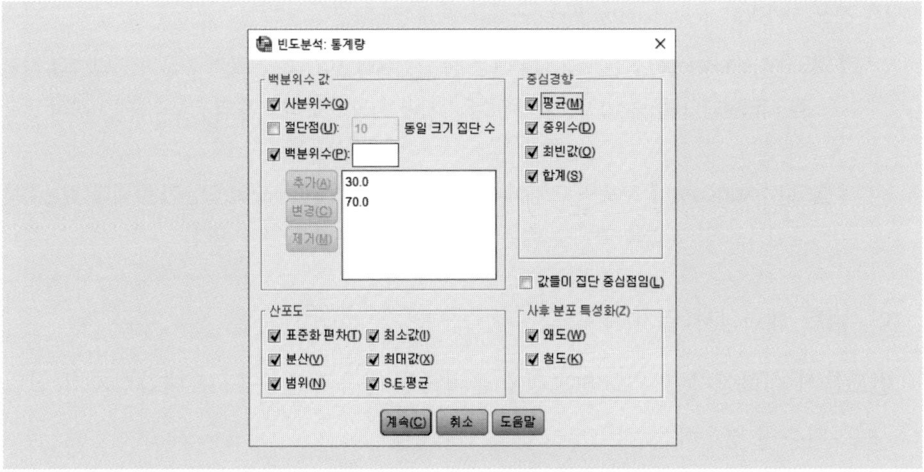

백분위수 값(percentile values)

▎사분위수(Q: quartiles) ▎ 자료를 서열화하였을 때, 25, 50, 75%에 해당하는 값

▎절단점(U: Cut points) ▎ N개의 집단으로 동일하게 나누었을 때, 각 집단의 경계에 해당하는 값. 기본설정값은 10이지만 다양한 집단 수를 지정할 수 있다.

▎백분위수(P: percentiles) ▎ 1~100까지 지정하는 백분위수. 원하는 백분위수를 입력하고 [추가(A)]를 클릭한다.

중심경향(measure of central tendency)

▎평균(M: mean) ▎ 전체 케이스의 값을 모두 더한 후 총 케이스 수로 나눈 값

▎중위수(D: median) ▎ 최소값에서 최대값까지 크기 순으로 배열하였을 때 중앙에 위치한 값

▎최빈값(O: mode) ▎ 분포에서 가장 많은 도수를 갖는 변수값

▎합계(S: sum) ▎ 전체 케이스의 합

산포도(dispersion)

▎표준화 편차(T: standard deviation) ▎ 평균과 각 변수값의 차이인 편차들의 평균

▎분산(V: variance) ▎ 편차를 제곱하여 모두 더한 후 총 케이스로 나눈 값. 표준편차의 제곱

▎범위(N: range) ▎ 최소값과 최대값의 차이

▎최소값(I: minimum) ▎ 해당 변수의 가장 작은 값

▎최대값(X: maximum) ▎ 해당 변수의 가장 큰 값

▎평균의 표준오차(S. E. 평균: standard error) ▎ 표집분포의 표준오차로서, 표본의 크기가 크면 표본이 모집단을 대표하기 위한 오차가 작으며, 표본의 크기가 작으면 표준오차가 커진다. 표준오차는 평균을 표본크기의 제곱근으로 나누어 계산한다.

사후 분포 특성화(Z)(characterized posteriori distribution)

- **왜도(W: skewness)** 분포의 좌우대칭 정도를 나타낸다. 즉, 분포가 기울어진 방향과 정도를 나타낸다. 0을 중심으로 양의 값을 가지면 정적 편포이고 음의 값을 가지면 부적 편포가 된다.
- **첨도(K: kurtosis)** 분포의 모양이 중앙값 주위에서 얼마나 모여 있는가를 나타낸다. 0을 중심으로 양의 값을 가지면 정규분포보다 더 뾰족한 모양이 된다.

다. 차트 대화상자 열기

빈도분석 대화상자에서 [차트(C)...]를 클릭하면 다음과 같은 차트 대화상자가 열린다. 연속변수인 경우에는 히스토그램을 선택한다.

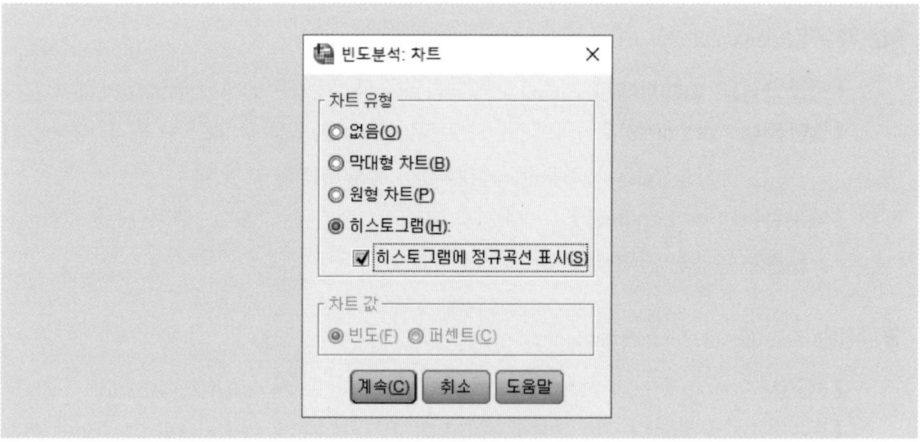

- **히스토그램에 정규곡선 표시(S)** 히스토그램 위에 정규곡선을 표시한다.

라. 형식 대화상자 열기

빈도분석 대화상자에서 [형식(F)...]을 선택하면 다음과 같은 형식 대화상자가 열린다. 분석 결과를 출력할 때, 빈도표의 수직축 형식을 지정할 수 있다.

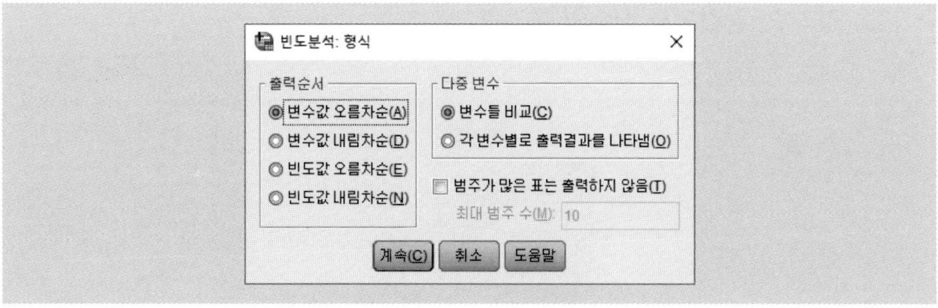

원하는 형식을 선택하고 계속(C)을 클릭한 다음 빈도분석 대화상자에서 확인을 클릭하면 SPSS 뷰어에 빈도표가 출력된다.

(2) 연속형 빈도분석의 결과 해석

분석 결과 1. 중간고사 점수의 빈도표

중간고사

		빈도	퍼센트	유효 퍼센트	누적 퍼센트
유효	10	2	.7	.7	.7
	15	1	.3	.3	1.0
	18	3	1.0	1.0	2.0
	20	2	.7	.7	2.7
	23	2	.7	.7	3.3
	25	3	1.0	1.0	4.3
	.	.	.	.	.
	.	.	.	.	.
	.	.	.	.	.
	85	22	7.3	7.3	85.0
	88	11	3.7	3.7	88.7
	90	13	4.3	4.3	93.0
	93	3	1.0	1.0	94.0
	95	11	3.7	3.7	97.7
	98	6	2.0	2.0	99.7
	100	1	.3	.3	100.0
	전체	300	100.0	100.0	

분석 결과 2. 중간고사 점수의 통계량

통계량

중간고사

N	유효	300
	결측	0
평균		65.61
표준화 평균 오차		1.192
중위수		67.50
최빈값		85
표준화 편차		20.640
분산		426.029
왜도		-.565
표준화 왜도 오차		.141
첨도		-.493
표준화 첨도 오차		.281
범위		90
최소값		10
최대값		100
합계		19683
백분위수	25	52.50
	30	57.50
	50	67.50
	70	80.00
	75	82.50

분석 결과 3. 중간고사 점수의 히스토그램

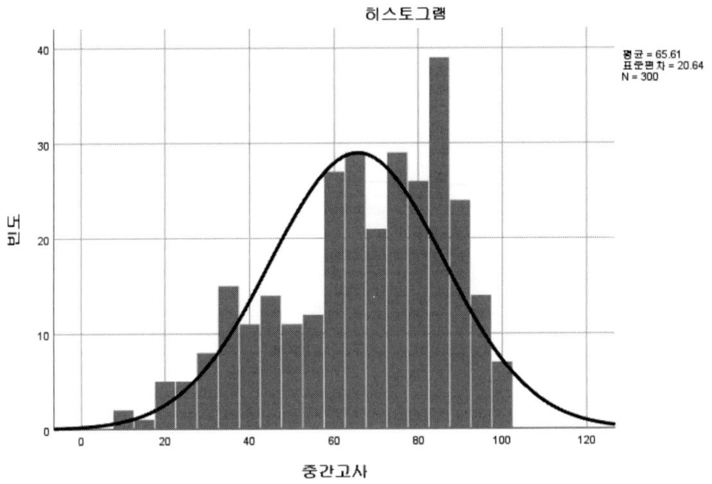

연 • 습 • 문 • 제

다음은 통계학 수강생들의 전공 대학에 대한 조사결과다. 각 대학별 백분율을 구하고, 이를 도표로 나타내시오.

전공대학	수강생 수	전공대학	수강생 수
인문대학	30	법정대학	10
자연대학	80	가정대학	15
체육대학	20	기타	10
사범대학	30	무응답	5

* 참고: 데이터 파일 작성시, 두 개의 변수(전공대학, 수강생 수)를 만들고 자료를 입력한 후, 제3장 2절 자료변환 중 가중값 부여 부분을 참고하여 수강생 변수를 가중케이스로 지정한다.

제6장 기술통계분석

기술통계(Descriptive statistics)는 주어진 자료를 요약해 주는 통계값을 계산하고, 표준화하기 위하여 사용된다. 기술통계분석 결과는 빈도분석의 통계량과 거의 유사하지만, 빈도분석은 주로 질적변수의 분석에 사용되는 데 비해서 기술통계분석은 양적변수를 분석하는 데 사용된다는 점에서 차이가 있다.

1. 분석 실행

수집된 자료를 설명하기 위하여 사용하는 통계를 기술통계라 한다. 이 기술통계에는 중심경향값으로 평균, 중앙값, 최빈값이 있으며, 흩어진 정도를 설명하는 표준편차, 분산, 범위 등이 있다.

예 제

중간고사 점수의 기술통계량을 구해 보자.

1) 기술통계 대화상자 열기

분석(A) ▷ **기술통계량(E)** ▷ **기술통계(D) ...**

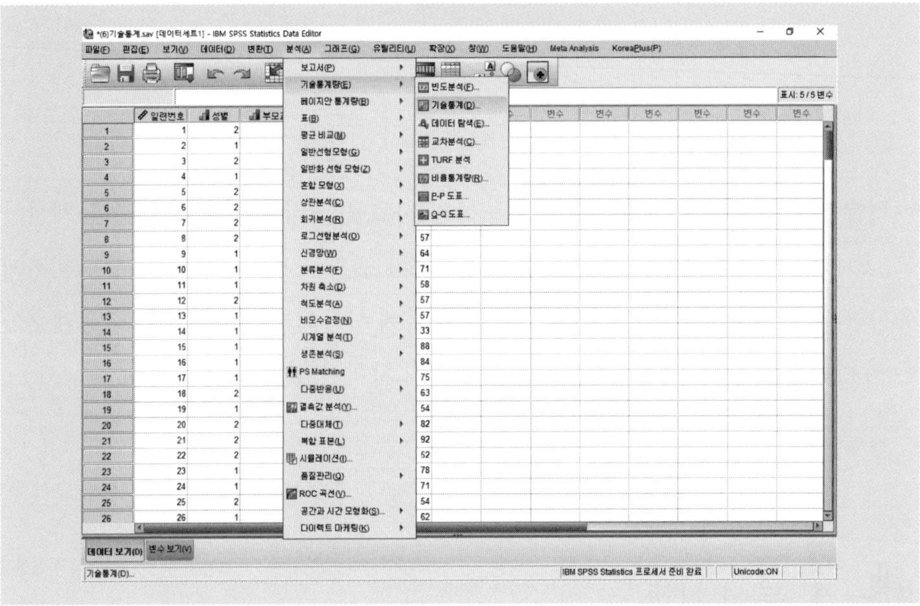

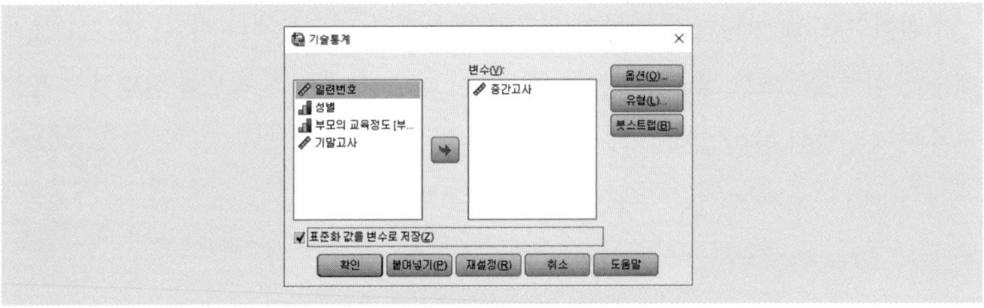

왼쪽의 변수 목록에 나열된 변수 중 기술통계분석을 수행하고자 하는 변수를 선택한다.

| 표준화 값을 변수로 저장(Z) | 선택한 변수에 대해 Z점수를 계산하여 표준화된 새 변수로 생성하고 저장한다(원래의 변수 이름 앞에 Z가 붙은 새 변수가 생성됨).

※ Z점수: 원점수(raw score)의 상대적 위치를 알려 주는 표준점수의 일종으로 원점수를 평균은 0, 표준편차는 1로 변환한다.

2) 옵션 대화상자 열기

기술통계 대화상자에서 [옵션(O)...]을 클릭하면 다음과 같은 옵션 대화상자가 열린다. 변수가 표시되는 순서를 지정하거나 기술통계량을 선택할 수 있다.

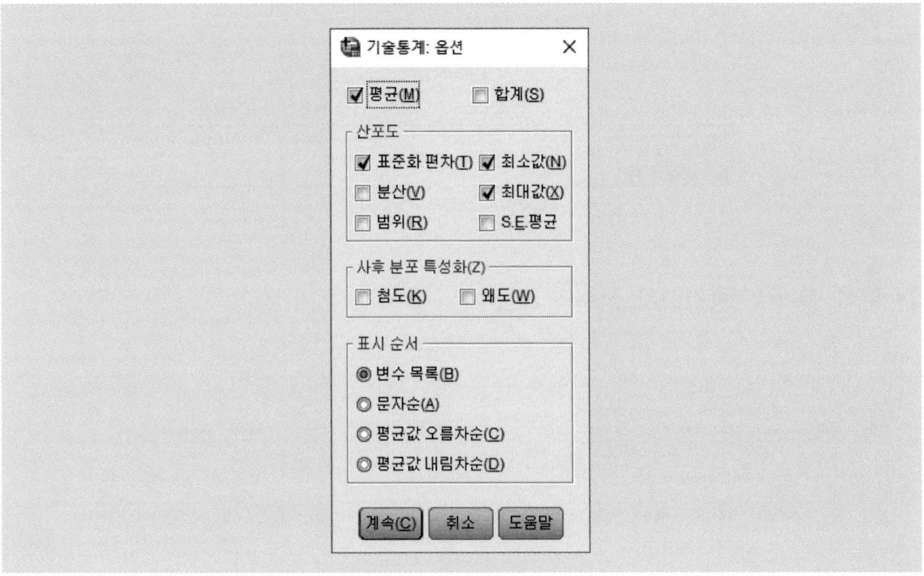

각각의 통계량에 대한 설명은 앞서 설명한 빈도분석의 통계량 대화상자에 대한 설명을 참조하기 바란다.

원하는 옵션을 선택하고 [계속(C)]을 클릭한 다음 기술통계 대화상자에서 [확인]을 클릭하면 SPSS 뷰어에 결과표가 출력된다.

2. 분석 결과

분석 결과 1. 중간고사 점수의 기술통계량

기술통계량

	N	최소값	최대값	평균	표준편차
중간고사	300	10	100	65.61	20.640
유효 N(목록별)	300				

분석 결과 2. 중간고사 점수의 Z 점수

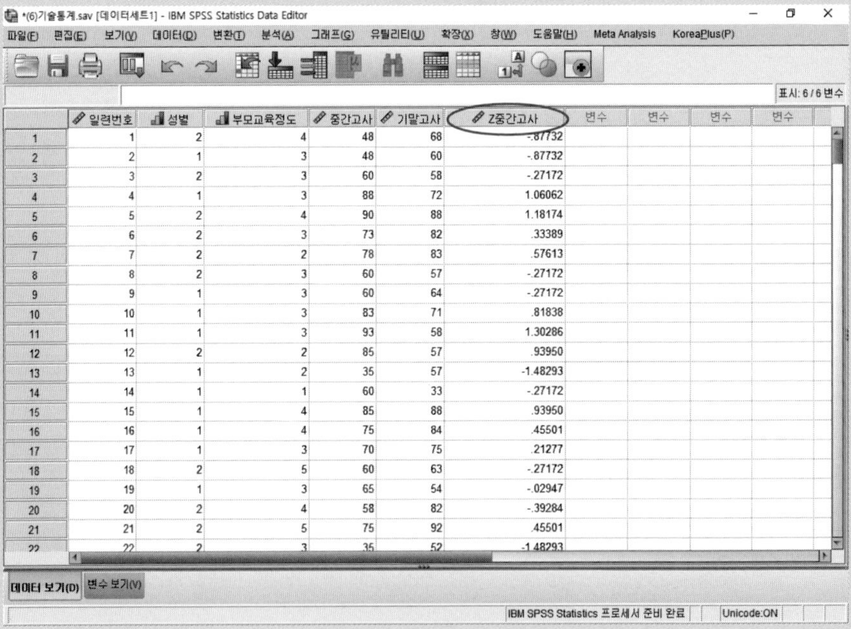

	일련번호	성별	부모교육정도	중간고사	기말고사	Z중간고사	변수	변수	변수	변수
1	1	2	4	48	68	-.87732				
2	2	1	3	48	60	-.87732				
3	3	2	3	60	58	-.27172				
4	4	1	3	88	72	1.06062				
5	5	2	4	90	88	1.18174				
6	6	2	3	73	82	.33389				
7	7	2	2	78	83	.57613				
8	8	2	3	60	57	-.27172				
9	9	1	3	60	64	-.27172				
10	10	1	3	83	71	.81838				
11	11	1	3	93	58	1.30286				
12	12	2	2	85	57	.93950				
13	13	1	2	35	57	-1.48293				
14	14	1	1	60	33	-.27172				
15	15	1	4	85	88	.93950				
16	16	1	4	75	84	.45501				
17	17	1	3	70	75	.21277				
18	18	2	5	60	63	-.27172				
19	19	1	3	65	54	-.02947				
20	20	2	4	58	82	-.39284				
21	21	2	5	75	92	.45501				
22	22	2	3	35	52	-1.48293				

이 그림과 같이 SPSS 데이터 창에 중간고사 점수의 Z 점수가 계산되어 'Z중간고사'라는 새로운 변수가 생성된다.

연 • 습 • 문 • 제

다음은 통계학 수강생 50명의 기말고사 점수다(200점 만점).

기말 고사 점수	156	140	129	60	162	140	106	160	129	119
	178	95	150	140	91	128	79	103	99	149
	116	84	76	79	103	94	163	92	120	91
	191	92	145	91	70	126	107	115	73	132
	120	78	86	156	130	110	89	116	77	99

① 통계학 기말고사 점수를 100점 만점으로 환산하시오.

② 100점 만점의 통계학 기말고사 점수의 범위, 평균, 중위수, 최빈값을 구하시오.

③ 100점 만점의 통계학 기말고사 점수의 사분위수를 구하시오.

④ 100점 만점의 통계학 기말고사 점수를 도표로 나타내시오.

⑤ 100점 만점으로 환산한 통계학 기말고사 점수의 Z 점수를 구하시오.

⑥ 앞서 계산된 Z 점수의 평균과 표준편차를 구하시오.

제7장 다중반응분석

자료를 수집하기 위하여 사용되는 질문 중에 2개 이상을 선택하는 질문이 있다. 이러한 문항을 다중반응문항이라 하는데, 이 반응결과를 분석하기 위한 코딩방법과 분석방법은 다소 복잡하다. 이 장에서는 다중반응의 코딩방법과 분석절차를 설명한다.

1. 다중반응문항의 코딩

'……모두 고르시오.'와 같이 한 문항에서 두 가지 이상의 항목을 선택하도록 구성된 문항을 **다중반응문항**이라 한다. 이를 코딩하는 방법은 크게 **이분법**(multiple dichotomy method)과 **중복법**(multiple response method)이 있다. 예를 들어, 범교과활동의 지도방식에 대해 어떤 사람이 다음과 같이 반응하였을 경우,

> 귀하는 범교과활동을 어떤 방식으로 지도해야 한다고 보시는지 모두 표시해 주십시오.
> ____① 강의식　　　　　　　✔ ② 시청각 매체의 활용
> ____③ 주제별 발표 및 토론　　✔ ④ 현장견학 및 체험

이를 이분법으로 코딩하면 다음과 같이 한 문항의 각 항목을 하나의 변수로 취급하여 해당 항목을 선택한 경우는 1, 선택하지 않은 경우는 0을 부여한다.

일련번호	강의식	시청각 매체	발표 및 토론	현장견학
1	0	1	0	1
2	0	1	1	1
⋮	⋮	⋮	⋮	⋮
19	1	1	0	0
20	0	0	1	1

중복법으로 코딩하면 다음과 같이 선택한 항목의 실제 번호를 부여한다.

일련번호	지도법1	지도법2	지도법3	지도법4
1	2	4		
2	2	3	4	
⋮	⋮	⋮	⋮	⋮
19	1	2		
20	3	4		

2. 변수군 정의

예 제

강의식, 시청각 매체의 활용, 발표 및 토론, 현장견학 등의 지도방식 중 범교과활동을 위한 지도방식으로 적합한 것을 모두 선택하도록 질문한 경우 반응에 대한 변수군을 정의해 보자.

1) 다중반응 변수군 정의 대화상자 열기

분석(A) ▷ 다중반응(U) ▷ 변수군 정의(D)...

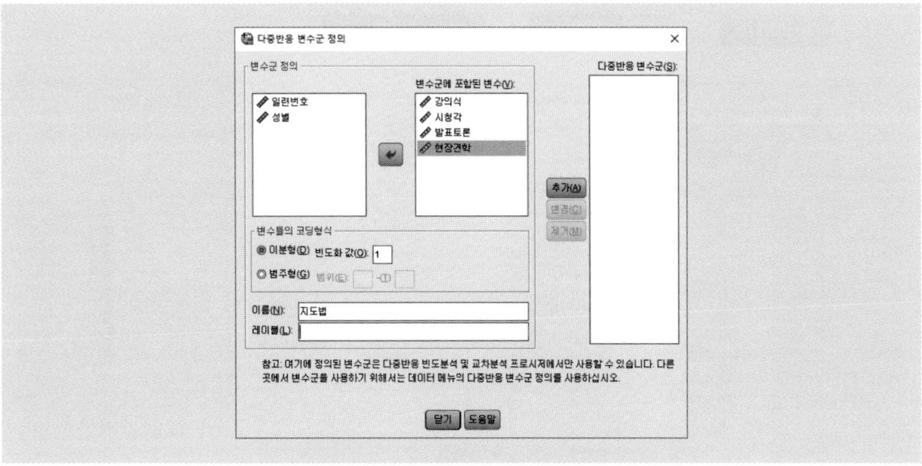

다중반응 변수군 정의 대화상자에서 변수군 정의에 나열된 변수들 중 다중반응 변수군(S)에 포함시킬 변수를 변수군에 포함된 변수(V)로 옮긴다. 변수들의 코딩형식에서 이분법으로 코딩한 경우에는 이분형(D)을 선택하고, 중복법으로 코딩한 경우에는 범주형(G)을 선택하고 범위를 지정한다. 이름(N)에 다중반응 변수군의 이름을 부여한 후 [추가(A)]를 클릭하면 지정한 이름 앞에 $표시가 붙은 다중반응 변수군 변수(예: $지도법)가 추가된다. 지정이 끝나면 [닫기]를 클릭한다.

3. 다중반응 빈도분석

1) 분석 실행

예 제

강의식, 시청각 매체의 활용, 발표 및 토론, 현장견학 등의 지도방식 중 범교과활동을 위한 지도방식으로 적합한 것을 모두 선택하도록 질문한 경우, 이미 정의된 변수군을 활용하여 각각의 지도방식에 대한 반응의 빈도분석을 실행해 보자.

(1) 빈도분석 대화상자 열기

분석(A) ▷ 다중반응(U) ▷ 빈도분석(F) ...

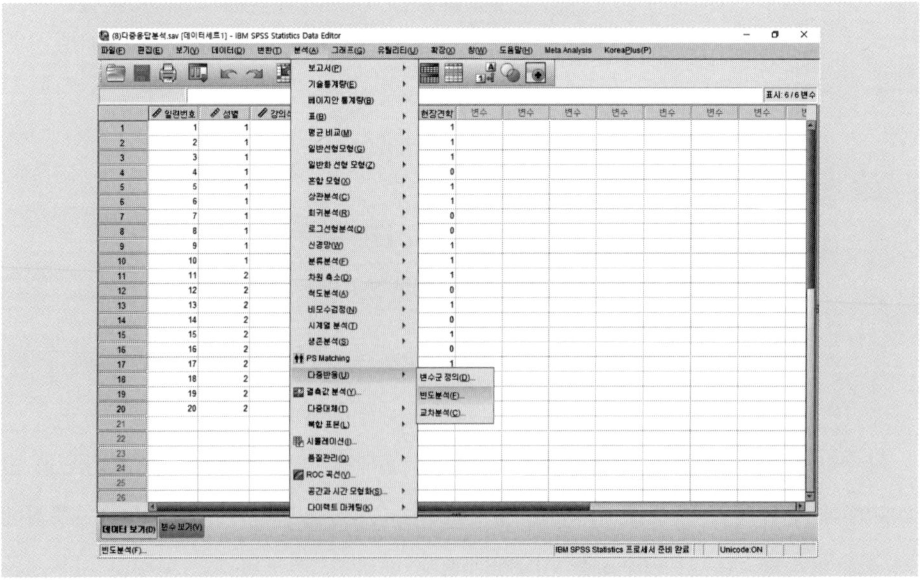

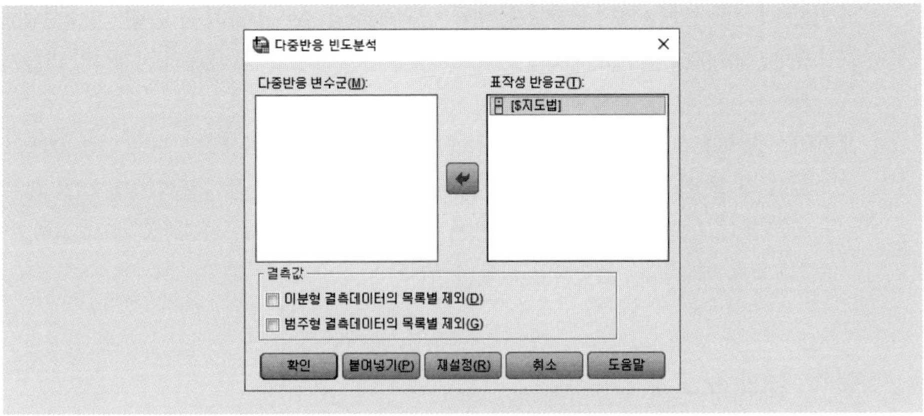

다중반응 변수군(M)에서 정의된 다중반응 변수군을 선택하여 표작성 반응군(T)으로 옮긴 후 [확인]을 클릭하면 SPSS 뷰어에 결과가 나타난다.

결측값

- **이분형 결측데이터의 목록별 제외(D)** 다중이분형 변수군의 표에서 임의의 변수에 대한 결측값이 있는 케이스는 제외하며, 이분형 변수군으로 정의된 다중반응 변수군에만 적용한다.
- **범주형 결측데이터의 목록별 제외(G)** 다중범주형 변수군의 표에서 임의의 변수에 대한 결측값이 있는 케이스는 제외하며, 범주형 변수군으로 정의된 다중반응 변수군에만 적용한다.

2) 분석 결과

$지도법 빈도

		반응		
		N	퍼센트	케이스 중 %
$지도법[a]	강의식	10	20.0%	50.0%
	시청각	16	32.0%	80.0%
	발표토론	11	22.0%	55.0%
	현장견학	13	26.0%	65.0%
전체		50	100.0%	250.0%

a. 값 1을(를) 가지는 이분형 변수 집단입니다.

▌퍼센트▌ 전체 반응빈도 수에 기초한 비율. 앞의 자료의 경우 20명이 각 항목을 복수선택하여 총 50개의 반응빈도가 나타났으므로 이를 100%로 보고 각 항목의 상대적인 비율을 계산한 것이다.

▌케이스 중 %▌ 반응자(케이스) 수에 기초한 비율. 총 20명이 반응하였으므로 이를 100%로 보고 각 항목의 상대적인 비율을 계산한 것이다. 그러므로 각 항목의 반응 비율 합은 100%를 초과하며, 해석할 때 전체 반응자의 몇 %가 이 항목을 선택하였다고 보고할 수 있으므로 해석이 더 용이하다고 할 수 있다.

3) 분석 결과 보고

범교과활동을 지도하기 위하여, 제시된 네 가지 방식 중 적합하다고 생각하는 것을 모두 선택하도록 한 결과는 〈표 7-1〉과 같다.

〈표 7-1〉 범교과활동 지도방식에 대한 의견(n=20)

	빈도	%
강의	10	50.0
시청각 매체 활용	16	80.0
발표 및 토론	11	55.0
현장견학	13	65.0
전체	50	250.0

※ 참고: 연구대상은 20명이었으나, 중복반응을 허용하고 있으므로 전체 반응빈도는 50으로 나타나며, 각 항목에 대한 반응비율의 합은 250%로 나타난다.

전체 반응자 20명 중 시청각 매체를 활용하는 방법이 적합하다는 의견이 80.0%로 가장 많았고, 강의식 방식이 적합하다는 의견은 50.0%로 가장 적었다.

4. 다중반응 교차분석

1) 분석 실행

예 제

강의식, 시청각 매체의 활용, 발표 및 토론, 현장견학 등의 지도방식 중 범교과활동을 위한 지도방식으로 적합한 것을 모두 선택하도록 질문한 경우, 성별에 따른 반응 형태를 알아보기 위해 이미 정의된 변수군을 활용하여 각각의 지도방식에 대한 반응의 교차분석을 실행해 보자.

(1) 다중반응 교차분석 대화상자 열기

분석(A) ▷ 다중반응(U) ▷ 교차분석(C) ...

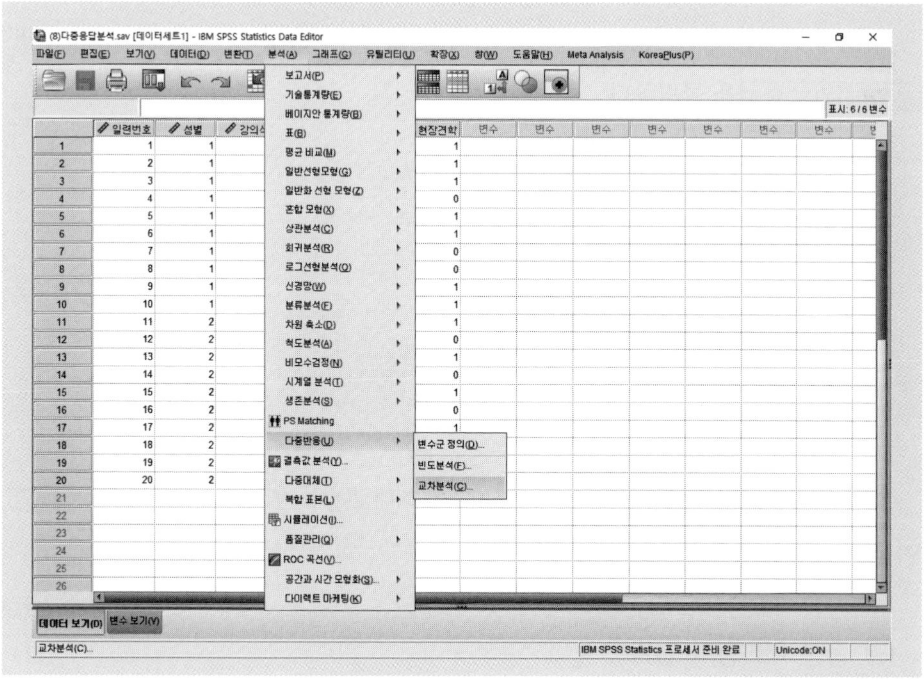

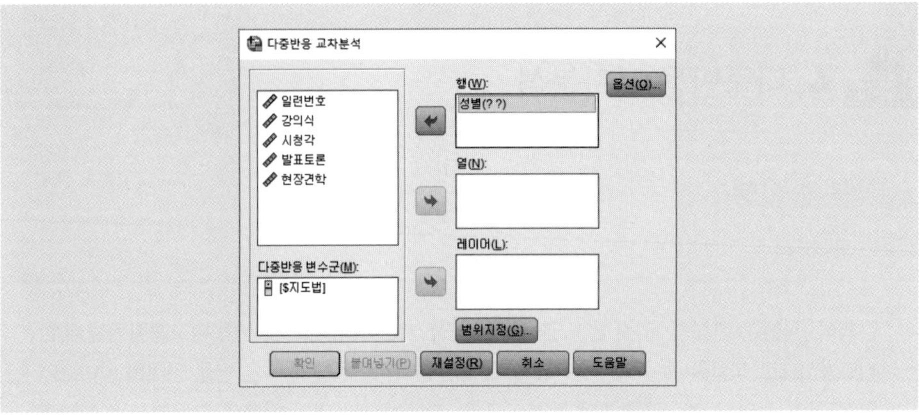

일반 교차분석의 대화상자와 사용법이 동일하다. 다중반응 교차분석 대화상자에서 분석할 변수(다중반응 변수군 또는 단일반응변수)를 세로로 배열하고 싶으면 행(W)에, 가로로 배열하고 싶으면 열(N)에 선택한다.

(2) 변수 범위 지정 대화상자 열기

행(W)에 선택한 성별 범위를 지정하기 위하여, 다중반응 교차분석 대화상자에서 [범위지정(G)...]을 클릭한다.

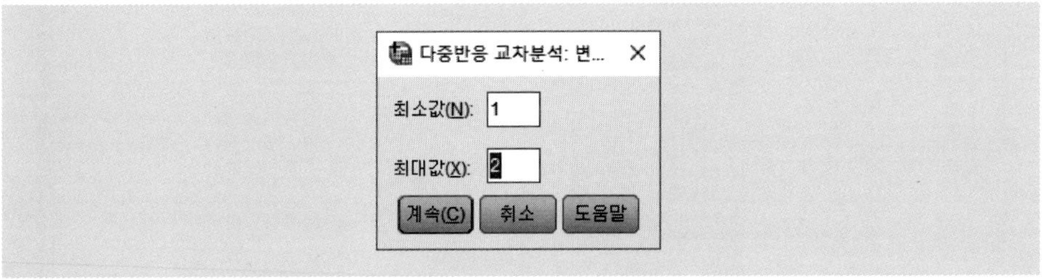

범위 지정 대화상자를 연 다음 최소값(N)과 최대값(X)을 입력하고 [계속(C)]을 클릭하여 교차표에 출력할 범위를 지정한다.

(3) 옵션 대화상자 열기

다중반응 교차분석 대화상자에서 [옵션(O)...]을 클릭한다.

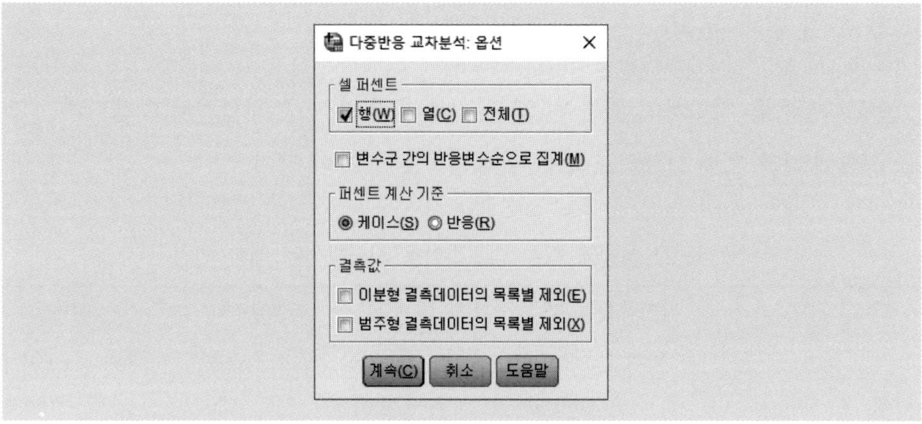

| 변수군 간의 반응변수순으로 집계(M) | 첫 번째 집단의 첫 번째 변수와 두 번째 집단의 첫 번째 변수를 대응시키고 첫 번째 집단의 두 번째 변수와 두 번째 집단의 두 번째 변수…… 이런 식으로 대응시킨다. 다중이분형 변수군 또는 요소 변수에 대해서는 대응을 사용할 수 없다.

퍼센트 계산 기준

| 케이스(S) | 전체 반응빈도 수에 기초한 비율

| 반응(R) | 반응자(케이스) 수에 기초한 비율

원하는 옵션을 선택하고 [계속(C)]을 클릭한 후, 다중반응 교차분석 상자에서 [확인]을 클릭한다.

2) 분석 결과

성별*$지도법 교차표

			$지도법[a] 강의식	시청각	발표토론	현장견학	전체
성별	남자	빈도	3	8	7	7	10
		성별 중 %	30.0%	80.0%	70.0%	70.0%	
	여자	빈도	7	8	4	6	10
		성별 중 %	70.0%	80.0%	40.0%	60.0%	
전체		빈도	10	16	11	13	20

퍼센트 및 합계는 반응자수를 기준으로 합니다.

a. 값 1을(를) 가지는 이분형 변수 집단입니다.

3) 분석 결과 보고

범교과활동을 지도하기 위하여, 제시된 네 가지 방식 중 적합하다고 생각하는 것을 성별에 따라 모두 선택하도록 한 결과는 〈표 7-2〉와 같다.

〈표 7-2〉 성별에 따른 범교과활동 지도방식에 대한 의견

	강의		시청각 매체 활용		발표 및 토론		현장견학		전체	
	빈도	(%)	빈도	(%)	빈도	(%)	빈도	(%)	빈도	(%)
남성	3	(30.0)	8	(80.0)	7	(70.0)	7	(70.0)	10	(50.0)
여성	7	(70.0)	8	(80.0)	4	(40.0)	6	(60.0)	10	(50.0)
전체	10	(50.0)	16	(80.0)	11	(55.0)	13	(65.0)	20	(100.0)

남성, 여성 모두 시청각 매체를 활용하는 것이 적합하다는 의견이 80%로 가장 많았고, 남성은 강의식이 적합하다는 의견이 30%로 가장 적었으며, 여성은 발표 및 토론이 적합하다는 의견이 40%로 가장 적었다.

연 • 습 • 문 • 제

1 ○○컴퓨터사의 최신형 데스크탑 컴퓨터를 구매한 고객을 대상으로 이 컴퓨터를 구매하게 된 이유로 가격, 품질, 인지도 중 해당되는 것을 모두 고르도록 하였다. 구매 이유에 대한 반응을 분석하시오.

일련번호	성별	가격	품질	인지도
1	1	0	0	1
2	1	0	1	0
3	1	1	1	0
4	1	1	1	1
5	1	0	0	1
6	1	0	1	1
7	1	1	1	1
8	1	0	0	1
9	1	1	1	0
10	1	1	1	0
11	1	1	0	1
12	1	1	0	0
13	1	1	0	0
14	1	1	1	1
15	1	0	1	1
16	2	0	1	1
17	2	1	1	1
18	2	0	0	1
19	2	1	1	0
20	2	0	1	0
21	2	1	1	0
22	2	0	0	0
23	2	1	0	1
24	2	0	0	1
25	2	1	0	0
26	2	0	1	1
27	2	0	0	1
28	2	1	1	0
29	2	0	1	0
30	2	0	0	1

2 앞의 설문에서 성별에 따른 반응 형태가 어떠한지 분석하시오.

제3부

추리통계와 기본 개념

제8장 분포와 중심극한정리

통계는 수집된 자료를 요약하여 설명하는 **기술통계**와 모집단을 대표하는 표본을 추출하여 표본의 통계치로 모집단의 특성인 모수치를 추정하는 **추리통계**가 있다고 하였다. 이 장에서는 자료분석을 통하여 가설의 기각 여부를 결정하는 추리통계를 이해하기 위한 기본 개념으로서 모집단분포, 표본분포, 표집분포, 그리고 중심극한정리를 설명한다.

1. 모집단분포, 표본분포, 표집분포

1) 모집단분포

모집단분포(population distribution)는 연구대상이 되는 사람 혹은 사물의 전체 집합의 분포다. 예를 들어, 우리나라 고등학교 3학년 학생들의 학업성적을 연구한다면 모집단은 우리나라 고등학교 3학년 학생 모두가 된다. 모집단분포로서 우리나라에 있는 고등학교 3학년에 재학 중인 학생들의 학업성적 검사점수를 그래프로 그린다면 어떤 형태가 될까? 평균 학업성취도 점수를 중심으로 좌우대칭으로 흩어져 있는 정규분포를 그릴 것이다. 성인들의 키와 체중 등 모집단 전체를 측정하여 그래프를 그려도 평균 μ를 중심으로 표준편차인 σ만큼 흩어진 정규분포를 그릴 것이다. 이와 같이 모집단의 속성은 **평균이** μ이고 **표준편차가** σ인 **모수치**로 대표되며, 일반적으로 정규분포를 나타낸다. 그러나 많은 경우에 모집단의 방대함과 역동성 때문에 모집단분포의 특성을 나타내는 모수치를 알기가 쉽지 않다.

모집단분포는 [그림 8-1]과 같다.

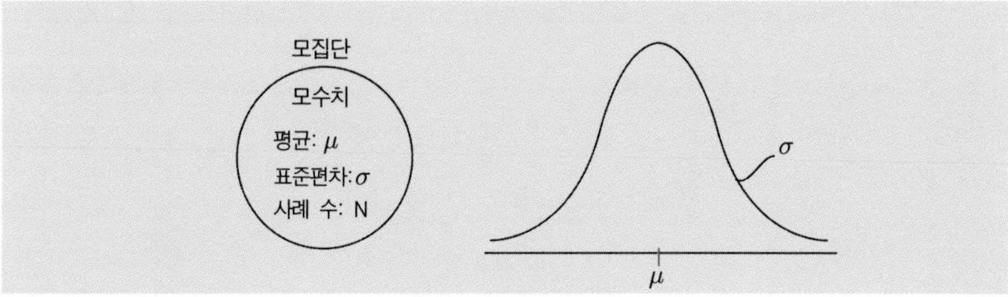

[그림 8-1] 모집단분포

2) 표본분포

모집단의 방대함과 역동성 때문에 모집단의 속성을 파악하기가 쉽지 않다. 그러므로 모집단의 속성을 알기 위해서는 모집단을 대표할 수 있는 표본을 추출하여 표본의 속성으로 모집단의 속성을 추리한다. 이처럼 모집단의 속성을 알기 위하여 모집단을 대표할 수 있게 추출된 대상군의 분포를 **표본분포**(sample distribution)라 한다. 표본의 속성은 표본에서 얻은 **평균** $\overline{Y}$와 **표준편차** s로 표기하며, 이들을 **통계치**(statistics) 혹은 **추정치**(estimates)라 한다. 모집단분포는 일반적으로 정규분포이나 표본분포는 항상 정규분포를 이루는 것은 아니다. 표본의 크기가 작으면 표집에 따라 정규분포 혹은 편포가 될 수 있다.

표본분포는 [그림 8-2]와 같다.

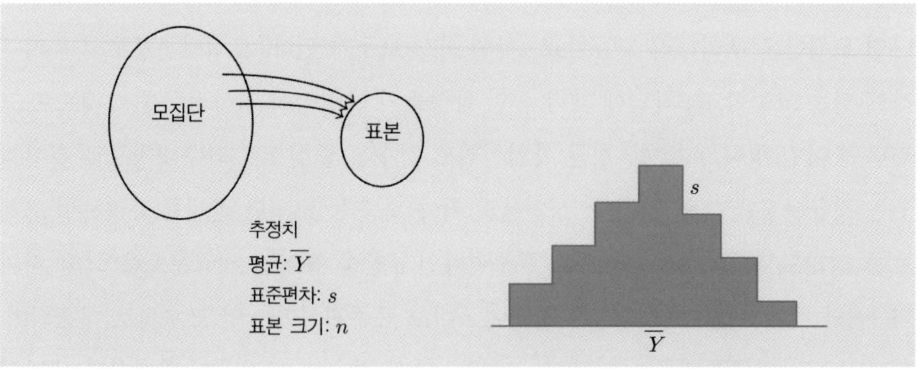

[그림 8-2] 표본분포

3) 표집분포

모집단분포와 표본분포는 실제적으로 얻을 수 있는 분포인 데 비해 표집분포는 가상적 분포며, 추리통계를 위한 매우 중요한 요소로 이론적 분포라 한다. **가상적 분포**(hypothetical distribution)라 함은 실제 행위를 통하여 분포를 그릴 수 없으므로 어떤 가정하에서만 그려지기 때문이다. 또 어떤 가정을 전제로 하여 이론적으로 그릴 수 있기 때문에 **이론적 분포**(theoretical distribution)라고도 한다.

표집분포(sampling distribution)란 추리통계의 의사결정을 위한 이론적 분포로, 이론적으로 표본의 크기가 n인 표본을 무한히 반복 추출한 다음, 무한 개 표본들의 평균을 가지고 그린 분포를 말하며, 추정치의 분포라고도 한다. 표집분포는 추리통계의 가설검정을 위한 판단의 기준을 제시하는 기각역과 채택역을 나타낸다. 표집분포는 영가설의 기각여부를 결정하기 때문에 추리통계에서 중요한 역할을 한다. 모집단의 분포가 정규분포가 아니더라도 정규분포의 형태를 띤다.

표집분포는 [그림 8-3]과 같다.

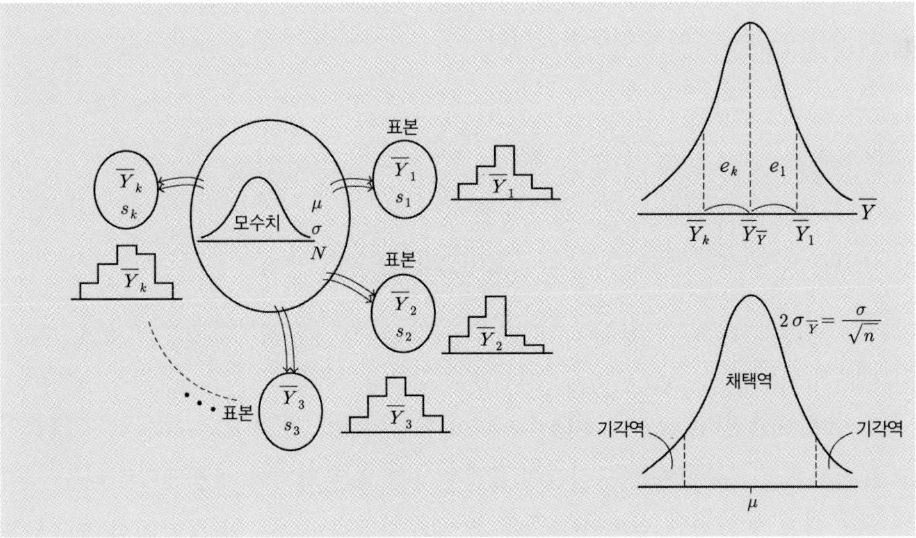

[그림 8-3] 표집분포

2. 중심극한정리

모집단분포, 표본분포, 표집분포를 환기하였을 때 모집단 분포와 표본분포의 평균과 표준편차는 수집된 자료로 계산할 수 있다. 모집단분포의 평균과 표준편차를 실제적으로 추정하기 어렵다. 그러나 때로 모집단의 크기가 작을 경우에는 계산이 가능하다.

표집분포의 평균과 표준오차는 표집분포 자체가 이론적인 분포 혹은 가상적 분포이므로 논리적, 수리적 절차에 의하여 추정될 수밖에 없다. 물론, 모집단에서 크기 n의 표본을 무한히 추출하여 평균과 표준오차를 추정할 수도 있으나 실제적으로는 불가능하다. 왜냐하면 표집을 무한히 해야 하기 때문이다.

개념적으로 설명하면 표집분포의 평균은 모집단에서 무한히 k개의 표본을 추출한 평균들의 평균이므로 이는 모집단의 평균과 같아질 수 있다. 그리고 표집분포의 표준편차, 즉 **표준오차**는 표본의 크기가 크면 표준오차가 작아지고, 표본의 크기가 작으면 표준오차가 커지게 된다. 이런 원리에 의하여 표집분포의 평균과 표준오차를 계산하여 주는 것이 중심극한정리다.

$$\overline{Y}_{\overline{Y}} = \mu$$

$$\sigma_{\overline{Y}} = \frac{\sigma}{\sqrt{n}}$$

즉, **중심극한정리**(central limit theorem)란 표집분포의 평균은 모집단의 평균이고 표집분포의 표준편차는 모집단의 표준편차를 표본 크기의 제곱근으로 나눈 것과 같으며, 표본의 크기가 충분히 클 때($n > 30$) 모집단의 분포와 상관없이 정규분포가 됨을 말한다(성태제, 2019).

제9장 가설검정과 유의수준

사회현상 혹은 자연현상에서 알지 못하는 사실에 대하여 판단을 하게 되는 경우가 많다. 그런 경우 판단이 언제나 옳은 것은 아니다. 그렇다면 경험과학을 하는 연구자들은 "어떤 현상은 이럴 것이다."라고 잠정적 진술을 설정하고, 그 잠정적 진술에 대하여 옳고 그름을 판단하는 의사결정을 하게 된다. 이때 잠정적 진술을 가설이라 하며, 연구를 유도한다. 만약, 잠정적으로 설정한 가설이 진리임에도 불구하고 이를 부정하였다면 판단의 오류를 범하게 된다.

통계학에서도 모집단이 가지고 있는 속성, 즉 모르는 사실을 표본에서 얻은 통계값을 가지고 '이렇다', '저렇다'고 판단하는 의사결정을 해야 한다. 그러나 이와 같은 판단은 항상 맞을 수는 없다. 즉, 연구자가 판단의 오류를 범하게 된다.

이 장에서는 연구를 유도하는 가설인 영가설과 대립가설, 의사결정, 그에 따른 판단의 오류인 제1종 오류와 제2종 오류, 그리고 검정력과 유의수준을 설명한다.

1. 가 설

우주에 존재하는 사실을 모르기 때문에 연구를 한다. 연구를 하기 위하여 어떤 사실을 전제로 하고 그것이 옳은지 혹은 그렇지 않은지를 판단한다. 즉, 어떤 사실을 잠정적으로 진리로 놓고, 그 잠정적 진리에 대하여 지지 혹은 거부를 하게 되는 것이다. 이와 같이 연구를 유도하는 잠정적 진술을 '**가설**(hypothesis)'이라 한다. Kirk (1995)는 가설이란 어떤 사실을 설명하기 위하여 잠정적으로 적용되며 다른 연구를 유도하는 검정 가능한 상상적 추측이라고 하였다. Good(1959) 역시 가설이란 연구를 이끄는 개념으로 잠정적 설명 혹은 가능성을 설명한 것이라 하였다.

이러한 가설은 영가설과 대립가설로 구분하며, 서술 여부에 따라 서술적 가설, 통계적 가설로 구분한다. 또한 부등호의 존재 유무에 따라 일방적 가설과 양방적 가설로 구분한다.

1) 영가설과 대립가설

가설에는 영가설과 대립가설이 있다. 연구에 익숙한 대학원생일 경우 영가설은 부정하고자 하는 사실이고, 대립가설은 연구에서 주장하고자 하는 사실이라고 알고 있을 것이다. 그러나 이보다 개념적으로 더욱 중요한 것은 오판의 심각성에 따라 영가설과 대립가설을 설정하여야 한다는 것이다.

앞에서 설명하였듯이 연구자의 판단이 항상 옳은 것은 아니다. 예를 들어, 재판의 경우 판결에 있어 두 가지의 정판과 두 가지의 오판이 나타나게 된다. 정판은 죄를 짓지 않았으니 무죄를 판결하는 것이요, 죄를 지은 경우 유죄판결을 내리는 것이다. 이에 비해 두 개의 오판은 죄를 짓지 않았는데 유죄판결을 내리는 경우와 죄를 지었는데 무죄판결을 내리는 경우다. 두 오판 중에 심각한 오판은 죄를 짓지 않았는데 유죄판결을 내리는 것으로 훌륭한 법조인이라면 심각한 오판을 범하지 말아야 한다. 재판을 할 때 죄를 지었다고 가정하고 재판을 하는 경우와 죄를 짓지 않았다고 가정하고 재판을 하는 경우가 있다. 그렇다면 앞에서 설명한 내용과 같이 심각한 오판을 하지 말아야 하므로 심각한 오판을 범할 때의 잠정적 진술을 검정하여야 한다.

영가설(null hypothesis)은 연구에서 일어나는 심각한 오판을 범할 때 진리인 내용이 되며 연구에서 검정받는 사실을 말한다. 즉, 연구자는 두 가지의 판단착오 중 심각한 판단의 오류를 극소화하여야 하므로 그 심각한 오판을 범할 때 검정을 받는 잠정적 진리를 말한다. 이러한 영가설을 '**귀무가설**'이라고도 한다. 재판의 경우 살인을 하지 않았는데 유죄판결을 내리는 것이 심각한 오판이므로 법조인, 즉 연구자는 정확한 판단을 하는 것은 당연하고 오판을 하지 않아야 하며, 오판 중 심각한 오판은 더욱 하지 말아야 한다. 수질연구의 예를 들면 물이 오염되어 있어 식수가 불가능한 데 식수가 가능하다고 내리는 판단이 심각한 오판이 된다. 연구자는 심각한 오판을 하지 말아야 하기 때문에 심각한 오판을 내릴 수 있는 내용을 가지고 연구를 실시하여야 한다. 그러므로 영가설은 심각한 오판에서 사실인 내용이 된다. 재판의 경우 '피고인은 살인하지 않았다.'가 영가설이 되며, 수질연구에서는 '물이 오염되었다.' 즉, '식수로 불가능하다.'가 영가설이 된다. 일반적으로 영가설은 H_o로 표기한다.

대립가설(alternative hypothesis)은 영가설이 부정되었을 때 진리로 남는 잠정적 진술을 말하며, 일반적으로 연구자가 연구에서 주장하고자 하는 내용이 담긴 가설이라 말할 수 있다. 대립가설은 H_A 혹은 H_1으로 표기하며, 연구자가 주장하고자 하는 가설이기 때문에 '**연구가설**(research hypothesis)'이라고 한다.

연구자의 입장에 따라서 연구가설, 즉 대립가설은 다를 수 있다. 예를 들면, 재판의 경우 연구자가 검사라면 '살인을 하였다.'가 연구가설이 되며, 변호사라면 '살인을 하지 않았다.'를 연구가설로 설정할 것이다. 영가설을 중심으로 생각하면 검사는 '살인을 하지 않았다.'를 영가설로, '살인을 하였다.'를 대립가설로 설정할 것이다. 변호사의 경우는 반대로 영가설과 대립가설을 설정하게 된다. 그러나 연구는 연구자의 위치나 직책에서 어떤 사실을 주장하기 위하여 실시하는 것이 아니고 진실을 밝혀야 하기 때문에 연구자가 검사의 입장이든 변호사의 입장이든 연구가 지니는 목적에 대한 윤리적 접근이 최우선되어야 한다. 수질검사에 대한 연구도 마찬가지다.

심각한 오판에서의 사실인 내용이 영가설로 설정되고 그와 반대되는, 즉 영가설이 부정되었을 때 진리로 남는 사실이 대립가설이 된다.

2) 서술적 가설과 통계적 가설

다른 분류기준에 의하면 가설을 서술적 가설(descriptive hypothesis)과 통계적 가설(statistical hypothesis)로 구분한다. **서술적 가설**은 연구자가 검정하고자 하는 영가설이나 대립가설 모두를 언어로 표현한 것을 말한다. **통계적 가설**은 서술적 가설을 어떤 기호나 수로 표현한 가설을 말한다.

통계적 가설의 형태로 영가설과 대립가설을 표기할 때 이는 모집단의 분포나 모수치에 대한 잠정적 진술이므로 모수치에 대하여 표기하여야 한다. 표본에서 얻은 Y나 s와 같은 통계치로 가설을 표현하는 경우가 종종 있는 데, 이는 타당하지 않다. 왜냐하면 가설검정은 모집단의 속성을 추리하기 때문이다.

3) 등가설과 부등가설

영가설과 대립가설에 부등호가 있으면 **부등가설**(directional hypothesis)이라 하고, 부등호가 없으면 **등가설**(non-directional hypothesis)이라 한다. 교수법에 의한 연구에서 연구를 위한 영가설과 대립가설에 부등호가 없으면 이를 등가설이라 한다. 등가설로서 영가설은 '전통적 교수법에 의한 학습 효과가 새로운 교수법에 의한 학습 효과보다 크거나 같다'를 예로 들 수 있다. 한 교수법이 다른 교수법보다 학습 효과가 높은지 혹은 낮은지 여부를 판명하지 않은 상태에서 차이가 있는지에 대하여 관심을 갖는다면 이는 등가설에 의하여 가설이 검정되는 것이다. 이와 같은 검정절차를 **양방적 검정**(two-tailed test)이라 한다.

또한 새로운 교수법은 전통적 교수법보다 학습 효과가 같거나 낮음을 말해 주는 영가설과 새로운 교수법은 전통적 교수법보다 학습 효과가 높음을 가정하는 대립가설로 되어 있다면 이 가설들을 부등가설이라 한다. 이러한 부등가설에는 부등호가 있는데, 주의할 점은 부등가설에 의하여 영가설과 대립가설을 설정할 때 등호는 항상 영가설에 존재한다는 것이다. 부등가설에 의한 가설검정 절차를 **일방적 검정**(one-tailed test)이라 한다.

등가설 혹은 부등가설에 의한 양방적 검정 혹은 일방적 검정은 연구자의 이론적 혹은 경험적 배경에 의하여 결정된다. 이론적 배경이 강한 경우 주로 일방적 검정을 실시하는데, 이는 일방적 검정이 보다 강력한(powerful) 연구가 될 수 있기 때문이다.

2. 오류와 유의수준

1) 제1종 오류와 제2종 오류

연구자가 범할 수 있는 판단의 착오, 즉 오판은 두 가지 종류가 있는데, 이 두 가지 오판의 심각성은 각기 다르다. 수질연구에서는 오염이 되어 식수가 불가능한데 식수로 사용해도 된다는 오판과, 식수가 가능하지만 식수 불가능의 판정을 내리는 오판이 있다.

교수법 효과에 대한 연구에서도 두 교수법에 의한 학습 효과의 차이가 없는 데 차이가 있다고 판단하는 오판과 두 교수법의 학습 효과의 차이가 있음에도 불구하고 차이가 없다고 판정하는 오판이 있다. 각 연구에서 전자의 오판은 후자의 오판보다 심각한 오판이다. 이처럼 보다 심각한 오판을 제1종 오류 혹은 제1종 착오라 한다.

제1종 오류를 영가설과 대립가설에 의하여 설명하면, **제1종 오류**(type Ⅰ error)란 영가설이 진인데 그 영가설을 기각하는, 즉 대립가설을 채택하는 판단의 오류로 α로 표기하며, **유의수준**(significant level)이라 한다. **제2종 오류**(type Ⅱ error)란 영가설이 진이 아닐 때, 즉 대립가설이 진일 때 영가설을 기각하지 않고 채택하는 오판을 말하며, β로 표기한다. **검정력**(power)은 영가설이 진이 아닐 때 영가설을 기각하는 확률을 말하며, $1-\beta$로 표기한다. 즉, 대립가설이 진일 때 대립가설을 채택하는 확률이다.

α, β, $1-\beta$는 [그림 9-1]과 같이 나타낼 수 있다.

		진리	
		H_o	H_A
의사 결정	H_o	$1-\alpha$	β (제2종 오류)
	H_A	α (제1종 오류)	$1-\beta$ (검정력)

[그림 9-1] 제1종 오류, 제2종 오류, 검정력

2) 유의수준 설정과 해석

앞에서 설명한 바와 같이 연구자가 취할 태도는 제1종 오류의 수준을 결정하는 판단을 내려야 한다. 심각한 판단을 내릴 확률, 즉 제1종 오류의 수준을 **유의수준 (significant level)이라 하고 α로 표기하며, 이는 심각한 오판을 허용하는 수준**을 의미한다.

유의수준을 결정하는 것은 물론 연구자의 이론적 · 경험적 배경에 의존하나 연구에서 오판의 심각성에 의해서 결정된다고 볼 수 있다. 일반적으로 경험사회과학에서 유의수준은 .05 혹은 .01로 설정한다. 물론, 연구자가 이론적 배경이 강하면 유의수준을 낮출 수 있다. 유의수준의 설정은 연구가 시작되기 전 연구자가 결정하여야 한다. 왜냐하면 유의수준이 의사결정의 기준이 되기 때문이다.

유의수준이 .05라고 할 때 이것이 의미하는 것은 영가설이 진인 표집분포 아래에서 100번 중 5번 이하의 사건이 일어나면 그 사건이 일어날 확률이 극히 낮아 영가설이 진이 아니라고 판단할 확률을 말한다. 따라서 연구자가 어떤 검정 통계값을 얻었을 때 그 검정 통계값이 나타날 확률이 유의수준 이하일 경우 이 검정 통계값이 일어날 확률이 실제적으로 매우 낮으므로 우연히 일어났다고 보고 영가설을 기각한다. 이때 이 검정 통계값은 **통계적 유의성**(statistical significance)이 있다고 할 수 있다.

많은 연구에서 유의수준에 대한 잘못된 해석을 하고 있다. 자료분석 결과에 따라 유의수준을 변경하거나 유의수준을 %로 나타내는 경우는 잘못된 것이다. 특히, 통계 프로그램에 의하여 계산된 p값을 그대로 유의수준으로 옮겨 적는 것 또한 유의수준을 이해하지 못한 것이다. p값이란 그와 같은 통계값이 나올 확률을 의미하는 것이지 어떤 허용하는 판단의 실수 범위를 말하는 것은 아니다.

유의수준이란 영가설이 진일 때 영가설이 진이 아니라고 오판하는, 즉 실수의 확률을 말한다.

3) 통계적 유의성과 실제적 유의성

통계적 검정결과 검정 통계값이 일정 유의확률을 나타내면 통계적 가설을 수용하거나 기각하는 일을 해야 한다. 그러나 연구결과를 어떻게 해석하느냐의 문제는 주관적인 판단과 의사결정의 과정이다. 통계적 가설의 검정결과가 중요하기는 하지만 이에 대한 해석은 판단의 과제로서 많은 과학적 통찰을 필요로 한다.

유의도 검정에 있어서 가장 일반적이고도 심각하게 잘못된 해석은 연구결과의 통계적 유의성과 실제적 유의성을 혼동하며 통계적 유의성만 강조하는 점이다. **통계적 유의성**은 통계적 가설 검정을 위해 설정한 유의수준에 입각한 유의성을 말하며, **실제적 유의성**(practical significance)은 연구결과가 실질적으로 집단간에 차이가 있는지, 변수 간에 의미 있는 상관이 있는지를 말하는 것이다.

유의수준에 의한 통계적 검정결과는 연구에 참여한 연구대상의 수에 의해 영향을 받는다. 연구대상이 많거나 표본의 크기가 커질수록 일정한 유의수준에 도달하는 데 필요한 차이는 작아진다. 예를 들어, 1,000명의 피험자 표본에 대한 상관계수 .08은 유의수준 .01에서 유의한 반면, 22명의 피험자 표본에 대한 상관계수 .42는 유의수준 .05에서 유의하지 않다. 그러나 후자의 상관계수가 전자보다 훨씬 더 크기 때문에 전자보다 더 실제적 유의성을 지닌다. 예를 들어, 전통적인 교수법과 시청각 매체를 활용한 교수법에 따라 학업성취도에 차이가 발생하는가를 비교하는 연구에서 영가설은 '두 방법 간의 차이가 없다.'이고 대립가설은 '두 방법 간의 차이가 있다.'이다. 이 연구에서 표본 수를 각각 1,000으로 하여 두 교수법에 의한 평균점수의 차이가 2점이 나왔을 때 2점이 나타날 확률은 유의수준 .05보다 작으므로 영가설을 기각하게 된다. 이는 유의수준 .05에서 두 교수법에 의한 학업성취도에 차이가 있다고 해석한다. 그러나 실제 상황에서 시청각 매체를 활용한 교수의 결과로 얻은 점수의 평균이 88점이고 전통적 학습의 결과로 얻은 점수의 평균이 86점이라고 할 때, 이 두 점수 간의 차이가 실질적으로 의미 있는 차이인지는 확신할 수 없다. 즉, 통계적 검정결과 연구자가 얻은 통계값은 영가설을 기각할 만큼 유의성이 있지만 실제적으로 평균점수 2점의 차이는 그렇게 의미가 있는 것이 아니라고 해석할 수 있다. 만약, 앞의 연구를 표본의 수를 줄여 50명을 대상으로 하여 연구를 하였을 때 두 교수법에 의한 학업성취도의 평균점수 차이가 6점이 나왔다고 하더라도, 6점이 나타날 확률이 유의수준보다 크게 되면 영가설을 기각할 수 없게 된다. 이는 두 교수법에 의한 실질적인 점수 차이가 6점이어도 사례 수가 작아서 통계적으로 유의한 차이가 나타나지 않음을 의미한다. 즉, 표본의 수에 따라 영가설의 기각 여부가 결정되어 연구의 유의성에 영향을 미치게 되는 것이다.

표본의 수가 많을수록 표집오차가 줄어들기 때문에 표집분포의 폭은 좁아지게 되고, 표본의 수가 적을수록 표집오차가 커져서 표집분포는 넓게 퍼지게 된다. 사례 수가 1,000명일 때는 2점의 차이로 영가설을 기각하였는데, 사례 수가 50명일 때는 평균점수의 차가 6점이라도 영가설을 기각하지 못하게 된다.

표본의 수를 늘림으로써 실제적으로 의미 있는 차이가 없는데도 통계적으로는 유의할 수도 있고, 반대로 표본의 수가 적어 실제적으로 유의하더라도 통계적으로는 유의하지 않은 경우가 있을 수 있으므로, 연구자는 연구결과의 해석에 있어서 항상 주의를 기울여야 한다. 결국, 통계적 유의도 검정이란 표본의 크기에 의해 결정됨을 알 수 있다.

많은 연구자가 통계적 유의성에 관심을 두고 있으나 현대통계학에서는 통계적 유의성 못지않게 실제적 유의성을 강조한다. 앞에서 설명한 바와 같이 연구에서 통계적 유의성은 연구대상 수와 관련이 있으므로 연구대상 수를 많이 하면 집단간의 차이가 적거나 두 변수 간의 상관관계가 낮더라도 통계적 유의성을 얻을 수 있다. 그러므로 최근의 많은 연구에서는 실제적 유의성에 관심을 두고 있다. 회귀분석에서 결정계수(R^2)이나 분산분석에서 에타제곱(η^2)에 관심을 갖는 것은 실제적 유의미성 때문이다. 이는 연구결과를 분석할 때 통계적 유의성에만 의존하는 것은 바람직하지 않다는 것이다. 비록, 통계적으로 유의한 결과를 얻지 못하였어도 두 집단간에 의미 있는 차이가 있거나 혹은 두 변수 간에 의미 있는 상관관계가 밝혀졌다면 의미 있는 연구결과를 얻은 것이다. 반대로 통계적으로 유의한 결과를 얻었지만 두 집단 간에 주지할 만한 차이를 발견하지 못하거나 차이가 경미하다면, 또는 두 변수 간의 상관관계가 낮다면 그 연구결과는 전자보다 의미가 없는 연구결과일 수 있다.

제4부

집단간 차이분석

제10장 t 검정

t 검정은 두 집단 이하의 평균을 비교하는 분석방법으로 모집단의 분산을 알지 못할 때 사용한다. **t 검정은 다음의 세 가지**로 나누어 설명할 수 있다.

- 한 집단의 평균과 특정한 값을 비교하는 경우 단일(일)표본 t 검정을 사용한다.
- 같은 모집단에서 추출된 두 표본의 평균을 비교하는 경우 두 종속(대응)표본 t 검정을 사용한다. 두 표본이 종속적인 경우로서 사전–사후 검정을 위하여 사용한다.
- 다른 모집단에서 추출된 두 표본의 평균을 비교하는 경우 두 독립표본 t 검정을 사용한다.

1. 기본 가정

t 검정을 수행하기 위한 기본 가정은 다음과 같다.

- 종속변수가 양적변수이어야 한다.
- 모집단의 분산, 표준편차를 알지 못할 때 사용한다.
- 모집단 분포가 정규분포이어야 한다.
- 등분산 가정이 충족되어야 한다.

만약, 모집단의 분포가 정규분포라는 가정을 충족시키지 못하면 **비모수통계**(non-parametric statistics)를 사용하여야 한다. 또한 두 집단의 분산이 같지 않아 등분산 가정을 충족시키지 못할 경우에는 두 독립표본 t 검정 대신에 Welch-Aspin 검정을 사용하여야 한다.

2. 단일표본 t 검정

1) 사용 목적

단일표본 t 검정(one-sample t test)이란 모집단의 분산을 알지 못할 때 모집단에서 추출된 표본의 평균과 연구자가 이론적 배경이나 경험적 배경에 의하여 설정한 특정한 수를 비교하는 방법이다. 실제 연구에서는 모집단의 분산을 알지 못하므로 단일표본 t 검정을 자주 사용한다. 예를 들어, 어떤 연구자가 새로운 교수법을 개발하여 중학교 3학년 학생에게 수업을 실시한 후 그 학생들의 수학점수 평균이 경험적 배경에 의하여 설정한 중학교 3학년 학생들의 평균이라 생각하는 68점과 같은지를 알아보는 경우다. 즉, 새로운 교수법이 효과가 있는지 없는지를 검정하기 위하여 중학교 3학년을 대표할 수 있는 표본을 추출하여 새로운 교수법을 실시한 후 그 표본에서 얻은 평균과 표준편차를 가지고 검정하는 방법이다.

2) 기본 원리

단일표본 t 검정은 연구자가 알고 있는 특정값과 표본에서 추출된 평균값의 차이를 비교하는 방법으로 연구자가 설정한 특정값과 표본의 평균값의 차이가 크면, 두 값은 같을 것이라는 영가설을 기각하게 된다.

$$t = \frac{\overline{Y} - \mu}{\frac{s}{\sqrt{n}}}$$

$\overline{Y}$: 표본평균
μ : 영가설하에서 모집단 평균
s : 표본의 표준편차
n : 표본의 크기

3) 분석 실행

예 제

중학교 2학년 학생들을 대상으로 한 과학성취도 국제비교연구에서 국제평균은 470점이었다. 우리나라 학생들의 과학 성취수준이 국제 성취수준과 같은가?

(1) 단일(일)표본 T 검정 대화상자 열기

분석(A) ▷ 평균 비교(M) ▷ 일표본 T검정(S) ...

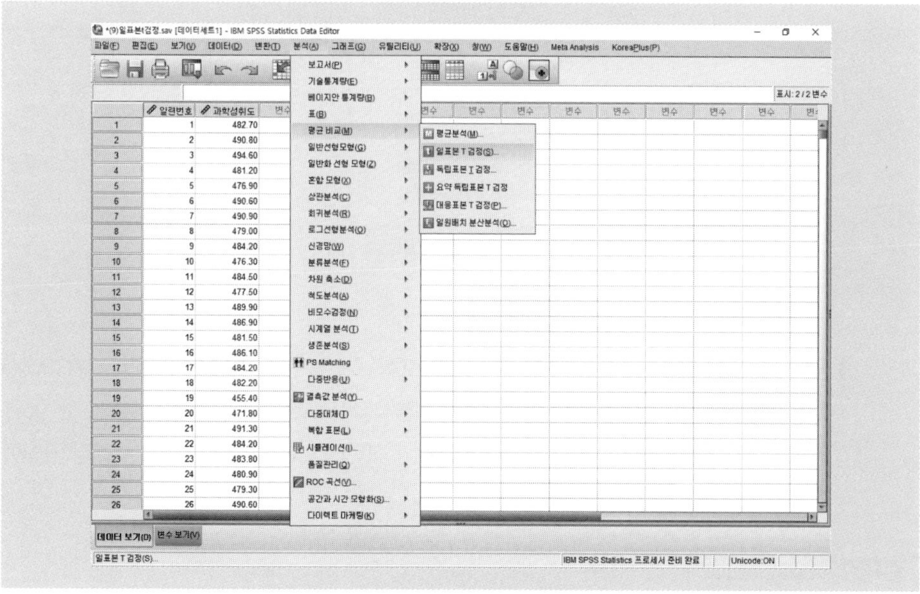

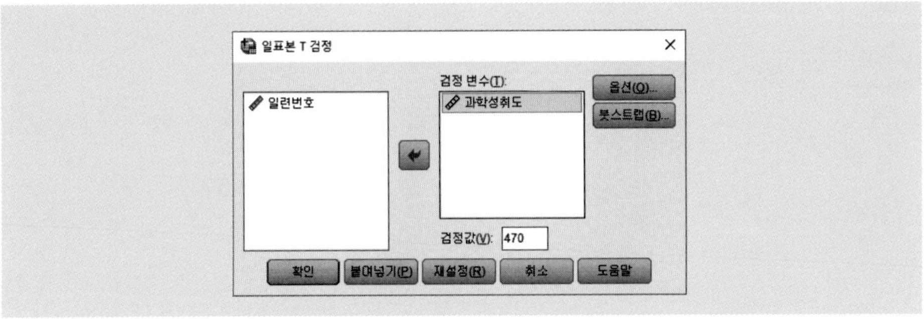

왼쪽 상자 안에 나열된 변수 중에서 단일(일)표본 t 검정을 수행하고자 하는 변수를 선택하여 **검정 변수(T)** 상자로 옮긴 후, 그 변수의 평균과 검정하고자 하는 대상값을 **검정값(V)**에 입력한다.

▍검정값(V)▍ 선택한 변수의 평균과 비교 · 검정될 수치를 말한다. 예를 들어, 앞과 같은 검정값을 선택한 경우, 영가설은 '과학성취도의 평균은 470점이다.'가 된다.

(2) 옵션 대화상자 열기

단일(일)표본 T 검정 대화상자에서 [옵션(O)...]을 클릭한다.

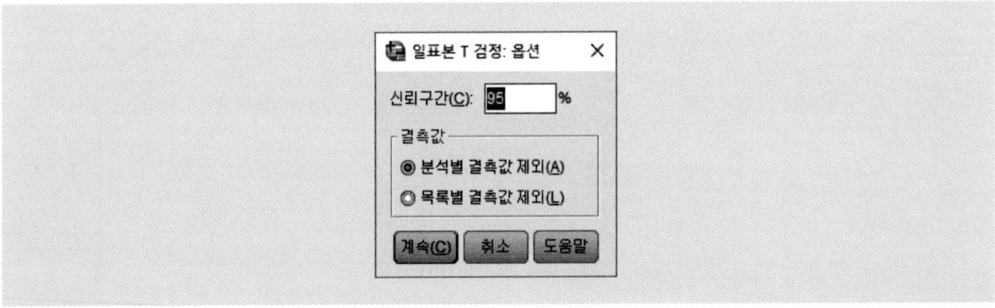

▍신뢰구간(C)▍ 정해진 확률하에서 모수치를 포함하게 될 변동구간을 의미한다. SPSS에서는 평균의 차이에 대해 95% 신뢰구간이 기본설정값으로 지정되어 있다. 유의수준 .05를 의미한다. 연구가설의 유의수준에 따라 1에서 99까지의 값을 입력함으로써 해당 가설에 대한 신뢰구간을 설정할 수 있다.

결측값(missing value)

▍분석별 결측값 제외(A)▍ 분석시 결측값이 있는 변수에서만 해당 케이스를 제외

▍목록별 결측값 제외(L)▍ 분석시 사용되는 모든 변수에서 결측값이 있는 케이스를 제외

원하는 옵션을 선택하고 계속(C)을 클릭한 다음 일표본 T 검정 대화상자에서 확인을 클릭하면 SPSS 뷰어에 결과표가 출력된다.

4) 분석 결과

분석 결과 1. 과학성취도의 기술통계

일표본 통계량

	N	평균	표준화 편차	표준오차 평균
과학성취도	1000	486.0633	20.11089	.63596

분석 결과 2. 과학성취도의 단일(일)표본 t 검정

일표본 검정

	검정값 = 470					
					차이의 95% 신뢰구간	
	t	자유도	유의확률 (양측)	평균차이	하한	상한
과학성취도	25.258	999	.000	16.06330	14.8153	17.3113

5) 분석 결과 보고

우리나라 중학교 2학년 학생들의 과학성취도가 국제성취도 평균인 470점과 같은지 알아보기 위하여 단일표본 t 검정을 수행하였다. 우리나라 학생들의 과학성취도의 평균, 표준편차 및 t 통계값은 〈표 10-1〉과 같다.

〈표 10-1〉 우리나라 학생들의 과학성취도에 대한 단일표본 t 검정결과

사례 수	평균	표준편차	t	유의확률
1,000	486.06	20.11	25.26	.000

1,000명의 학생을 대상으로 과학성취도를 평가한 결과, 평균은 486.06, 표준편차는 20.11이다. t 통계값은 25.26이고, 이에 따른 유의확률은 .000으로 유의수준 .05에서 우리나라 학생들의 과학성취도의 평균은 470점이 아니라고 결론내릴 수 있다.

3. 두 종속(대응)표본 t 검정

1) 사용 목적

두 종속(대응)표본 t 검정(two-dependent samples t test; matched pair t test)은 종속변수가 양적변수고, 두 집단이 독립적이지 않을 경우 두 집단의 종속변수에 대한 차이 연구를 위하여 사용하는 통계적 방법으로, 행동과학을 위한 연구에서 자주 사용된다. 두 집단이 종속적이라는 것은 추출된 표본의 모집단들이 서로 관계가 있음을 뜻한다. 대표적인 예로 남녀 비교의 경우 남녀 표본을 남녀 모집단에서 독립적으로 추출하는 것이 아니라 부부 모집단이나 남매 모집단에서 추출하는 경우를 들 수 있다. 이때 남녀 표본은 서로 관계를 가지고 있으며, 두 모집단 역시 관계가 있다.

또 다른 예는 **사전-사후검사**다. 사전검사를 실시하고 난 후 어떤 처치를 가하고 처치효과가 있는지를 검정하기 위하여 사후검사를 실시하였을 때 사후검사에서 연구대상에 어떤 변화가 나타났다면 이는 처치효과가 있음을 말해 준다. 이때 사전검사 자료와 사후검사 자료는 동일한 연구대상에게 검사를 두 번 실시하여 얻은 자료이기 때문에 서로 독립적이지 않으며, 서로 종속되어 있다. 이런 경우의 자료를 **짝지어진 자료**(matched pair data)라고도 한다.

2) 기본 원리

두 종속(대응)표본 t 검정은 두 표본이라 하지만, 실제 검정에서 두 점수의 차이를 하나의 점수로 환산하여 차이가 있는지 혹은 없는지를 검정한다. 예를 들어, 다음에 설명할 분석 실행의 예제와 같이 체력증진 프로그램의 효과가 있는지 분석하기 위하여 체력증진 프로그램을 실시하고 난 후의 체력과 체력증진 프로그램을 실시하기 전의 체력을 측정하여 프로그램 실시 전후의 점수차를 계산한다. 프로그램의 효과가 없다면 두 체력 점수 간의 차이가 없을 것이고, 프로그램의 효과가 있다면 체력 점수의 차이가 클 것이다. 사전과 사후 점수 간의 차이가 크다면 프로그램이나 처치 효과가 없다는 영가설을 기각하게 된다.

$$t = \frac{\overline{d}}{\frac{s_d}{\sqrt{n}}}$$

$\overline{d}$: 두 표본의 차이 평균
s_d : 두 표본의 차이 표준편차
n : 표본의 크기

3) 분석 실행

예 제

체력증진을 위해 개발된 새로운 프로그램을 고등학교 2학년 학생 150명을 대상으로 한 학기 동안 적용하였다. 체력증진 프로그램을 적용하기 전후 학생들의 체력에 차이가 있는가?

(1) 두 종속(대응)표본 T 검정 대화상자 열기

분석(A) ▷ 평균 비교(M) ▷ 대응표본 T검정(P) ...

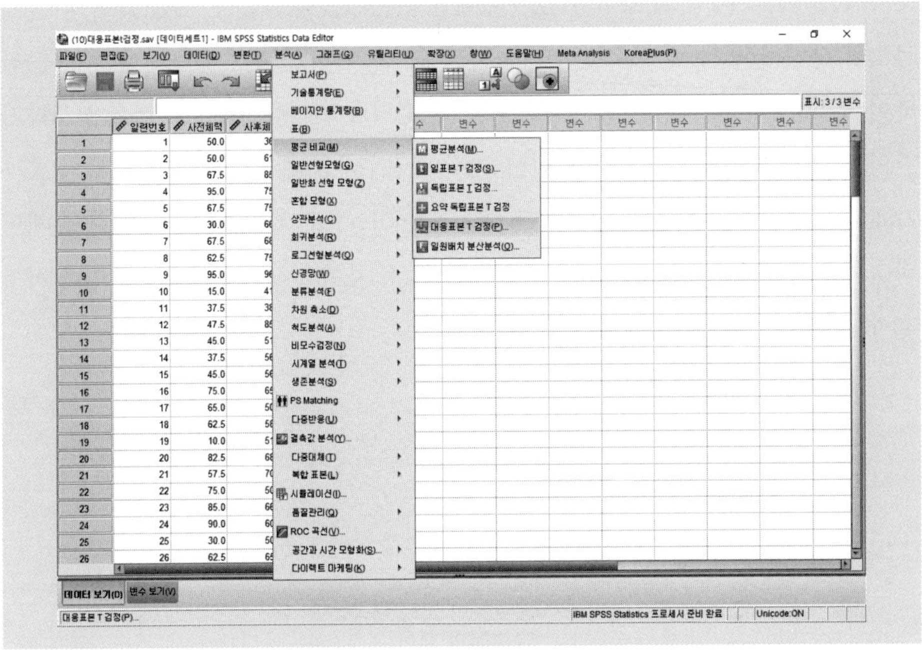

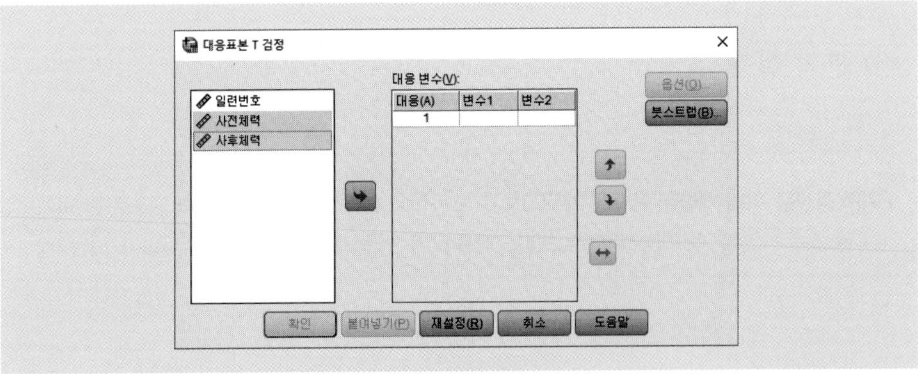

대응변수인 두 변수를 선택한 이후에 를 클릭하여 대응 변수(V) 상자로 이동시킨다.

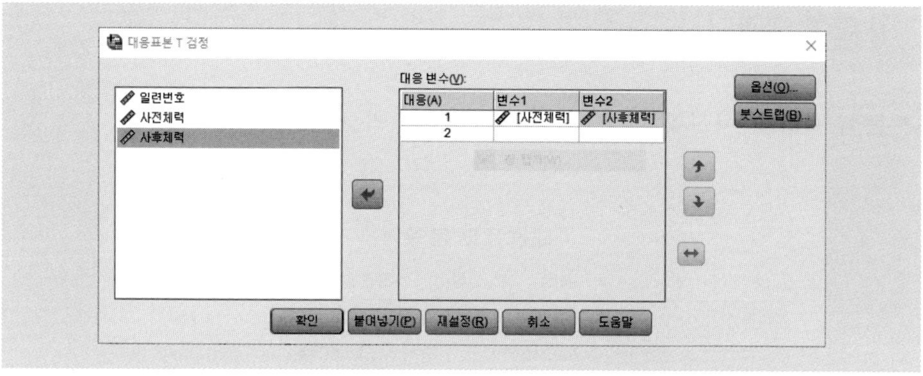

이와 같이 사전체력과 사후체력을 대응 변수로 선택한 경우에 영가설은 '사전체력과 사후체력의 평균은 같다.'가 된다.

(2) 옵션 대화상자 열기

대응표본 T 검정 대화상자에서 [옵션(O)...]을 클릭한다.

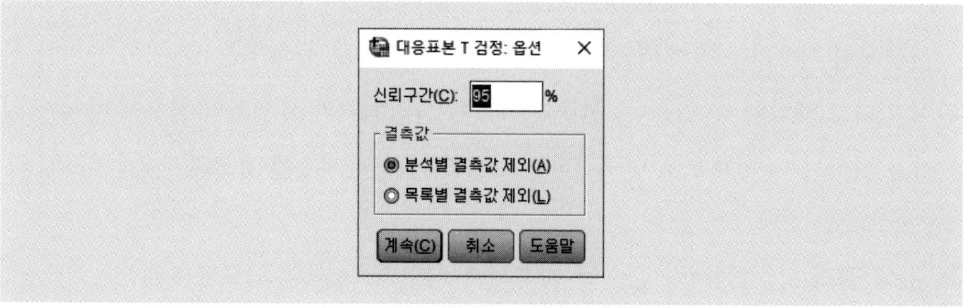

옵션 설정은 단일(일)표본 t 검정의 옵션 대화상자와 동일하다.

4) 분석 결과

분석 결과 1. 사전체력 점수와 사후체력 점수의 기술통계

대응표본 통계량

		평균	N	표준화 편차	표준오차 평균
대응 1	사전체력	64.067	150	21.6081	1.7643
	사후체력	68.245	150	16.0074	1.3070

분석 결과 2. 사전체력 점수와 사후체력 점수의 상관계수

대응표본 상관계수

		N	상관관계	유의확률
대응 1	사전체력 & 사후체력	150	.608	.000

사전체력 점수와 사후체력 점수의 상관계수는 .608로 유의수준 .05에서 유의한 상관이 있다고 해석할 수 있으나, 연구의 목적이 사전체력과 사후체력 점수에 차이가 있는가를 밝히는 데 있으므로 연구결과를 서술할 때 상관계수를 보고하지 않는다.

분석 결과 3. 사전체력 점수와 사후체력 점수의 대응(종속)표본 t 검정

대응표본 검정

		대응차					t	자유도	유의확률 (양측)
					차이의 95% 신뢰구간				
		평균	표준화 편차	표준오차 평균	하한	상한			
대응 1	사전체력 - 사후체력	-4.1782	17.3852	1.4195	-6.9831	-1.3733	-2.943	149	.004

t 통계값은 사전점수에서 사후점수를 뺀 평균 차이점수를 사용하여 계산되는데, 이 경우 사전체력보다 사후체력점수가 높아 차이점수와 t 통계값이 음수로 제시된다.

5) 분석 결과 보고

체력증진 프로그램의 효과를 알아보기 위하여 사전체력과 사후체력의 기술통계와 두 종속표본 t 검정 결과는 〈표 10-2〉와 같다.

사전체력의 평균은 64.07, 표준편차는 21.61이며, 사후체력의 평균은 68.25, 표준편차는 16.01이다. 사전체력과 사후체력의 차이에 대한 통계적 유의성을 검정한 결과 t 통계값은 −2.94, 유의확률은 .004로서 유의수준 .05에서 체력증진 프로그램에 의한 학생들의 사전과 사후 체력에 차이가 있는 것으로 분석되었다.

〈표 10-2〉 체력증진 프로그램의 효과에 대한 두 종속표본 t 검정결과

	사전체력	사후체력
평균	64.07	68.25
표준편차	21.61	16.01
사례 수	150	150
t	−2.94	
유의확률	.004	

4. 두 독립표본 t 검정

1) 사용 목적

두 독립표본 t 검정(two-independent samples t test)이란 각기 다른 두 모집단의 속성인 평균을 비교하기 위하여 두 모집단을 대표하는 표본들을 독립적으로 추출하여 표본 평균을 비교함으로써 모집단간의 유사성을 검정하는 방법이다. 두 독립표본 t 검정은 두 표본 집단의 등분산성을 기본 가정으로 한다. 그러므로 두 독립표본 t 검정 전에 두 집단의 분산이 동일한지 확인해야 한다.

연구에서 사용되는 척도가 서열척도라도 서열척도 점수의 합이 종속변수이면 양적변수로 간주할 수 있으므로 두 독립표본 t 검정을 사용할 수 있다. 그러나 종속변

수가 질적변수일 경우에는 t 검정을 사용하지 않는다.

2) 기본 원리

두 독립표본 t 검정 역시 두 집단의 평균 비교이나 두 종속표본의 짝비교가 아니므로 한 모집단에서 추출된 표본의 평균과 다른 모집단에서 추출된 평균을 비교한다. 그러므로 두 표본의 평균 차이가 크면 두 모집단의 평균이 같다는 영가설을 기각하게 된다.

두 집단의 평균 차이의 크기를 판단하는 기준은 표준오차에 의해서 계산되며, 이때 등분산 가정에 의하여 두 표본에서 얻은 분산을 가지고 **통합분산**을 계산하여 표준오차를 계산한다.

$$t = \frac{\overline{Y}_1 - \overline{Y}_2}{\sqrt{s_p^2(\frac{1}{n_1} + \frac{1}{n_2})}}$$

$\overline{Y}_1$: 첫 번째 표본 평균
$\overline{Y}_2$: 두 번째 표본 평균
s_p^2 : 두 표본의 통합분산
n_1 : 첫 번째 표본 크기
n_2 : 두 번째 표본 크기

3) 분석 실행

예 제

성별에 따라 고등학교 2학년 학생들의 외국어 능력에 차이가 있는가?

(1) 독립표본 T 검정 대화상자 열기

분석(A) ▷ 평균 비교(M) ▷ 독립표본 T검정(T) ...

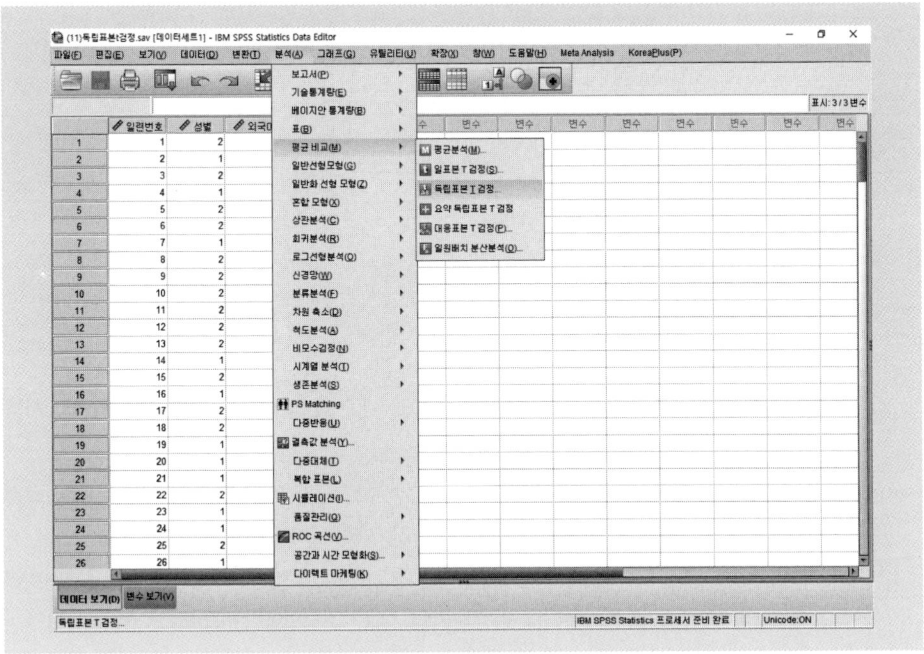

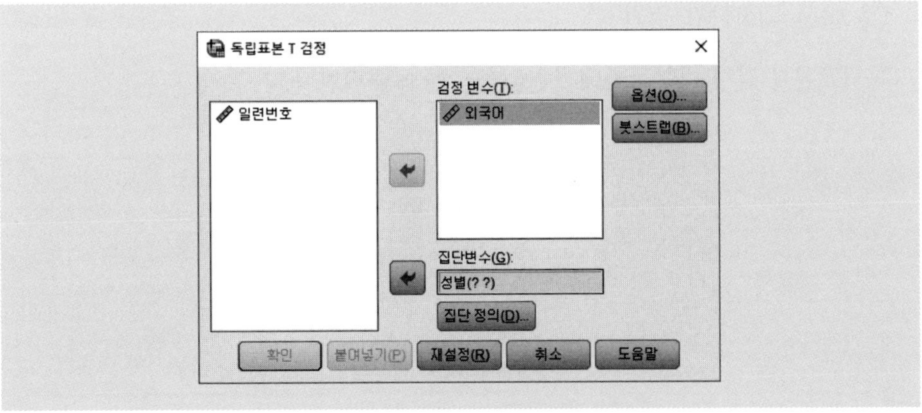

종속변수인 '외국어'를 검정 변수(T) 상자에 옮기고, 독립변수인 '성별'을 집단변수(G) 상자에서 선택한다.

(2) 집단 정의 대화상자 열기

독립표본 t 검정 대화상자에서 집단변수(G)를 선택하고 [집단 정의(D)...]를 클릭한다.

| 지정값 사용(U) | 남자는 1, 여자는 2로 코딩되어 있는 성별 변수의 경우에는 **지정값 사용(U)**을 선택하고, 집단 1에는 1, 집단 2에는 2를 입력한다.

| 절단점(C) | 원자료의 독립변수가 2개 이상의 범주로 되어 있을 때, 원자료를 두 집단으로 구분해야 할 경우에는 **절단점(C)**을 선택한다. 예를 들어, 대도시는 1, 중·소도시는 2, 그리고 읍·면지역은 3으로 코딩하였을 때, 세 집단을 두 집단, 즉 도시지역과 읍·면지역으로 나누어 두 집단의 차이를 검정하려면, '절단점 3'으로 선택하여 3 미만의 집단 1, 2와 3 이상의 집단 3의 두 그룹으로 분리한다.

(3) 옵션 대화상자 열기

독립표본 T 검정 대화상자에서 [옵션(O)...]을 클릭한다.

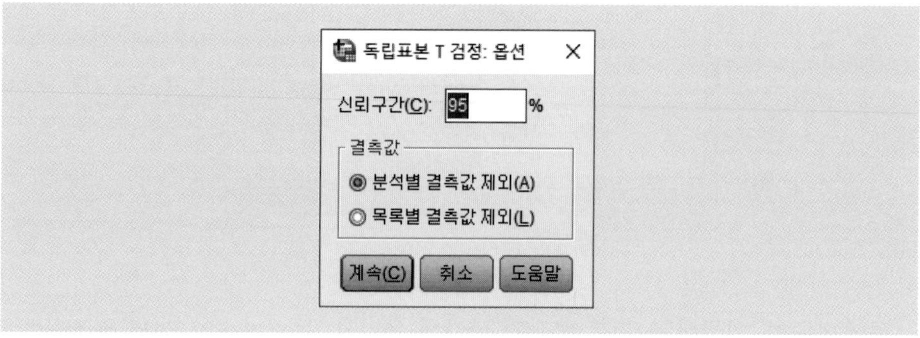

옵션 설정은 단일(일)표본 t 검정의 옵션 대화상자와 동일하다.

4) 분석 결과

분석 결과 1. 성별에 따른 외국어 점수의 기술통계

집단통계량

	성별	N	평균	표준화 편차	표준오차 평균
외국어	남자	105	39.71	10.150	.990
	여자	123	42.44	9.116	.822

분석 결과 2. 성별에 따른 외국어 점수의 두 독립표본 t 검정

독립표본 검정

		Levene의 등분산 검정		평균의 동일성에 대한 T 검정						
									차이의 95% 신뢰구간	
		F	유의확률	t	자유도	유의확률 (양측)	평균차이	표준오차 차이	하한	상한
외국어	등분산을 가정함	1.163	.282	-2.135	226	.034	-2.725	1.276	-5.240	-.210
	등분산을 가정하지 않음			-2.117	211.184	.035	-2.725	1.287	-5.262	-.187

Levene의 등분산 검정결과, 유의확률 .282로 두 집단의 분산이 같다는 영가설을 기각하지 않으므로 외국어 점수에 대한 남자집단과 여자집단의 등분산성 가정이 충족된다고 할 수 있다. 그러므로 두 독립표본 t 검정표에서 등분산이 가정되는 부분의 t 통계값과 유의확률을 가지고 결과를 해석할 수 있다.

Levene 등분산 검정

- 가설

  $H_0 : \sigma_1 = \sigma_2 \ / H_A : \sigma_1 \neq \sigma_2$

- 기본 원리

  등분산성 가정의 위배는 일반적으로 실험처치 이전에 집단들의 분산이 서로 다르기 때문에 발생한다. 등분산성 가정이 위배되면 F 분포는 원래 자유도보다 작은 자유도를 갖는 F 분포가 되며, 제1종 오류가 커지게 된다. 따라서 집단간 차이를 검정하고자 한다면 등분산성 가정의 충족 여부를 반드시 확인하여야 한다.

• 검정공식

Levene의 검정법은 피험자 개인 점수를 $Z_{ij} = Y_{ij} - \overline{Y}_{i.}$로 변환한 후 일원분산분석을 실시한다.

$$L = \frac{(N-k)\sum_{i=1}^{k} N_i (\overline{Z}_{i.} - \overline{Z}_{..})^2}{(k-1)\sum_{i=1}^{k}\sum_{j=1}^{N_i}(Z_{ij} - \overline{Z}_{i.})^2}$$

N : 전체 사례 수
k : 집단 수
N_i : 집단내 사례 수
Y_{ij} : 개인 점수
$\overline{Y}_{i.}$: i번째 집단의 평균
$\overline{Z}_{i.}$: i번째 집단의 Z_{ij}점수의 평균
$\overline{Z}_{..}$: Z_{ij}점수의 전체 평균
Z_{ij} : 개인 점수와 i번째 집단의 평균 차이의 절대값

5) 분석 결과 보고

고등학교 2학년 학생들의 성별에 따른 외국어 점수의 기술통계와 차이를 알아보기 위하여 두 독립표본 t 검정을 실시한 결과는 〈표 10-3〉과 같다.

〈표 10-3〉 성별에 따른 외국어 능력의 차이에 대한 두 독립표본 t 검정결과

성별	남학생	여학생
평균	39.71	42.44
표준편차	10.15	9.12
사례 수	105	123
t 통계값	-2.14	
유의확률	.034	

남학생들의 외국어 능력의 평균은 39.71, 표준편차는 10.15이며, 여학생들의 외국어 능력의 평균은 42.44, 표준편차는 9.12다. 남녀 학생들의 외국어 능력에 차이가 있는지에 대한 t 통계값은 −2.14, 유의확률은 .034로서 유의수준 .05에서 성별에 따라 외국어 능력에 유의한 차이가 있는 것으로 분석되었다.

※ **참고:** t 통계값이 −2.14이고 유의확률이 .034라는 것에 대하여 자세히 살펴보자. 남학생과 여학생의 외국어 능력 비교검정을 위한 두 집단의 외국어 능력에 차이가 없다는 영가설이 사실이라 할지라도 남학생의 외국어 능력과 여학생의 외국어 능력의 차이가 2.73(t=−2.14)점이 나올 수 있는 확률이 .034라는 의미다. 이런 연구를 1,000번 하였을 때 남학생과 여학생의 외국어 능력의 점수 차이가 2.73 이상이 되는 경우가 34번 나타난다는 것이다. 이런 경우는 영가설하에서 드물게 나타나므로 영가설을 기각하게 되고, 오판을 하게 되는 확률은 .034라 할 수 있다.

5. Welch-Aspin 검정

등분산성이 충족되지 않는 두 독립표본 t 검정을 **Welch-Aspin 검정**이라고 한다. 실행방법과 성별에 따른 국어점수를 비교하기 위한 절차는 두 독립표본 t 검정과 같다. 다만, 분석 결과를 해석하고 보고할 때 Levene의 등분산 가정 검정결과 등분산이 가정되지 않는 경우 '등분산이 가정되지 않음'에 해당하는 통계값을 보고한다.

분석 결과 1. 성별에 따른 국어점수의 기술통계

집단통계량

	성별	N	평균	표준화 편차	표준오차 평균
국어점수	남자	75	40.8996	10.88078	1.25640
	여자	75	44.2236	8.93282	1.03147

분석 결과 2. 성별에 따른 국어점수의 Welch-Aspin 검정

독립표본 검정

		Levene의 등분산 검정		평균의 동일성에 대한 T 검정						
									차이의 95% 신뢰구간	
		F	유의확률	t	자유도	유의확률 (양측)	평균차이	표준오차 차이	하한	상한
국어점수	등분산을 가정함	5.037	.026	-2.045	148	.043	-3.32407	1.62557	-6.53641	-.11174
	등분산을 가정하지 않음			-2.045	142.592	.043	-3.32407	1.62557	-6.53741	-.11074

Levene의 등분산 가정 검정결과, 유의확률은 .026으로 영가설을 기각하므로 두 집단의 분산은 다르다고 할 수 있다. 그러므로 두 독립표본 t 검정표에서 등분산이 가정되지 않는 부분의 t 통계값과 유의확률에 의해 결과를 해석할 수 있다.

분석 결과를 기술하는 방법은 〈표 10-3〉의 형태와 같으며 성별에 따른 국어점수의 Welch-Aspin 검정결과, t 통계값은 −2.045, 유의확률이 .043이므로 유의수준 .05에서 성별 간의 국어점수 평균은 같지 않다고 결론 내린다.

연 • 습 • 문 • 제

1 컴퓨터 보조학습의 효과 유무를 알기 위하여 5명에게 사전검사를 실시한 후, 컴퓨터 학습을 실시하고 사후검사를 실시한 결과가 다음과 같다.

번 호	사전검사	사후검사
1	4	6
2	3	5
3	5	5
4	4	6
5	4	6

① 사전검사 점수의 평균이 4.5인지를 유의수준 .05에서 검정하시오.

② 컴퓨터 보조학습의 효과가 있는지를 유의수준 .05에서 검정하시오.

2 30세 성인을 대상으로 일정량의 알코올을 섭취하게 한 음주집단과 술을 마시지 않은 비음주집단의 어떤 동작을 완료하는 반응속도를 측정하여 다음과 같은 자료를 얻었을 때, 두 집단간의 반응속도에 차이가 있는지를 유의수준 .01에서 검정하시오.

음주집단	비음주집단
12	4
8	3
7	4
7	5
10	

제11장 일원분산분석

일원분산분석은 세 집단 이상의 평균을 비교하는 분석방법이다. 일원분산분석을 실행하려면 연속변수인 종속변수, 세 개 이상의 범주를 가지고 있는 하나의 독립변수가 있어야 한다.

1. 기본 가정

일원분산분석을 위한 기본 가정은 다음과 같다.

- 종속변수가 양적변수이어야 한다.
- 각 집단에 해당되는 모집단의 분포가 정규분포이어야 한다.
- 각 집단에 해당되는 모집단들의 분산이 같아야 한다.

z 검정과 t 검정, 그리고 F검정에서 공히 지켜야 할 기본 가정은 종속변수가 양적변수며, 정규분포 가정과 등분산 가정이 충족되어야 한다는 것이다. 주의해야 할 점은 정규분포와 등분산 가정은 모집단에 해당하는 것이지 연구의 대상인 표본에 해당하는 것이 아니다. F검정 역시 t 검정, z 검정과 같이 만약 정규분포 가정과 등분산 가정이 충족되지 않으면 비모수통계(non-parametric statistics)를 사용하여야 한다는 사실을 환기하여야 한다.

2. 일원분산분석

1) 사용 목적

일원분산분석(one-way analysis of variance; **one-way ANOVA**)은 독립변수가 하나일 때 분산의 원인이 집단간 차이에 기인한 것인지를 분석하는 통계적 방법이다. 즉, 인종 간 지능의 차이라든가 사회계층에 따른 사회에 대한 만족도, 또는 교수법에 따른 학업성취의 차에 관한 연구를 할 때, 각 연구에서 독립변수는 하나임을 알 수 있다. 첫 번째 연구에서 독립변수는 인종이며, 두 번째 연구에서는 사회계층, 세 번째 연구에서는 교수법이 된다. 각기 하나의 독립변수에 의한 집단간의 차이를 비교하게 되므로 이를 일원분산분석이라 한다.

2) 기본 원리

분산분석의 기본 원리는 분산의 원인이 어디에 있는가를 파악하는 통계적 방법이다. 만약, 세 집단에 처치를 가하였을 때, 처치효과가 있다면 집단간 차이가 발생할 것이고, 처치효과가 없다면 집단간 차이는 없을 것이다. 그렇다면 집단간 차이가 어느 정도 있을 때 처치효과가 있는지를 검정하고자 한다면 기준이 필요하게 된다. 이때 사용되는 기준은 집단내 차이, 즉 집단내 편차다.

편차의 합은 항상 0이 되므로 집단간 편차는 집단간 편차제곱합으로 계산하고 집단내 편차는 집단내 편차제곱합으로 계산한다.

개인의 점수는 **전체 평균**, **집단의 효과**, 그리고 **집단내의 오차**로 구성된다. 즉, 개인의 점수는 모든 연구대상의 평균 점수, 그리고 어떤 특정 집단에 속하여 처치를 받았다면 그에 따른 **처치효과**, 그리고 개인차에 따른 **개인 오차**인 집단내 편차로 구성된다. 이를 수식으로 표현하면 다음과 같다.

$$Y_{ij} = \mu + \alpha_j + \epsilon_{ij}$$

Y_{ij} : j 집단에 있는 i의 점수
α_j : j 집단의 효과
ϵ_{ij} : 오차점수

$$Y_{ij} = \overline{Y} + (\overline{Y}_j - \overline{Y}) + (Y_{ij} - \overline{Y}_j)$$

$\overline{Y}$: 전체 평균
$\overline{Y}_j$: 집단평균

위의 식에서 $\overline{Y}$를 좌변으로 옮기면,

$$Y_{ij} - \overline{Y} = (\overline{Y}_j - \overline{Y}) + (Y_{ij} - \overline{Y}_j)$$

총편차 = 집단간 편차 + 집단내 편차

$$\sum_j \sum_i (Y_{ij} - \overline{Y})^2 = \sum_j \sum_i (\overline{Y}_j - \overline{Y})^2 + \sum_j \sum_i (Y_{ij} - \overline{Y}_j)^2$$

$$SS_{전체} = SS_{집단간} + SS_{집단내}$$

편차의 합은 0이 되므로 편차를 제곱하면, 총편차제곱합은 집단간 편차제곱합과 집단내 편차제곱합을 더한 것이 된다. 집단간 편차제곱합이 집단내 편차제곱합보다 크면 집단간 차이 혹은 처치효과가 있게 된다. 이때 두 편차제곱합을 각각의 자유도로 나눈 값을 편차제곱평균이라 하고, 두 편차제곱평균의 비를 ***F* 통계값**이라 한다.

$$F = \frac{\text{집단간 편차제곱평균}}{\text{집단내 편차제곱평균}}$$

F 통계값이 크면 집단간의 차이가 있음을 의미한다. 이 원리에 의한 분석 결과는 〈표 11-2〉와 같이 분산분석표에 기록된다.

3) 분석 실행

SPSS로 일원분산분석을 실시하는 방법에는 [평균분석(M)], [일원배치 분산분석(O)], 그리고 [일반선형모형] 프로시저를 사용하는 방법이 있다. 여기에서는 [평균분석(M)]과 [일원배치 분산분석(O)] 프로시저로 분석하는 방법을 소개한다.

예 제

교수법에 따른 외국어 성취수준의 차이를 알아보기 위하여 고등학교 2학년 두 개 학급씩을 선정하여 각각 강의식 방법, 멀티미디어 방법, 조별토론식 방법을 적용하여 한 학기 동안 수업을 진행하였다. 교수법에 따라 외국어 성취수준에 차이가 있는가?

(1) 평균분석

가. 평균분석 대화상자 열기

분석(A) ▷ **평균 비교(M)** ▷ **평균분석(M) ...**

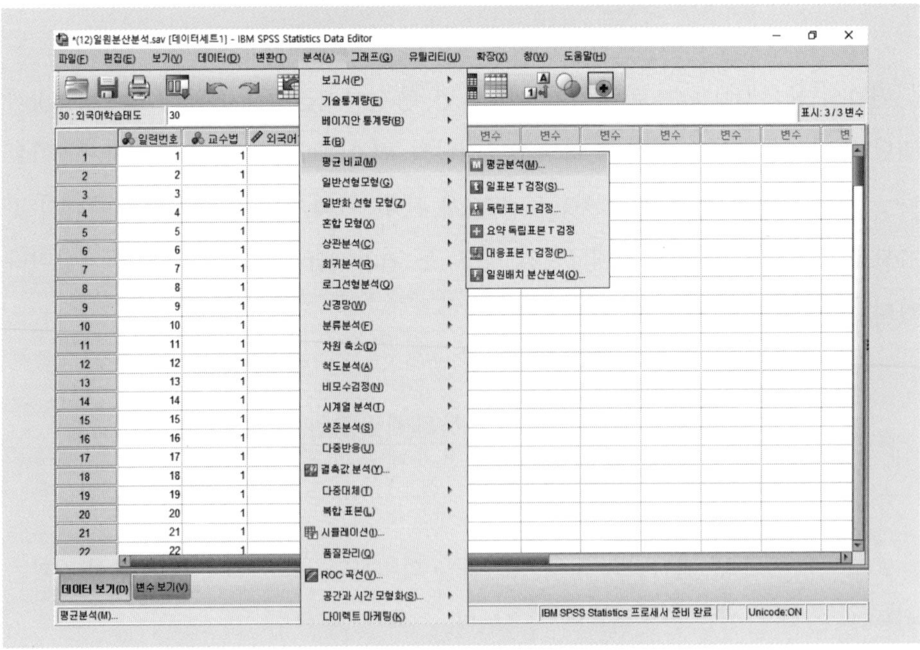

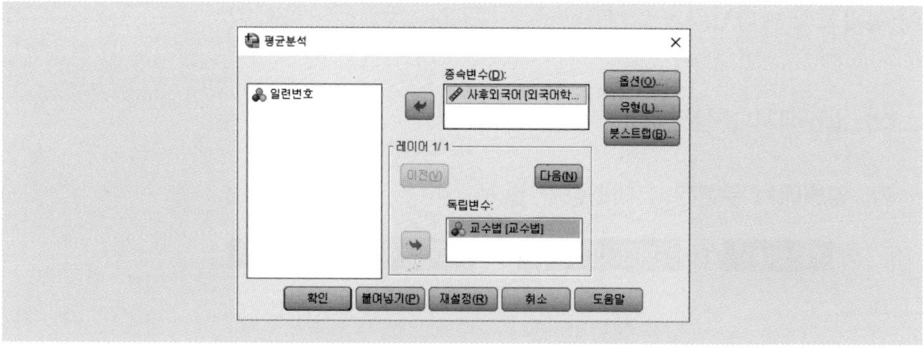

변수 목록에서 종속변수와 독립변수를 지정한다. 이때 종속변수는 연속형 변수고, 독립변수는 범주형 변수이어야 한다.

나. 옵션 대화상자 열기

평균분석 대화상자에서 [옵션(O)...]을 클릭하면 다음과 같은 옵션 대화상자가 열리며, 이를 활용하여 다양한 통계량을 선택하여 출력할 수 있다.

왼쪽의 통계량(S) 상자에서 원하는 통계량을 오른쪽 셀 통계량(C) 상자로 옮기면 그에 해당하는 통계량을 얻을 수 있고, 첫 번째 레이어에 대한 통계량에서 분산분석표 및 에타(A)에 체크하면 분산분석표를 함께 얻을 수 있다.

[계속(C)]을 클릭한 다음 평균분석 대화상자에서 [확인]을 클릭하면 SPSS 뷰어

에 결과표가 나타난다.

(2) 일원배치 분산분석

가. 일원배치 분산분석 대화상자 열기

분석(A) ▷ 평균 비교(M) ▷ 일원배치 분산분석(O) ...

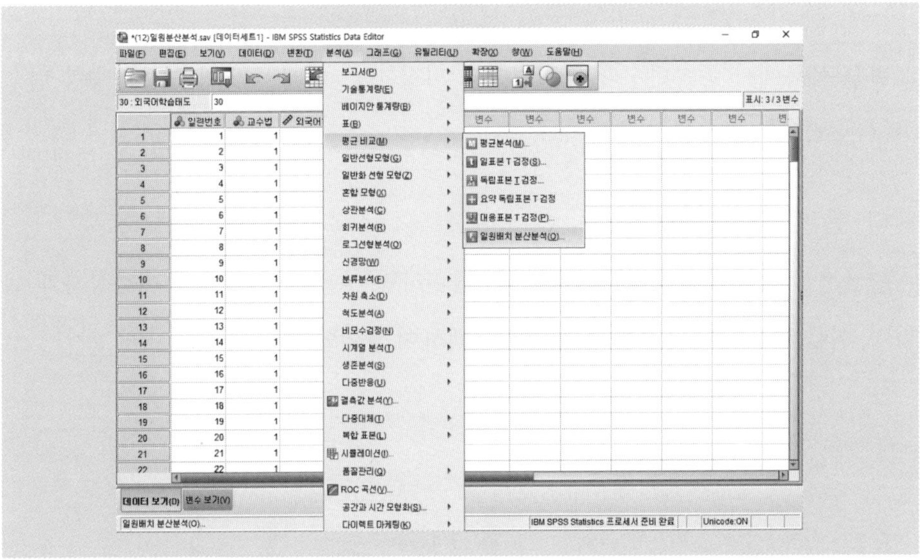

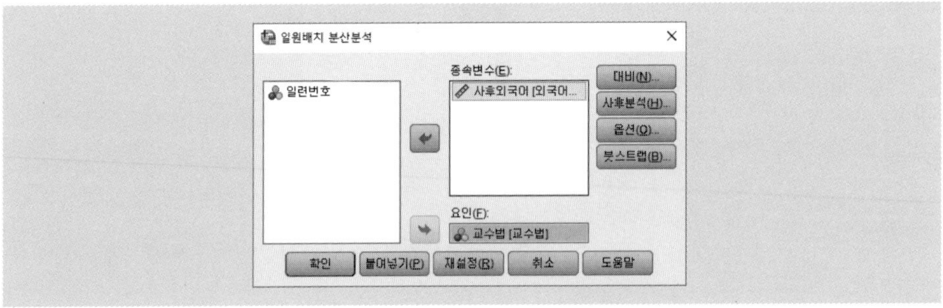

일원배치 분산분석 상자가 열리면 요인(F)에 독립변수를, 종속변수(E)에 종속변수를 넣는다.

나. 옵션 대화상자 열기

일원배치 분산분석 대화상자에서 옵션(O)... 을 클릭하면 다음과 같은 옵션 대화상자가 열린다. 여기에서 **기술통계(D)** 및 **분산 동질성 검정(H)**(등분산성 가정 충족 여부) 등을 선택하여 출력할 수 있다.

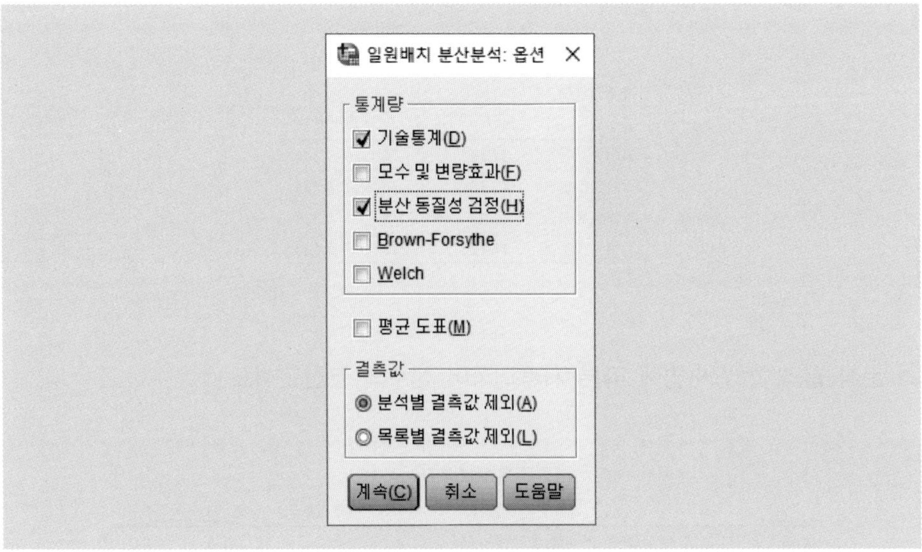

▎평균 도표(M)▎ 집단별 평균에 대한 선그래프를 산출한다.

결측값(missing value)

▎분석별 결측값 제외(A)▎ 분석시 결측값이 있는 변수에서만 해당 케이스 제외

▎목록별 결측값 제외(L)▎ 분석시 사용되는 변수에 대한 결측값이 있는 케이스 제외

원하는 옵션을 선택하고 계속(C) 을 클릭한 다음 일원배치 분산분석 대화상자에서 확인 을 클릭하면 SPSS 뷰어에 결과표가 나타난다.

4) 분석 결과

(1) 평균비교 분석 결과

■ 분석 결과 1. 교수법에 따른 사후외국어 점수의 기술통계

보고서

사후외국어

교수법	평균	N	표준편차
강의식	37.79	76	9.344
멀티미디어	42.12	76	10.294
조별토론식	43.45	76	8.327
전체	41.12	228	9.625

■ 분석 결과 2. 교수법에 따른 사후외국어 점수의 분산분석표

분산분석표

		제곱합	자유도	평균제곱	F	유의확률
사후외국어 * 교수법	집단-간 (결합)	1330.447	2	665.224	7.599	.001
	집단-내	19697.355	225	87.544		
	전체	21027.803	227			

■ 분석 결과 3. 교수법에 따른 사후외국어 점수의 연관성 측도

연관성 측도

	에타	에타 제곱
사후외국어 * 교수법	.252	.063

에타제곱(η^2)은 총편차제곱합 중에 집단간 차이, 즉 독립변수에 의한 집단간 편차의 제곱합 부분이 얼마인가를 나타내며, 이를 종속변수에 대한 독립변수의 설명력이라고 한다. 앞에서 에타제곱은 .063이므로 종속변수인 사후외국어 점수의 총편차제곱합, 즉 총 변화량의 6.3%를 독립변수인 교수법이 설명해 준다고 해석할 수 있다.

(2) 일원배치분산분석 분석 결과

분석 결과 1. 교수법에 따른 사후외국어 점수의 기술통계

기술통계

사후외국어

	N	평균	표준화 편차	표준화 오류	평균에 대한 95% 신뢰구간		최소값	최대값
					하한	상한		
강의식	76	37.79	9.344	1.072	35.65	39.92	21	59
멀티미디어	76	42.12	10.294	1.181	39.77	44.47	19	58
조별토론식	76	43.45	8.327	.955	41.54	45.35	26	58
전체	228	41.12	9.625	.637	39.86	42.37	19	59

분석 결과 2. 교수법에 따른 사후외국어 점수의 등분산성 검정

분산의 동질성 검정

		Levene 통계량	자유도1	자유도2	유의확률
사후외국어	평균을 기준으로 합니다.	2.948	2	225	.054
	중위수를 기준으로 합니다.	2.938	2	225	.055
	자유도를 수정한 상태에서 중위수를 기준으로 합니다.	2.938	2	217.432	.055
	절삭평균을 기준으로 합니다.	2.963	2	225	.054

Levene의 등분산 가정 검정결과 유의확률은 .054로 영가설을 기각하지 못하므로 세 집단의 분산은 같다고 할 수 있다.

분석 결과 3. 교수법에 따른 사후외국어 점수의 분산분석표

ANOVA

사후외국어

	제곱합	자유도	평균제곱	F	유의확률
집단-간	1330.447	2	665.224	7.599	.001
집단-내	19697.355	225	87.544		
전체	21027.803	227			

5) 분석 결과 보고

세 교수법에 의한 수강생들의 외국어 점수의 평균, 표준편차는 〈표 11-1〉과 같다.

〈표 11-1〉 교수법에 따른 사후외국어 점수에 대한 기술통계

	강의식	멀티미디어	조별토론식	합계
평균	37.79	42.12	43.45	41.12
표준편차	9.34	10.29	8.33	9.63
사례 수	76	76	76	228

강의식으로 수업받은 학생들의 평균은 37.79, 표준편차는 9.34이고, 멀티미디어 방법으로 수업받은 학생들의 평균은 42.12, 표준편차는 10.29이며, 조별토론식으로 수업받은 학생들의 평균은 43.45, 표준편차는 8.33이다.

교수법에 따라 외국어 점수에 차이가 있는지 알아보기 위하여 일원분산분석을 실시한 결과는 〈표 11-2〉와 같다.

〈표 11-2〉 교수법에 따른 외국어 성취수준에 대한 일원분산분석 결과

	제곱합	자유도	평균제곱	F	유의확률
교수법	1330.47	2	665.22	7.60	.001
오차	19697.36	225	87.54		
합계	21027.80	227			

세 집단의 평균차이에 대한 F통계값이 7.60, 유의확률은 .001로서 유의수준 .05에서 교수법에 따라 학생들의 외국어 성취수준에 유의한 차이가 있다.

3. 사후비교분석

1) 사용 목적

분산분석에서의 영가설은 '각 집단의 모집단 평균이 모두 같다.'이며, 이를 **전체가설**(omnibus or overall hypothesis)이라 한다. 일원분산분석에서 만약 영가설이 기각되었다면 비교집단들의 모집단 평균이 차이가 있다고 해석한다. 전체가설이 기각되었다는 것은 연구대상 집단 중 어느 한 모집단이 다른 모집단과 같지 않다는 의미다. 즉, 여러 모집단 평균들과의 많은 대비 중 최소한 하나(at least one comparison) 이상의 대비가 통계적으로 영이 아니라면 영가설을 기각하게 된다는 것이다. 따라서 전체가설의 기각이 어느 집단과 어느 집단간에 차이가 있는지를 말해 주지는 않는다. 사후비교분석은 분산분석에서 전체가설이 기각되었을 경우 이것이 구체적으로 어떤 집단간의 차이에 기인하는지를 분석하는 것이다.

2) 기본 원리

세 집단의 일원분산분석의 경우 영가설이 기각되었다면 그 안에 대비는 여섯 개가 된다. 즉, 1 vs 2, 1 vs 3, 2 vs 3의 **단순비교**(simple comparison)가 있을 수 있으며, 한 집단과 다른 두 집단의 합성으로서 1 vs (2+3), 2 vs (1+3), 3 vs (1+2)인 **복합비교**(complex comparison)가 있다. 이상의 여섯 개의 대비 중 한 개의 대비라도 유의한 차이가 있다면 전체가설이 기각되므로 실질적으로 한 개의 대비는 각각 유의수준/대비수의 유의수준을 갖게 된다.

사후검정으로 어느 대비에 차이가 있는가를 검정하는 방법으로 **Scheffé와 Tukey 방법** 등이 있다. Tukey 방법은 집단간에 사례 수가 동일할 때 사용되며, 주로 Scheffé 방법이 사용된다.

3) 분석 실행

> **예 제**
>
> 교수법에 따라 외국어 성취수준에 차이가 있다면, 어떤 교수법 간의 차이에 기인하는가?

일원배치 분산분석 대화상자에서 [사후분석(H)...]을 클릭하면 다음과 같은 사후분석 대화상자가 열린다. 여기에서 사후분석의 방법을 지정할 수 있다. 사후분석의 예로 Scheffé 검정을 선택한다.

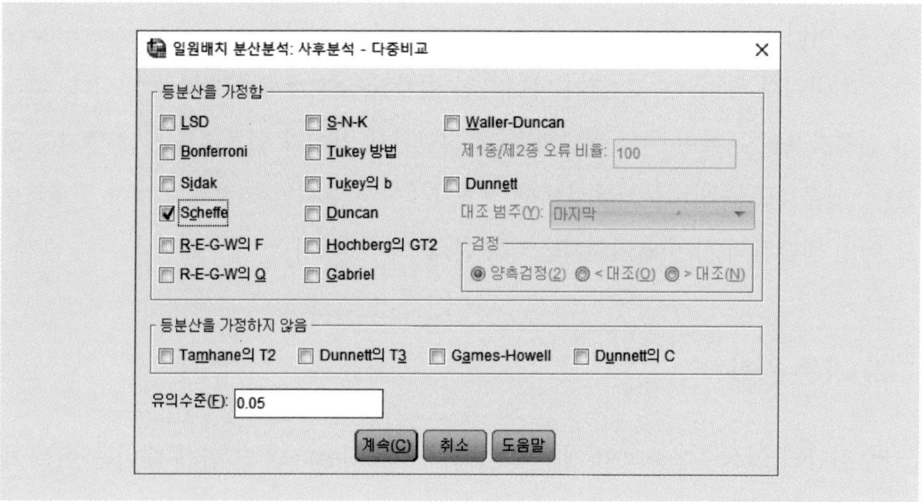

사후분석 대화상자에서 분석방법을 지정하면 1 : 1의 대비만을 대상으로 분석이 실시된다. 만약, 사후분석에서도 복합대비를 분석하고 싶다면 [대비(C)...] 대화상자를 열어 일일이 대비를 지정해 주고 사후분석에 적합한 기각값을 계산하여 가설과 비교하여야 한다.

4) 분석 결과

분석 결과 1. 교수법에 따른 사후외국어 점수의 사후비교분석(Scheffé)

다중비교

종속변수: 사후외국어
Scheffe

(I) 교수법	(J) 교수법	평균차이(I-J)	표준화 오류	유의확률	95% 신뢰구간 하한	95% 신뢰구간 상한
강의식	멀티미디어	-4.329*	1.518	.018	-8.07	-.59
	조별토론식	-5.658*	1.518	.001	-9.40	-1.92
멀티미디어	강의식	4.329*	1.518	.018	.59	8.07
	조별토론식	-1.329	1.518	.682	-5.07	2.41
조별토론식	강의식	5.658*	1.518	.001	1.92	9.40
	멀티미디어	1.329	1.518	.682	-2.41	5.07

*. 평균차이는 0.05 수준에서 유의합니다.

분석 결과 2. 교수법에 따른 사후외국어 점수의 동질적 부분집합(subsets)

사후외국어

Scheffe[a]

교수법	N	유의수준 = 0.05에 대한 부분집합 1	2
강의식	76	37.79	
멀티미디어	76		42.12
조별토론식	76		43.45
유의확률		1.000	.682

동질적 부분집합에 있는 집단에 대한 평균이 표시됩니다.
a. 조화평균 표본크기 76.000을(를) 사용합니다.

교수법에 따른 사후외국어 점수의 사후비교 결과 연구대상 전체는 크게 두 집단으로 구분된다고 할 수 있다. 즉, 멀티미디어 교수법을 시행한 집단과 조별토론식 교수법을 시행한 집단은 유의수준 .05에서 동질집단으로 볼 수 있다.

5) 분석 결과 보고

교수법에 따른 사후외국어 점수의 사후비교분석을 실시한 결과는 〈표 11-3〉과 같다.

〈표 11-3〉 교수법에 따른 사후외국어 점수의 사후비교분석

교수법	평균차	표준오차	유의확률
강의식 vs 멀티미디어	-4.33	1.52	.018
강의식 vs 조별토론식	-5.66	1.52	.001
멀티미디어 vs 조별토론식	-1.33	1.52	.682

교수법에 따른 사후외국어 점수의 사후비교분석 결과, 강의식 교수법과 멀티미디어 교수법에 의한 사후외국어 점수의 평균차는 -4.33이고 유의확률은 .018, 강의식 교수법과 조별토론식 교수법에 의한 사후외국어 점수의 평균차는 -5.66이고 유의확률은 .001, 멀티미디어 교수법과 조별토론식 교수법에 의한 사후외국어 점수의 평균차는 -1.33이고, 유의확률은 .682로 유의수준 .05에서 유의한 차이가 있는 교수법은 강의식과 멀티미디어 교수법, 강의식과 조별토론식 수업이다.

연 • 습 • 문 • 제

중학교 3학년 학생들의 교수법에 따른 수학점수의 차이가 있는지를 검정하기 위하여 전통적 교수법, 시청각 교수법, 개인 교수법에 의하여 일정 기간 동안 각기 4명, 4명, 5명에게 학습을 실시한 후, 수학검사를 실시한 결과가 다음과 같다.

전통적 교수법	시청각 교수법	개인 교수법
1	4	4
4	3	6
4	5	8
1	7	8
		9

① 교수법에 따른 중학교 3학년 학생의 수학점수에 차이가 있는지를 유의수준 .05에서 검정하시오.

② 교수법에 따른 중 3학생의 수학점수의 분산분석에서 사후분석을 수행하시오.

제12장 이원분산분석

이원분산분석(two-way analysis of variance)은 독립변수가 2개인 경우에 집단 간 평균비교를 위한 분석방법이다. 예를 들어, 학업성취도에 교수법의 효과와 송환 여부의 효과가 있는지를 검정하고자 할 때 실시한다. 이때 독립변수는 두 개로서 교수법과 송환 여부가 된다.

1. 기본 가정

이원분산분석은 일원분산분석에서 설명한 분산분석의 기본 원리와 동일하며, 종속변수에 대한 모집단 분포가 정규분포이어야 하고 집단간의 모집단 분산이 같아야 하는 등분산 가정을 충족시켜야 한다.

2. 이원분산 교차설계

1) 사용 목적

교차설계(Crossed Design)는 두 독립변수와 그 상호작용 효과를 알아보기 위한 설계다. 상호작용 효과는 종속변수에 대한 독립변수들의 결합효과로서 종속변수에 대한 한 독립변수의 효과가 다른 독립변수의 각 수준에서 동일하지 않다는 것을 의미한다.

2) 기본 원리

교차설계는 일반적으로 독립변수가 처치변수일 경우 두 처치가 상호작용으로 일으키는 효과를 분석하기 위하여 사용한다. 예를 들어, 수면시간에 영향을 주는 약의 효과와 알코올의 효과를 연구할 때 약과 알코올이 상호작용하는 효과를 알아보기 위하여 교차설계를 사용한다.

이원분산분석의 **교차설계**에서 개인점수는 다음과 같은 **선형모형**으로 구성된다.

$$Y_{ijk} = \mu + \alpha_j + \beta_k + r_{jk} + \epsilon_{ijk}$$

Y_{ijk} : j집단과 k집단에 있는 개인 i의 점수
μ : 전체 평균
α_j : 처치 A의 효과
β_k : 처치 B의 효과
γ_{jk} : 처치 AB의 상호작용 효과
ϵ_{ijk} : 오차

이 선형모형에 의한 **총편차제곱합의 구성**은 다음과 같다.

$$SS_T = SS_A + SS_B + SS_{AB} + SS_{오차}$$

SS_A 부분이 크면 A 처치효과, SS_B 부분이 크면 B 처치효과, SS_{AB} 부분이 크면 상호작용 효과가 큼을 알 수 있다.

3) 분석 실행

예 제

교수법과 송환 여부에 따라 외국어에 대한 학습태도에 차이가 있는지 알아보기 위하여 강의식, 멀티미디어식, 조별토론식에 의한 교수법으로 구분하고 각 교수법에서 송환을 하는 조건과 하지 않는 조건으로 구분하여 중학교 2학년 학생들을 대상으로 각 실험조건하에서 한 학기 동안 수업을 진행하였다. 교수법과 송환 여부 각각에 따라 외국어에 대한 학습태도에 차이가 있는가? 또한 교수법과 송환 여부의 상호작용 효과가 있는가?

(1) 일변량 대화상자 열기

분석(A) ▷ 일반선형모형(G) ▷ 일변량(U) ...

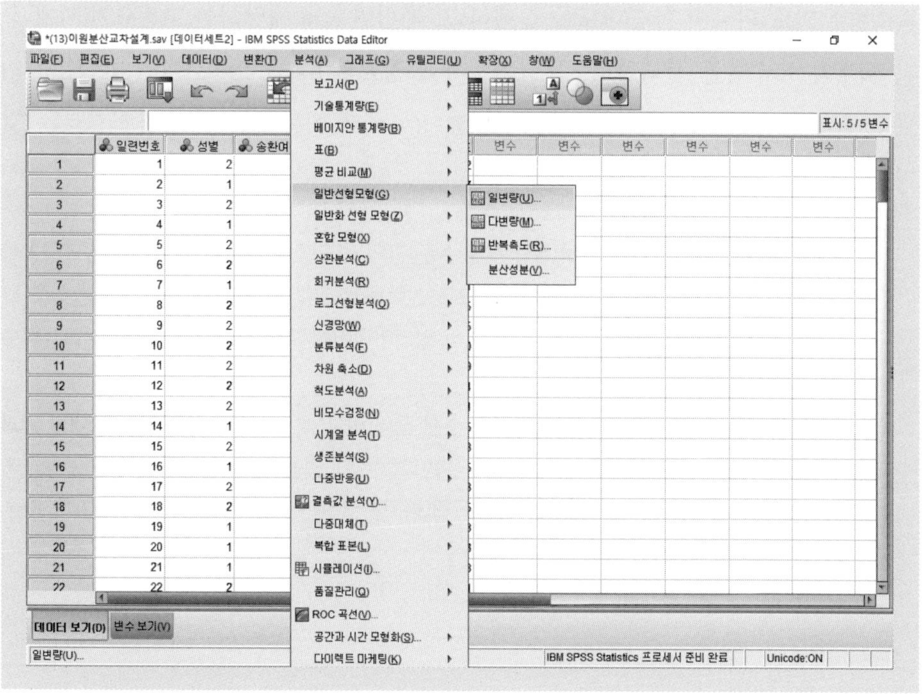

왼쪽 상자 안에 나열된 변수들 중에서 종속변수와 두 개의 독립변수를 선택한다. 종속변수(D)로 외국어 학습태도를 선택하고, 독립변수에 해당하는 고정요인(F)에 송환 여부와 교수법을 선택한다. 독립변수가 **고정효과**(fixed effect)이면 고정요인(F)으로, **무선효과**(random effect)이면 변량요인(A)으로 이동시킨다. 일반적으로는 고정효과를 사용한다.

▍고정요인(F) ▍ 연구의 목적이 독립변수 수준 간의 비교에 있을 때, 연구자는 비교하기를 원하는 수준을 독립변수의 범주로 모두 선택하게 된다. 이러한 성격의 독립변수를 고정변수(요인)라 한다. 예 교수법(강의식/멀티미디어식/조별 토론식)에 따른 수학성취도의 차이

▍변량요인(A) ▍ 연구의 목적이 독립변수 수준 간의 비교보다는 수준 간의 차이에 대한 결과를 독립변수가 표집되어 온 모집단에 일반화하는 데 있을 때, 독립변수의 수준을 무선적으로 선택하게 된다. 이러한 성격의 독립변수를 무선변수(요인)라 한다. 예 교사에 따른 수학성취도의 차이

(2) 모형 대화상자 열기

일변량 대화상자에서 [모형(M)...]을 클릭한다.

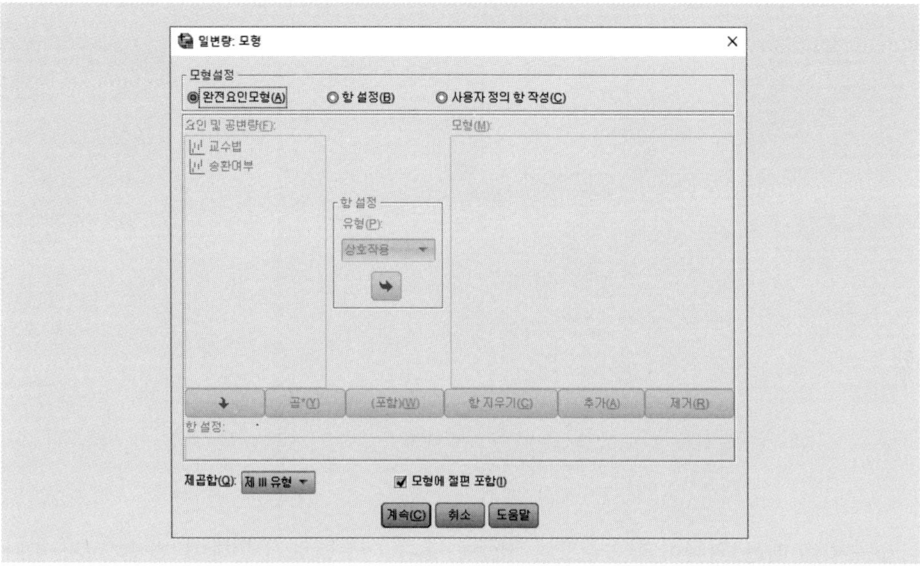

제곱합(Q): 모형에 대한 한 가지 유형의 제곱합을 선택할 수 있다(기본설정값: 제Ⅲ 유형).

- **▎제Ⅰ유형▎** 임의의 1차 상호작용 효과 이전에 주 효과가 지정되고, 2차 상호작용 효과 이전에 1차 상호작용 효과가 지정되는 등의 균형분산분석모형이다.
- **▎제Ⅱ유형▎** 다른 모든 적합한 효과에 맞게 수정된 모형 내 효과의 제곱합을 계산. 균형분산분석모형, 주요인 효과만 있는 모형, 모든 회귀모형이다.
- **▎제Ⅲ유형▎** 설계 내의 한 효과의 제곱합을 계산할 때 이 효과를 포함하지 않는 다른 효과에 맞게 수정되며, 이 효과를 포함하는 효과(있는 경우)에 직교하는 제곱합 방법을 사용한다. 결측 셀이 없는 비균형모형에 유용하다.
- **▎제Ⅳ유형▎** 결측 셀이 있는 모든 균형모형이나 비균형 모형에 사용된다.

기본설정값인 **완전요인모형(A)**과 제Ⅲ유형 제곱합을 유지하고 [계속(C)]을 클릭한다.

(3) 도표 대화상자 열기

상호작용 효과를 분석하기 위해서 일변량 대화상자에서 [도표(T)...]를 클릭한다.

교수법에 따른 외국어 학습태도의 평균을 송환 여부별로 구분하여 제시하고자 한다면, 수평축 변수(H)에 교수법을, 선구분 변수(S)에 송환 여부를 선택하고 [추가(A)]를 클릭한다.

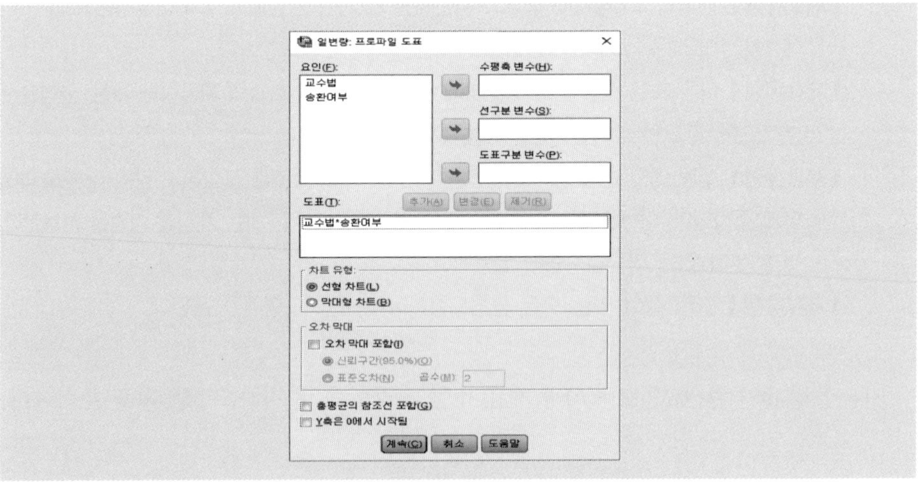

도표(T)에 교수법 * 송환 여부가 나타나면 [계속(C)]을 클릭한다.

(4) 옵션 대화상자 열기

일변량 대화상자에서 [옵션(O)...]을 클릭한다.

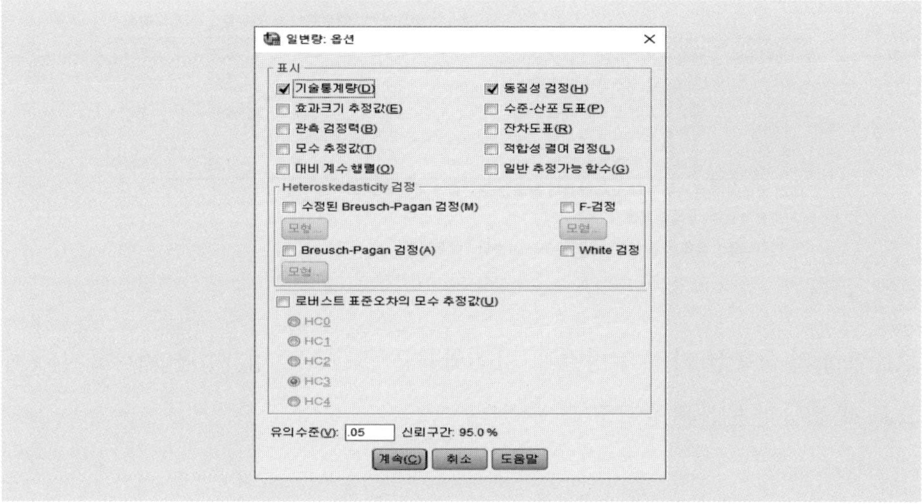

출력

| 기술통계량(D) | 집단별 기술통계량

| 동질성 검정(H) | 집단별 오차분산의 동질성에 대한 Levene 검정 수행

4) 분석 결과

분석 결과 1. 교수법과 송환 여부에 따른 사후외국어 점수의 기술통계량

기술통계량

종속변수: 사후외국어

교수법	송환여부	평균	표준편차	N
강의식	송환하지 않음	35.63	8.635	38
	송환함	39.95	9.636	38
	전체	37.79	9.344	76
멀티미디어	송환하지 않음	34.81	8.003	37
	송환함	49.44	6.870	39
	전체	42.32	10.431	76
조별토론식	송환하지 않음	39.54	7.305	39
	송환함	47.57	7.358	37
	전체	43.45	8.327	76
전체	송환하지 않음	36.70	8.191	114
	송환함	45.67	8.979	114
	전체	41.18	9.680	228

분석 결과 2. 오차 분산의 동일성 검정

오차 분산의 동일성에 대한 Levene의 검정[a,b]

		Levene 통계량	자유도1	자유도2	유의확률
사후외국어	평균을 기준으로 합니다.	.839	5	222	.523
	중위수를 기준으로 합니다.	.900	5	222	.482
	자유도를 수정한 상태에서 중위수를 기준으로 합니다.	.900	5	205.555	.482
	절삭평균을 기준으로 합니다.	.872	5	222	.501

여러 집단에서 종속변수의 오차 분산이 동일한 영가설을 검정합니다.

a. 종속변수: 사후외국어

b. Design: 절편 + 교수법 + 송환여부 + 교수법 * 송환여부

Levene의 등분산 가정 검정결과, 유의확률은 .523으로 영가설을 기각하지 못하므로 세 집단의 분산은 같다고 볼 수 있다.

분석 결과 3. 교수법과 송환 여부에 따른 사후외국어 학습태도 점수의 분산분석 결과

개체-간 효과 검정

종속변수: 사후외국어

소스	제 III 유형 제곱합	자유도	평균제곱	F	유의확률
수정된 모형	7001.488[a]	5	1400.298	21.783	.000
절편	385998.296	1	385998.296	6004.693	.000
교수법	1368.784	2	684.392	10.647	.000
송환여부	4604.612	1	4604.612	71.631	.000
교수법 * 송환여부	1035.559	2	517.780	8.055	.000
오차	14270.776	222	64.283		
전체	407992.000	228			
수정된 합계	21272.263	227			

a. R 제곱 = .329 (수정된 R 제곱 = .314)

■ 분석 결과 4. 교수법과 송환 여부에 따른 사후외국어 점수의 선도표(상호작용의 확인)

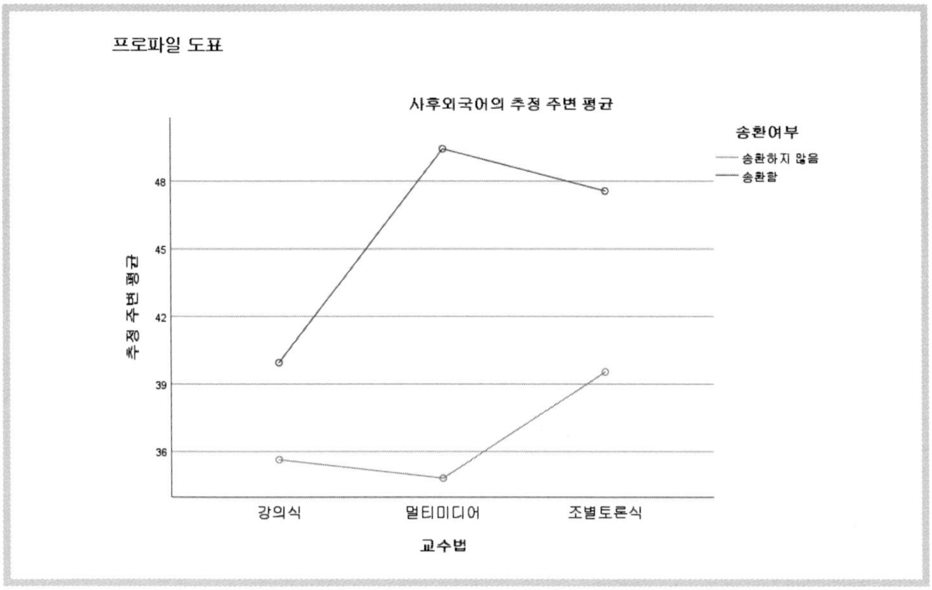

5) 분석 결과 보고

강의식 교수법, 멀티미디어 교수법, 조별토론식 교수법으로 수업받은 학생들, 그리고 송환을 받지 않은 학생들과 받은 학생들의 사례 수와 외국어에 대한 학습태도의 평균, 표준편차는 〈표 12-1〉과 같다.

강의식 교수법에 의한 외국어 학습태도의 평균과 표준편차는 37.79, 9.34이고, 멀티미디어 교수법에 의한 외국어 학습태도의 평균과 표준편차는 42.32, 10.43이며, 조별토론식 교수법에 의한 외국어 학습태도의 평균과 표준편차는 43.45, 8.33이다. 한편, 송환을 받지 않은 학생들의 평균과 표준편차는 36.70, 8.19이며, 송환을 받은 학생들의 평균과 표준편차는 45.67, 8.98이다. 외국어 학습태도가 가장 높은 집단은 멀티미디어 방식으로 수업을 받으면서 송환을 제공받은 학생들로 이들의 평균은 49.44, 표준편차는 6.87이다. 반면, 외국어 학습태도가 가장 낮은 집단은 멀티미디어 방식으로 수업을 받으면서 송환을 제공받지 않은 학생들로 평균과 표준편차는 34.81, 8.00이다.

〈표 12-1〉 교수법과 송환 여부에 따른 외국어 학습태도에 대한 기술통계

		강의식	멀티미디어	조별토론식	합계
송환 안 함	평균	35.63	34.81	39.54	36.70
	표준편차	8.64	8.00	7.30	8.19
	사례 수	38	37	39	114
송환함	평균	39.95	49.44	47.57	45.67
	표준편차	9.64	6.87	7.36	8.98
	사례 수	38	39	37	114
합 계	평균	37.79	42.32	43.45	41.18
	표준편차	9.34	10.43	8.33	9.68
	사례 수	76	76	76	228

교수법의 효과, 송환 여부의 효과 및 교수법과 송환 여부의 상호작용 효과에 대한 분산분석 결과는 〈표 12-2〉와 같다.

〈표 12-2〉 교수법과 송환 여부에 따른 외국어 학습태도에 대한 분산분석 결과

분산원	제곱합	자유도	평균제곱	F	유의확률
교수법	1368.78	2	684.39	10.65	.000
송환 여부	4604.61	1	4604.61	71.63	.000
교수법 × 송환 여부	1035.56	2	517.78	8.06	.000
오 차	14270.78	222	64.28		
합 계	21272.26	227			

외국어 학습태도에 대한 교수법의 효과를 분석한 결과, F 통계값이 10.65로 유의수준 .05에서 교수법에 따라 외국어에 대한 학습태도에 차이가 있는 것으로 나타났다. 송환 여부가 외국어 학습태도에 영향을 주는지에 대한 검정결과 F 통계값이 71.63으로 유의수준 .05에서 송환을 준 집단과 주지 않은 집단간에 유의한 차이가 있는 것으로 분석되었다. 한편, 교수법과 송환 여부 간의 상호작용에 대한 F 통계값은 8.06로 유의수준 .05에서 외국어 학습태도에 대한 상호작용 효과가 유의한 것으로 나타났다.

상호작용의 효과를 구체적으로 나타내기 위한 그래프는 [그림 12-1]과 같다.

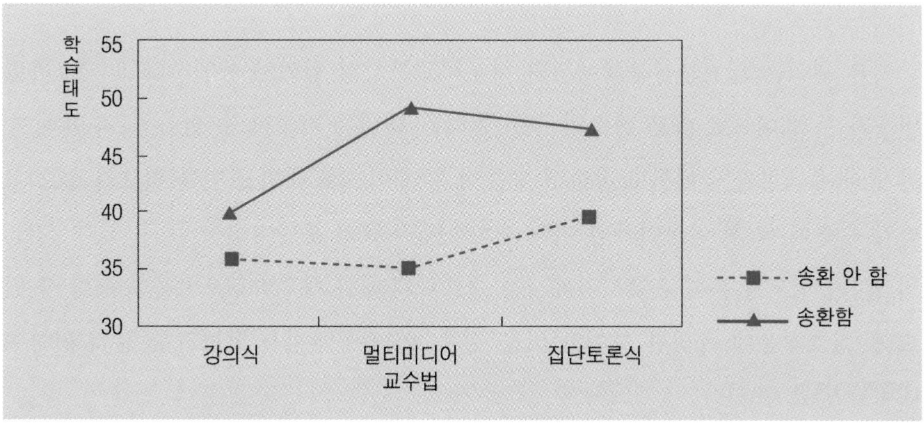

[그림 12-1] 외국어 학습태도에 대한 교수법과 송환 여부의 상호작용 효과

모든 교수법에서 송환을 받은 집단이 송환을 받지 않은 집단보다 높은 학습태도를 나타내고 있지만 멀티미디어 방법을 적용하였을 때가 다른 교수법을 적용하였을 때보다 송환의 효과가 더 크게 나타나고 있음을 알 수 있다.

송환하지 않은 경우 멀티미디어 방법은 강의식과 집단토론식 방법에 비해 큰 효과가 없었음을 알 수 있는 반면, 송환을 한 경우에는 멀티미디어 방법이 가장 효과가 크다는 것을 알 수 있다.

3. 이원분산 교차설계의 사후비교분석

1) 사용 목적

이원분산 교차설계에 의한 분산분석을 실행한 결과 집단간에 차이가 있는 것으로 나타났다면 이러한 차이가 어떤 집단간의 차이에 기인하는 것인지 알아보고자 할 때 **사후비교분석**을 수행한다.

2) 기본 원리

기본 원리는 일원분산분석에서의 사후비교분석의 원리와 동일하다. 다만, 독립변수가 두 개이므로 다른 변수의 수준에 따라 대비를 비교할 수 있다. 교수법과 송환 효과에 대한 연구에서도 송환의 수준이 두 개이므로 대비를 만들 필요가 없으나, 만약 수준이 세 개 이상이라면 여러 개의 단순비교와 복합비교를 할 수 있다. SPSS의 일반선형모형 분석 프로시저에서는 주효과에 대한 사후비교분석을 수행할 수 있으며, 상호작용에 유의한 차이가 있을 경우, 어디에 차이가 있는가를 알기 위하여 대비를 만들 수 있다.

3) 분석 실행

일변량 대화상자에서 [사후분석(H)...]을 클릭하면 다음과 같은 사후분석 대화상자가 열리며, 사후분석의 방법을 지정할 수 있다. 사후분석의 예로 등분산을 가정함에서 Scheffé 검정을 선택한다.

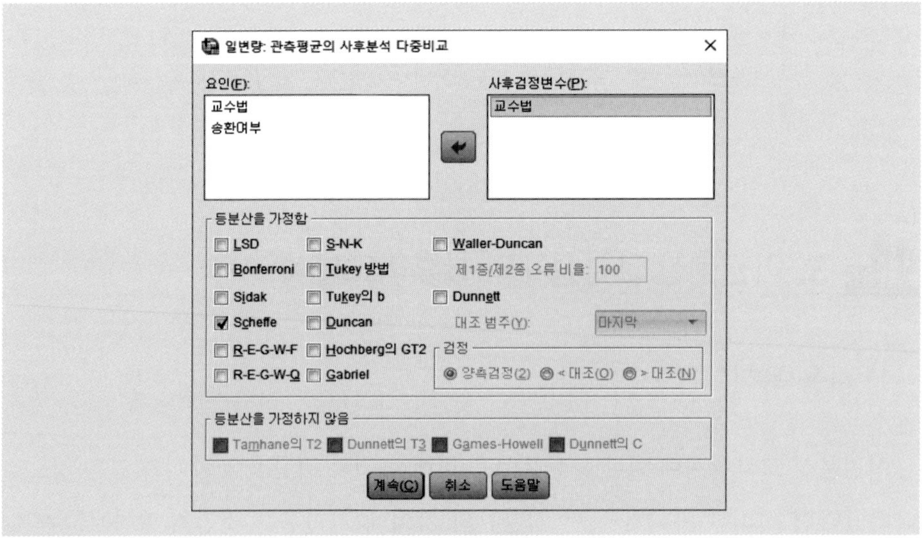

[계속(C)]을 클릭한 후, 일변량 대화상자에서 [확인]을 클릭하면 SPSS 뷰어에 결과가 나타난다.

4) 분석 결과

분석 결과 1. 교차설계의 사후비교분석(Scheffé)

다중비교

종속변수: 사후외국어

Scheffe

(I) 교수법	(J) 교수법	평균차이(I-J)	표준오차	유의확률	95% 신뢰구간 하한	95% 신뢰구간 상한
강의식	멀티미디어	-4.53*	1.301	.003	-7.73	-1.32
	조별토론식	-5.66*	1.301	.000	-8.86	-2.45
멀티미디어	강의식	4.53*	1.301	.003	1.32	7.73
	조별토론식	-1.13	1.301	.685	-4.34	2.07
조별토론식	강의식	5.66*	1.301	.000	2.45	8.86
	멀티미디어	1.13	1.301	.685	-2.07	4.34

관측평균을 기준으로 합니다.
오차항은 평균제곱(오차) = 64.283입니다.
*. 평균차이는 .05 수준에서 유의합니다.

사후외국어

Scheffe[a,b]

교수법	N	부분집합 1	부분집합 2
강의식	76	37.79	
멀티미디어	76		42.32
조별토론식	76		43.45
유의확률		1.000	.685

등질적 부분집합에 있는 집단에 대한 평균이 표시됩니다.
관측평균을 기준으로 합니다.
오차항은 평균제곱(오차) = 64.283입니다.
a. 조화평균 표본크기 76.000을(를) 사용합니다.
b. 유의수준 = .05.

5) 분석 결과 보고

교수법에 따른 사후외국어 점수의 사후비교분석을 실시한 결과는 〈표 12-3〉과 같다.

〈표 12-3〉 교수법에 따른 사후외국어 점수의 사후비교분석

교수법			평균차	표준오차	유의확률
강의식	vs	멀티미디어	-4.53	1.30	.003
강의식	vs	조별토론식	-5.66	1.30	.000
멀티미디어	vs	조별토론식	-1.13	1.30	.685

교수법에 따른 사후외국어 점수의 사후비교분석 결과, 유의수준 .05에서 강의식 교수법과 멀티미디어 교수법에 의한 사후외국어 점수의 평균차는 -4.53이고 유의확률은 .003, 강의식 교수법과 조별토론식 교수법에 의한 사후외국어 점수의 평균차는 -5.66이고 유의확률은 .000, 멀티미디어 교수법과 조별토론식 교수법에 의한 사후외국어 점수의 평균차는 -1.13이고 유의확률은 .685이다. 따라서 유의수준 .05에서 유의한 차이가 있는 교수법은 강의식과 멀티미디어, 강의식과 조별토론식이다.

4. 이원분산 내재설계

1) 사용 목적

내재설계(Nested Design)는 두 변수의 상호작용 효과에는 관심이 없고, 어떤 변수의 각 수준에서 다른 변수의 효과가 있는지를 분석하기 위한 설계다.

독립변수로서 하나는 처치변수고 다른 하나는 연구의 내재적 타당성을 높이기 위하여 매개변수를 통제하려고 구획변수를 사용할 때 내재설계를 사용할 수 있다. 예를 들어, 각기 다른 교수법을 사용하여 학습효과를 검정하고자 할 때 성별이 어떤 교수법에 영향을 받는다고 하면 성별을 통제하기 위하여 성별을 구획변수로 사용할 수 있다. 이럴 경우 남학생 안에서 교수법에 의한 학업성취도의 차이가 있는가, 혹은 여학생 안에서 교수법에 의한 학업성취도의 차이가 있는가를 분석할 수 있는데, 이를 성별에 의한 내재설계라 한다.

이원분산분석의 교차설계에 의한 교수법과 송환효과 연구도 내재설계를 실시할 수 있다. 이 경우 송환을 실시하지 않을 때 교수법에 의한 외국어 학습태도에 차이가 있는가, 송환을 하는 경우 교수법에 의한 외국어 학습태도에 차이가 있는가를 검정할 수 있다. 내재설계는 연구자의 연구목적에 의하여 이용될 수 있다.

2) 기본 원리

내재설계는 분산분석의 기본 원리에 따른다. 다만, 독립변수들의 상호작용에 관심을 두는 것이 아니라 한 독립변수의 각 수준에서 다른 독립변수의 영향이 있는가를 검정하기 때문에 연구자의 보다 특별한 연구목적이 있을 때 사용한다.

앞의 예처럼 송환하지 않은 경우와 송환한 경우 각각에 대해 교수법이 외국어 학습태도에 미치는 영향을 분석하게 된다.

3) 분석 실행

예 제

송환 여부 안에서 교수법에 따라 외국어 학습태도에 차이가 있는가?

내재설계는 SPSS 메뉴를 이용하여 상세한 분산분석표를 출력하기 어렵기 때문에 다음과 같은 명령문 편집기를 사용하여 실행한다.

파일(F) ▷ 새 파일(N) ▷ 명령문(S)

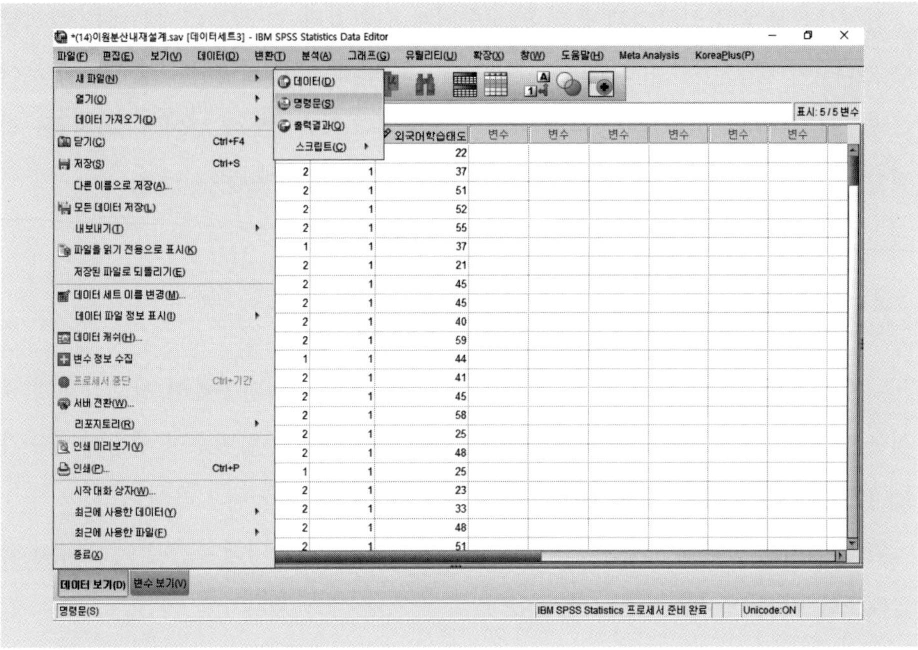

명령문 편집기에서 송환 여부에 내재된 교수법의 이원분산분석을 실시하려면 다음과 같이 입력한다.

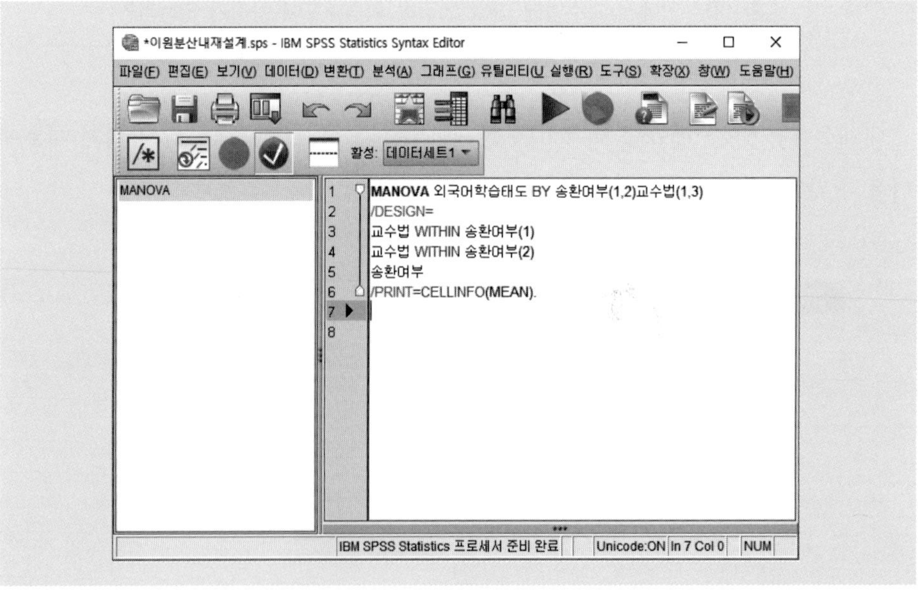

주명령어는 MANOVA이며, 바로 다음에 종속변수를, BY 이하에는 독립변수와 그

수준을 입력한다. MANOVA에서 지원하는 다양한 설계 중, 내재설계를 실시하려면 WITHIN을 이용한다. 이와 같이 입력하면 송환 여부 각각에서 교수법에 따른 차이를 검정할 수 있다. CELLINFO(MEAN)을 출력하라고 명령함으로써 각 하위집단의 평균점수를 보고해 준다. 종속변수는 외국어 학습태도로서 단일변수이기 때문에 다변량분석(MANOVA)이 아니지만 자료분석을 위한 명령어로 MANOVA를 사용한다.

4) 분석 결과

분석 결과 1. 하위집단의 기술통계

```
* * * * * * * * * * * * * * * * * A n a l y s i s   o f   V a r i a n c e * * * * * * * * * * * * * * * * *

     228 cases accepted.
       0 cases rejected because of out-of-range factor values.
       0 cases rejected because of missing data.
       6 non-empty cells.

       2 designs will be processed.

- - - - - - - - - - - - - - - - - - - - - - - - - - - - - - - - - - - - - - - - - - - - - - - - - - - - - - - -
Cell Means and Standard Deviations
Variable .. 외국어학습태도 사후외국어
 FACTOR        CODE                    Mean    Std. Dev.      N   95 percent Conf. Interval

 송환          송환
  교수           강의                  35.632      8.635      38     32.793     38.470
  교수           멀티                  34.811      8.003      37     32.143     37.479
  교수           조별                  39.538      7.305      39     37.171     41.906
 송환          송환
  교수           강의                  39.947      9.636      38     36.780     43.115
  교수           멀티                  49.436      6.870      39     47.209     51.663
  교수           조별                  47.568      7.358      37     45.114     50.021
For entire sample                      41.184      9.680     228     39.921     42.447

- - - - - - - - - - - - - - - - - - - - - - - - - - - - - - - - - - - - - - - - - - - - - - - - - - - - - - - -
```

■ 분석 결과 2. 내재설계 분산분석표

* * * * * * * * * * * * * * * * * A n a l y s i s   o f   V a r i a n c e -- Design 1 * * * * * * * * * * * * * * * * *

Tests of Significance for 외국어학습태도 using UNIQUE sums of squares

Source of Variation	SS	DF	MS	F	Sig of F
WITHIN+RESIDUAL	14270.78	222	64.28		
교수법 WITHIN 송환여부(1)	489.65	2	244.82	3.81	.024
교수법 WITHIN 송환여부(2)	1930.77	2	965.38	15.02	.000
송환여부	4604.61	1	4604.61	71.63	.000
(Model)	7001.49	5	1400.30	21.78	.000
(Total)	21272.26	227	93.71		

R-Squared = .329
Adjusted R-Squared = .314

* * * * * * * * * * * * * * * * * A n a l y s i s   o f   V a r i a n c e -- Design 2 * * * * * * * * * * * * * * * * *

Tests of Significance for 외국어학습태도 using UNIQUE sums of squares

Source of Variation	SS	DF	MS	F	Sig of F
WITHIN CELLS	14270.78	222	64.28		
송환여부	4604.61	1	4604.61	71.63	.000
교수법	1368.78	2	684.39	10.65	.000
송환여부 BY 교수법	1035.56	2	517.78	8.05	.000
(Model)	7001.49	5	1400.30	21.78	.000
(Total)	21272.26	227	93.71		

R-Squared = .329
Adjusted R-Squared = .314

5) 분석 결과 보고

송환 여부 내 교수법 간의 차이에 대한 기술통계는 〈표 12-4〉와 같다.

〈표 12-4〉 송환 여부 내 교수법 간의 차이에 대한 기술통계

	송환하지 않음			송환함			전체
	강의식	멀티 미디어	조별 토론	강의식	멀티 미디어	조별 토론	
평균	35.63	34.81	39.54	39.95	49.44	47.57	41.18
표준편차	8.64	8.00	7.31	9.64	6.87	7.36	9.68
사례 수	38	37	39	38	39	37	228

송환하지 않은 집단에서 강의식 수업을 받은 학생들의 외국어 학습태도에 대한 평균과 표준편차는 35.63, 8.64, 멀티미디어 수업을 받은 학생들의 평균과 표준편차는 34.81, 8.00, 조별토론 수업을 받은 학생들의 평균과 표준편차는 39.54, 7.31이었으며, 송환한 집단에서 강의식 수업을 받은 학생들의 평균과 표준편차는 39.95, 9.64, 멀티미디어 수업을 받은 학생들의 평균과 표준편차는 49.44, 6.87, 조별토론 수업을 받은 학생들의 평균과 표준편차는 47.57, 7.36이다.

송환 여부 내에서 교수법 간의 차이가 있는지에 대한 분산분석 결과는 〈표 12-5〉와 같다.

〈표 12-5〉 송환 여부 내 교수법 간의 차이에 대한 분산분석 결과

분산원	제곱합	자유도	평균제곱	F	유의확률
송환 여부	4604.61	1	4604.61	71.63	.000
교수법 in 송환 여부					
교수법 in 송환하지 않음	489.65	2	244.82	3.81	.024
교수법 in 송환함	1930.77	2	965.38	15.02	.000
집단내	14270.78	222	64.28		
총	21272.26	227	93.71		

송환하지 않은 집단에서 교수법 간의 차이에 대한 F 통계값은 3.81, 유의확률은 .024로 유의수준 .05에서 교수법에 따라 차이가 있는 것으로 나타났으며, 송환한 집단에서 교수법 간의 차이에 대한 F 통계값은 15.02, 유의확률은 .000으로 유의수준 .05에서 교수법에 따라 외국어 학습태도에 차이가 있는 것으로 나타났다.

연 • 습 • 문 • 제

18명의 초등학교 3학년 학생들을 교수법과 보상방법을 달리한 각 집단에 무선할당하여 학업성취도검사(20점 만점)를 실시한 결과가 다음과 같다.

	전통적 교수법	시청각 교수법	개인 교수법
사탕	7 7 8	7 8 8	8 8 9
칭찬	8 8 10	8 9 10	12 15 16

① 교수법, 보상방법에 따른 학업성취도의 차이가 있는지, 교수법과 보상방법의 상호작용 효과가 있는지를 유의수준 .05에서 검정하시오.

② 각 보상방법에서 교수법에 따라 학업성취도의 차이가 있는지 유의수준 .05에서 검정하시오.

③ 각 교수법에서 보상방법에 따라 학업성취도의 차이가 있는지 유의수준 .05에서 검정하시오.

제13장 반복설계

처치변수의 효과를 알고자 하는 연구에서 연구대상의 특성과 관련된 매개변수가 많을 경우에 이러한 매개변수는 실험설계로 통제하기가 불가능하다. 이런 경우 동일 연구대상에게 각기 다른 처치를 반복적으로 가한 후 처치효과를 알아보기 위한 분석방법으로 반복설계를 사용한다.

1. 기본 가정

반복설계에 의한 분산분석을 적용하기 위해서는 다음과 같은 **가정**을 충족하여야 한다.

- 먼저 이루어진 처치가 다음의 처치에 영향을 주지 않아야 한다.
- 실험조건들 사이의 공분산의 크기가 모집단에서 모두 동일하여야 한다(합동대칭성 가정 또는 구형성 가정).

2. 반복설계

1) 사용 목적

반복설계(repeated design)는 동일한 연구대상에게 다른 처치를 반복적으로 가하여 그 처치 간에 차이가 있는지를 검정하는 설계방법이다. 반복설계에서는 모든 실험조건에 할당되는 피험자들이 동일하므로 개인차에 따른 오차를 완벽히 통제할 수 있으므로 통제해야 할 매개변수가 많을 경우에 적합하다. 그러나 반복설계의 경우 사전 처치가 주는 잔존효과와 기억효과가 있기 때문에 학습과 관련된 연구에서는 사용하기 어렵다. 체육학이나 약학의 경우 처치를 통하여 나타난 효과가 제거되고 난 후 다른 처치를 가하여 처치의 효과를 분석할 수 있으므로 자주 사용한다. 반복설계에 의한 분석은 연습효과나 순서효과 및 이월효과 등에 의해 결과가 왜곡될 수 있으므로 그 영향을 최소화할 수 있는 방법을 고려해야 한다. 각 피험자마다 참여하는 실험조건의 순서를 다르게 해 주는 교차균형화(cross-balancing)의 방법을 사용하거나 처치 간에 충분한 시간 간격을 주는 등의 방법을 사용하면 이러한 영향을 어느 정도 통제할 수 있다.

2) 기본 원리

음주량에 따른 반응속도를 연구하고자 할 때 다양한 변수를 통제하여야 한다. 예를 들어, 성별, 주량, 건강, 알코올 분해능력, 민첩성 등 많은 변수가 있다. 이럴 경우 반복설계에 의한 분산분석을 사용하여 음주량이 반응속도에 미치는 영향을 분석할 수 있다. 이때 사전음주에 의한 영향이 완전히 제거되고 난 후 다른 처치가 가해져야 한다.

피험자	처치 요인(음주량)			
	처치1(100cc)	처치2(500cc)	처치3(1000cc)	처치4(2000cc)
1				
2				
3				
4				
5				
평균				

앞의 예는 반복 요인이 하나인 일요인 **반복설계**다. 이 경우의 분산분석모형에서 개인점수의 **선형모형**은 다음과 같이 나타낼 수 있다.

$$Y_{ij} = \mu + \alpha_j + S_i + \epsilon_{ij}$$

α_j : 처치 j의 효과
S_i : 피험자 i의 효과
ϵ_{ij} : 오차

제11장에서 설명한 편차제곱합의 원리와 같이 점수 Y_{ij}는 전체평균과 처치효과, 개인의 특성 효과, 그리고 오차로 구성되어 있다. **처치 요인의 효과를 검정하기 위한 제곱합**은 다음과 같이 분할된다.

$$SS_{전체} = SS_{피험자간} + SS_{피험자내}$$
$$SS_{피험자내} = SS_{처치} + SS_{오차}$$
$$SS_{전체} = SS_{피험자간} + SS_{처치} + SS_{오차}$$

전체 편차제곱합의 구성 요소로서 처치에 의한 편차제곱합의 부분이 크면 처치효과가 있다고 할 수 있다. 여기서 $SS_{피험자간}$은 개인에 의한 편차이므로 이 부분이 통제되어 제거되어야 순수하게 처치효과를 분석할 수 있게 된다.

3) 분석 실행

예 제

최첨단 소재를 사용한 신제품 운동화와 기존 제품 및 타사 제품의 운동화에 대한 소비자들의 선호도를 비교하기 위하여 228명의 소비자를 선정하여 신제품, 기존 제품, 타사 제품의 운동화를 한 달 간격으로 착용해 보도록 하고, 각 제품에 대한 선호도를 측정하였다. 세 가지 운동화에 대한 소비자들의 선호도에 차이가 있는가?

(1) 반복측정 요인 정의 대화상자 열기

분석(A) ▷ 일반선형모형(G) ▷ 반복측도(R) ...

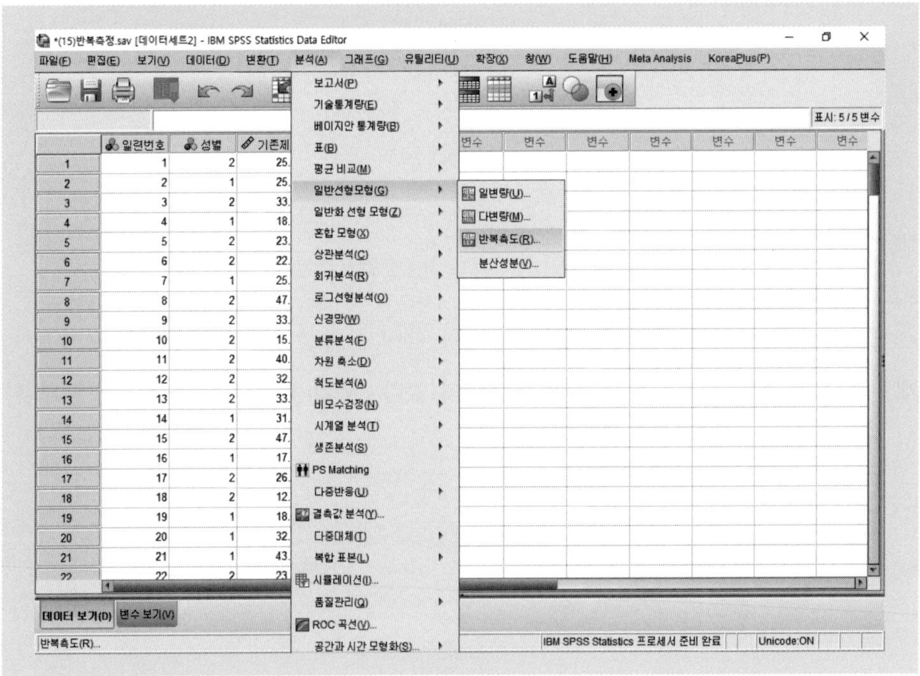

반복측도 요인 정의 상자에서 개체－내 요인이름(W)과 수준 수(L)를 지정하고 추가(A) 를 클릭한 후 정의(F) 를 클릭하면 다음과 같이 반복측도 대화상자가 열린다.

(2) 반복측도 대화상자 열기

변수 목록 중에서 개체－내 변수(W)(측정변수)에 반복측정된 종속변수를 선택한다.

(3) 모형 대화상자 열기

반복측도 대화상자에서 [모형(M)...]을 클릭한다.

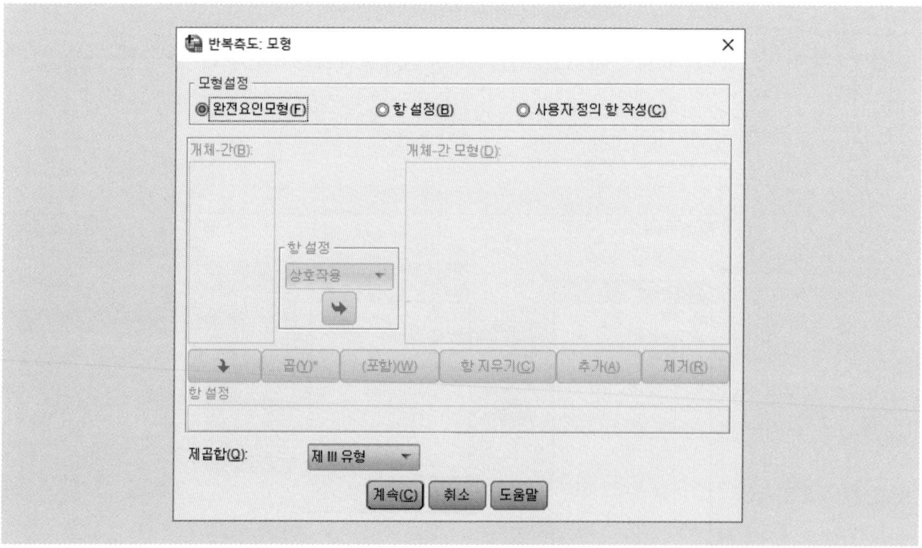

기본설정값인 **완전요인모형(F)**과 제III유형 제곱합을 유지하고 [계속(C)]을 클릭한다.

(4) 옵션 대화상자 열기

반복측도 대화상자에서 [옵션(O)...]을 클릭한다.

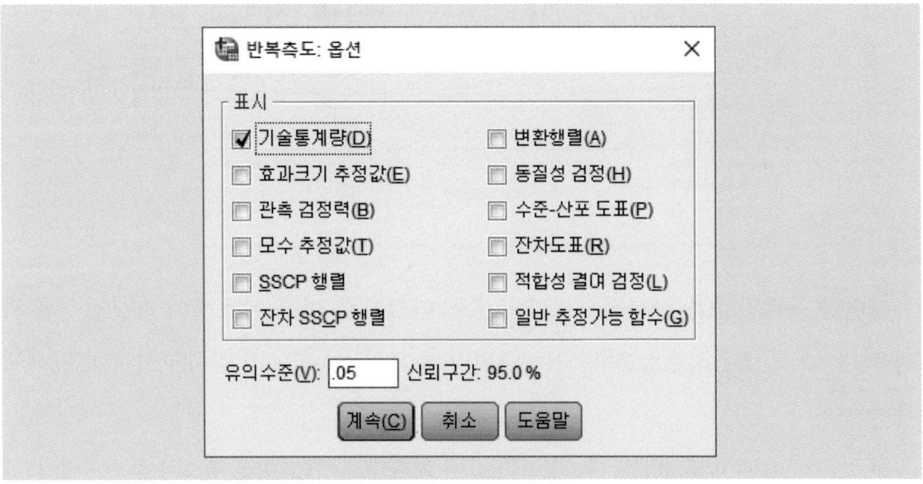

표시부분에서 기술통계량(D)을 선택하고 [계속(C)]을 클릭한 다음 반복측도 대화상자에서 [확인]을 클릭하면 SPSS 뷰어에 결과가 출력된다.

4) 분석 결과

분석 결과 1. 기술통계량

기술통계량

	평균	표준편차	N
기존제품	31.8816	10.06464	228
타사제품	32.9596	8.62709	228
신제품	35.4254	8.21104	228

분석 결과 2. 다변량 검정

다변량 검정[a]

효과		값	F	가설 자유도	오차 자유도	유의확률
선호도	Pillai의 트레이스	.242	36.148[b]	2.000	226.000	.000
	Wilks의 람다	.758	36.148[b]	2.000	226.000	.000
	Hotelling의 트레이스	.320	36.148[b]	2.000	226.000	.000
	Roy의 최대근	.320	36.148[b]	2.000	226.000	.000

a. Design: 절편
개체-내 계획: 선호도

b. 정확한 통계량

다변량 통계값들은 근사적으로 *F*분포를 따르므로 이를 이용하여 가설검정을 하게 되며, 가장 보편적으로 사용되는 다변량 통계치는 Wilks의 람다로서 제15장에서 설명한다.

선호도에 대한 Wilks의 람다값은 .758, 유의확률은 .000으로 유의수준 .05에서 세 번의 반복측정이 선호도를 결정하는 데 모두 동일한 효과를 가지고 있다고 할 수 없다.

분석 결과 3. 구형성 검정

Mauchly의 구형성 검정[a]

측도: MEASURE_1

					엡실런[b]		
개체-내 효과	Mauchly의 W	근사 카이제곱	자유도	유의확률	Greenhouse-Geisser	Huynh-Feldt	하한
선호도	.949	11.897	2	.003	.951	.959	.500

정규화된 변형 종속변수의 오차 공분산 행렬이 항등 행렬에 비례하는 영가설을 검정합니다.

a. Design: 절편
개체-내 계획: 선호도

b. 유의성 평균검정의 자유도를 조절할 때 사용할 수 있습니다. 수정된 검정은 개체내 효과검정 표에 나타납니다.

※ 참고: **구형성** 가정은 Huynh–Feldt에 의해 제안된 가정으로, 반복측정과 반복측도에서 실험조건별 종속측정값 차이의 분산들이 동일하여야 함을 의미한다.

차이점수들이 동일한 분산을 가져야 한다는 구형성 가정을 검정한 결과, 유의확률이 .003으로써 구형성 가정이 충족되지 않고 있음을 알 수 있다.

공분산의 동질성 가정의 위배에 의한 통계적 오류를 교정하기 위해 여러 가지 방법이 제안되었는데, Greenhouse–Geisser가 제안한 방법이 가장 많이 사용되고 있다.

분석 결과 4. 개체-내 효과 검정

개체-내 효과 검정

측도: MEASURE_1

소스		제 III 유형 제곱합	자유도	평균제곱	F	유의확률
선호도	구형성 가정	1504.908	2	752.454	28.540	.000
	Greenhouse-Geisser	1504.908	1.902	791.039	28.540	.000
	Huynh-Feldt	1504.908	1.918	784.586	28.540	.000
	하한	1504.908	1.000	1504.908	28.540	.000
오차(선호도)	구형성 가정	11969.761	454	26.365		
	Greenhouse-Geisser	11969.761	431.855	27.717		
	Huynh-Feldt	11969.761	435.407	27.491		
	하한	11969.761	227.000	52.730		

앞에서 구형성 가정이 충족되지 않았으므로, Greenhouse-Geisser(또는 Huynh-Feldt)에 기초한 F통계값과 유의확률로 분석 결과를 해석한다. 구형성 가정이 충족되면 자유도가 정수인 부분을 보고하고 해석하여야 한다.

분석 결과 5. 개체-내 대비 검정

개체-내 대비 검정

측도: MEASURE_1

소스	선호도	제 III 유형 제곱합	자유도	평균제곱	F	유의확률
선호도	선형	1431.719	1	1431.719	63.681	.000
	이차	73.188	1	73.188	2.420	.121
오차(선호도)	선형	5103.593	227	22.483		
	이차	6866.168	227	30.247		

분석 결과 6. 개체-간 효과 검정

개체-간 효과 검정

측도: MEASURE_1

변환된 변수: 평균

소스	제 III 유형 제곱합	자유도	평균제곱	F	유의확률
절편	764058.069	1	764058.069	4012.602	.000
오차	43224.112	227	190.415		

5) 분석 결과 보고

기존 제품, 타사 제품, 신제품 운동화에 대한 선호도의 기술통계는 〈표 13-1〉과 같다.

〈표 13-1〉 기존 제품, 타사 제품, 신제품 운동화에 대한 기술통계(n=228)

	기존 제품	타사 제품	신제품
평균	31.88	32.96	35.43
표준편차	10.06	8.63	8.21

228명이 운동화를 착용한 후 제품에 대한 만족도를 분석한 결과 기존 제품에 대한 평균은 31.88이고 표준편차는 10.06, 타사 제품에 대한 선호도의 평균은 32.96이고 표준편차는 8.63이며, 최첨단 소재를 사용한 신제품에 대한 선호도의 평균은 35.43, 표준편차는 8.21이다.

제품에 대한 소비자의 선호도 차이를 알아보기 위하여 반복설계에 의한 분산분석을 실시한 결과는 〈표 13-2〉와 같다.

〈표 13-2〉 제품 선호도에 대한 반복측정 분산분석 결과

분산원	제곱합	자유도	평균제곱	F	유의확률
소비자 간	43224.11	227	190.415		
소비자 내	13474.67	456			
제품	1504.91	1.902	791.039	28.54	.000
오차	11969.76	431.855	27.717		
전체	56698.78	683			

소비자 내에서 각 회사의 제품에 대한 선호도의 차이에 대한 통계적 유의성 검정 결과, F 통계값은 28.54, 유의확률은 .000으로서 유의수준 .05에서 각 제품에 대한 선호도에 차이가 있는 것으로 분석되었다.

3. 분할구획요인설계

1) 사용 목적

분할구획요인설계(split plot factorial design)는 피험자 간 요인과 피험자 내 요인이 통합되어 있는 혼합설계로서 독립변수 중 구획변수가 하나 이상 포함되어 있는 반복설계의 일종이다. 이러한 설계는 농학 분야에서 분할구획(split plot)이라는 용어로 처음 소개되었으며, 현재는 다양한 분야에서 광범위하게 적용되고 있다.

2) 기본 원리

앞서 제시한 음주량에 따른 반응속도의 예에서 성별을 고려하여 연구하고자 할 때 분할구획요인설계를 사용할 수 있다.

성별을 구획변수로 사용하는 것은 성별에 따른 음주량에 대한 반응속도가 다르게 나타난다고 가정한다. 만약, 성별에 따라 음주량에 의한 반응 형태나 속도 등에 차이가 없다면 성별은 구획변수로 타당하지 않다.

요인 B (성별)	피험자	요인 A (음주량)			
		100cc	500cc	1000cc	2000cc
남자	1				
	2				
	3				
	4				
	5				
여자	1				
	2				
	3				
	4				
	5				

이 경우의 **분산분석**의 **선형모형**은 다음과 같이 나타낼 수 있다.

$$Y_{ijk} = \mu + \alpha_j + \gamma_{jk} + \beta_k + S_{(i)k} + \epsilon_{ijk}$$

α_j : 요인 A의 효과
γ_{jk} :요인 A와 B의 상호작용 효과
β_k : 요인 B의 효과
$S_{(i)k}$: 피험자 효과
ϵ_{ijk} : 오차

이 모형에서 **분산분석**을 위한 **제곱합**은 다음과 같이 분할된다.

$$SS_{전체} = SS_{피험자간} + SS_{피험자내}$$
$$SS_{피험자간} = SS_B + SS_{피험자(B)}$$
$$SS_{피험자내} = SS_A + SS_{AB} + SS_{오차}$$

3) 분석 실행

예 제

최첨단 소재를 사용한 신제품 운동화와 기존 제품 및 타사 제품의 운동화에 대한 소비자의 선호도를 비교하기 위하여 228명의 소비자를 선정하여 신제품, 기존 제품, 타사 제품의 운동화를 한 달 간격으로 착용해 보도록 하고, 각 제품에 대한 선호도를 측정하였다. 성별에 따라 세 가지 운동화에 대한 선호도에 차이가 있는가?

(1) 반복측정 대화상자 열기

분석(A) ▷ 일반선형모형(G) ▷ 반복측도(R) ...

반복측도 대화상자에서 개체-내 변수(W) 외에 구획변수인 개체-간 요인(B)을 지정한다. 개체-내 변수(W)의 설정은 앞의 반복측도와 동일하다.

(2) 옵션 대화상자 열기

반복측도 대화상자에서 [옵션(O)...]을 클릭한다.

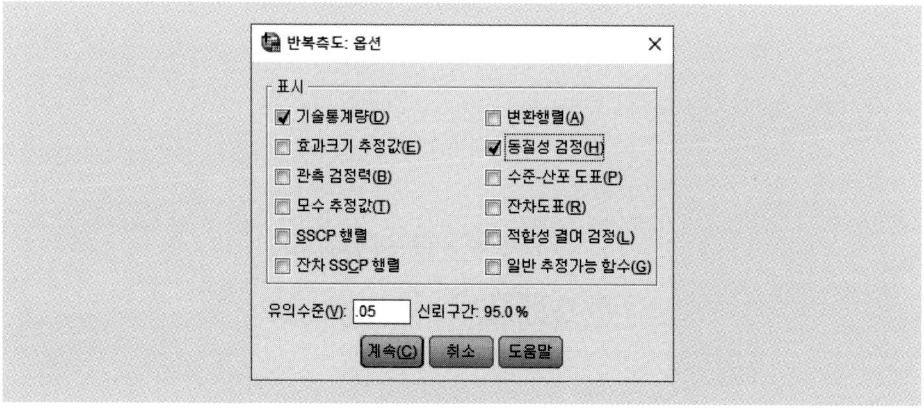

기술통계량(D)과 동질성 검정(H)을 선택하고 계속(C) 을 클릭한 다음 반복측도 대화상자에서 확인 을 클릭하면 SPSS 뷰어에 결과가 출력된다.

4) 분석 결과

분석 결과 1. 기술통계량

기술통계량

	성별	평균	표준편차	N
기존제품	남자	30.9286	10.30781	105
	여자	32.6951	9.82117	123
	전체	31.8816	10.06464	228
타사제품	남자	32.0293	8.79974	105
	여자	33.7538	8.43155	123
	전체	32.9596	8.62709	228
신제품	남자	35.1905	7.69924	105
	여자	35.6260	8.65027	123
	전체	35.4254	8.21104	228

분석 결과 2. 공분산 행렬에 대한 동일성 검정

공분산 행렬에 대한 Box의 동일성 검정a

Box의 M	10.115
F	1.661
자유도1	6
자유도2	346268.575
유의확률	.126

여러 집단에서 종속변수의 관측 공분산 행렬이 동일한 영가설을 검정합니다.

a. Design: 절편 + 성별
개체-내 계획: 선호도

Box의 공분산 행렬에 대한 동일성 검정결과 유의확률은 .126으로 영가설을 기각하지 못하므로 공분산 행렬은 동일하다고 할 수 있다.

분석 결과 3. 다변량 검정

다변량 검정^{a}

효과		값	F	가설 자유도	오차 자유도	유의확률
선호도	Pillai의 트레이스	.250	37.430^{b}	2.000	225.000	.000
	Wilks의 람다	.750	37.430^{b}	2.000	225.000	.000
	Hotelling의 트레이스	.333	37.430^{b}	2.000	225.000	.000
	Roy의 최대근	.333	37.430^{b}	2.000	225.000	.000
선호도 * 성별	Pillai의 트레이스	.014	1.596^{b}	2.000	225.000	.205
	Wilks의 람다	.986	1.596^{b}	2.000	225.000	.205
	Hotelling의 트레이스	.014	1.596^{b}	2.000	225.000	.205
	Roy의 최대근	.014	1.596^{b}	2.000	225.000	.205

a. Design: 절편 + 성별
개체-내 계획: 선호도

b. 정확한 통계량

분석 결과 4. 구형성 검정

Mauchly의 구형성 검정^{a}

측도: MEASURE_1

					엡실런^{b}		
개체-내 효과	Mauchly의 W	근사 카이제곱	자유도	유의확률	Greenhouse-Geisser	Huynh-Feldt	하한
선호도	.946	12.569	2	.002	.948	.961	.500

정규화된 변형 종속변수의 오차 공분산 행렬이 항등 행렬에 비례하는 영가설을 검정합니다.

a. Design: 절편 + 성별
개체-내 계획: 선호도

b. 유의성 평균검정의 자유도를 조절할 때 사용할 수 있습니다. 수정된 검정은 개체내 효과검정 표에 나타납니다.

유의확률이 .002로서 .05보다 작으므로 구형성 가정을 충족하지 못하며 Greenhouse-Geisser, 혹은 Huynh-Feldt 분석결과를 보아야 한다. 구형성 가정이 충족되면 자유가 정수인 부분을 보고한다.

분석 결과 5. 개체-내 효과 검정

개체-내 효과 검정

측도: MEASURE_1

소스		제 III 유형 제곱합	자유도	평균제곱	F	유의확률
선호도	구형성 가정	1543.279	2	771.639	29.297	.000
	Greenhouse-Geisser	1543.279	1.897	813.562	29.297	.000
	Huynh-Feldt	1543.279	1.921	803.371	29.297	.000
	하한	1543.279	1.000	1543.279	29.297	.000
선호도 * 성별	구형성 가정	64.854	2	32.427	1.231	.293
	Greenhouse-Geisser	64.854	1.897	34.189	1.231	.292
	Huynh-Feldt	64.854	1.921	33.760	1.231	.292
	하한	64.854	1.000	64.854	1.231	.268
오차(선호도)	구형성 가정	11904.907	452	26.338		
	Greenhouse-Geisser	11904.907	428.709	27.769		
	Huynh-Feldt	11904.907	434.147	27.421		
	하한	11904.907	226.000	52.677		

분석 결과 6. 개체-내 대비 검정

개체-내 대비 검정

측도: MEASURE_1

소스	선호도	제 III 유형 제곱합	자유도	평균제곱	F	유의확률
선호도	선형	1465.296	1	1465.296	65.531	.000
	이차	77.983	1	77.983	2.572	.110
선호도 * 성별	선형	50.176	1	50.176	2.244	.136
	이차	14.678	1	14.678	.484	.487
오차(선호도)	선형	5053.418	226	22.360		
	이차	6851.490	226	30.316		

분석 결과 7. 오차분산의 동일성 검정

오차 분산의 동일성에 대한 Levene의 검정[a]

		Levene 통계량	자유도1	자유도2	유의확률
기존제품	평균을 기준으로 합니다.	.759	1	226	.385
	중위수를 기준으로 합니다.	.429	1	226	.513
	자유도를 수정한 상태에서 중위수를 기준으로 합니다.	.429	1	225.684	.513
	절삭평균을 기준으로 합니다.	.658	1	226	.418
타사제품	평균을 기준으로 합니다.	.049	1	226	.825
	중위수를 기준으로 합니다.	.201	1	226	.654
	자유도를 수정한 상태에서 중위수를 기준으로 합니다.	.201	1	225.945	.654
	절삭평균을 기준으로 합니다.	.033	1	226	.856
신제품	평균을 기준으로 합니다.	1.955	1	226	.163
	중위수를 기준으로 합니다.	1.911	1	226	.168
	자유도를 수정한 상태에서 중위수를 기준으로 합니다.	1.911	1	225.919	.168
	절삭평균을 기준으로 합니다.	1.846	1	226	.176

여러 집단에서 종속변수의 오차 분산이 동일한 영가설을 검정합니다.

a. Design: 절편 + 성별
개체-내 계획: 선호도

Levene의 등분산 가정 검정결과, 기존 제품, 타사 제품, 신제품에 대한 선호도에 대한 오차분산은 영가설을 기각하지 못하므로 성별에 따라 각 제품에 대한 선호도의 오차분산은 동일하다.

분석 결과 8. 개체-간 효과 검정

개체-간 효과 검정

측도: MEASURE_1

변환된 변수: 평균

소스	제 III 유형 제곱합	자유도	평균제곱	F	유의확률
절편	756950.239	1	756950.239	3984.599	.000
성별	291.118	1	291.118	1.532	.217
오차	42932.995	226	189.969		

성별을 구획변수로 하여 제품에 대한 만족도에 차이가 있는지 유의수준 .05에서 살펴보면 유의확률 .217로 만족도에 유의한 차이가 없다.

5) 분석 결과 보고

제품에 대한 소비자들의 선호도를 성별에 따라 분석한 기술통계는 〈표 13-3〉과 같다.

〈표 13-3〉 성별에 따른 제품 선호도에 대한 기술통계

성별	선호도	기존 제품	타사 제품	신제품
남자	평균	30.93	32.03	35.19
(105명)	표준편차	10.31	8.80	7.70
여자	평균	32.70	33.75	35.63
(123명)	표준편차	9.82	8.43	8.65
합계	평균	31.88	32.96	35.43
(228명)	표준편차	10.06	8.63	8.21

성별에 따른 각 제품의 선호도에 대한 분석 결과, 남자들의 기존 제품 운동화에 대한 선호도의 평균은 30.93, 표준편차는 10.31, 타사 제품 운동화에 대한 선호도의 평균은 32.03, 표준편차는 8.80, 신제품 운동화에 대한 선호도의 평균은 35.19, 표준편차는 7.70이다. 한편, 여자들의 기존 제품 운동화에 대한 선호도의 평균은 32.70, 표준편차는 9.82, 타사 제품 운동화에 대한 선호도의 평균은 33.75, 표준편

차는 8.43, 신제품 운동화에 대한 선호도의 평균은 35.63, 표준편차는 8.65다.

성별을 구획변수로 하여 제품에 대한 선호도가 성별에 따라 다르게 나타나는지 알아보기 위하여 1피험자 간-1피험자 내 설계에 의한 분산분석을 실시한 결과는 〈표 13-4〉와 같다.

〈표 13-4〉 성별에 따른 제품 선호도의 차이에 대한 분산분석 결과

분산원	제곱합	자유도	평균제곱	F	유의확률
소비자 간	43224.12	227			
성별	291.12	1	291.12	1.53	.217
오차	42933.00	226	190.00		
소비자 내	13513.04	456			
운동화	1543.28	1.897	813.56	29.30	.000
운동화×성별	64.85	1.897	34.19	1.23	.292
오차	11904.91	428.71	27.77		
합계	56737.16	683			

성별 차이에 대한 통계적 유의성 검정결과, F 통계값은 1.53, 유의확률은 .217로서 제품에 대한 선호도가 성별에 따라 차이가 없는 것으로 나타났다. 소비자 내에서 제품에 대한 선호도에 차이가 있는지에 대한 F 통계값은 29.30, 유의확률은 .000으로서 유의수준 .05에서 제품에 대한 선호도에 유의한 차이가 있었으며, 제품과 성별의 상호작용 효과에 대한 F값은 1.23, 유의확률은 .292로 상호작용 효과가 유의하지 않는 것으로 분석되었다.

분할구획요인 설계에서 남녀를 구획변수로 설정한 것은 남녀간에 운동화에 대한 선호도가 다를 것이기에 성별이라는 변수는 통제하였으므로 성별에 따른 선호도에 대한 차이에 대하여 관심을 두지 않는다. 그러나 성별에 따른 선호도에 유의한 차이가 나타났으면 성별을 매개변수로 설정한 것이 합리적이었다 판단할 수 있다.

연 • 습 • 문 • 제

1 TV를 통한 선거운동을 진행하면서 특정 후보에 대한 지지도를 조사한 결과(10점 만점)는 다음과 같다. TV 선거운동이 효과가 있었는지를 유의수준 .01에서 검정하시오.

번 호	지역	1주 후	2주 후	3주 후	한 달 후
1	서울	3	3	4	5
2	지방	5	6	5	5
3	서울	6	4	4	5
4	지방	7	9	8	9
5	서울	2	3	4	5

2 앞의 자료에서 유권자의 지역에 따라 TV 선거운동의 효과가 있었는지를 유의수준 .01에서 검정하시오.

제14장 공분산분석

매개변수가 질적변수일 경우에는 무선구획설계나 제13장에서 설명한 반복설계로 매개변수의 영향을 제거한다. 또한 매개변수가 양적변수일 경우에는 회귀분석의 원리를 이용하여 매개변수를 통제함으로써 독립변수의 효과를 제거하며 이를 공분산분석이라 한다.

1. 기본 가정

공분산분석의 기본 가정은 다음과 같다.

- 각 집단에 해당되는 모집단의 분포가 정규분포이어야 한다.
- 각 집단에 해당되는 모집단의 분산이 같아야 한다.
- 매개변수와 종속변수 간에 선형적 상관관계가 있어야 한다.
- 매개변수와 종속변수의 회귀선이 모든 실험집단 내에서 동일한 기울기를 가져야 한다. 즉, 각 집단의 회귀계수가 동일해야 한다.

2. 사용 목적

공분산분석(Analysis of Covariance: ANCOVA)은 매개변수가 연속변수일 때 이

의 영향을 통계적인 방법으로 통제하여 독립변수의 효과를 검정하는 것으로서 **회귀분석**과 **분산분석**을 결합한 방법이라고 할 수 있다. 예를 들어, 각 집단의 사전 수준이 동일하지 않은 상태에서 처치를 하였을 경우, 사후점수에서의 집단 차이가 처치에 의한 효과라고 단정짓기 어렵다. 따라서 공분산분석은 회귀등식을 이용하여 각 집단의 매개변수의 평균을 동일하게 한 후 종속변수를 교정하여, 교정된 종속변수의 평균 차이를 검정한다.

3. 기본 원리

회귀분석을 이용한 공분산분석을 설명하면 [그림 14-1]과 같다. [그림 14-1]은 사전능력 점수를 매개변수로, 수리 점수를 종속변수로 하여 집단별로 회귀분석을 수행하였을 때 산출되는 회귀선을 나타낸 것이다. 그림에 의하면 집단별 수리 점수의 평균이 차이가 있는 것으로 나타나고 있으나, 각 집단의 사전능력 수준이 모두 다르므로 수리 점수에서의 평균 차이는 사전능력이 영향을 준 것이라 할 수 있다.

이를 자세히 설명하면 점선에 의한 A, B, C 집단의 수리 점수 평균을 비교할 때 C 집단의 평균점수는 9점으로 가장 높고, A 집단은 7점, B 집단은 6점이 된다. C 집단의 수리 점수 평균이 가장 높은 이유는 매개변수인 사전능력 점수의 평균이 8점으로 이미 높았기 때문에 수리 점수 평균이 높아진 것이지, 처치효과 때문에 평균점수가 높은 것은 아니다. 즉, 세 집단의 사전능력이 모두 다르기 때문에 수리 점수를 비교하기 어렵게 되므로 사전능력을 통제하기 위해 공분산분석에서는 사전능력 점수의 전체 평균, 즉 집단의 사전능력의 평균이 동일해지도록 회귀등식을 이용하여 수리 점수를 이동시켜 교정점수를 계산한다. 따라서 사전능력에서 높은 수준을 나타냈던 C 집단의 수리 점수의 평균은 내려가게 되고 사전능력에서 낮은 수준을 나타냈던 A 집단의 수리 점수는 올라가게 되어 교수법에 따른 점수 차이를 정확하게 해석할 수 있게 된다. 결과적으로 공분산분석은 교정된 집단별 수리 점수의 평균 차이, 즉 교정평균의 차이를 검정하는 것이며, 집단별 회귀선이 동일한 기울기를 가진다는 가정이 충족될 경우, 집단별 절편의 차이를 검정하는 것이다.

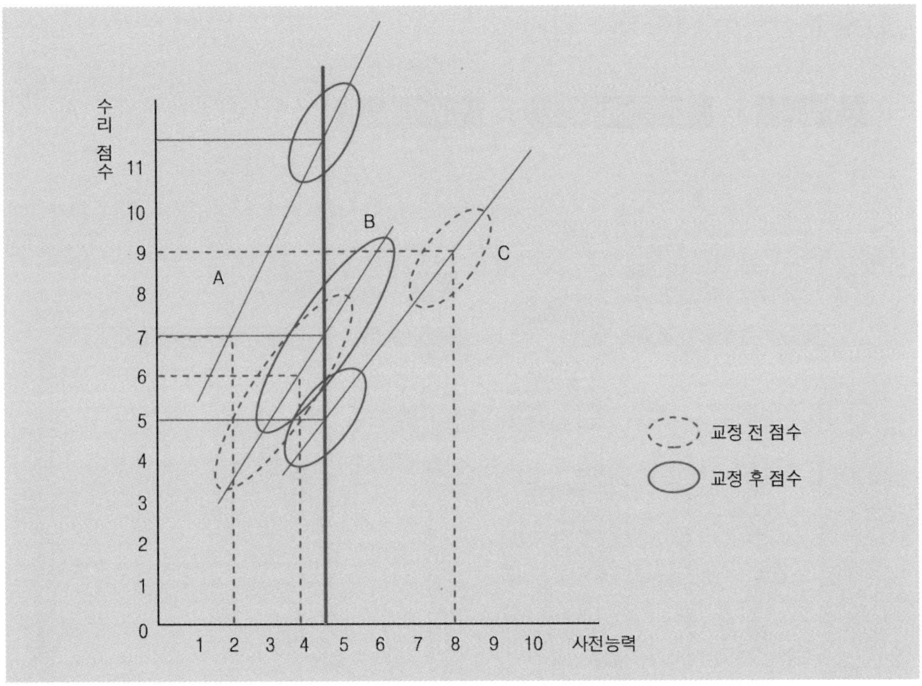

[그림 14-1] 공분산분석의 원리

4. 분석 실행

예 제

교수법에 따른 과학성취 수준의 차이를 보다 정확히 비교하기 위해 연구를 시작하기 전에 사전검사를 실시하였다. 사전능력의 영향이 배제된 교수법에 따른 사후과학성취도검사의 교정 평균은 차이가 있는가?

1) 공분산분석 대화상자 열기

분석(A) ▷ 일반선형모형(G) ▷ 일변량(U) ...

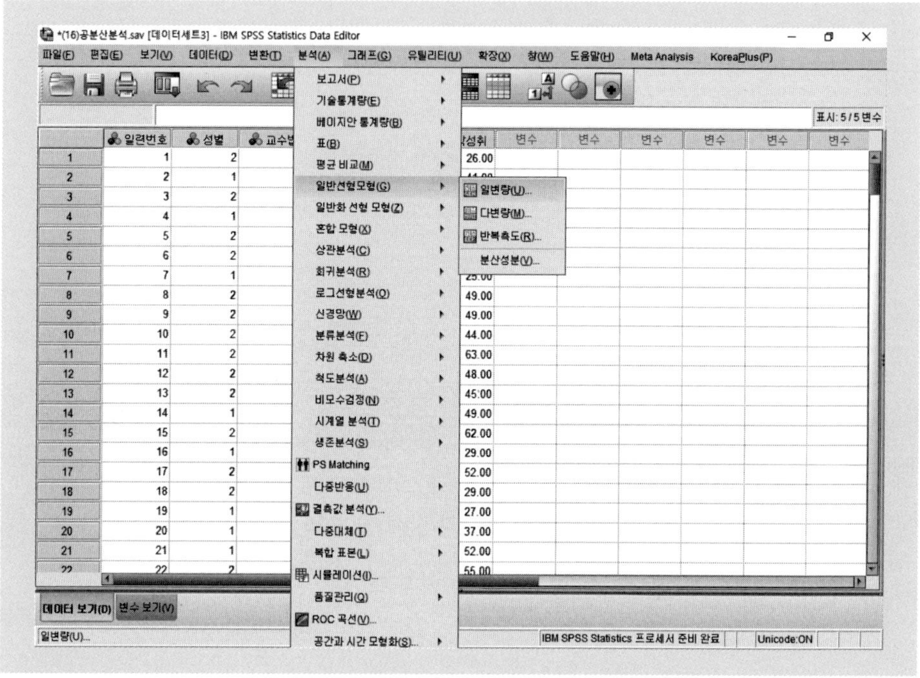

변수 목록의 변수 중에서 종속변수(D)에는 종속변수, 고정요인(F)에는 독립변수, 공

변량(C)에는 매개변수인 사전과학성취를 지정한다.

2) 모형 대화상자 열기

일변량 대화상자에서 모형(M)... 을 클릭하면 다음과 같은 모형 대화상자가 열린다.

▌제곱합(Q)▐ 제곱합은 제 I 유형~제 Ⅳ 유형까지 있으며, 공분산분석의 경우에 제 I 유형 제곱합은 나머지 유형의 제곱합(Ⅱ=Ⅲ=Ⅳ)에 의한 결과와 다르게 나타난다. 공분산분석에 있어서 주효과를 검정하기 이전에 공변량의 영향을 배제하기 위해서 공변량을 진입시킨다. 공변량을 주효과 전에 입력한 결과를 얻기 위해서는 제 I 유형 제곱합을 선택한다.

3) EM평균 대화상자 열기

일변량 대화상자에서 EM평균을 클릭하면 주변 평균, 즉 교정평균을 추정할 수 있다. '추정 주변 평균'의 '요인 및 요인상호작용(F)'에서 추정평균을 산출하고자 하는 변수들을 모두 오른쪽 '평균 표시 기준(M)'으로 이동시킨다. 주변평균은 공분산의 효과를 제거한 후 교정된 종속변수의 평균을 나타낸다.

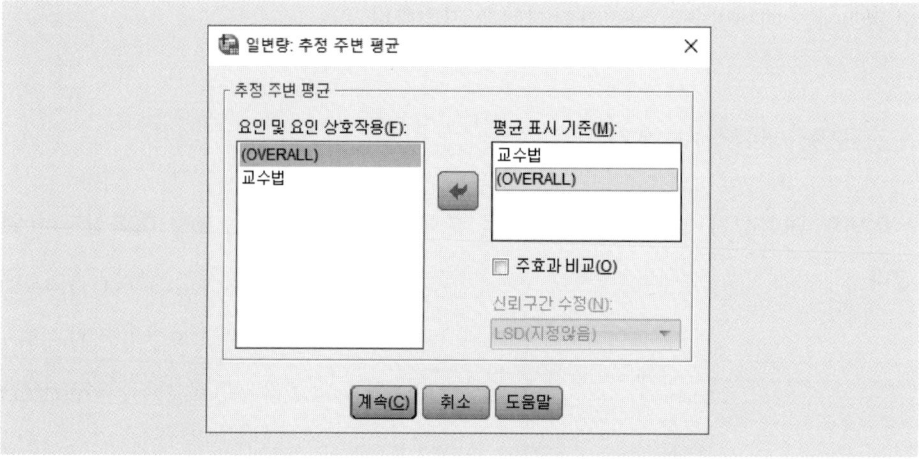

4) 옵션 대화상자 열기

일변량 대화상자에서 '옵션(O)'을 클릭한다. '표시'에서 '기술통계량(D)'과 '동질성 검정(H)'에 체크한다.

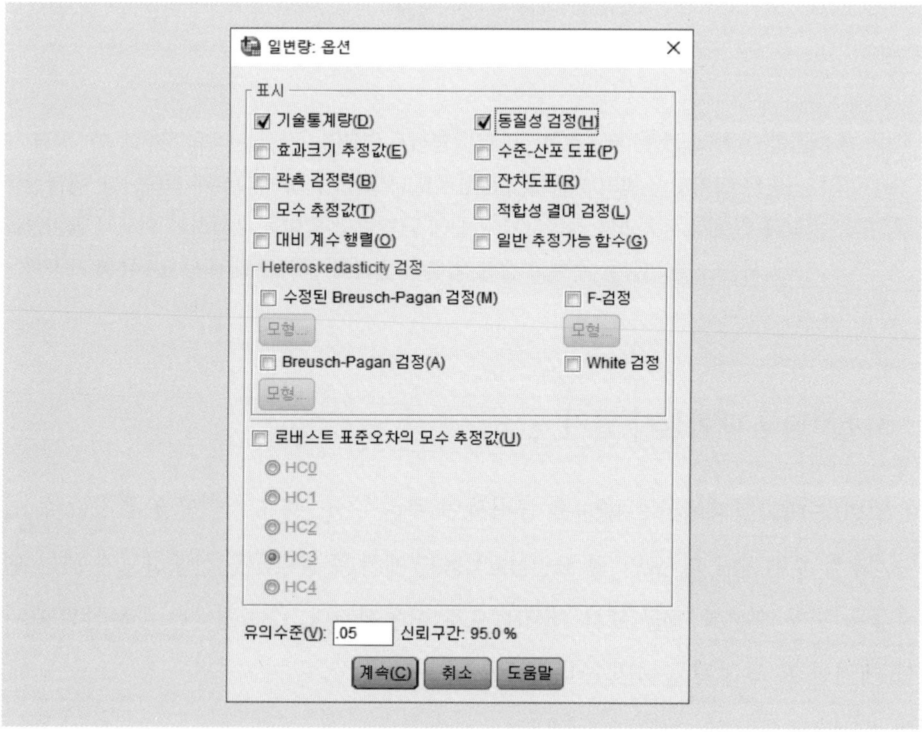

계속(C)을 클릭한 다음 일변량 대화상자에서 확인 을 클릭하면 SPSS 뷰어에 결과가 출력된다.

5. 분석 결과

■ 분석 결과 1. 교수법에 따른 사전·사후과학성취의 기술통계량

기술통계량

종속변수: 사전과학성취

교수법	평균	표준편차	N
실험실습	37.0197	10.69468	76
전통적	40.9605	11.08144	76
멀티미디어	40.7697	8.47759	76
전체	39.5833	10.26712	228

기술통계량

종속변수: 사후과학성취

교수법	평균	표준편차	N
실험실습	41.7895	9.34425	76
전통적	42.3158	10.43099	76
멀티미디어	43.4474	8.32730	76
전체	42.5175	9.39091	228

분석 결과 2. 교수법에 따른 사후과학성취의 등분산 가정 검정

오차 분산의 동일성에 대한 Levene의 검정a

종속변수: 사후과학성취

F	자유도1	자유도2	유의확률
.679	2	225	.508

여러 집단에서 종속변수의 오차 분산이 동일한 영가설을 검정합니다.

a. Design: 절편 + 사전과학성취 + 교수법

Levene의 등분산 가정 검정결과, 유의확률은 .508로 영가설을 기각하지 못하므로 세 집단의 분산은 같다고 볼 수 있다.

분석 결과 3. 교수법에 따른 사후과학성취의 공분산분석(공변량: 사전과학성취)

개체-간 효과 검정

종속변수: 사후과학성취

소스	제 I 유형 제곱합	자유도	평균제곱	F	유의확률
수정된 모형	13075.518[a]	3	4358.506	140.609	.000
절편	412165.070	1	412165.070	13296.773	.000
사전과학성취	12857.874	1	12857.874	414.805	.000
교수법	217.644	2	108.822	3.511	.032
오차	6943.412	224	30.997		
전체	432184.000	228			
수정된 합계	20018.930	227			

a. R 제곱 = .653 (수정된 R 제곱 = .649)

사전과학성취의 *F*통계값은 414.805, 유의확률은 .000으로써 유의수준 .05에서 사전능력이 사후점수에 유의한 영향을 미치고 있다. 따라서 공분산분석을 적용하는 것이 타당함을 알 수 있으며, 사전능력이 사후점수에 미치는 영향을 통제한 후의 사후점수의 *F*통계값은 3.511, 유의확률은 .032로써 유의수준 .05에서 교수법에 따라 유의한 차이가 있다.

■ 분석 결과 4. 교수법에 따른 사후과학성취의 공분산분석에 의해 추정된 교정평균

1. 교수법

종속변수: 사후과학성취

교수법	평균	표준오차	95% 신뢰구간 하한	95% 신뢰구간 상한
실험실습	43.707[a]	.645	42.435	44.979
전통적	41.286[a]	.641	40.023	42.548
멀티미디어	42.560[a]	.640	41.299	43.821

a. 모형에 나타나는 공변량은 다음 값에 대해 계산됩니다.: 사전과학성취 = 39.5833.

2. 총평균

종속변수: 사후과학성취

평균	표준오차	95% 신뢰구간 하한	95% 신뢰구간 상한
42.518[a]	.369	41.791	43.244

a. 모형에 나타나는 공변량은 다음 값에 대해 계산됩니다.: 사전과학성취 = 39.5833.

사전과학성취의 전체 평균인 39.5833을 기준으로 교정된 사후과학성취의 집단별 평균과 표준오차 및 전체 평균과 표준오차가 제시되어 있다.

6. 분석 결과 보고

교수법에 따른 세 집단의 사례 수, 사전능력, 과학성취수준, 사전능력을 통제한 교정된 과학성취수준의 평균과 표준편차, 사례 수는 〈표 14-1〉과 같다.

〈표 14-1〉 교수법에 따른 사전, 사후, 교정된 사후과학성취 수준에 대한 서술통계

		실험·실습	전통적	멀티미디어	합계
과학성취수준	평균	41.79	42.32	43.45	42.52
	표준편차	9.34	10.43	8.33	9.39
사전능력	평균	37.02	40.96	40.77	39.58
	표준편차	10.69	11.08	8.48	10.27
교정된 과학성취수준	평균	43.71	41.29	42.56	42.52
	표준오차	.65	.64	.64	.37
사례 수		76	76	76	228

실험·실습을 이용한 학생들의 교정평균은 43.71, 전통적 방법으로 수업받은 학생들의 사후검사에 대한 교정평균은 41.29, 멀티미디어를 이용한 학생들의 교정평균은 42.56이다. 교정된 사후성취수준이 교수법에 따라 차이가 있는지에 대한 공분산분석 결과는 〈표 14-2〉와 같다.

〈표 14-2〉 교수법에 따른 교정된 사후과학성취수준에 대한 공분산분석 결과

분산원	제곱합	자유도	평균제곱	F	유의확률
공분산(사전성취)	12857.87	1	12857.87		
교수법	217.64	2	108.82	3.51	.032
오차	6943.41	224	31.00		
합계	20018.93	227			

사전성취수준의 영향을 통제한 후 교정된 사후성취수준의 통계적 유의성을 검정한 결과, F통계값은 3.51, 유의확률은 .032로써 유의수준 .05에서 교수법에 따라 교정된 과학성취수준에 유의한 차이가 있다고 결론을 내린다.

연 • 습 • 문 • 제

중학생 15명을 대상으로 과학 분야의 직업에 대한 태도검사를 실시한 다음, 무작위로 세 집단으로 나누어 한 집단은 과학 분야의 직업에 관한 비디오테이프를 보여 주고(A), 다른 한 집단은 과학 분야의 직업에 관해 강의를 하였으며(B), 나머지 한 집단에게는 여러 과학자를 소개해 주었다(C). 각기 다른 처치가 가해진 후에 각 학생들은 동형의 태도검사를 받았다. 그 결과 다음과 같은 자료가 수집되었을 때 각기 다르게 가해진 처치효과가 있는지 유의수준 .05에서 검정하시오.

A		B		C	
사전 태도	실험 후 태도	사전 태도	실험 후 태도	사전 태도	실험 후 태도
18	34	21	17	16	23
15	33	20	21	17	26
15	31	19	18	18	23
19	34	18	24	21	26
15	30	21	17	20	23

제15장 다변량분산분석

분산분석은 종속변수가 하나의 특성일 때 독립변수의 영향이 있는지를 분석하는 방법인데 비하여, 다변량분산분석은 종속변수가 두 개 이상의 변수로 합성되어 있을 때 독립변수의 효과를 분석하는 방법이다.

1. 기본 가정

다변량분산분석을 수행하기 위한 **기본 가정**은 다음과 같다.

- 관측값이 서로 독립적이다.
- 각 집단의 분산-공분산 행렬이 동일하다.
- 모든 종속변수는 다변량 정규분포를 따른다.
- 종속변수들 간의 관계가 선형적이다.
- 종속변수들 간의 상관의 정도가 너무 높지 않아야 한다.

2. 사용 목적

다변량분산분석(Multivariate Analysis of Variance: MANOVA)은 종속변수가 두 개 이상인 경우에 종속변수들의 선형조합에 대한 독립변수의 효과를 분석하기 위한 통계적 방법이다. 예를 들어, 세 가지 교수법에 따라 어휘 발달에 차이가 있는지를 검정하고자 할 때, 종속변수인 유아의 어휘발달이 문자해독능력, 말하는 빈도 수, 어휘 수준 등이 합성된 개념이라면 다변량분산분석을 사용할 수 있다.

3. 기본 원리

분산분석은 단일 종속변수의 평균이 모든 집단에서 동일하다는 영가설을 검정하는 반면, **다변량분산분석**은 여러 종속변수가 선형적으로 결합하여 이룬 평균벡터가 모든 집단에서 같다는 영가설을 검정한다. 따라서 영가설이 기각되면, 종속변수들이 결합된 점수의 평균벡터가 독립변수에 따라 다르다는 것을 의미한다. 여러 종속변수를 한꺼번에 분석하므로 1종 오류를 통제한 상태에서 변수들 간의 관계성을 명확히 밝힐 수 있는 장점이 있다. 종속변수들 간의 의존적인 관계성이 이론적, 경험적으로 명확할 때 유용하다.

여러 종속변수를 동시에 분석할 필요가 없거나 종속변수들 간의 상관이 없을 때에는 다변량분산분석보다 각각의 종속변수에 대한 분산분석을 사용하는 것이 바람직하다.

4. 분석 실행

예 제

학생들의 집단 특성에 따라 학생들의 사회부적응성에 차이가 있는지 알아보고자 한다. 학생들의 집단은 인기집단, 논쟁집단, 보통집단, 무시집단, 거부집단의 다섯 단계로 범주화하였으며, 학생들의 사회부적응성을 구성하는 요인으로 외로움, 수줍음, 우울, 불안, 자존감을 설정하였다. 인기집단은 또래들에게 선호의 대상이 되면서 가장 적게 거부되는 집단이고, 거부집단은 또래들이 가장 싫어하는 집단으로 지목되고 또래들이 좋아하지 않는 집단이며, 무시집단은 다른 또래들에게 선호의 대상이 되지는 못하지만 거부의 대상도 아닌 집단이다. 한편, 논쟁집단은 또래들에게 선호되는 동시에 거부되는 집단이며, 보통집단은 인기집단에 미치지 못하지만 어느 정도 선호를 받고 있는 집단을 의미한다. 학생집단 특성에 따라 수줍음, 외로움, 우울, 불안, 자존감의 조합으로 구성된 사회부적응성에 차이가 있는가(장지영, 2002)?

1) 다변량분석 대화상자 열기

분석(A) ▷ 일반선형모형(G) ▷ 다변량(M) ...

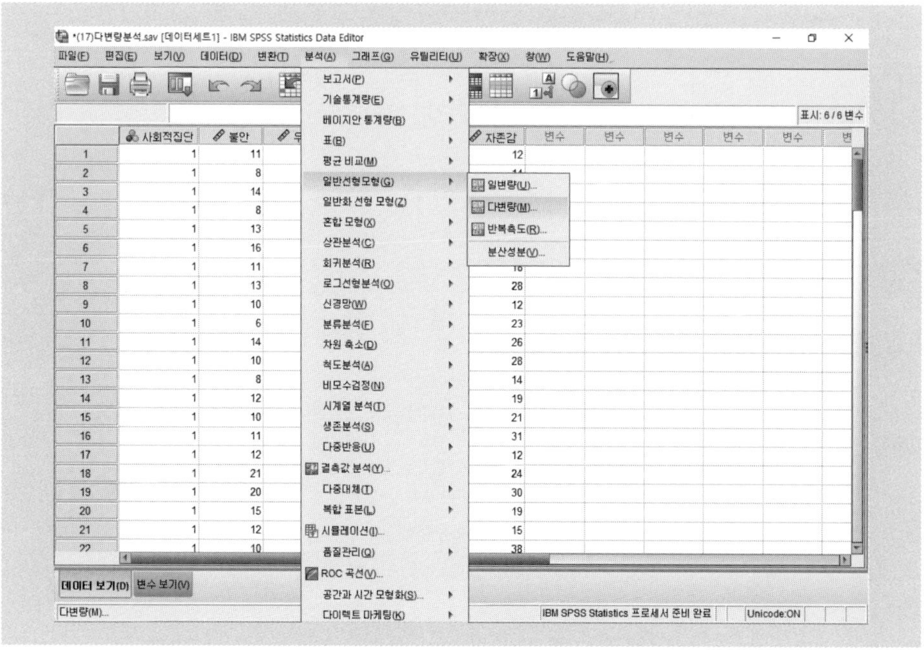

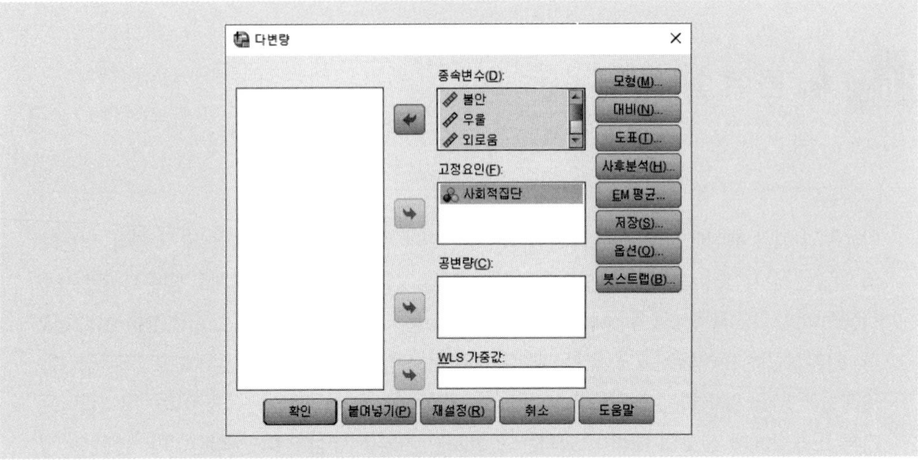

변수 목록에서 종속변수(D)에는 종속변수를, 고정요인(F)에는 독립변수를 이동시킨다.

2) 모형 대화상자 열기

다변량 대화상자에서 모형(M)... 을 클릭한다.

기본설정값인 완전요인모형(A)과 제III유형 제곱합을 유지하고 계속(C)을 클릭한다.

3) EM평균 대화상자 열기

다변량 대화상자에서 [EM 평균...]을 클릭한다. '추정 주변 평균'의 '요인 및 요인 상호작용(F)'의 'OVERALL'과 '사회적 집단'을 오른쪽의 '평균 표시기준(M)'으로 옮기고 [계속(C)]을 클릭한다.

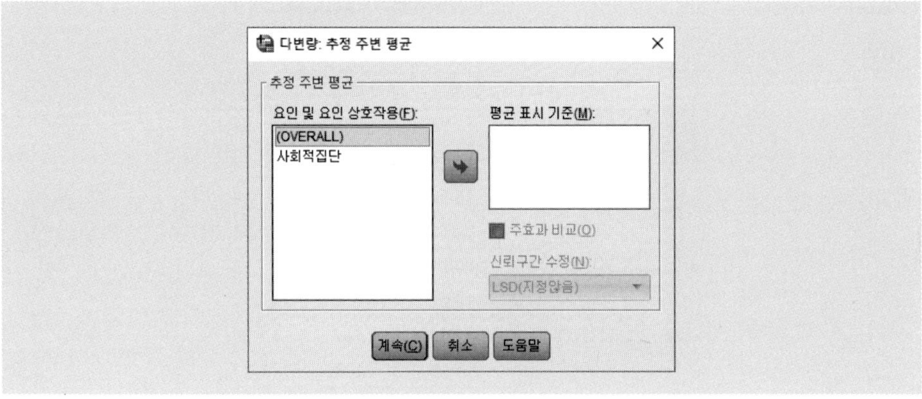

4) 옵션 대화상자 열기

다변량 대화상자에서 [옵션(O)...]을 클릭한다. 표시에서 기술통계량(D), 효과크기 추정값(E), 그리고 동질성 검정(H)을 선택하고[계속(C)]을 클릭한다. 다변량 대화상자에서 [확인]을 클릭하면 SPSS뷰어에 결과가 출력된다.

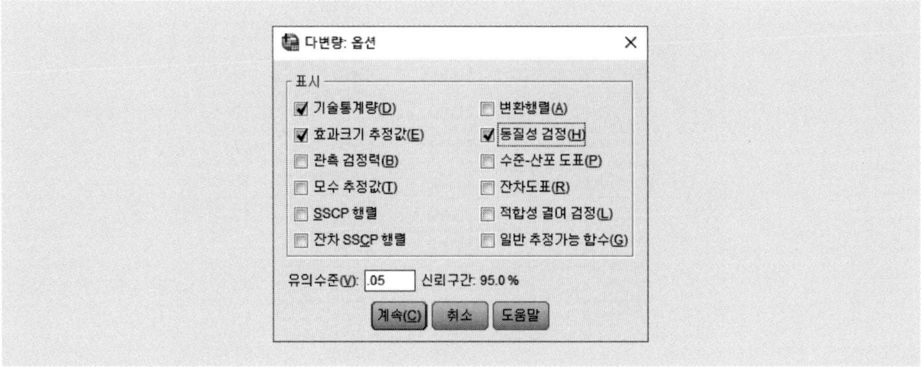

5. 분석 결과

분석 결과 1. 기술통계량

기술통계량

	사회적집단	평균	표준편차	N
불안	인기집단	11.74	3.239	35
	논쟁집단	15.15	3.913	13
	보통집단	13.00	3.327	16
	무시집단	12.59	4.135	34
	거부집단	20.21	3.706	19
	전체	13.91	4.669	117
우울	인기집단	12.06	3.597	35
	논쟁집단	14.85	4.879	13
	보통집단	16.31	4.868	16
	무시집단	17.15	3.986	34
	거부집단	24.05	4.564	19
	전체	16.38	5.726	117
외로움	인기집단	11.49	4.273	35
	논쟁집단	11.69	2.869	13
	보통집단	12.88	4.965	16
	무시집단	18.32	4.630	34
	거부집단	24.53	5.316	19
	전체	15.80	6.550	117
수줍음	인기집단	15.54	4.623	35
	논쟁집단	16.23	3.876	13
	보통집단	18.13	5.524	16
	무시집단	18.00	5.657	34
	거부집단	26.00	5.088	19
	전체	18.38	6.115	117
자존감	인기집단	21.06	6.338	35
	논쟁집단	20.69	4.906	13
	보통집단	21.44	3.915	16
	무시집단	22.79	6.222	34
	거부집단	30.84	4.193	19
	전체	23.16	6.490	117

분석 결과 2. 공분산 행렬에 대한 동질성 검정

공분산 행렬에 대한 Box의 동일성 검정[a]

Box의 M	86.577
F	1.270
자유도1	60
자유도2	10516.623
유의확률	.078

여러 집단에서 종속변수의 관측 공분산 행렬이 동일한 영가설을 검정합니다.

a. Design: 절편 + 사회적집단

Box의 동질성 검정결과, 유의확률은 .078로 유의수준 .05보다 크므로 영가설을 기각하지 못한다. 따라서 공분산 행렬이 동일하다는 영가설을 채택한다.

분석 결과 3. 다변량 검정결과

다변량 검정[a]

효과		값	F	가설 자유도	오차 자유도	유의확률	부분 에타 제곱
절편	Pillai의 트레이스	.973	789.727[b]	5.000	108.000	.000	.973
	Wilks의 람다	.027	789.727[b]	5.000	108.000	.000	.973
	Hotelling의 트레이스	36.561	789.727[b]	5.000	108.000	.000	.973
	Roy의 최대근	36.561	789.727[b]	5.000	108.000	.000	.973
사회적집단	Pillai의 트레이스	.945	6.865	20.000	444.000	.000	.236
	Wilks의 람다	.253	9.213	20.000	359.145	.000	.291
	Hotelling의 트레이스	2.217	11.808	20.000	426.000	.000	.357
	Roy의 최대근	1.865	41.401[c]	5.000	111.000	.000	.651

a. Design: 절편 + 사회적집단

b. 정확한 통계량

c. 해당 유의수준에서 하한값을 발생하는 통계량은 F에서 상한값입니다.

사회적 집단의 Wilks의 람다값은 .253, 유의확률은 .000으로 유의수준 .05에서 다섯 가지 요인이 사회적 집단을 결정하는 데 모두 효과가 같지 않다.

분석 결과 4. 오차분산의 동질성 검정

오차 분산의 동일성에 대한 Levene의 검정[a]

		Levene 통계량	자유도1	자유도2	유의확률
불안	평균을 기준으로 합니다.	.996	4	112	.413
	중위수를 기준으로 합니다.	.929	4	112	.450
	자유도를 수정한 상태에서 중위수를 기준으로 합니다.	.929	4	108.562	.450
	절삭평균을 기준으로 합니다.	.999	4	112	.411
우울	평균을 기준으로 합니다.	.631	4	112	.641
	중위수를 기준으로 합니다.	.497	4	112	.738
	자유도를 수정한 상태에서 중위수를 기준으로 합니다.	.497	4	88.627	.738
	절삭평균을 기준으로 합니다.	.602	4	112	.662
외로움	평균을 기준으로 합니다.	1.273	4	112	.285
	중위수를 기준으로 합니다.	.745	4	112	.563
	자유도를 수정한 상태에서 중위수를 기준으로 합니다.	.745	4	104.136	.564
	절삭평균을 기준으로 합니다.	1.116	4	112	.353
수줍음	평균을 기준으로 합니다.	1.248	4	112	.295
	중위수를 기준으로 합니다.	1.128	4	112	.347
	자유도를 수정한 상태에서 중위수를 기준으로 합니다.	1.128	4	106.473	.347
	절삭평균을 기준으로 합니다.	1.268	4	112	.287
자존감	평균을 기준으로 합니다.	1.468	4	112	.217
	중위수를 기준으로 합니다.	1.131	4	112	.346
	자유도를 수정한 상태에서 중위수를 기준으로 합니다.	1.131	4	97.266	.347
	절삭평균을 기준으로 합니다.	1.398	4	112	.239

여러 집단에서 종속변수의 오차 분산이 동일한 영가설을 검정합니다.

a. Design: 절편 + 사회적집단

오차분산의 동질성 검정결과 모든 종속변수의 유의확률이 유의수준 .05보다 크므로 영가설을 기각하지 못한다. 따라서 사회적 집단에 따라 모든 종속변수의 오차분산이 동일하다고 할 수 있다.

분석 결과 5. 개체-간 효과검정

개체-간 효과 검정

소스	종속변수	제 III 유형 제곱합	자유도	평균제곱	F	유의확률	부분 에타 제곱
수정된 모형	불안	1011.374[a]	4	252.844	18.658	.000	.400
	우울	1823.225[b]	4	455.806	25.780	.000	.479
	외로움	2671.039[c]	4	667.760	32.440	.000	.537
	수줍음	1450.949[d]	4	362.737	14.073	.000	.334
	자존감	1407.237[e]	4	351.809	11.327	.000	.288
절편	불안	21135.323	1	21135.323	1559.626	.000	.933
	우울	28499.583	1	28499.583	1611.912	.000	.935
	외로움	24898.880	1	24898.880	1209.606	.000	.915
	수줍음	35262.470	1	35262.470	1368.115	.000	.924
	자존감	54582.352	1	54582.352	1757.341	.000	.940
사회적집단	불안	1011.374	4	252.844	18.658	.000	.400
	우울	1823.225	4	455.806	25.780	.000	.479
	외로움	2671.039	4	667.760	32.440	.000	.537
	수줍음	1450.949	4	362.737	14.073	.000	.334
	자존감	1407.237	4	351.809	11.327	.000	.288
오차	불안	1517.771	112	13.552			
	우울	1980.228	112	17.681			
	외로움	2305.440	112	20.584			
	수줍음	2886.743	112	25.774			
	자존감	3478.678	112	31.060			
전체	불안	25182.000	117				
	우울	35180.000	117				
	외로움	34197.000	117				
	수줍음	43883.000	117				
	자존감	67656.000	117				
수정된 합계	불안	2529.145	116				
	우울	3803.453	116				
	외로움	4976.479	116				
	수줍음	4337.692	116				
	자존감	4885.915	116				

a. R 제곱 = .400 (수정된 R 제곱 = .378)
b. R 제곱 = .479 (수정된 R 제곱 = .461)
c. R 제곱 = .537 (수정된 R 제곱 = .520)
d. R 제곱 = .334 (수정된 R 제곱 = .311)
e. R 제곱 = .288 (수정된 R 제곱 = .263)

단변량 효과검정으로 각각의 종속변수가 사회적 집단에 따라서 차이가 있는지를 검정한 결과 모든 종속변수는 사회적 집단에 따라 유의수준 .05에서 유의한 차이가 있다.

6. 다변량분산분석 명령문

다변량분산분석은 SPSS 메뉴를 이용하여 상세한 분산분석표를 출력하기 어렵기 때문에 명령문 편집기를 활용하여 실행한다.

1) 분석 실행

파일(F) ▷ 새 파일(N) ▷ 명령문(S)

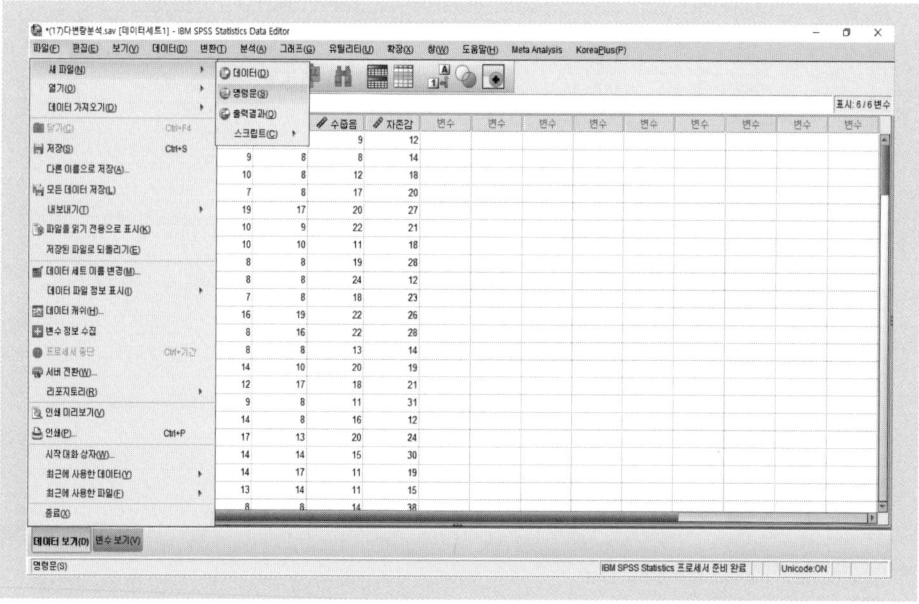

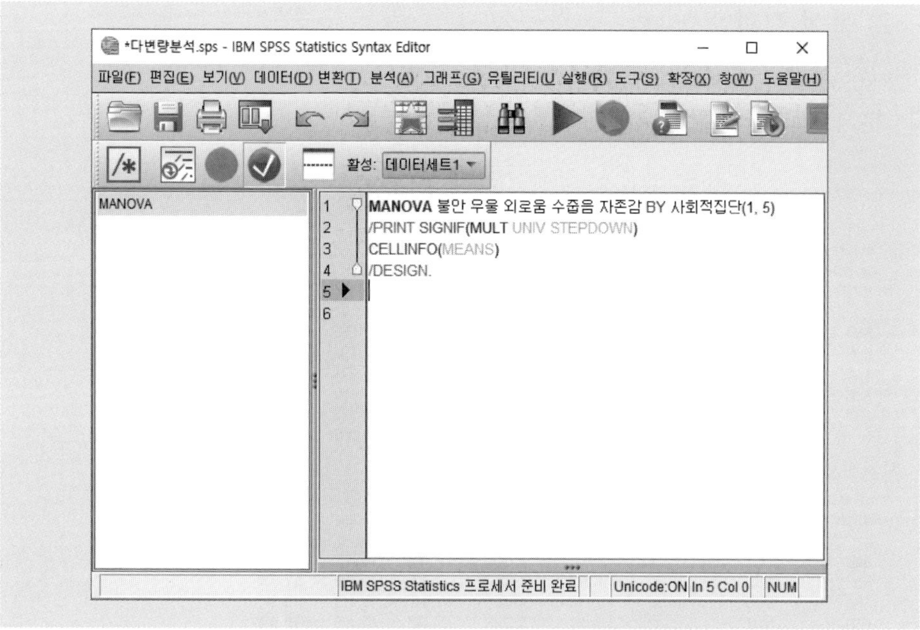

불안, 우울, 외로움, 수줍음, 자존감의 선형조합인 사회부적응성에 영향을 미치는 사회적 집단 효과를 분석하기 위해서 명령문 편집기에 앞과 같이 입력한다.

주명령어는 MANOVA이며, 바로 다음에 종속변수를, BY 이하에는 독립변수와 그 수준을 입력한다. 부명령어인 /PRINT에서 출력하고 싶은 결과를 지정해 주는데, 다변량분석, 단변량분석, 단계적 분석에 의한 유의도검정(SIGNIF)과 각 집단에서의 기술통계(CELLINFO)를 출력하도록 지정하였다. /DESIGN 부명령어에서는 연구자의 목적에 따른 다양한 설계를 지정할 수 있으나, 본 설계에서는 변수들의 입력 순서대로 분석하는 기본 설정을 사용하였다.

명령문을 사용하는 방법은 프로시저를 사용하는 방법과 동일한 결과를 출력한다. 단, 명령문을 사용하면 STEPDOWN이라는 명령어를 사용함으로써 단계적 분석을 수행할 수 있다. 단계적 분석은 먼저 투입된 종속변수를 공변인으로 하여 그 효과를 교정한 상태에서 집단간 차이를 검정하고자 할 때 적용하는 것으로, 이를 통해 종속변수의 상대적 중요도를 평가할 수 있다.

2) 분석 결과

분석 결과 1. 집단별 기술통계

Cell Means and Standard Deviations

Variable .. 불안

FACTOR	CODE	Mean	Std. Dev.	N	95 percent Conf. Interval	
사회	인기	11.743	3.239	35	10.630	12.855
사회	논쟁	15.154	3.913	13	12.790	17.518
사회	보통	13.000	3.327	16	11.227	14.773
사회	무시	12.588	4.135	34	11.145	14.031
사회	거부	20.211	3.706	19	18.425	21.997
For entire sample		13.915	4.669	117	13.060	14.770

Variable .. 우울

FACTOR	CODE	Mean	Std. Dev.	N	95 percent Conf. Interval	
사회	인기	12.057	3.597	35	10.822	13.293
사회	논쟁	14.846	4.879	13	11.898	17.795
사회	보통	16.313	4.868	16	13.719	18.906
사회	무시	17.147	3.986	34	15.756	18.538
사회	거부	24.053	4.564	19	21.853	26.252
For entire sample		16.376	5.726	117	15.328	17.425

Variable .. 외로움

FACTOR	CODE	Mean	Std. Dev.	N	95 percent Conf. Interval	
사회	인기	11.486	4.273	35	10.018	12.953
사회	논쟁	11.692	2.869	13	9.959	13.426
사회	보통	12.875	4.965	16	10.229	15.521
사회	무시	18.324	4.630	34	16.708	19.939
사회	거부	24.526	5.316	19	21.964	27.089
For entire sample		15.803	6.550	117	14.604	17.003

Variable .. 수줍음

FACTOR	CODE	Mean	Std. Dev.	N	95 percent Conf. Interval	
사회	인기	15.543	4.623	35	13.955	17.131
사회	논쟁	16.231	3.876	13	13.888	18.573
사회	보통	18.125	5.524	16	15.181	21.069
사회	무시	18.000	5.657	34	16.026	19.974
사회	거부	26.000	5.088	19	23.548	28.452
For entire sample		18.385	6.115	117	17.265	19.504

Variable .. 자존감

FACTOR	CODE	Mean	Std. Dev.	N	95 percent Conf. Interval	
사회	인기	21.057	6.338	35	18.880	23.234
사회	논쟁	20.692	4.906	13	17.728	23.657
사회	보통	21.438	3.915	16	19.351	23.524
사회	무시	22.794	6.222	34	20.623	24.965
사회	거부	30.842	4.193	19	28.821	32.863
For entire sample		23.162	6.490	117	21.974	24.351

분석 결과 2. 종속변수 조합에 미치는 독립변수의 효과검정

* * * * * * * * * * * * * * * * * A n a l y s i s   o f   V a r i a n c e -- Design 1 * * * * * * * * * * * * * * * * *

EFFECT .. 사회적집단
Multivariate Tests of Significance (S = 4, M = 0, N = 53)

Test Name	Value	Approx. F	Hypoth. DF	Error DF	Sig. of F
Pillais	.94480	6.86516	20.00	444.00	.000
Hotellings	2.21739	11.80760	20.00	426.00	.000
Wilks	.25321	9.21337	20.00	359.15	.000
Roys	.65095				

EFFECT .. 사회적집단 (Cont.)
Univariate F-tests with (4,112) D. F.

Variable	Hypoth. SS	Error SS	Hypoth. MS	Error MS	F	Sig. of F
불안	1011.37409	1517.77121	252.84352	13.55153	18.65793	.000
우울	1823.22540	1980.22760	455.80635	17.68060	25.78002	.000
외로	2671.03853	2305.44011	667.75963	20.58429	32.44026	.000
수줍	1450.94890	2886.74341	362.73723	25.77449	14.07350	.000
자존	1407.23695	3478.67758	351.80924	31.05962	11.32690	.000

Roy-Bargman Stepdown F - tests

Variable	Hypoth. MS	Error MS	StepDown F	Hypoth. DF	Error DF	Sig. of F
불안	252.84352	13.55153	18.65793	4	112	.000
우울	177.75818	14.53951	12.22588	4	111	.000
외로	249.39463	19.53194	12.76855	4	110	.000
수줍	34.66092	23.11224	1.49968	4	109	.207
자존	53.17637	30.32886	1.75333	4	108	.144

앞과 같이 종속변수에 미치는 사회적 집단의 효과가 출력되는데, 우선 종속변수의 선형조합에 미치는 독립변수의 효과를 분석하는 다변량분산분석이 수행된다. 또한 각각의 종속변수에 미치는 독립변수의 효과를 검정하는 단변량분산분석에 이어, 먼저 투입되는 종속변수를 공변인으로 하여 단계적인 독립변수의 효과를 검정하는 단계적 분산분석 결과가 출력된다. 이 결과를 다음과 같이 정리할 수 있다.

7. 분석 결과 보고

학생집단 특성에 따른 각 집단의 사례 수와 사회부적응성을 구성하고 있는 하위 요인들에 대한 평균과 표준편차는 〈표 15-1〉과 같다.

〈표 15-1〉 학생집단 특성에 따른 사회부적응성 하위 요인에 대한 기술통계

사회적 집단	불안		우울		외로움		수줍음		자존감		사례 수
	평균	표준편차	평균	표준편차	평균	표준편차	평균	표준편차	평균	표준편차	
인기집단	11.74	3.24	12.06	3.60	11.49	4.27	15.54	4.62	21.06	6.34	35
논쟁집단	15.15	3.91	14.85	4.88	11.69	2.87	16.23	3.88	20.69	4.91	13
보통집단	13.00	3.33	16.31	4.87	12.88	4.97	18.13	5.52	21.44	3.92	16
무시집단	12.59	4.14	17.15	3.99	18.23	4.63	18.00	5.66	22.79	6.22	34
거부집단	20.21	3.71	24.05	4.56	24.53	5.32	26.00	5.09	30.84	4.19	19
합 계	13.91	4.67	16.38	5.73	15.80	6.55	18.38	6.12	23.16	6.49	117

불안 요인에 대한 인기집단의 평균은 11.74, 논쟁집단의 평균은 15.15, 보통집단의 평균은 13.00, 무시집단의 평균은 12.59, 거부집단의 평균은 20.21이며, 우울 요인에 대한 인기집단의 평균은 12.06, 논쟁집단의 평균은 14.85, 보통집단의 평균은 16.31, 무시집단의 평균은 17.15, 거부집단의 평균은 24.05다. 외로움 요인에 대한 인기집단의 평균은 11.49, 논쟁집단의 평균은 11.69, 보통집단의 평균은 12.88, 무시집단의 평균은 18.23, 거부집단의 평균은 24.53이며, 수줍음 요인에 대한 인기집단의 평균은 15.54, 논쟁집단의 평균은 16.23, 보통집단의 평균은 18.13, 무시집단의 평균은 18.00, 거부집단의 평균은 26.00이다. 한편, 낮은 자존감에 대한 인기집단의 평균은 21.06, 논쟁집단의 평균은 20.69, 보통집단의 평균은 21.44, 무시집단의 평균은 22.79, 거부집단의 평균은 30.84다.

외로움, 수줍음, 우울, 불안, 낮은 자존감으로 구성된 사회부적응성이 학생들의 집단 특성에 따라 차이가 있는지 알아보기 위하여 다변량분산분석을 실시한 결과는 〈표 15-2〉와 같다.

〈표 15-2〉 사회적 집단에 따른 사회부적응성의 차이에 대한 다변량분산분석 결과

독립 변수	종속 변수	Wilks의 람다	단변량F	자유도	유의 확률	η^2	단계적F	자유도	유의 확률
사회적 집단	불안	.25 (p=.000)	18.66	4/117	.000	.40	18.66	4/112	.000
	우울		25.78	4/117	.000	.48	12.23	4/111	.000
	외로움		32.44	4/117	.000	.54	12.77	4/110	.000
	수줍음		14.07	4/117	.000	.33	1.50	4/109	.207
	자존감		11.33	4/117	.000	.29	1.75	4/109	.144

불안, 우울, 외로움, 수줍음, 자존감으로 구성된 사회부적응성 점수에 대한 집단의 효과를 분석한 결과, Wilks의 람다는 .25, 유의확률은 .000으로 유의수준 .05에서 학생들의 집단 특성에 따라 사회부적응성에 차이가 있는 것으로 분석되었다. Wilks의 람다는 총분산 중 집단내 분산이 차지하는 비율이다. 집단내 분산이 차지하는 비율이 작으면 이는 집단간 분산이 차지하는 비율이 커지므로 집단간 차이가 있음을 의미한다. 그러므로 Wilks 람다가 0에 가까울수록 집단에 따른 차이가 큼을 의미한다. 집단에 따른 차이를 개별 종속변수별로 분석해 보면 단변량 F검정에서 사회적 집단에 따라 사회부적응성을 구성하고 있는 불안, 우울, 외로움, 수줍음, 자존감에 통계적으로 유의한 차이가 있는 것으로 나타났다. 단계적 F검정에서 사회적 집단에 따라 불안, 우울, 외로움에 통계적으로 유의한 차이가 있는 것으로 나타났다. 단계적 F검정은 먼저 투입된 종속변수를 공변인으로 하여 그 효과를 교정한 상태에서 집단간 차이를 검정한다.

각 종속변수에 대한 독립변수의 설명력을 나타내는 η^2에 의하면 불안 요인은 총변화량의 40%, 우울 요인은 48%, 외로움 요인은 54%, 수줍음 요인은 33%, 자존감 요인은 29% 정도가 학생들의 사회적 집단에 의해 설명되고 있다. 따라서 독립변수에 의해 가장 많이 설명되는 심리적 특성은 외로움으로, 종속변수 중 학생집단 특성에 따른 사회부적응에 가장 많은 영향을 미치고 있다고 할 수 있다.

연 • 습 • 문 • 제

○○주식회사에서 직급에 따라 직무능력에 차이가 있는지 알아보기 위하여 평가단을 구성하여 대리급, 과장급, 부장급 직원의 업무능력, 대인관계, 문제해결능력을 10점 만점으로 평가하였다. 직급에 따라 업무능력, 대인관계, 문제해결능력의 직무능력에 차이가 있는지 분석하시오(직급: 1-대리, 2-과장, 3-부장).

일련번호	직급	업무능력	대인관계	문제해결능력
1	1	1	4	5
2	1	4	4	4
3	1	3	5	6
4	1	2	5	4
5	1	2	3	5
6	1	3	4	6
7	1	2	4	5
8	1	3	5	6
9	2	3	8	7
10	2	4	6	4
11	2	7	6	5
12	2	5	6	7
13	2	3	7	9
14	2	2	7	6
15	2	4	9	8
16	2	7	8	10
17	3	7	7	9
18	3	4	8	10
19	3	8	8	6
20	3	7	6	7
21	3	5	7	8
22	3	6	9	10
23	3	4	6	9
24	3	5	7	9

제16장 χ^2검정

χ^2**검정**은 두 가지 이상의 질적변수, 즉 범주형 변수를 분석하기 위한 통계적 방법이다. 예를 들어, 성별에 따른 정당의 선호도, 인종에 따른 머리카락 색 등을 연구할 때 사용한다. 질적변수인 한 변수의 범주에 따른 다른 변수의 빈도와 비율은 **교차표**(Cross Tabulation)로 작성하고, 모집단에서 집단간의 차이가 있는지를 분석하기 위하여 사용하며, 이를 교차분석이라고도 한다. 또한 χ^2검정은 하나의 모집단에서 한 표본을 추출하여 상관관계를 검정하는 데도 사용할 수 있다.

1. 기본 가정

χ^2**분포를 사용하여 통계적 검정**을 실시할 때 **기본 가정**은 다음과 같다.

- 종속변수가 명명변수에 의한 질적변수이거나 최소한 **범주변수**(categorical variable)이어야 한다. 예를 들어, 성별이나 인종, 혹은 자동차 유형 등을 들 수 있다. 또한 연속변수를 어떤 목적 아래 비연속변수로 변환한 범주변수의 예로써 지능지수에 따른 집단 구분으로 우수아, 보통아, 저능아 혹은 수입에 따른 집단 구분으로 고소득자, 중산층, 저소득자 등을 들 수 있다.
- 획득도수와 기대도수가 5보다 작은 칸(cell)이 전체 칸 수의 20% 이하이어야 한다. 각 범주에 포함되어 있는 도수를 **획득도수**(obtained frequency) 혹은 획득빈도라 하고 영가설이 진일 때 각 범주에 기대되는 도수를 **기대도수**(expected frequency) 혹은 기대빈도라 한다.

- 각 칸에 떨어져 있는 도수는 각각 독립적이어야 한다. 예를 들어, 인종별로 분류하고 눈동자의 색으로 분류할 때 동일인이 각기 중복되는 일이 없어야 한다. 즉, 어떤 칸에 해당되는 사례는 다른 칸에 해당되는 사례와 상관없는 독립적 관계이어야 한다. 따라서 중복응답 문항의 경우에는 χ^2검정을 적용할 수 없다.

이상의 세 가지 기본 가정이 충족되지 않는 상태에서 χ^2검정을 사용하는 경우가 학위논문뿐 아니라 많은 보고서에서 발견되고 있으므로 주의가 필요하다.

2. 사용 목적

동질성 연구는 여러 모집단에서 각각의 표본을 추출하여 각 모집단의 속성이 유사한가를 검정하는 데 목적이 있으며, 상관성 연구는 한 모집단에서 하나의 표본을 추출하여 표본의 각 사례에서 두 변수를 관찰하여 두 변수가 서로 관계가 있는지를 검정한다. 동질성 연구나 상관성 연구 모두 똑같은 변수로 측정되나 동질성 연구는 연구의 목적상 여러 개의 모집단에서 각각의 표본을 추출하며, 상관성 연구는 한 모집단에서 하나의 표본을 추출하여 χ^2검정을 실시하는 차이점이 있다.

3. 기본 원리

재산공유에 대한 남녀 간의 의견에 차이가 있는지를 연구해보고자 할 때 남녀 각각 500명을 추출하여 찬성과 반대를 물은 결과는 다음과 같다.

		성별		
		남	여	
찬반 여부	찬성	100	300	400
	반대	400	200	600
		500	500	

남자 500명 중 100명이 찬성하고, 여자는 500명 중 300명이 찬성하였다. 비율을 검정하더라도 남자의 찬성 비율은 .2이고, 여자는 .6이다. 전체적으로 볼 때, 1000명 중 400명이 찬성하여 40%가 성별에 관계 없이 부부가 재산을 공유하는 것을 찬성하였다. 영가설(부부재산공유에 대하여 찬성하는 남녀 비율이 같다)이 진이라면 남자도 40%에 해당하는 200명이 찬성하여야 할 것이고, 여자도 40%에 해당하는 200명이 찬성하여야 할 것이다. 그러나 남자는 100명, 여자는 300명이 찬성하였다. 이 빈도수를 관찰빈도라 하고, 영가설 아래서 계산한 남자 200명, 여자 200명을 기대빈도라 한다. 관찰빈도와 기대빈도의 차이가 없으면 영가설을 충족하게 되며, 그 차이값이 클수록 영가설을 기각하게 된다.

χ^2통계값은 다음과 같이 계산된다.

$$\chi^2 = \sum\sum \frac{(\text{획득빈도} - \text{기대빈도})^2}{\text{기대빈도}}$$

4. 분석 실행

예 제

현행 학교군 제도에서 학생 배정방식을 조정할 때 가장 먼저 고려해야 할 요인에 대하여 초·중·고 교사들의 인식에 차이가 있는지 알아보고자 한다. 학생 배정방식에 대한 교사들의 인식은 학교급에 따라 차이가 있는가?

1) 교차분석 대화상자 열기

분석(A) ▷ 기술통계량(E) ▷ 교차분석(C)...

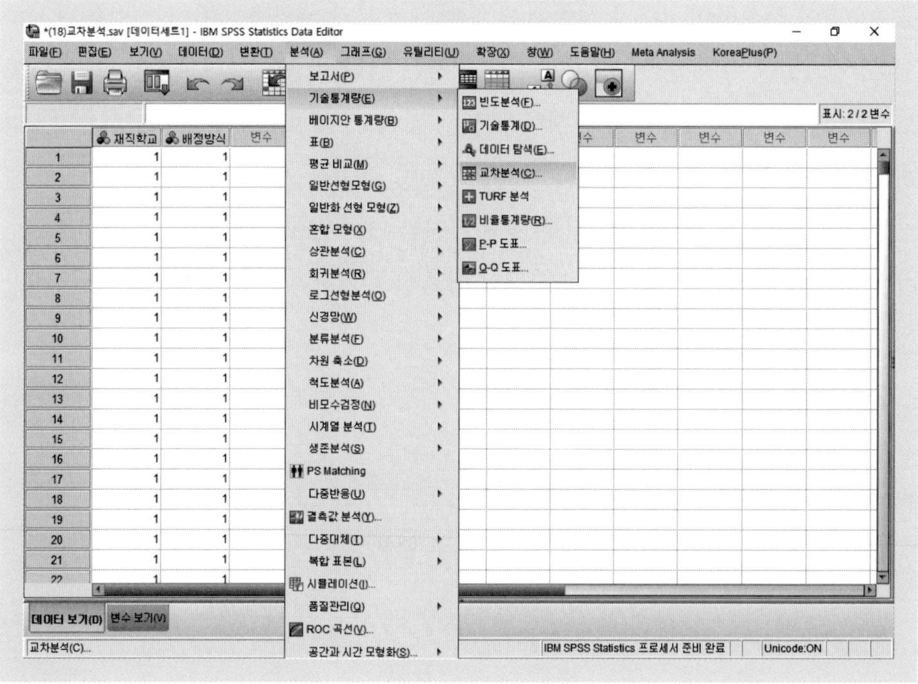

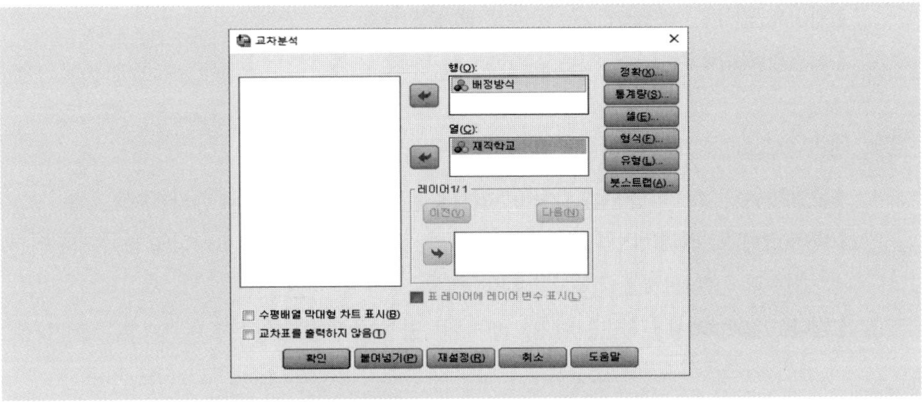

변수 목록 중에서 교차분석을 수행하고자 하는 변수를 행(O)과 열(C)에 각각 선택한다.

❙ 수평배열 막대형 차트 표시(B) ❙ 교차표와 더불어 도표 출력
❙ 교차표를 출력하지 않음(T) ❙ 교차표의 출력 여부 지정

2) 통계량 대화상자 열기

교차분석을 수행할 때, 교차표 외에 통계량을 계산하고자 하는 경우, 교차분석 대화상자에서 [통계량(S)...]을 선택하면 다음과 같은 통계량 대화상자가 열린다. 각각의 통계량 중에서 하나 이상을 선택할 수 있다.

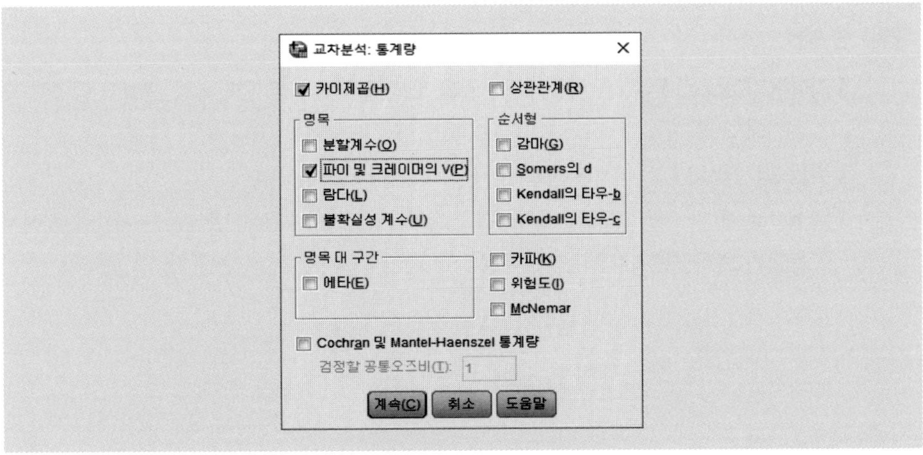

▎카이제곱(H)▎ Chi-square(χ^2) 검정 통계량 산출

▎상관관계(R)▎ Pearson 및 Spearman 상관계수 산출

명목 데이터(Nominal data): 변수가 명명척도인 경우

▎분할계수(O: contingency coefficient)▎ 둘 이상의 명명변수의 상관계수를 산출

▎파이(Phi) 및 크레이머의 V(P)▎ 0~1의 범위를 가지며, .76~1.0 사이의 값을 가지면 두 변수가 강한 관계를 가지고 있다고 해석

▎람다(L: Lambda)▎ 최빈값에 기초하여 질적변수 간의 관계를 측정. 0~1의 범위를 가지며, 1에 가까울수록 독립변수가 종속변수 예측에 기여하는 정도가 큰 것을 의미

▎불확실성 계수(U: uncertainty coefficient)▎ 값이 상한값 1에 가까울수록 첫 번째 변수값에서 두 번째 변수값에 대한 정보를 더 많이 얻을 수 있다.

명목 대 구간(Nominal by interval): 한 변수는 명명척도, 다른 변수는 등간척도인 경우

▎에타(E: Eta)▎ 종속변수가 등간척도인 경우에 사용하며, 제곱하면 한 변수에 의해 설명되는 다른 변수 변화량의 비율이 된다. 이런 면에서 상관계수와 유사

순서(Ordinal data): 변수가 서열척도인 경우

▎감마(G: Gamma)▎ −1~+1의 범위를 가지며, 0이면 두 변수의 관계가 독립적임을, 양의 값을 가지면 한 변수가 증가할 때 다른 변수도 증가함을 의미

▎Somers의 d▎ 일종의 확장된 Gamma값

▎Kendall의 타우-b▎ 서열척도의 경우에 적용되는 등위상관계수로 변수의 관계가 얼마나 일치하는가를 나타낸다. 행과 열의 수가 같은 경우에 사용

▎Kendall의 타우-c▎ 타우-b와 유사하며, 행과 열의 수가 다른 경우에 사용

기타 통계량

▎카파(K: Kappa)▎ 두 변수의 범주가 같을 때의 일치 정도를 나타내며, 관찰자 간 신뢰도 계산에 사용

▎위험도(I: Risk)▎ 2×2 교차표에서 상대적 위험도를 나타냄.

▎McNemar▎ 두 개의 대응하는 이분형 변수에 대한 비모수검정으로 사전·사후 실험에서 응답의 변화량을 파악하는 데 유용

3) 셀 대화상자 열기

교차분석 대화상자에서 [셀(E)...]을 선택하면 다음과 같이 셀 출력 대화상자가 열린다. 각각의 통계량 중에서 하나 이상을 선택하여 교차표에서 각 셀에 표시하고자 하는 빈도, 퍼센트 등을 조정할 수 있다.

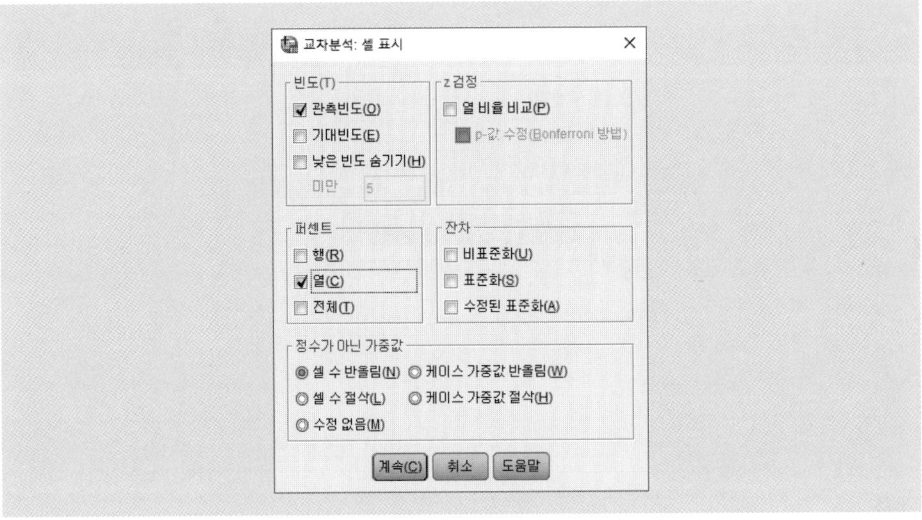

빈도(counts)

- **관측빈도(O: observed)** | 실제 관찰된 사례의 빈도수(기본설정값)
- **기대빈도(E: expected)** | 영가설하에서 얻을 것이라 기대되는 사례 수
- **낮은 빈도 숨기기(H)** | 특정 정수 미만 값 숨기기

퍼센트(percentages): 지정된 항목의 백분율 출력

- **행(R: raw)** | 행의 합에 대한 백분율
- **열(C: column)** | 열의 합에 대한 백분율
- **전체(T: total)** | 각 셀의 총합에 대한 백분율

잔차(residuals): 모형으로 예측한 값과 관측한 값 사이의 차이

- **비표준화(U)** | 잔차를 표준화하지 않음
- **표준화(S)** | 평균 0과 표준편차 1로 표준화한 잔차
- **수정된 표준화(A)** | 표준오차의 추정값으로 나눈 잔차

4) 형식 대화상자 열기

교차분석 대화상자에서 [형식(F)...]을 선택하면 다음과 같은 표 형식 대화상자가 열린다. 행 변수값을 오름차순(기본설정값)이나 내림차순으로 정리하도록 지정할 수 있다.

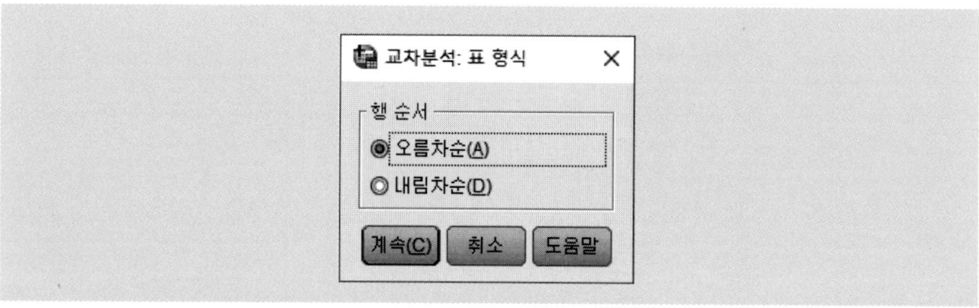

5. 분석 결과

분석 결과 1. 재직학교급 × 현행 학교군 제도 조정에 대한 의견의 교차표

배정방식 * 재직학교 교차표

			재직학교			
			초등학교	중학교	고등학교	전체
배정방식	통학거리 및 통학시간 단축	빈도	75	43	31	149
		재직학교 중 %	37.5%	21.5%	15.5%	24.8%
	학생들의 학교선택권	빈도	70	86	86	242
		재직학교 중 %	35.0%	43.0%	43.0%	40.3%
	특정학교로의 편중 방지	빈도	20	18	26	64
		재직학교 중 %	10.0%	9.0%	13.0%	10.7%
	학군 간 격차 해소	빈도	35	53	57	145
		재직학교 중 %	17.5%	26.5%	28.5%	24.2%
전체		빈도	200	200	200	600
		재직학교 중 %	100.0%	100.0%	100.0%	100.0%

▪ 분석 결과 2. 재직학교급×현행 학교군 제도 조정에 대한 의견의 χ^2검정

카이제곱 검정

	값	자유도	근사 유의확률 (양측검정)
Pearson 카이제곱	30.256[a]	6	.000
우도비	29.938	6	.000
선형 대 선형결합	18.302	1	.000
유효 케이스 수	600		

a. 0 셀 (0.0%)은(는) 5보다 작은 기대 빈도를 가지는 셀입니다. 최소 기대빈도는 21.33입니다.

재직학교급에 따른 현행 학교군 제도 조정에 대한 의견의 χ^2검정결과, χ^2통계 값이 30.256일 때 유의확률은 .000으로서 유의수준 .05에서 영가설이 기각되었다. 그러므로 재직학교급에 따라 현행 학교군 제도 조정에 대한 의견은 다르다고 결론 내린다.

▪ 분석 결과 3. 재직학교급과 현행 학교군 제도 조정에 대한 의견의 상관계수

대칭적 측도

		값	근사 유의확률
명목척도 대 명목척도	파이	.225	.000
	Cramer의 V	.159	.000
유효 케이스 수		600	

재직학교급과 현행 학교군 제도 조정에 대한 의견의 상관에 대한 χ^2검정결과 Cramer의 V값이 .159일 때 유의확률은 .000으로서 유의수준 .05에서 영가설이 기각된다. 그러므로 재직학교급과 현행 학교군 제도 조정에 대한 의견은 상관이 있다고 해석할 수 있다.

6. 분석 결과 보고

현행 학교군 제도의 학생 배정방식을 조정할 때 가장 먼저 고려해야 할 요인에 대한 초 · 중 · 고 교사들의 인식을 조사한 결과는 〈표 16-1〉과 같다.

〈표 16-1〉 학교군 제도 조정시 고려해야 할 요인에 대한 초 · 중 · 고 교사들의 인식 차이

단위: 명(%)

	초등학교	중학교	고등학교	전 체
통학시간 단축	75 (37.5)	43 (21.5)	31 (15.5)	149 (24.8)
학생들의 학교 선택권	70 (35.0)	86 (43.0)	86 (43.0)	242 (40.3)
특정 학교로의 편중 방지	20 (10.0)	18 (9.0)	26 (13.0)	64 (10.7)
학군 간 격차 해소	35 (17.5)	53 (26.5)	57 (28.5)	145 (24.2)
전 체	200 (100)	200 (100)	200 (100)	600 (100)

$\chi^2 = 30.26$ (df = 6, p = .000)

초등학교 교사의 경우 통학시간의 단축이라고 응답한 사람이 75명으로 전체의 37.5%로 가장 많았으며, 학생들의 학교 선택권이라고 응답한 사람도 35%를 차지하고 있다. 반면, 중학교 교사의 경우 전체의 43%인 86명이 학생들의 학교 선택권을 가장 먼저 고려해야 한다고 응답하였으며, 학군 간 격차 해소(53명, 26.5%)와 통학시간의 단축(43명, 21.5%)이 그 다음 순으로 나타나고 있다. 고등학교 교사 역시 학생들의 학교 선택권을 가장 먼저 고려해야 한다고 응답한 사람이 86명으로 전체의 43%로 가장 많았으며, 학군 간 격차 해소라고 응답한 교사는 57명으로 28.5%의 비율을 나타내고 있다.

학교급에 따라 학교 배정방식에 대한 의견에 유의한 차이가 있는지 알아보기 위해 χ^2검정을 실시한 결과, χ^2통계값은 30.26, 유의확률은 .000으로써 유의수준 .05에서 학교급에 따라 교사들의 인식에 유의한 차이가 있다고 할 수 있다.

연 • 습 • 문 • 제

1 성인남자 모집단에서 500명, 성인여자 모집단에서 600명을 무선추출하여 출산장려정책에 대하여 찬반을 물은 결과가 다음과 같다. 출산장려정책에 대한 성인 남녀간의 찬반 여부에 차이가 있는지를 유의수준 .05에서 검정하시오.

	남자	여자
찬성	230	420
반대	270	180

2 서울시에 거주하는 30세 성인 집단에서 100명의 표본을 추출하여 토지공개념에 대한 찬반을 물은 결과가 다음과 같다. 성별과 토지공개념에 대한 응답이 상관이 있는지 여부를 유의수준 .05에서 검정하시오.

	남자	여자
찬성	40	38
반대	12	10

* 참고: 데이터 파일 작성시, 세 개의 변수(성별, 찬반, 응답수)를 생성하고 응답수에 각 셀에 해당하는 빈도를 입력한 후, 제3장 2절 자료변환 중 가중값 부여 부분을 참고하여 응답수를 가중케이스로 지정한다.

제5부

관계분석

제17장 상관분석

상관은 두 변수가 어떻게 변해 가는지를 나타내는 것이며, **상관분석**은 두 변수 간에 상관관계가 존재하는지를 파악하고 상관관계의 정도를 추정하는 것이다. **상관계수**(correlation coefficient)는 한 변수가 증가할 때 다른 변수도 증가하는지, 아니면 오히려 감소하는지, 혹은 변화가 없는지를 밝히고, 그 정도를 추정하며, 변수들 간의 관계 정도와 방향을 나타낸다.

1. 기본 가정

상관분석을 수행하기 위하여 다음과 같은 **가정**을 충족시켜야 한다.

- 두 변수 X와 Y는 선형적인 관계를 가져야 한다.
- X 변수의 각 점수에 대응하는 Y 점수의 분산과 Y 변수의 각 점수에 대응하는 X 점수의 분산이 동일하여야 한다.
- X와 Y의 측정치는 최소한 등간척도 수준이다.

2. 사용 목적

상관계수는 분석하고자 하는 변수의 특성에 따라 다음의 상관계수를 적용한다.

| Pearson의 적률상관계수 | 두 변수 모두 연속적인 양적변수일 때 두 변수 간의 관계를 나타내는 상관계수

| Spearman의 등위상관계수 및 Kendall의 타우 | 순서척도에 의한 두 서열변수 사이의 관계를 나타내는 상관계수(예: 중간시험 성적 순위와 기말시험 성적 순위)

| 양류(점이연)상관계수(point biserial correlation coefficient) | 명명척도에 의해 이분화된 질적변수와 연속적인 양적변수 간의 관계를 나타내는 상관계수(예: 성별과 학업성취도)

| 양분(이연)상관계수(biserial correlation coefficient) | 인위적으로 이분된 변수와 연속적인 양적변수 간의 관계를 나타내는 상관계수(예: 완전학습 여부와 학업성취도)

| Φ계수 | 두 변수 모두 이분화된 질적변수일 때 두 변수의 상관 정도를 나타내는 계수(예: 성별과 찬·반 여부)

| Cramer V | 두 변수 모두 3개 이상의 범주를 갖는 질적변수일 때 두 변수의 상관 정도를 나타내는 계수

이 중 Φ계수와 Cramer V는 교차분석의 옵션에 의하여 구할 수 있으므로, 제16장 교차분석을 참고하기 바란다.

SPSS의 상관분석 절차에서는 Pearson의 적률상관계수, Spearman의 순위상관계수 및 Kendall의 타우 등을 구할 수 있다. 두 변수 간의 관계를 알아보고자 할 때 가장 먼저 하는 일은 산점도(scatter plot)를 그려보는 것이다.

3. 기본 원리

상관은 두 변수의 관계로서 한 변수가 변할 때 다른 변수가 어떻게 변하는가를 알려 준다. 한 변수가 변하는 정도는 **분산**(variance)으로 설명하고, 두 변수가 변하는 정도는 **공분산**으로 추정한다. 그러므로 공분산값이 양수이면 정적 관계이고, 음수

이면 부적 관계를 지닌다. 뿐만 아니라, 공분산이 크면 상관의 정도가 크다고 할 수 있으므로 상관은 공분산에 비례한다. 그러나 동일한 연구대상에서 추정한 두 변수가 척도의 단위를 달리할 때 공분산의 값은 변화하므로 단순히 공분산만으로 상관계수를 추정할 경우 상관계수는 변화한다.

그래서 Karl Pearson(1896)은 상관계수를 계산할 때 공분산을 한 변수의 표준편차와 다른 변수의 표준편차로 나누어야 하는 원리를 발견하고, 다음과 같은 공식을 제안하였다.

$$\rho_{XY} = \frac{\sigma_{XY}}{\sigma_X \sigma_Y}$$

상관계수의 유의검정은 z 통계에 의하며, 그 공식은 다음과 같다.

$$z = \frac{Z_r - Z_\rho}{\frac{1}{\sqrt{n-3}}}$$

4. Pearson의 적률상관계수

두 변수 모두 연속적인 양적변수일 때 Pearson의 적률상관계수를 구하고, 두 변수 간의 상관관계에 대한 통계적 유의성을 검정하는 분석방법이다.

단순적률상관계수의 일반적인 특징은 다음과 같다.

- 상관계수의 범위는 −1.0에서 1.0 사이의 값을 갖는다.
- 상관계수의 크기는 관련성의 정도를 나타낸다. 절대값이 크면 두 변수가 밀접하게 관련되어 있음을 의미하며, 절대값이 작으면 두 변수 간의 관련성이 낮음

을 의미한다. +는 정적인 상관을, −는 부적인 상관을 나타내며, 상관계수가 0인 것은 두 변수 간에 선형적인 관련성이 없음을 나타낸다.

- 상관관계가 인과관계를 의미하지는 않는다.

단순적률상관계수로 상관분석을 하기 위해서는 다음과 같은 점을 **고려**하여야 한다.

- 표본의 사례 수로서 표본의 크기가 작으면 표본에 따라 상관계수가 변하게 되어 모집단의 상관계수와 멀어지게 된다. 따라서 사례 수가 많을 때 더 안정적인 상관계수를 추정할 수 있다.
- 등분산성으로서 X 변수의 각 점수에 대응하는 Y 점수의 분산과 Y 변수의 각 점수에 대응하는 X 점수의 분산이 동일하여야 한다.
- 점수의 분산과 비연속성으로서 점수의 분산이 클수록 높은 상관관계를 나타내며 분산이 작을수록 낮은 상관관계를 나타낸다. 따라서 자료가 절단되어 비연속적 분포를 나타낼 경우에는 상관계수의 해석에 주의를 기울여야 한다.
- 이상점(outlier)으로서 극단값은 상관계수에 영향을 미친다. 따라서 두 변수 간 관계의 경향성에서 매우 동떨어진 이상점이 있을 경우, 그 자료가 의미가 있는 것인지 고려하여 연구의 특성상 신뢰롭지 못한 자료라면 이를 제거한 후 상관계수를 추정하는 것이 바람직하다. 한편, 상관계수의 통계적 유의성은 사례 수에 민감하게 영향을 받으므로 항상 실제적인 의미에 기초하여 해석하여야 한다. 실제적인 의미를 판단할 때 일반적으로 〈표 17-1〉과 같은 기준을 따른다.

〈표 17-1〉 상관계수의 해석 기준

상관계수의 범위	상관관계의 해석
±.00 ~ .20	상관이 매우 낮다.
±.20 ~ .40	상관이 낮다.
±.40 ~ .60	상관이 있다.
±.60 ~ .80	상관이 높다.
±.80 ~ 1.00	상관이 매우 높다.

1) 분석 실행

예 제

학생부, 논술, 수능 점수 간의 상관은 어떠한가?

(1) 상관분석 대화상자 열기

분석(A) ▷ 상관분석(C) ▷ 이변량 상관계수(B) ...

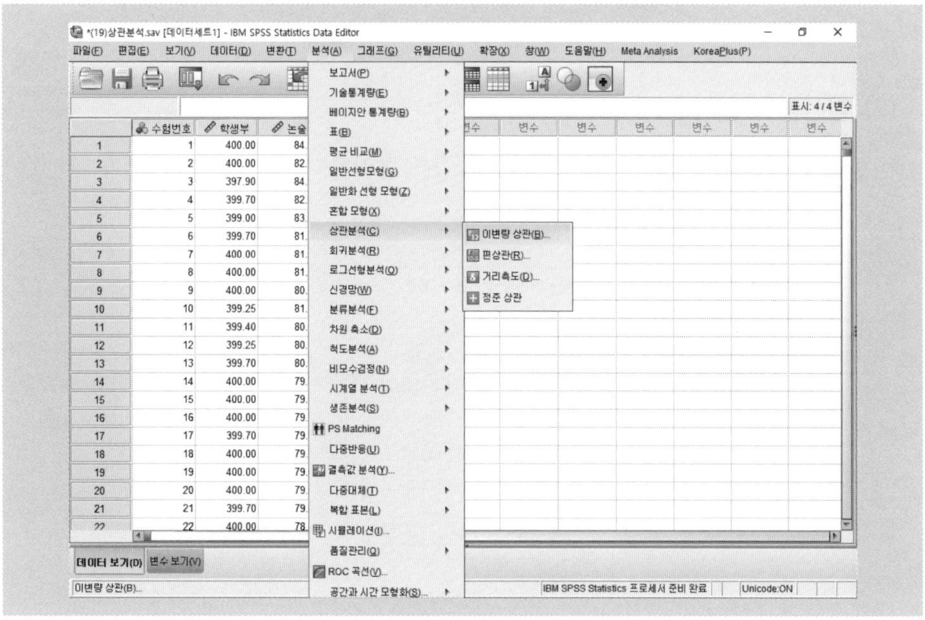

왼쪽 상자의 변수 목록에 나열된 변수 중에서 상관을 알아보고자 하는 변수를 선택하여 변수(V)에 옮긴 다음 상관계수에서 Pearson을 선택한다.

유의성 검정

| 양쪽(T) | 양방적 검정으로 상관관계의 방향을 지정하지 않은 경우

| 한쪽(L) | 일방적 검정으로 상관관계의 방향을 지정한 경우

유의한 상관계수 별표시(F)

유의수준 .05에서 유의할 경우 별표 한 개, 유의수준 .01에서 유의할 경우 별표 두 개 표시(기본설정값)

(2) 옵션상자 열기

이변량 상관계수 대화상자에서 [옵션(O)...]을 클릭한다.

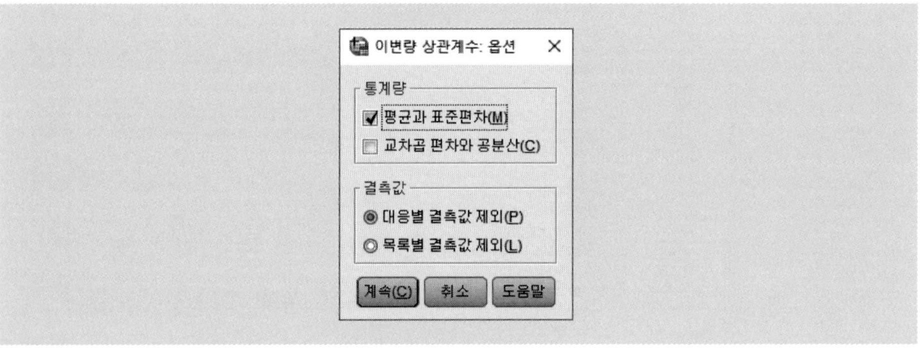

이변량 상관계수 옵션 대화상자에서, **통계량**의 **평균과 표준편차(M)**를 선택한다. 필요에 따라 **교차곱 편차와 공분산(C)**도 중복선택 가능하다. [계속(C)]을 클릭한 다음 이변량 상관계수 대화상자에서 [확인]을 클릭하면 SPSS 뷰어에 결과가 출력된다.

2) 분석 결과

분석 결과 1. 학생부, 논술, 수능의 기술통계

기술통계량

	평균	표준화 편차	N
학생부	398.3411	3.38044	1000
논술	73.1765	4.83038	1000
수능	420.0555	25.34260	1000

분석 결과 2. 학생부, 논술, 수능의 상관분석

상관관계

		학생부	논술	수능
학생부	Pearson 상관	1	.311**	.707**
	유의확률 (양측)		.000	.000
	N	1000	1000	1000
논술	Pearson 상관	.311**	1	.323**
	유의확률 (양측)	.000		.000
	N	1000	1000	1000
수능	Pearson 상관	.707**	.323**	1
	유의확률 (양측)	.000	.000	
	N	1000	1000	1000

**. 상관관계가 0.01 수준에서 유의합니다(양측).

3) 분석 결과 보고

학생부, 논술, 수능 점수 간의 상관분석 결과는 〈표 17-2〉와 같다.

〈표 17-2〉 학생부, 논술, 수능 점수 간의 상관계수(n=1,000)

	학생부	논술
논술	.31*	
수능	.71*	.32*

*p<.01

학생부, 논술, 수능 점수 간의 상관계수를 살펴보면, 학생부 성적과 논술 점수 간의 상관계수는 .31, 논술 점수와 수능 점수 간의 상관계수는 .32로 상관이 낮은 편이다. 반면에 학생부 성적과 수능 점수 간의 상관계수는 .71로 높은 상관을 나타내고 있다. 그러므로 학생부, 논술, 수능 점수 간의 상관관계는 유의수준 .01에서 유의하였다.

5. 등위상관분석

두 변수 모두 서열척도로 되어 있는 비연속적인 변수일 때 비모수적 상관분석인 Spearman의 **등위상관계수** 또는 Kendall의 **타우**를 통해 두 변수 간 등위 사이의 일치도를 검정한다.

1) 분석 실행

예 제
학생부, 논술, 수능 점수 등위 간의 상관은 어떠한가?

(1) 상관분석 대화상자 열기

분석(A) ▷ 상관분석(C) ▷ 이변량 상관계수(B) ...

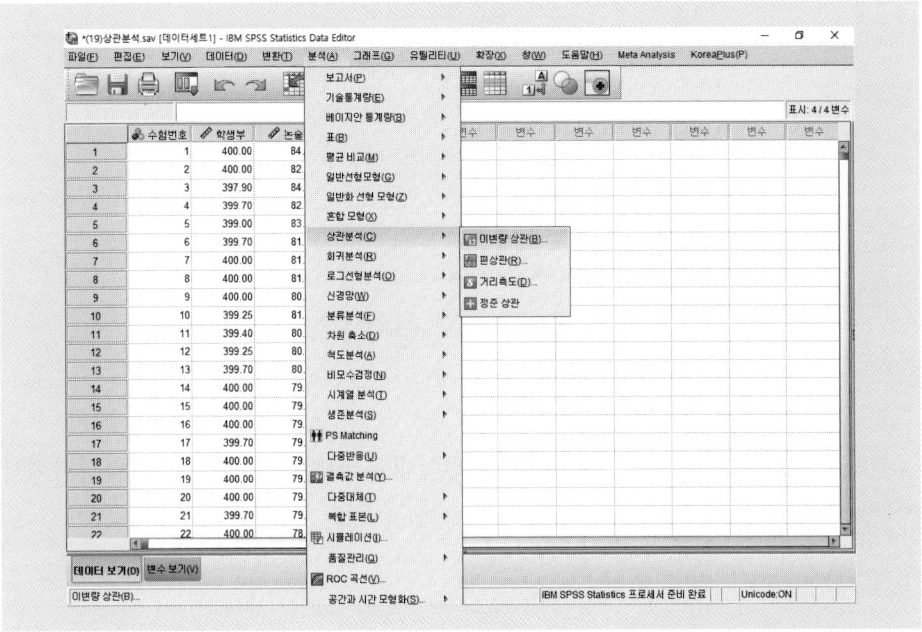

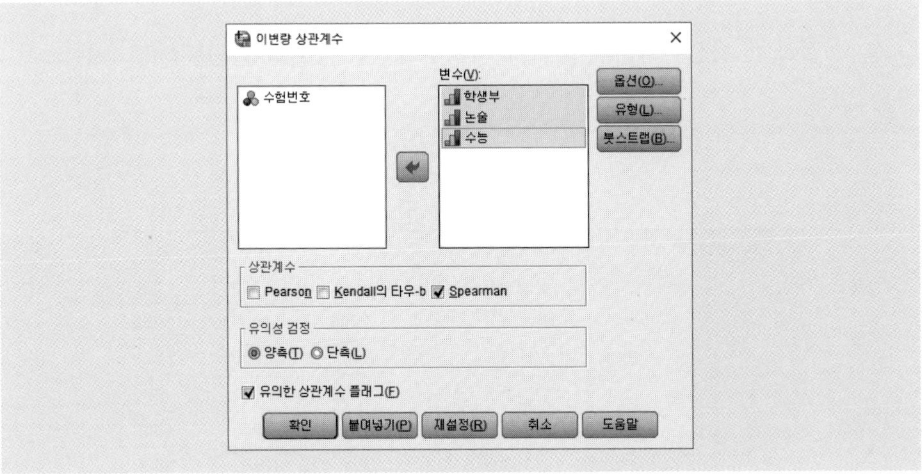

왼쪽 상자 안에 나열된 변수 중에서 상관을 알아보고자 하는 변수를 선택하여 변수(V)란에 옮긴 후, 상관계수에서 Spearman을 선택한다.

(2) 옵션상자 열기

이변량 상관계수 대화상자에서 [옵션(O)...]을 클릭한다.

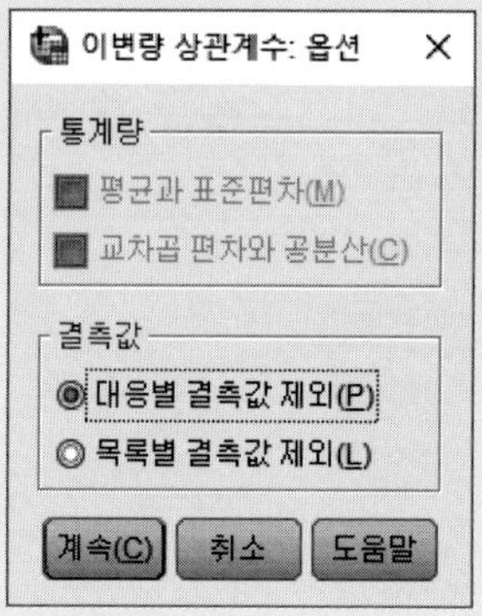

원하는 옵션을 선택하고 [계속(C)]을 클릭한 다음 이변량 상관계수 대화상자에서 [확인]을 클릭하면 SPSS 뷰어에 결과가 출력된다.

2) 분석 결과

■ 분석 결과 1. 사전수학점수 등위와 사후수학점수 등위의 상관분석

상관관계

			학생부	논술	수능
Spearman의 rho	학생부	상관계수	1.000	.200**	.352**
		유의확률 (양측)	.	.000	.000
		N	1000	1000	1000
	논술	상관계수	.200**	1.000	.182**
		유의확률 (양측)	.000	.	.000
		N	1000	1000	1000
	수능	상관계수	.352**	.182**	1.000
		유의확률 (양측)	.000	.000	.
		N	1000	1000	1000

**. 상관관계가 0.01 수준에서 유의합니다(양측).

Spearman의 등위상관계수는 학생부와 논술이 .200으로 유의확률은 .000이고, 학생부와 수능이 .352로 역시 유의확률은 .000이다. 논술과 수능은 .182로서 유의확률은 .000이다. 따라서 모든 상관계수는 유의수준 .01에서 유의하다. 사례수가 많아 표준오차가 작아져 통계적으로는 유의하였으나 상관의 수준은 .182~.352로 낮은 편이므로 학생부, 논술, 수능 간의 등위 사이의 일치도는 낮은 편이라고 해석할 수 있다.

3) 분석 결과 보고

학생부, 논술, 수능 점수 등위 간의 상관분석 결과는 〈표 17-3〉과 같다.

〈표 17-3〉 학생부, 논술, 수능 점수 등위상관계수(n=1,000)

	학생부	논술
논술	.20*	
수능	.35*	.18*

*p<.01

학생부, 논술, 수능 등위 간의 상관관계는 유의수준 .01에서 유의하지만, 학생부, 논술, 수능점수 등위 간의 상관계수를 살펴보면, 학생부와 논술 간의 등위상관계수는 .20, 학생부와 수능 점수 간의 상관계수는 .35, 논술과 수능 점수 간의 등위상관계수는 .18로 상관이 낮다.

연 • 습 • 문 • 제

대학생 15명을 대상으로 주당 학습시간과 학점 사이에 상관이 있는지를 알아보았더니 다음과 같았다. 주당 학습시간과 학점 간에 상관이 있는지 유의수준 .01에서 검정하시오.

학생	주당 학습시간	학점
1	27	3.60
2	6	2.20
3	16	3.10
4	21	2.95
5	25	3.80
6	10	2.93
7	6	2.70
8	12	2.00
9	6	3.20
10	7	2.80
11	11	2.99
12	8	2.15
13	20	3.50
14	10	3.20
15	13	3.18

제18장 회귀분석

회귀분석(Regression Analysis)이란 독립변수와 종속변수 사이의 선형식을 구하여 독립변수의 값이 주어졌을 때 종속변수의 값을 예측하고, 종속변수에 대한 독립변수의 예측력(영향력)을 분석하는 방법이다. 회귀분석에서는 모형설정, 모형추정, 모형진단의 단계를 거쳐 자료에 가장 적합한 모형을 선택하게 된다. 만약, 독립변수가 하나면 **단순회귀분석**(simple regression analysis)이라고 하고, 독립변수가 다수일 경우에는 **중다회귀분석**(multiple regression analysis)이라고 한다.

1. 기본 가정

회귀분석을 수행하기 위하여 다음과 같은 **가정**이 충족되어야 한다.

- 종속변수는 양적변수이어야 한다.
- 종속변수는 정규분포 가정을 충족하여야 한다.

2. 단순회귀분석

1) 사용 목적

단순회귀분석(simple regression analysis)은 하나의 독립변수가 종속변수에 미치는 영향을 밝히는 통계적 방법으로 상관계수에 기초한다. 종속변수가 양적변수이고 독립변수는 양적 혹은 질적변수일 때 사용이 가능하다.

2) 기본 원리

(1) 모형

단순회귀분석은 하나의 독립변수와 종속변수 간의 선형적 관계를 가정하는 것으로서 다음과 같이 표현된다.

$$\widehat{Y}_i = \beta_0 + \beta_1 X_i + \epsilon_i$$

β_0: $X_i = 0$일 때 Y_i의 기대값(회귀상수, 절편)
β_1: 모집단의 회귀계수(회귀선의 기울기)
⇒ 종속변수에 영향을 미치는 독립변수의 효과
ϵ_i: X_i에 의해 설명되지 않는 오차
$\epsilon_i \sim N(0, \sigma^2)$
⇒ 가정: 정규성, 선형성, 등분산성, 상호 독립성

회귀분석에서는 Y의 실제값과 독립변수를 통해 예측된 $\widehat{Y}$ 사이의 차이를 최소화하는 회귀식을 산출한다. 즉, **최소자승화의 원리**(at least square method)에 의해 오차의 제곱합이 최소가 되게 하는 **절편**(β_0)과 **회귀계수**(β_1)를 추정한다.

β_0**과** β_1**은 다음 공식**에 의하여 추정된다.

$$\beta_1 = \rho_{XY} \frac{\sigma_Y}{\sigma_X}$$

$$\beta_0 = \overline{Y} - \beta_1 \overline{X}$$

(2) 회귀식의 통계적 유의성

Y**의 총변화량**은 다음과 같이 두 부분으로 분할된다.

$$\sum(Y_i - \overline{Y})^2 = \sum(\hat{Y}_i - \overline{Y})^2 + \sum(Y_i - \hat{Y})^2$$
$$SS_T = SS_R + SS_E$$

SS_T: Y의 총 편차 제곱합
SS_R: 회귀식에 의해 설명되는 변화량(회귀편차제곱합)
SS_E: 회귀식에 의해 설명되지 않는 변화량(잔차제곱합)

단순회귀의 분산분석표는 다음과 같다.

분산원	제곱합(SS)	자유도	평균제곱(MS)	F	R^2
회귀	SS_R	1	$SS_R / 1$	MS_R / MS_E	SS_R / SS_T
잔차	SS_E	$n-2$	$SS_E / n-2$		
전체	SS_T	$n-1$			

회귀식의 통계적 유의성을 검정하기 위한 가설은

$$H_O : \beta_1 = 0 \ \text{ 혹은 } \ R^2 = 0$$

이다. 따라서 검정통계량은 다음과 같다.

$$F = \frac{MS_R}{MS_E} = \sim F(1,\ n-2)$$

$$F = \frac{R^2/1}{(1-R^2)/(n-2)} = \frac{b^2}{\dfrac{s^2_{Y \cdot X}}{s^2_X(n-1)}} = t^2$$

$H_O : \beta_1 = 0$이 기각되었을 때 가능한 해석은 다음과 같다.

- X는 Y를 예측하는 데 유용한 정보를 제공한다.
- X와 Y 간에는 선형적인 관계가 포함되어 있다. 그러나 더 적합한 곡선모형이 존재할 수도 있다.

회귀식의 적합성을 판단하기 위한 또 다른 기준은 **결정계수**(determination coefficient)다. 이는 종속변수에 대한 독립변수의 설명력의 크기를 나타낸다. 즉, 종속변수의 총분산 중에서 회귀식으로 설명되는 분산 비율을 의미한다.

$$R^2 = \frac{SS_R}{SS_T} = 1 - \frac{SS_E}{SS_T}$$

결정계수의 값이 1에 가까울수록 독립변수의 설명력이 크고, 추정된 회귀식이 자료에 적합함을 의미한다.

3) 분석 실행

예 제

대학생들에게 GRE를 실시하였다. quantitative 점수는 verbal 점수에 유의한 영향을 미치는가?

(1) 회귀분석 대화상자열기

분석(A) ▷ 회귀분석(R) ▷ 선형(L) ...

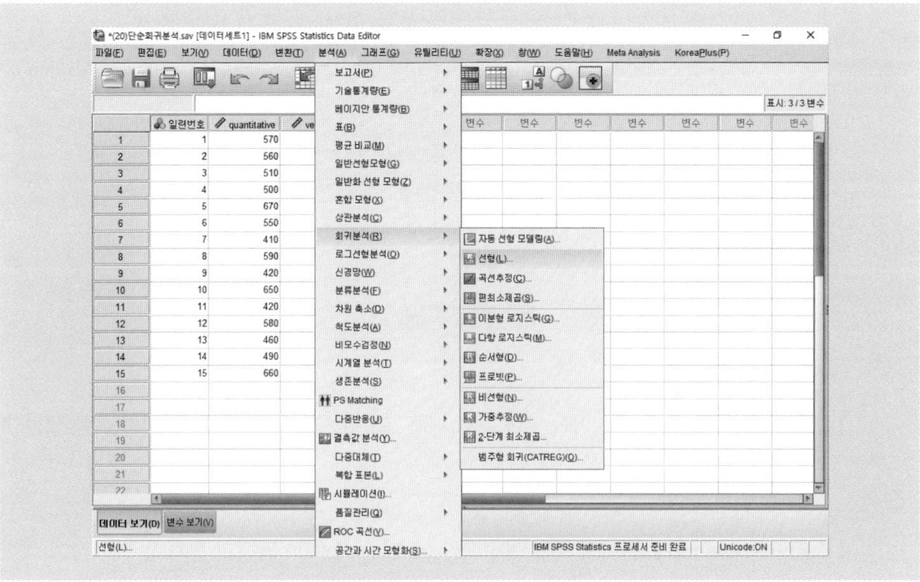

선형 회귀분석 대화상자에서 종속변수를 종속변수(D)에, 독립변수를 독립변수(I)에 옮기고, 방법(M)에서 입력을 선택한다. 방법(M)에 대한 자세한 내용은 중다회귀분석에서 다루기로 한다.

(2) 통계량 대화상자 열기

선형 회귀분석 대화상자에서 [통계량(S)...]을 클릭한다.

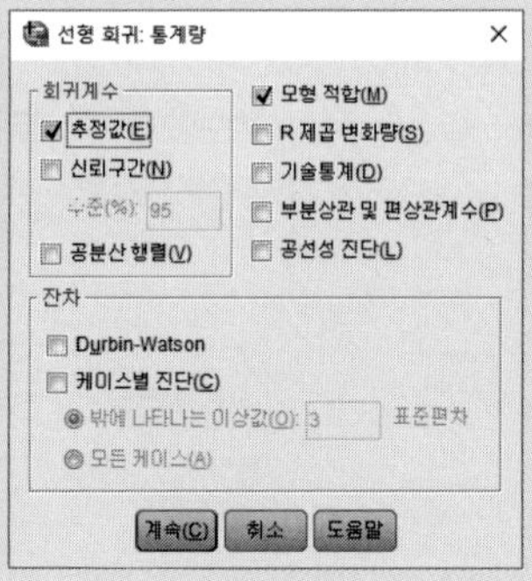

| 모형 적합(M) | 다중 R, R 제곱, 수정된 R 제곱, 표준오차, 분산분석표 등을 제공(기본설정값)

잔차

| Durbin-Watson | 잔차의 독립성에 대한 Durbin-Watson 검정과 잔차 및 예측값에 대한 요약 통계량 표시

| 케이스별 진단(C) | 이상점을 나타내는 케이스를 진단하기 위한 것으로서 선택 기준(n 표준편차를 넘는 이상값)에 해당하는 케이스 제시

(3) 옵션 대화상자 열기

선형 회귀분석 대화상자에서 [옵션(O)...]을 클릭한다.

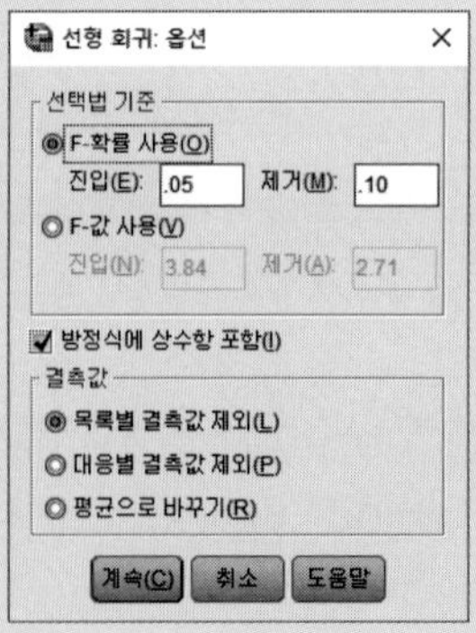

결측값(missing value)

- **목록별 결측값 제외(L)** 분석시 결측값이 있는 변수에서만 해당 케이스를 제외
- **대응별 결측값 제외(P)** 해당 검정과 관련된 변수에 대해 결측값이 있는 케이스를 제외
- **평균으로 바꾸기(R)** 결측값을 해당 변수의 평균으로 바꿈

원하는 옵션을 선택하고 [계속(C)]을 클릭한 다음 선형 회귀분석 대화상자에서 [확인]을 클릭하면 SPSS 뷰어에 회귀분석 결과가 출력된다.

4) 분석 결과

분석 결과 1. 진입/제거된 변수

입력/제거된 변수[a]

모형	입력된 변수	제거된 변수	방법
1	quantitative[b]	.	입력

a. 종속변수: verbal

b. 요청된 모든 변수가 입력되었습니다.

분석 결과 2. 모형 요약

모형 요약

모형	R	R 제곱	수정된 R 제곱	추정값의 표준오차
1	.695[a]	.483	.443	66.195

a. 예측자: (상수), quantitative

R은 두 변수의 상관계수고, R제곱은 결정계수로 종속변수의 총변화량(총편차제곱합) 중 독립변수가 설명하는 정도를 나타내며, 두 변수의 상관계수를 제곱한 값이다.

분석 결과 3. 모형의 분산분석

ANOVA[a]

모형		제곱합	자유도	평균제곱	F	유의확률
1	회귀	53129.743	1	53129.743	12.125	.004[b]
	잔차	56963.591	13	4381.815		
	전체	110093.333	14			

a. 종속변수: verbal

b. 예측자: (상수), quantitative

회귀모형의 통계적 유의성을 검정하기 위한 통계값 F가 분산분석표에 제시되어 있다. quantitative 점수가 포함된 모형의 F통계값은 12.125이며, 유의확률은 .004로 유의수준 .05에서 회귀모형이 통계적으로 유의하다고 할 수 있다.

분석 결과 4. 회귀계수

계수[a]

모형		비표준화 계수 B	비표준화 계수 표준화 오류	표준화 계수 베타	t	유의확률
1	(상수)	152.763	110.432		1.383	.190
	quantitative	.709	.204	.695	3.482	.004

a. 종속변수: verbal

verbal 점수와 quantitative 점수의 관계를 나타내는 직선(회귀선)의 식을 추정한 결과는 다음과 같다.

verbal 점수 = 152.763 + .709(quantitative 점수)

t는 회귀계수=0(독립변수와 종속변수 간에 아무런 선형관계가 없다)이라는 영가설에 대한 검정통계값으로, 회귀계수/표준오차로 계산된다. 앞의 결과에서 회귀계수가 통계적으로 유의한가를 검정하는 t통계값의 유의확률은 .004로서 영가설이 기각되므로 유의수준 .05에서 회귀계수가 0이 아니라고 결론을 내린다.

5) 분석 결과 보고

verbal 점수에 대한 단순회귀분석 결과는 〈표 18-1〉과 같다.

〈표 18-1〉 verbal 점수에 대한 단순회귀분석 결과($n=15$)

독립변수	비표준화 계수		표준화 계수	t	유의확률
	B	표준오차			
quantitative	.709	.204	.695	3.48	.004
R^2(adj. R^2)=.48(.44), F=12.13					

quantitative 점수로 verbal 점수를 예측하는 모형의 통계적 유의성을 검정한 결과, F 통계값은 12.13, 유의확률은 .004로 quantitative 점수는 유의수준 .05에서 verbal 점수를 유의하게 설명하고 있으며($t=3.48$, $p=.004$), verbal 점수 총변화량의 48%(수정 결정계수에 의하면 44%)가 quantitative 점수에 의해 설명되고 있다. 회귀계수와 결정계수에 대한 영가설에 의하여 결론을 내리면 '유의수준 .05에서 회귀계수는 0이 아니다.' 혹은 '유의수준 .05에서 결정계수는 0이 아니다.'라고 한다.

3. 중다회귀분석

1) 사용 목적

사회과학 분야에서는 종속변수의 변화량에 대한 보다 설득력 있는 설명이나 예측을 위해 다수의 독립변수를 회귀모형에 포함시킨다. 이와 같이 여러 개의 독립변수를 회귀모형에 포함시킴으로써 종속변수에 가장 큰 영향을 미치는 변수가 무엇인지, 종속변수를 설명해 줄 수 있는 가장 적합한 모형이 무엇인지를 밝히는 통계적 방법을 **중다회귀분석**(multiple regression analysis)이라고 한다.

2) 기본 원리

(1) 모형

중다회귀모형의 선형식은 다음과 같다.

$$Y_i = \beta_0 + \beta_1 X_{1i} + \beta_2 X_{2i} + \cdots\cdots + \beta_k X_{ki} + \epsilon_i$$

β_k는 **비표준화 회귀계수**로서 회귀식의 부분기울기(partial slope)가 되며, 다른 독립변수들의 값을 고정시킨 상태에서 특정 독립변수 X_k의 값이 1단위 증가할 때 Y값의 변화량을 나타낸다. 비표준화 회귀계수는 독립변수들의 측정척도에 따라 달라지므로 종속변수에 대한 독립변수의 상대적인 기여도를 판단하는 데 적합하지 않다. 독립변수들의 측정척도가 다를 경우 각 변수의 상대적인 중요도에 대한 판단은 회귀식에 포함되는 변수를 모두 Z점수로 표준화하여 산출한 **표준화 회귀계수**(Beta)에 근거한다.

(2) 회귀식의 유의성 검정

회귀식의 유의성을 검정하기 위한 가설은

$$H_O : \beta_1 = \beta_2 = \cdots\cdots = \beta_k = 0 \text{ 혹은 } R^2 = 0$$

로서 검정통계량은 다음과 같다.

$$F = \frac{R^2/k}{(1-R^2)/(n-k-1)} = \frac{MS_R}{MS_E}$$

중다회귀분석에서는 독립변수의 수가 많을수록 결정계수의 값이 증가하므로 결정계수인 R^2를 자유도로 수정한 수정결정계수를 독립변수의 선택을 위한 기준으로 사용한다.

$$R_{adj}^2 = R^2 - \frac{k(1-R^2)}{n-k-1}$$

(3) 변수 선택방법

최적의 회귀방정식을 구하기 위하여 회귀모형에 포함될 변수를 선택하는 방법으로는 **입력방법**(enter method), **전진선택법**(forward selection method), **후진제거법**(backward elimination method), **단계선택법**(stepwise selection method) 등이 있다.

- 입력방법: 연구자가 선택한 독립변수들이 회귀모형에 동시에 투입되는 것으로서 독립변수가 어떤 순서에 의해 투입되는 것이 아니라 한꺼번에 투입되어 회귀모형을 결정한다. 따라서 각각의 독립변수는 종속변수를 설명하는 방식에서 다른 독립변수와 공통적으로 설명하는 부분(공통변량)을 제외하고, 각각의 고유한 기여도만을 설명변량으로 갖는다.
- 전진선택법: 독립변수를 하나도 포함하지 않은 회귀식에서 출발하여 연구자가 정한 기준에 따라 독립변수를 하나씩 회귀식에 추가하는 방법이다. 종속변수와 상관이 가장 높은 변수를 먼저 투입하고, 그 다음에는 먼저 투입된 독립변수와 조합하였을 때 결정계수의 값을 최대로 하는 변수를 선택하여 부분적 F검정을 실시한다. 이 방법에서는 한 번 선택된 변수는 모형에 남아 있게 되므로 어떤 독립변수를 먼저 선택하느냐에 따라 결정계수(R^2)의 값이 과대 추정될 수 있기 때문에 '최적'의 회귀식을 추정하지는 못한다.
- 후진제거법: 모든 독립변수를 포함하여 모형을 추정한 후 종속변수를 설명하는데 기여도가 가장 낮은 독립변수부터 모형에서 제거하고 재추정하여 기여도가 사전에 설정한 일정량보다 낮은 변수가 없을 때까지 계속 제거한 후, 남아 있는 변수로 최종 모형을 결정한다.
- 단계선택법: 독립변수의 추가와 제거를 적절히 조합하여 최선의 회귀식을 도출하는 방법이다. 변수를 하나씩 추가해 나갈 때 이미 모형에 포함된 변수 각각에 대해 유의성을 검정하여 유의하지 않으면 제거하는 방법으로, 현재 가장 많이 사용하고 있다.

(4) 회귀모형의 가정과 회귀진단

모형과 자료의 적합성을 검토하는 것을 회귀진단이라고 하며, 회귀진단에서는 모형의 타당성과 개별 데이터의 영향 등을 고려한다. **회귀분석에서 기본적으로 검토해야 할 사항**은 다음과 같다.

- **표본의 사례 수가 독립변수의 수보다 커야 한다**(최소한 독립변수의 20배 이상).
- 중다회귀 방정식의 예측력을 높이기 위해서는 종속변수와 각 독립변수 사이의 상관은 높고 **독립변수들 사이의 상관은 낮아야 한다**. 독립변수들 사이의 다중공선성을 측정할 수 있는 통계량으로 공차(tolerance)와 분산팽창계수(variance inflation factor: VIF)가 있다. 공차는 하나의 독립변수를 다른 독립변수들로 예측할 수 없는 정도로서, 공차가 높으면 독립변수들 사이에 중복되는 정보가 적고 독립적임을 의미한다. 분산팽창지수는 공차의 역수로서 독립변수 X_k와 다른 독립변수들과의 상관에 의해 회귀계수 β_k의 표준오차가 증가하는 정도를 나타낸다. β_k의 표준오차가 높으면 회귀계수의 추정치가 불안정하게 된다. 따라서 안정적인 회귀계수의 추정치를 얻기 위해서는 분산팽창지수는 낮고 공차는 높아야 한다. 공차와 VIF 모두 1에 근접할 때 다중공선성이 없는 것으로 판단하며, VIF의 경우 10 이상이 되면 다중공선성이 있는 것으로 간주한다.
- **잔차의 정규성, 선형성, 등분산성 및 상호 독립성이 만족되어야 한다**. 잔차의 가정에 대한 검정은 잔차의 산포도를 통해 확인할 수 있다. 이러한 가정이 충족되면 분포된 점들은 표준점수 0을 중심으로 직사각형의 분포를 이루며, 가정이 충족되지 못하면 한쪽으로 퍼지거나 몰리는 형태를 가지게 된다. 또한 SPSS에서 제공하는 정규 확률 그래프에서 점들이 거의 직선상에 위치하면 정규분포 가정을 충족한다고 볼 수 있다. 잔차 간의 상호 독립성에 대한 가정은 Durbin-Watson의 통계값으로 판단할 수 있다. **Durbin-Watson 통계값**이 0에 가까우면 양의 상관관계, 4에 가까우면 음의 상관관계가 존재하는 것이며, 2에 근접할 때 상호 독립적이라고 할 수 있다.
- **회귀식에 크게 영향을 미치는 이상점이 있는지를 진단하여야 한다**. 이상점은 잔차의 산점도를 통해 쉽게 발견할 수 있으며 표준화 잔차(ZRESID)와 스튜던트화 잔차(SRESID), Leverage value, Mahalanobis의 거리, Cook의 통계량 등

을 통해서도 확인할 수 있다. 이상점이 발견되면 그 영향을 제거하기 위해 극단값을 포함한 사례 또는 극단값을 포함한 변수를 제외할 수 있으며 점수 분포가 정상성을 이루도록 자료를 적절히 변환시키는 등의 조치를 취할 수 있다. 그러나 이상점이 일반적으로 간과하기 쉬운 자료의 특성에 기인하는 것이라면, 분석 대상에 대한 중요한 정보의 실마리를 제공할 수도 있기 때문에 자료를 제외하거나 변형할 때 매우 세심한 주의가 필요하다. 이상점이 모집단의 특성을 적절히 나타내는 것이라면 그대로 포함시키는 것이 오히려 바람직할 경우도 있다.

3) 분석 실행

예 제

특정 제품에 대한 소비자의 만족도에 영향을 미치는 요인을 알아보고자 한다. 독립변수로 상품의 질, 제품의 가격, 서비스, 회사 인지도를 선택하였다. 각각의 독립변수의 통계적 유의성을 분석하였을 때, 모든 독립변수는 유의한 영향을 미치는가?

(1) 회귀분석 대화상자 열기

분석(A) ▷ 회귀분석(R) ▷ 선형(L)...

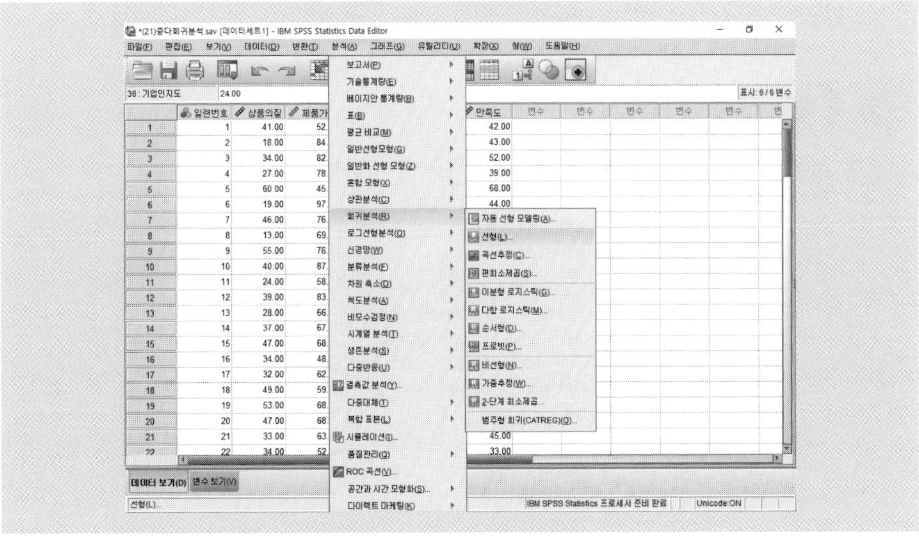

선형 회귀분석 대화상자에서 종속변수를 종속변수(D)에, 독립변수를 독립변수(I)에 옮긴 후, 방법(M)에서 입력, 제거, 전진, 후진 혹은 단계 선택을 선택한다. 일반적으로 입력 혹은 단계 선택 방법이 가장 많이 사용된다.

방법(M)

- **입력** 지정한 모든 독립변수를 포함
- **제거** 블록으로 설정된 모든 변수를 제거
- **전진** 일정 기준에 따라 독립변수를 하나씩 추가시킴
- **후진** 일단 모든 독립변수를 포함시킨 다음, 일정 기준에 따라 독립변수를 제거
- **단계 선택** 전진선택법과 후진제거법의 절충

(2) 통계량 대화상자 열기

선형 회귀분석 대화상자에서 [통계량(S)...]을 클릭한다.

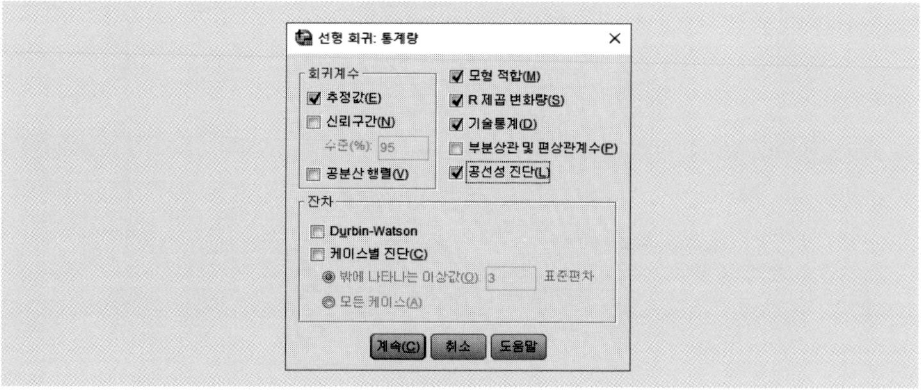

| 모형 적합(M) | 다중 R, R 제곱, 수정된 R 제곱, 표준오차, 분산분석표 등을 제공(기본 설정)

| R 제곱 변화량(S) | 변수를 추가하거나 삭제함에 따른 R 제곱의 변화 정도

| 공선성 진단(L) | 한 독립변수가 다른 독립변수와 선형관계를 가지고 있는 경우 발생하는 공선성의 문제를 검정

잔차

| Durbin-Watson | 잔차의 독립성에 대한 Durbin-Watson 검정과 잔차 및 예측값에 대한 요약 통계량 표시

| 케이스별 진단(C) | 이상점을 나타내는 케이스를 진단하기 위한 것으로서 선택 기준(n 표준편차를 넘는 이상값)에 해당하는 케이스 제시

(3) 도표 대화상자 열기

선형 회귀분석 대화상자에서 [도표(T)...]를 클릭한다.

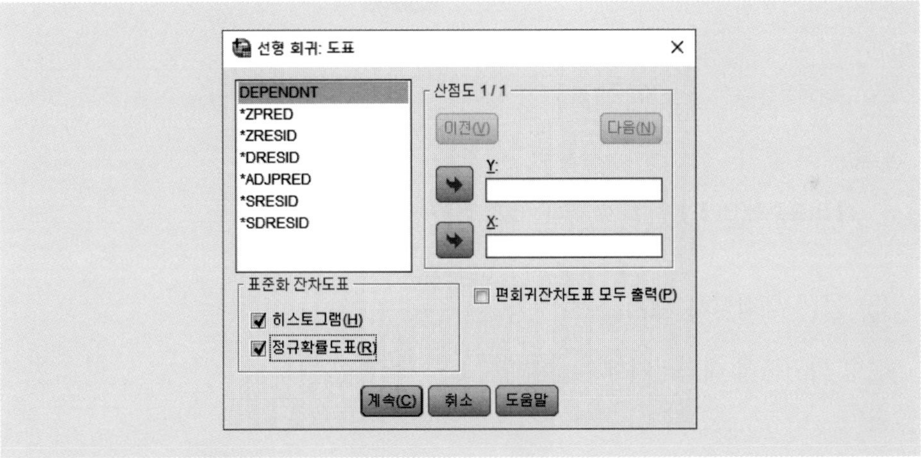

도표 대화상자에서 '**표준화 잔차도표**'의 **히스토그램(H)**과 **정규확률도표(R)**를 선택한다. 표준화 예측값(ZPRED)과 표준화 잔차(ZRESID)의 산점도를 그리면, 잔차분석의 결과를 통해 이상점(outlier)을 판단할 수 있고, 표준화 잔차도표를 통해 정규성을 검정할 수 있으며, 표준화 예측값과 표준화 잔차의 산점도를 통해 등분산성 가정을 검정할 수 있다.

(4) 저장 대화상자 열기

선형 회귀분석 대화상자에서 저장(S)... 을 클릭한다.

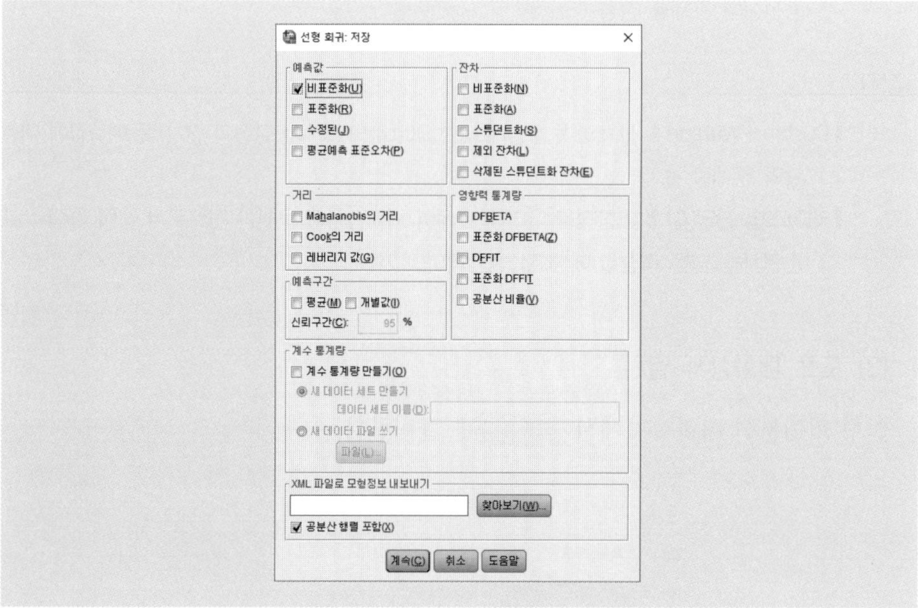

예측값

❙ 비표준화(U) ❙ 표준화하지 않은 예측값을 새로운 변수로 저장

(5) 옵션 대화상자 열기

선형 회귀분석 대화상자에서 옵션(O)... 을 클릭한다.

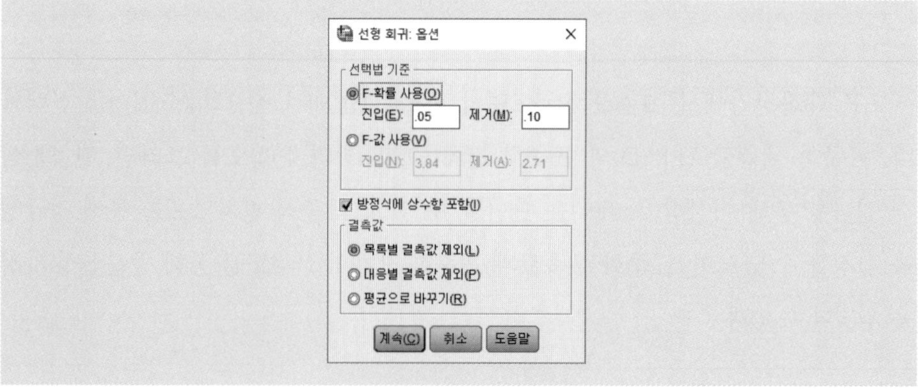

선택법 기준: 단계선택법을 사용한 경우 적용

- **F-확률 사용(O)** 회귀식에 포함되지 않은 독립변수 중 포함시킬 변수와 이미 포함된 독립변수 중 제거할 변수를 선택하기 위하여 유의확률 사용
- **F-값 사용(V)** 회귀식에 포함되지 않은 독립변수 중 포함시킬 변수와 이미 포함된 독립변수 중 제거할 변수를 선택하기 위하여 F통계값 사용

결측값(missing value)

- **목록별 결측값 제외(L)** 분석시 결측값이 있는 변수에서만 해당 케이스를 제외
- **대응별 결측값 제외(P)** 해당 검정과 관련된 변수에 대해 결측값이 있는 케이스를 제외
- **평균으로 바꾸기(R)** 결측값을 해당 변수의 평균으로 바꿈

원하는 옵션을 선택하고 계속(C)을 클릭한 다음 선형 회귀분석 대화상자에서 확인을 클릭하면 SPSS 뷰어에 회귀분석 결과가 출력된다.

4) 분석 결과

분석 결과 1. 입력된 변수와 입력방법

입력/제거된 변수[a]

모형	입력된 변수	제거된 변수	방법
1	상품의질	.	단계선택 (기준: 입력에 대한 F의 확률 <= .050, 제거에 대한 F의 확률 >= .100).
2	서비스	.	단계선택 (기준: 입력에 대한 F의 확률 <= .050, 제거에 대한 F의 확률 >= .100).
3	기업인지도	.	단계선택 (기준: 입력에 대한 F의 확률 <= .050, 제거에 대한 F의 확률 >= .100).

a. 종속변수: 만족도

만족도를 설명하기 위한 독립변수로 상품의 질과 서비스, 제품 가격, 기업인지도를 투입한 결과, 제품 가격은 제외되고 그 외 세 변수가 모형에 포함되었다. 독립변수를 선정하기 위해 단계선택법을 사용하였다.

분석 결과 2. 회귀모형 요약

모형 요약[d]

모형	R	R 제곱	수정된 R 제곱	추정값의 표준오차	통계량 변화량				
					R 제곱 변화량	F 변화량	자유도1	자유도2	유의확률 F 변화량
1	.651[a]	.423	.417	6.53011	.423	71.939	1	98	.000
2	.714[b]	.510	.500	6.04917	.087	17.202	1	97	.000
3	.749[c]	.561	.548	5.75436	.051	11.194	1	96	.001

a. 예측자: (상수), 상품의질
b. 예측자: (상수), 상품의질, 서비스
c. 예측자: (상수), 상품의질, 서비스, 기업인지도
d. 종속변수: 만족도

모형 요약에서는 각 단계에 따른 회귀모형의 설명량과 그에 대한 유의확률 및 각 단계에서 투입된 독립변수의 상대적 기여도를 나타내는 ***R* 제곱 변화량**과 그에 대한 유의확률이 제시된다. 상품의 질만 포함되었을 때 결정계수는 .423으로서 상품의 질은 만족도 변화량의 42.3%를 설명해 준다. 이때의 회귀모형은 유의수준 .01에서 통계적으로 유의하다. 여기에 서비스가 추가되면 *R* 제곱은 .087만큼 증가되어 .510으로서 유의수준 .01에서 통계적으로 유의한 모형이 된다. 마지막으로 기업인지도가 추가되면 *R* 제곱은 .051만큼 증가되어 .561로서, 회귀모형은 유의수준 .01에서 통계적으로 유의하다. 상품의 질과 서비스, 기업인지도는 만족도 총변화량(SS_T)의 약 56.1%를 설명해 준다.

결정계수는 독립변수의 수가 많을수록 커지는 경향이 있으므로 사례 수가 많지 않을 경우 무선오차의 영향을 고려한 수정된 결정계수로 해석하는 것이 더 정확하다.

분석 결과 3. 회귀모형에 대한 분산분석표

ANOVA[a]

모형		제곱합	자유도	평균제곱	F	유의확률
1	회귀	3067.644	1	3067.644	71.939	.000[b]
	잔차	4178.946	98	42.642		
	전체	7246.590	99			
2	회귀	3697.116	2	1848.558	50.517	.000[c]
	잔차	3549.474	97	36.593		
	전체	7246.590	99			
3	회귀	4067.774	3	1355.925	40.949	.000[d]
	잔차	3178.816	96	33.113		
	전체	7246.590	99			

a. 종속변수: 만족도
b. 예측자: (상수), 상품의질
c. 예측자: (상수), 상품의질, 서비스
d. 예측자: (상수), 상품의질, 서비스, 기업인지도

회귀모형의 통계적 유의성을 검정하기 위한 F 통계값이 분산분석표에 제시되어 있다. 상품의 질, 서비스, 기업인지도의 세 변수가 모두 투입된 최종 모형의 F 통계값은 40.949이며, 유의확률은 .000으로서 유의수준 .01에서 회귀모형이 통계적으로 유의하다고 할 수 있다.

분석 결과 4. 회귀계수

계수[a]

모형		비표준화 계수		표준화 계수			공선성 통계량	
		B	표준화 오류	베타	t	유의확률	공차	VIF
1	(상수)	32.895	1.865		17.640	.000		
	상품의질	.421	.050	.651	8.482	.000	1.000	1.000
2	(상수)	25.712	2.446		10.512	.000		
	상품의질	.274	.058	.423	4.704	.000	.626	1.599
	서비스	.424	.102	.373	4.148	.000	.626	1.599
3	(상수)	20.598	2.784		7.399	.000		
	상품의질	.291	.056	.449	5.230	.000	.620	1.612
	서비스	.342	.100	.300	3.405	.001	.588	1.701
	기업인지도	.260	.078	.234	3.346	.001	.934	1.071

a. 종속변수: 만족도

만족도를 설명하는 독립변수가 단계적으로 선택되어 모형 3까지 도출되었으며, 그 관계를 나타내는 직선(회귀선)의 식을 추정한 결과는 다음과 같다.

만족도 = 20.598 + .291(상품의 질) + .342(서비스) + .260(기업인지도)

이 식에서 .291, .342, .260 등을 **회귀계수**, .449, .300, .234는 각 변수를 표준화하였을 때 회귀식의 회귀계수를 **표준화 회귀계수**라고 한다.

***t* 통계값**은 $\beta=0$(독립변수와 종속변수 간에 아무런 선형관계가 없다)이라는 영가설에 대한 검정통계값으로서 회귀계수/표준오차로 계산한다. 이 결과에서 회귀계수가 통계적으로 유의한가를 검정하는 t 통계값의 유의확률이 $p<.01$으로서 영가설이 기각되어 회귀계수가 유의하다고 할 수 있다.

독립변수 간의 다중공선성을 진단하기 위한 VIF는 1.701로서 독립변수 간의 상관이 문제가 될 정도로 높지는 않음을 알 수 있다.

도출된 회귀식에 의하면 상품의 질, 서비스, 기업인지도가 0인 경우, 만족도의 평균이 20.598이며, 다른 두 독립변수가 동일할 때 상품의 질이 1점 증가하면 만족도가 평균적으로 .291점 증가하고, 서비스가 1점 증가하면 만족도가 평균적으로 .342점 증가하며, 기업인지도가 1점 증가하면 만족도가 평균 .260점 증가할 것임을 예측할 수 있다.

분석 결과 5. 회귀식에서 제외된 변수

제외된 변수[a]

모형		베타 입력	t	유의확률	편상관계수	공선성 통계량		
						공차	VIF	최소공차
1	제품가격	.040[b]	.455	.650	.046	.767	1.304	.767
	서비스	.373[b]	4.148	.000	.388	.626	1.599	.626
	기업인지도	.292[b]	4.096	.000	.384	.994	1.006	.994
2	제품가격	-.087[c]	-1.008	.316	-.102	.675	1.482	.423
	기업인지도	.234[c]	3.346	.001	.323	.934	1.071	.588
3	제품가격	-.140[d]	-1.692	.094	-.171	.654	1.529	.423

a. 종속변수: 만족도
b. 모형내의 예측자: (상수), 상품의질
c. 모형내의 예측자: (상수), 상품의질, 서비스
d. 모형내의 예측자: (상수), 상품의질, 서비스, 기업인지도

단계선택법에 의하여 모형 1에서는 가장 영향력이 큰 상품의 질을 제외한 제품가격, 서비스, 기업인지도가 제외되었다. 모형 2에서는 서비스가 모형에 추가적으로 진입되고 제품 가격, 기업인지도가 제외되었다. 모형 3에서는 기업인지도가 추가적으로 진입되어 제품 가격만 제외됨으로써, 결과적으로 최종모형은 제품 가격을 제외한 상품의 질, 서비스, 기업인지도로 구성되었다.

분석 결과 6. 공선성 진단

공선성 진단[a]

모형	차원	고유값	상태지수	분산비율			
				(상수)	상품의질	서비스	기업인지도
1	1	1.937	1.000	.03	.03		
	2	.063	5.530	.97	.97		
2	1	2.911	1.000	.01	.01	.00	
	2	.064	6.749	.41	.68	.01	
	3	.025	10.698	.59	.31	.99	
3	1	3.841	1.000	.00	.00	.00	.00
	2	.098	6.260	.02	.40	.01	.30
	3	.035	10.423	.49	.32	.10	.69
	4	.025	12.301	.48	.28	.88	.01

a. 종속변수: 만족도

분석 결과 7. 잔차의 통계량

잔차 통계량[a]

	최소값	최대값	평균	표준화 편차	N
예측값	30.1899	61.6163	47.7100	6.41004	100
잔차	-15.71304	11.17986	.00000	5.66650	100
표준화 예측값	-2.733	2.169	.000	1.000	100
표준화 잔차	-2.731	1.943	.000	.985	100

a. 종속변수: 만족도

분석 결과 8. 표준화된 잔차의 히스토그램

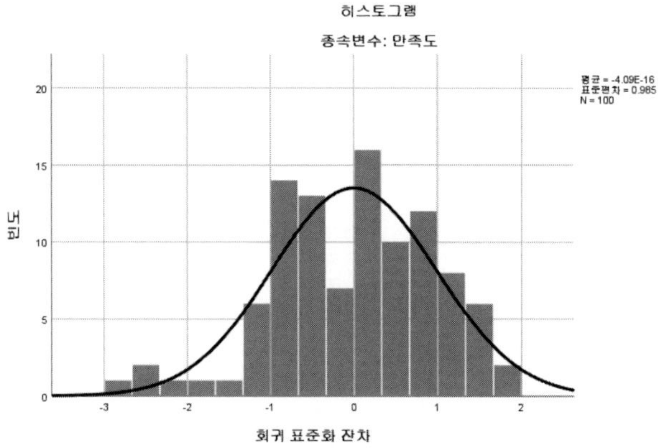

분석 결과 9. 표준화된 잔차의 P-P 도표(정규성 검정)

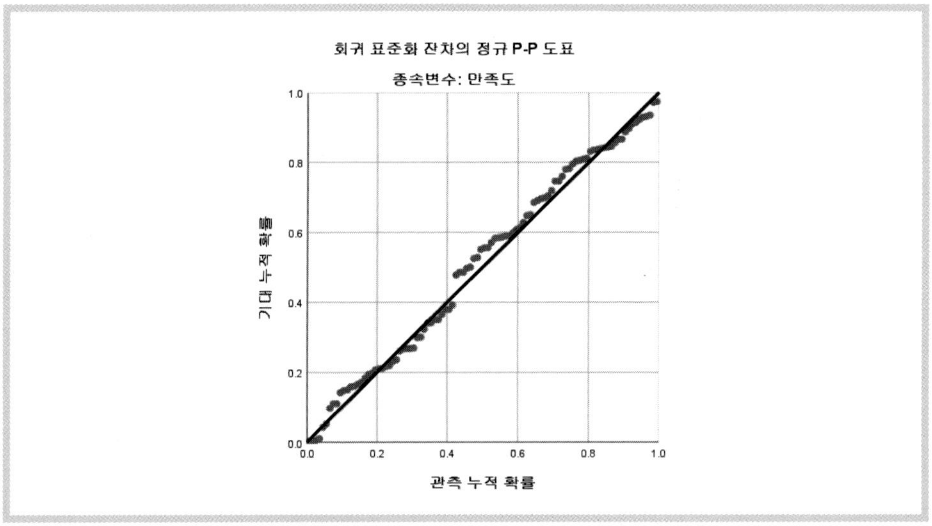

대각선으로 표시된 점선에 일치할수록 표준화된 잔차가 정규분포함을 나타낸다.

분석 결과 9. 표준화되지 않은 예측값의 생성

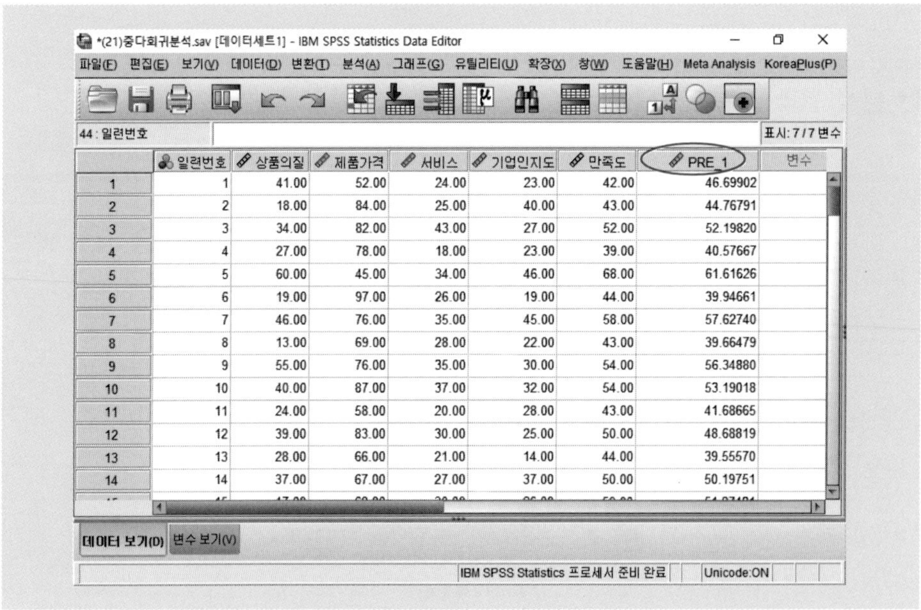

	일련번호	상품의질	제품가격	서비스	기업인지도	만족도	PRE_1	변수
1	1	41.00	52.00	24.00	23.00	42.00	46.69902	
2	2	18.00	84.00	25.00	40.00	43.00	44.76791	
3	3	34.00	82.00	43.00	27.00	52.00	52.19820	
4	4	27.00	78.00	18.00	23.00	39.00	40.57667	
5	5	60.00	45.00	34.00	46.00	68.00	61.61626	
6	6	19.00	97.00	26.00	19.00	44.00	39.94661	
7	7	46.00	76.00	35.00	45.00	58.00	57.62740	
8	8	13.00	69.00	28.00	22.00	43.00	39.66479	
9	9	55.00	76.00	35.00	30.00	54.00	56.34880	
10	10	40.00	87.00	37.00	32.00	54.00	53.19018	
11	11	24.00	58.00	20.00	28.00	43.00	41.68665	
12	12	39.00	83.00	30.00	25.00	50.00	48.68819	
13	13	28.00	66.00	21.00	14.00	44.00	39.55570	
14	14	37.00	67.00	27.00	37.00	50.00	50.19751	

5) 분석 결과 보고

제품 만족도에 대한 중다회귀분석의 분산분석표는 〈표 18-2〉와 같다.

〈표 18-2〉 회귀모형에 대한 분산분석표(n=100)

	제곱합	자유도	평균제곱	F	유의확률
선형회귀분석	4067.774	3	1355.925	40.95	.000
잔차	3178.816	96	33.113		
합계	7246.590	99			
R^2(adj. R^2)=.561(.548)					

네 개의 독립변수로 소비자들의 제품에 대한 만족도를 측정하는 모형에 대한 통계적 유의성 검정결과, 제품 가격은 유의하지 않아 제외되었고, 그 외 상품의 질, 서비스, 기업인지도가 포함된 모형의 F 통계값은 40.95, 유의확률은 .000으로 모형에 포함된 독립변수는 유의수준 .05에서 제품에 대한 만족도를 유의하게 설명하고 있으며, 만족도 총변화량의 56%(수정 결정계수에 의하면 55%)가 모형에 포함된 독립변수에 의해 설명되고 있다.

〈표 18-3〉 제품 만족도에 대한 중다회귀분석(n=100)

독립변수	비표준화 계수		표준화 계수	t	유의확률
	B	표준오차			
상품의 질	.29	.06	.45	5.23	.000
서비스	.34	.10	.30	3.41	.001
기업인지도	.26	.08	.23	3.35	.001
(상수)	20.60	2.78		7.40	.000

개별 독립변수의 종속변수에 대한 기여도와 통계적 유의성을 검정한 결과, 유의수준 .05에서 만족도에 유의하게 영향을 미치는 독립변수는 상품의 질(t=5.23, p=.000), 서비스(t=3.41, p=.001), 기업에 대한 인지도(t=3.35, p=.001)이며, 독립변수의 상대적 기여도를 나타내는 표준화 계수에 의하면 상품의 질, 서비스, 기업인지도의 순으로 만족도에 영향을 미치고 있다.

연 • 습 • 문 • 제

1 다음은 어느 고등학교 학생 중 8명을 뽑아 그들의 공부 시간, 불어와 영어시험 점수를 나타낸 것이다.

학생	가	나	다	라	마	바	사	아
공부 시간	1	3	4	6	8	9	11	14
불어 점수	1	2	4	4	5	6	7	8
영어 점수	4	6	6	7	9	8	12	10

① 공부 시간과 불어 점수의 산점도를 그리시오.

② 공부 시간과 불어 점수와의 관계를 나타내는 회귀식을 구하시오.

③ ①에서 구한 산점도에 회귀선을 그으시오.

④ 10시간 공부한 학생은 불어시험에서 몇 점을 받을 수 있는지 구하시오.

⑤ 공부한 시간을 알면 불어 점수를 몇 % 정도 예측 가능한지 구하시오.

2 공부 시간과 영어 점수로 불어 시험점수를 예측하는 최적 모형을 구하고 회귀분석을 실시하시오.

제19장 로지스틱 회귀분석

로지스틱 회귀분석은 회귀분석과 개념적으로 동일하다. 다만, 종속변수가 양적변수가 아니라 이분변수라는 점만이 다르다. 회귀분석이 종속변수가 양적변수일 때 종속변수에 영향을 주는 변수를 찾아내는 방법이라면, 로지스틱 회귀분석(logistic regression)은 종속변수가 두 집단으로 나뉜 이분변수일 때 사용하는 통계적 방법이다.

1. 기본 가정

로지스틱 회귀분석은 주로 다음과 같은 경우에 **사용**한다.

- 종속변수가 이분변수로서 이항분포를 따른다.
- 종속변수가 정규분포 가정을 충족하지 못한다.
- 두 모집단 간의 등분산 가정을 충족하지 못한다.

2. 사용 목적

로지스틱 회귀분석은 종속변수가 성공/실패, 합격/불합격, 물건 구입 집단/구입하지 않는 집단과 같은 이분변수일 때 종속변수와 독립변수의 인과관계를 추정하는 통계적 모형이다. 그러므로 로지스틱 회귀분석은 두 집단 판별분석과 유사하지만, 판별분석은 분석자료가 판별분석을 위한 기본 가정을 충족하는 경우로 제한되는 반면, 로지스틱 회귀분석은 별도의 기본 가정이 필요하지 않아 분석자료의 특성에 제한되지 않는다.

3. 기본 원리

로지스틱 회귀분석의 등식은 다음과 같다.

$$\frac{P}{1-P} = e^{B_0 + B_1X_1 + B_2X_2 + \cdots + B_KX_K}$$

이 등식의 앞부분을 **승산비**(odd ratio)라고 하는데, 이는 어떤 사건이 발생하지 않을 확률에 대한 발생할 확률의 비율을 나타낸다. 그리고 B_1, B_2, ……, B_k를 **로지스틱 회귀계수**라 한다. 앞의 등식 양변에 자연로그를 취하면 다음과 같은 로짓모형으로 변환되며, 이를 통해 독립변수에 대한 **선형적 관계**가 성립된다.

$$\ln\frac{P}{1-P} = B_0 + B_1X_1 + B_2X_2 + \cdots + B_K X_K$$

회귀계수의 추정에 있어 선형 회귀분석에서는 최소자승법을 통하여 잔차를 최소화하는 값을 찾지만, 로지스틱 회귀분석에서는 **최대우도추정법**을 통하여 사건이 일어날 가능성(likelihood)을 최대화하는 값을 찾는다. 이때 추정된 회귀계수 B_k는 다른 독립변수의 수준을 통제하였을 때, 해당 독립변수(X_k)를 한 단위 증가시키면 어떤 사건이 발생할 확률이 발생하지 않을 확률보다 $\exp(B_k)$만큼 증가한다는 것을 의미한다. 로지스틱 회귀계수에 대한 검정은 Wald 통계값을 이용하는데, 이는 회귀분석에서 t 검정을 하는 것과 유사하다. 최적합 모형을 찾기 위하여 회귀분석과 같이

전진선택법(forward selection), **후진제거법**(backward elimination), **단계선택법**(stepwise selection) 등의 방법을 사용한다.

4. 분석 실행

예 제

A 대학교의 입학사정을 위한 주요 전형 요소인 학생부 성적, 논술 점수, 수능 점수 중 학생들의 합격 여부에 유의한 영향을 미치는 독립변수는 무엇인가? 또 그중에서 가장 많은 영향을 미치는 독립변수는 무엇인가?

1) 로지스틱 회귀분석 대화상자 열기

분석(A) ▷ 회귀분석(R) ▷ 이분형 로지스틱(G) ...

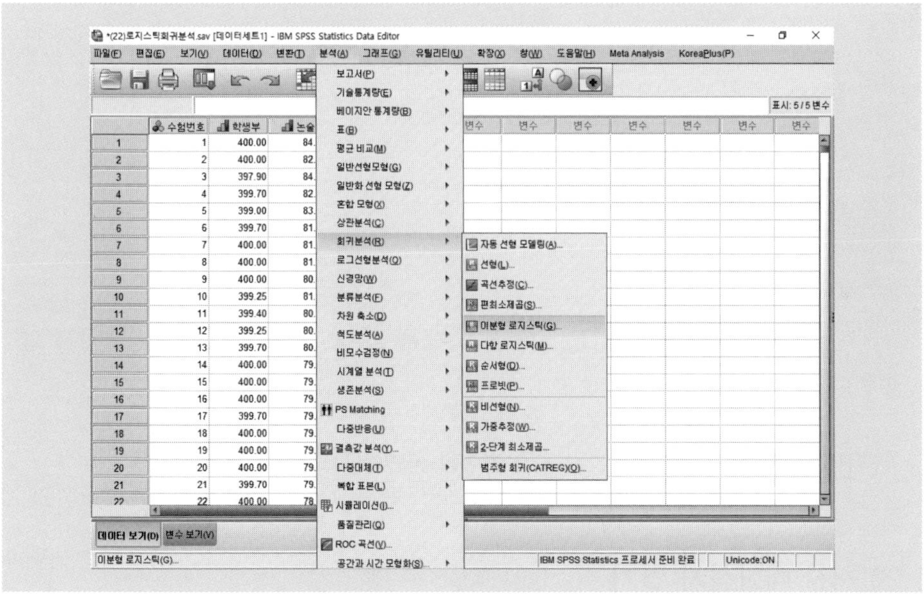

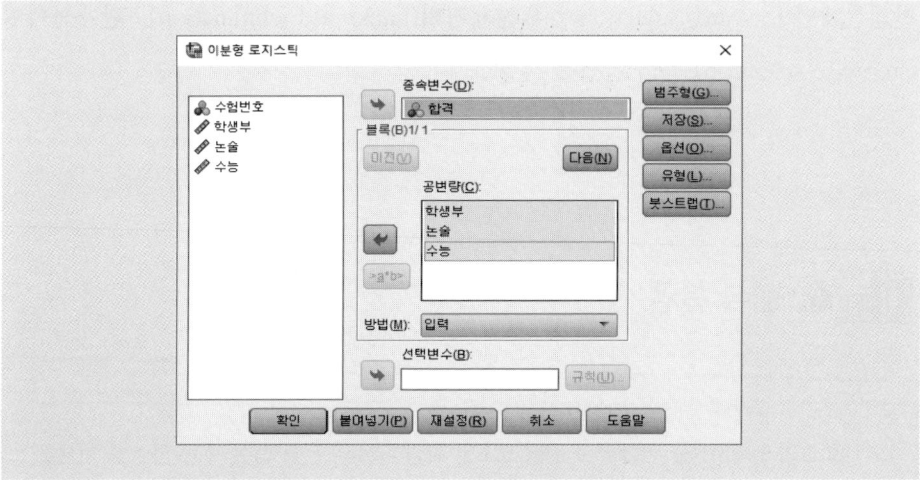

종속변수(D)에 이분변수인 종속변수를, 공변량(C)에 독립변수를 모두 옮기고 방법(M)은 입력을 선택한다.

2) 범주형 변수 정의 대화상자 열기

로지스틱 회귀분석 대화상자에서 범주형(G)... 을 클릭한다.

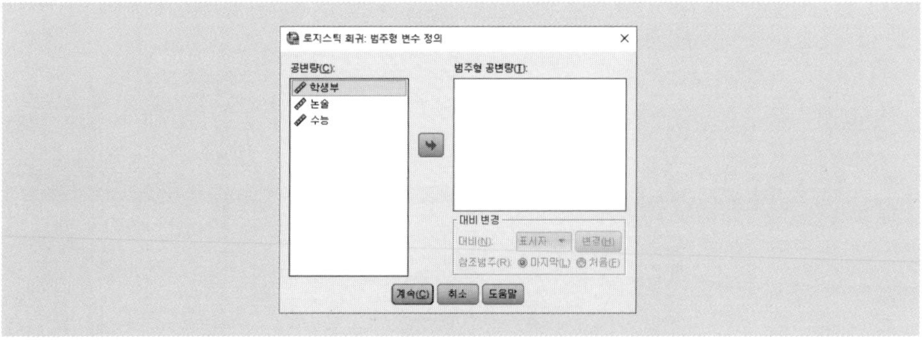

독립변수 중 범주형 변수가 있다면 범주형 공변량(T)으로 옮긴다.

3) 저장 대화상자 열기

로지스틱 회귀분석 대화상자에서 저장(S)... 을 클릭한다.

예측값

❙ 확률(P) ❙ 분류범주에 속할 확률

❙ 소속집단(G) ❙ 분류범주

확률(P)과 소속집단(G)을 선택하면 다음과 같이 새로운 변수가 추가된다.

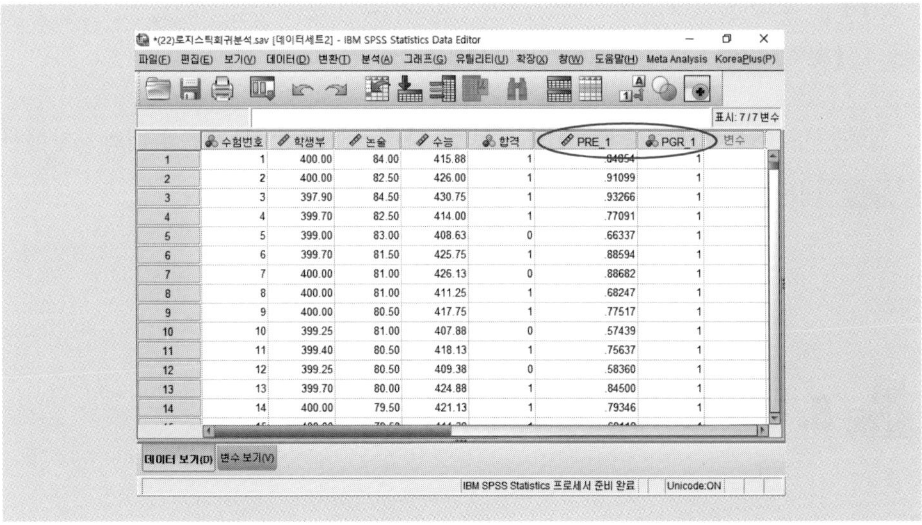

PRE_1은 분류범주에 속할 확률을 나타내고, PGR_1은 분류범주를 나타낸다.

4) 옵션 대화상자 열기

로지스틱 회귀분석 대화상자에서 [옵션(O)...]을 클릭하면 통계량 및 도표, 출력 등을 지정할 수 있다.

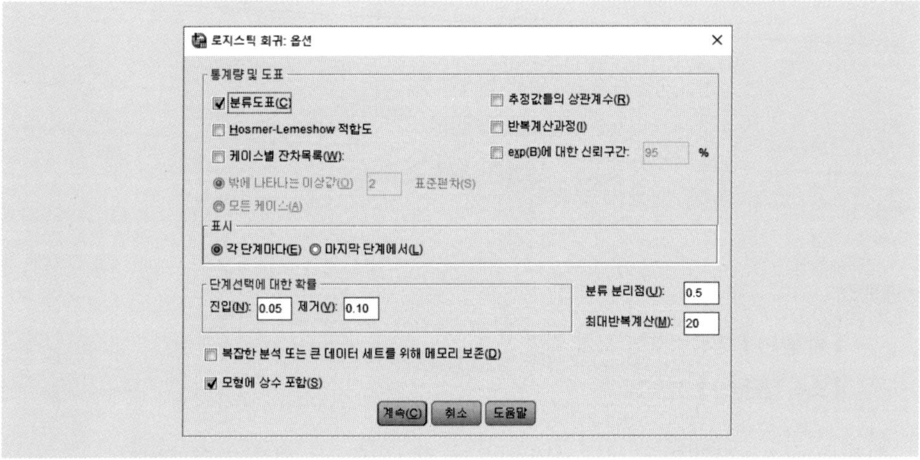

통계량 및 도표

| 분류도표(C) | 각 집단에 속한 케이스의 예측집단을 히스토그램으로 나타낸다.

원하는 옵션을 선택하고 [계속(C)]을 클릭한 다음 로지스틱 회귀분석 대화상자에서 [확인]을 클릭하면 SPSS 뷰어에 결과가 출력된다.

5. 분석 결과

분석 결과 1. 분석할 종속변수의 코딩

종속변수 인코딩

원래 값	내부 값
불합격	0
합격	1

분석 결과 2. 시작 블록 분류표

분류표[a,b]

관측됨			예측 합격 불합격	예측 합격 합격	분류정확 %
0 단계	합격	불합격	0	472	.0
		합격	0	528	100.0
	전체 퍼센트				52.8

a. 모형에 상수항이 있습니다.

b. 절단값은 .500입니다.

모든 케이스를 보다 큰 집단에 분류한다. 따라서 분류의 정확도는 언제나 50% 이상이 된다.

분석 결과 3. 시작블록: 방정식에 포함된 변수와 포함되지 않은 변수

방정식의 변수

		B	S.E.	Wald	자유도	유의확률	Exp(B)
0 단계	상수항	.112	.063	3.133	1	.077	1.119

방정식에 없는 변수

			점수	자유도	유의확률
0 단계	변수	학생부	95.253	1	.000
		논술	134.669	1	.000
		수능	161.636	1	.000
	전체 통계량		224.390	3	.000

분석 결과 4. 모형계수 전체 테스트와 모형 요약

모형 계수의 총괄 검정

		카이제곱	자유도	유의확률
1 단계	단계	422.004	3	.000
	블록	422.004	3	.000
	모형	422.004	3	.000

모형 요약

단계	-2 로그 우도	Cox와 Snell의 R-제곱	Nagelkerke R-제곱
1	961.153[a]	.344	.460

a. 모수 추정값이 .001보다 작게 변경되어 계산반복수 7에서 추정을 종료하였습니다.

이 표에서 카이제곱 통계값은 독립변수의 추가에 따른 −2LL의 차이를 나타내는 것으로, 단계에서는 이전 단계와 현 단계의 −2LL의 차이를, 블록에서는 여러 개의 블록을 설정하였을 때 이전 블록과 현 블록의 −2LL의 차이를 나타내며, 모형에서는 상수항(절편)만을 포함하는 기초 모형과 3개의 독립변수를 포함하고 있는 모형과의 −2LL의 차이를 나타낸다. 앞에서 이전 단계와 이전 블록은 모두 상수항(절편)만을 포함하고 있는 기초 모형이며, 이 때의 카이제곱 통계값은 기초모형과 연구모형과의 차이를 나타내고, 자유도 3은 추정되는 미지수의 차이를 나타낸다.

앞에서 모형의 적합도를 나타내는 카이제곱 통계값은 422.004, 유의확률은 .000으로써 "모든 독립변수의 회귀계수가 0이다."라는 영가설을 기각한다. 따라서 유의수준 .05에서 세 변수 중 하나라도 유의한 변수가 포함되어 있음을 알 수 있다.

Cox와 Snell의 R−제곱과 Nagelkerke의 R−제곱은 로그우도함수값을 이용해 계산한 결정계수로 오차의 등분산성 가정이 충족되지 않는 로지스틱 회귀분석에서는 종속변수의 값에 따라 결정계수의 값이 달라지고, 그 값도 대체로 낮은 경향이 있으므로 이에 많은 의미를 둘 필요는 없다.

분석 결과 5. 분류의 정확도

분류표a

관측됨			예측: 합격 불합격	예측: 합격 합격	분류정확 %
1 단계	합격	불합격	346	126	73.3
		합격	72	456	86.4
	전체 퍼센트				80.2

a. 절단값은 .500입니다.

설정된 모형에 의해 합격자와 불합격자를 분류하면 전체의 80.2%가 정확하게 분류됨을 알 수 있다.

분석 결과 6. 산출된 회귀식

방정식의 변수

		B	S.E.	Wald	자유도	유의확률	Exp(B)
1 단계a	학생부	.229	.047	24.115	1	.000	1.257
	논술	.185	.021	79.649	1	.000	1.204
	수능	.087	.008	118.528	1	.000	1.091
	상수항	-141.655	18.879	56.300	1	.000	.000

a. 변수가 1: 학생부, 논술, 수능 단계에 입력되었습니다.

산출된 로지스틱 회귀모형식은 다음과 같다.

$$\frac{P}{1-P} = e^{B_0 + B_1X_1 + B_2X_2 + B_3X_3} \qquad P_i = \text{합격할 확률}$$

$$\ln\frac{P_i}{1-P_i} = \log\hat{y}\,(\text{합격})$$

$$\ln\frac{p}{1-p} = \log\hat{y}\,(\text{합격}) = -141.655 + .229(\text{학생부}) + .185(\text{논술}) + .087(\text{수능})$$

그러므로 다음과 같은 식을 통하여 로지스틱 회귀분석에 의한 합격 확률을 계산할 수 있다. 학생부, 논술, 수능 점수가 모두 높을수록 합격할 확률이 높아지며, 합격 여부에 대한 영향력은 학생부가 가장 크고, 그다음은 논술, 수능의 순서임을 알 수 있다.

$$\widehat{P_{합격}} = \frac{1}{1+e^{-[-141.655+.229(학생부)+.185(논술)+.087(수능)]}}$$

유의수준 .05에서 각 독립변수의 회귀계수에 대한 유의확률은 학생부, 논술, 수능 모두 p=.000이므로, 유의수준 .05에서 합격률에 미치는 영향력이 통계적으로 유의하다.

분석 결과 7. 집단분류 히스토그램

```
              Step number: 1

              Observed Groups and Predicted Probabilities

       80 +                                                                                                    +
          I                                                                                                    I
          I                                                                                                    I
F         I                                                                                                    I
R      60 +0                                                                                                   +
E         I0                                                                                                   I
Q         I0                                                                                                   I
U         I0                                                                                                   I
E      40 +0                                                                                                   +
N         I0                                                                                                   I
C         I0                                                                                                   I
Y         I0                                                                                                   I
       20 +0                                                                                1  1   11          +
          I00                                         1            1     11 1      1   1 1 11 1 11 1 1     I
          I0000   000             1    0 1 100   0   111111 111 11111111111111111111111111111111111111111111   I
          I0000 000000000000000000000000000000000 00000100010110001110001001001010010110101101000110110100111101101
Predicted ---------+---------+---------+---------+---------+---------+---------+---------+---------+----------
  Prob:   0        .1        .2        .3        .4        .5        .6        .7        .8        .9        1
  Group:  0000000000000000000000000000000000000000000000000011111111111111111111111111111111111111111111111111

          Predicted Probability is of Membership for 합격
          The Cut Value is .50
          Symbols: 0 - 불합격
                   1 - 합격
          Each Symbol Represents 5 Cases.
```

앞의 그래프는 로지스틱 모형에 의해 예측되는 집단(가로선 아래), 실제로 관찰된 집단(가로선 위)의 분포를 나타낸 것이다. 여기서 0은 불합격 집단, 1은 합격 집단을 의미하며, 하나의 숫자는 5명을 포함한다. 예를 들어, 앞의 그래프를 통하여 로지스틱 회귀모형하에서 합격할 확률이 .75로 최종 합격할 것이라 예측된 사람은

15명이지만, 이 중 실제 합격한 사람은 10명, 불합격한 사람은 5명임을 알 수 있다.

6. 분석 결과 보고

학생부와 논술 점수 및 수능 점수 성적의 기술통계는 〈표 19-1〉과 같다.

〈표 19-1〉 학생부, 논술 점수, 수능 점수 성적의 기술통계

		학생부	논술	수능
불합격	평균	397.24	71.30	409.28
($n = 472$)	표준편차	4.44	5.13	32.44
합격	평균	399.33	74.85	429.68
($n = 528$)	표준편차	1.40	3.84	8.96
전체	평균	398.34	73.18	420.06
($n = 1000$)	표준편차	3.38	4.83	25.34

합격자들의 학생부 성적 평균과 표준편차는 399.33, 1.40이고, 논술 점수의 평균과 표준편차는 74.85, 3.84이며, 수능 점수의 평균과 표준편차는 429.68, 8.96이다. 한편, 불합격자들의 학생부 성적 평균과 표준편차는 397.24, 4.44이고, 논술 점수의 평균과 표준편차는 71.30, 5.13이며, 수능 점수의 평균과 표준편차는 409.28, 32.44이다.

학생부 성적, 논술 점수 및 수능 점수를 독립변수로 하는 모형에 대한 통계적 유의성 및 집단 분류의 정확도를 로지스틱 회귀분석으로 분석한 결과는 〈표 19-2〉와 같다.

〈표 19-2〉 모형검정 및 합격 여부 분류의 정확도

		예측값			정확도
		불합격	합격	전체	
관찰값	불합격	346	126	472	73.3%
	합격	72	456	528	86.4%
	전체	418	582	1000	80.2%

-2LL=961.15,

χ^2(절편모형-이론모형)=422.00(df=3, p=.00), Nagelkerke R^2= .46

모형에 포함된 모든 독립변수의 회귀계수가 0인지에 대한 가설검정결과, 절편만을 포함하고 있는 모형의 -2LL과 연구자가 설정한 이론 모형의 -2LL의 차이를 나타내는 χ^2값은 422.00, 이에 따른 유의확률은 .000으로써 학생부 성적, 수능 점수, 논술 점수에 의해 합격 여부를 예측하는 모형은 유의수준 .05에서 통계적으로 유의하다. 합격자와 불합격자에 대한 관찰치와 예측치 간의 차이를 보면 합격자의 경우 86.4%, 불합격자의 경우 전체의 73.3%가 정확히 분류되어 전체적으로는 80.2%의 높은 정확도를 나타낸다.

합격 여부에 대한 개별 독립변수들의 통계적 유의성을 분석한 결과는 〈표 19-3〉과 같다.

〈표 19-3〉 대입 합격 여부에 대한 로지스틱 회귀분석 결과

	회귀계수	표준오차	Wald	자유도	유의확률	Exp(B)
학생부 성적	.23	.05	24.12	1	.000	1.26
논술 점수	.19	.02	79.65	1	.000	1.20
수능 점수	.09	.01	118.53	1	.000	1.09
상수	-141.66	18.88	56.30	1	.000	.00

학생부 성적(Wald=24.12, p=.00)과 논술 점수(Wald=79.65, p=.00), 수능 점수(Wald=118.53, p=.00) 모두 유의수준 .05에서 대입 합격 여부에 유의하게 영향을 미치고 있는 것으로 분석되었다. 로지스틱 회귀분석에 의해 도출된 회귀식은 다음과 같다.

Logit(합격) = -141.66 + .23(학생부 성적) + .19(논술 점수) + .09(수능 점수)

로지스틱 회귀분석에서 회귀계수(B)는 다른 독립변수들의 값을 일정하게 하였을 때 독립변수의 값이 1단위 증가하면 대학에 합격할 확률이 합격하지 않을 확률보다 e^{B}만큼 증가함을 의미한다. 따라서 다른 독립변수들의 점수가 동일하다고 할 때 각 독립변수에서 1점 높은 점수를 받은 학생은 대학에 합격할 확률이 합격하지 않을 확률보다 학생부에서는 $e^{.229}=1.26$배, 논술고사에서는 $e^{.185}=1.20$배, 수능시험에서는 $e^{.087}=1.09$배 정도 높아진다고 예측할 수 있다.

e는 자연 상수(natural constant)로서 2.718의 값을 가지며 $e^{.23}$은 $(2.718)^{.23}$으로 1.26이다.

연 • 습 • 문 • 제

○○ 주식회사에서는 신입사원을 선발하기 위하여 직무적성검사와 직업의식검사를 실시하였다. 지원자의 합격 여부에 유의한 영향을 미치는 독립변수는 무엇이며, 그중에서 더 많은 영향을 미치는 독립변수는 무엇인가? (학지사 홈페이지에서 『알기 쉬운 통계분석(3판)』을 검색, 도서자료에서 '부록자료' 중 '데이터 파일'의 '19장.SAV'를 사용하여 분석하시오.)

일련번호	합격 여부	직무적성	직업의식	일련번호	합격 여부	직무적성	직업의식
1	1	50.0	43.4	51	1	50.0	41.9
2	1	50.0	43.6	52	0	50.0	41.5
3	0	49.0	43.6	53	0	50.0	41.8
4	0	50.0	44.0	54	1	50.0	44.0
5	1	50.0	43.6	55	1	50.0	43.6
6	1	50.0	43.4	56	1	50.0	43.1
7	1	50.0	42.8	57	0	50.0	41.7
8	0	50.0	41.3	58	0	49.6	42.2
9	1	50.0	44.1	59	0	49.5	38.3
10	1	49.9	42.7	60	0	49.5	40.1
11	0	50.0	42.5	61	0	49.9	41.3
12	0	49.9	41.2	62	1	50.0	43.1
13	1	50.0	44.4	63	1	50.0	43.2
14	1	50.0	44.4	64	1	50.0	43.3
15	1	50.0	44.3	65	0	50.0	42.8
16	0	49.7	41.3	66	1	49.9	42.6
17	1	50.0	43.1	67	1	49.9	43.4
18	1	50.0	41.6	68	1	50.0	42.7
19	1	49.2	43.5	69	0	50.0	41.9
20	0	49.5	43.6	70	1	50.0	42.1
21	1	50.0	43.3	71	0	50.0	42.5
22	1	50.0	46.6	72	1	50.0	41.3
23	1	50.0	44.1	73	0	50.0	42.8
24	1	50.0	41.4	74	1	50.0	42.4
25	1	50.0	41.8	75	0	50.0	42.1
26	1	50.0	42.3	76	1	49.4	43.3
27	1	50.0	42.4	77	1	50.0	43.3
28	0	50.0	40.5	78	1	50.0	42.4
29	1	50.0	41.8	79	0	49.0	42.2
30	0	49.8	41.7	80	0	49.0	37.5
31	0	47.0	41.3	81	1	49.8	43.7
32	0	50.0	41.6	82	0	49.9	42.4
33	0	49.0	42.0	83	0	49.0	34.5
34	0	50.0	42.0	84	1	49.9	43.3
35	0	49.8	42.2	85	1	50.0	43.1
36	0	49.7	41.0	86	1	50.0	44.4
37	0	50.0	42.8	87	1	50.0	43.1
38	0	49.4	42.5	88	0	49.8	39.8
39	0	48.7	41.2	89	1	50.0	44.3
40	0	49.4	40.9	90	0	49.5	36.3
41	0	46.6	19.8	91	1	49.9	41.9
42	1	50.0	44.4	92	0	48.0	31.5
43	0	50.0	44.0	93	1	50.0	42.8
44	0	50.0	46.3	94	1	50.0	42.1
45	1	50.0	41.6	95	1	50.0	43.2
46	1	50.0	41.7	96	1	50.0	42.7
47	1	50.0	41.9	97	0	50.0	41.8
48	1	50.0	43.2	98	1	49.9	43.5
49	0	50.0	41.6	99	1	50.0	43.0
50	0	50.0	43.1	100	0	49.8	42.3

제20장 판별분석

판별분석(discriminant analysis)은 로지스틱 회귀분석과 같은 목적을 지닌다. 집단 구분에 영향을 주는 변수를 찾아내는 통계적 분석방법으로 종속변수의 집단이 두 개 이상일 때 사용한다. 로지스틱 회귀분석과는 달리, 판별분석은 분석자료에 대한 조건이 충족되는 경우에 한한다.

1. 기본 가정

판별분석을 위해서는 다음과 같은 **조건과 가정**을 충족하여야 한다.

- 종속변수가 질적변수거나 최소한 집단을 구분하는 범주변수이어야 한다.
- 독립변수들의 분포가 정규분포를 이루어야 한다.
- 각 집단의 분산이 동일하여야 한다.
- 각 독립변수 간의 상관이 높지 않아야 한다.
- 이상점(outlier)이 없어야 한다.

2. 사용 목적

판별분석은 종속변수가 두 개 혹은 그 이상의 집단으로 구성되었을 때 여러 개의 독립변수를 통해 집단 구성원을 판별 혹은 예측하기 위한 통계방법으로 집단판별에 영향을 주는 독립변수가 무엇이며, 그러한 독립변수 중 영향력이 가장 큰 변수가 무엇인지를 밝히고자 할 때 사용한다. 판별분석은 회귀분석과 개념이 동일하나 종속변수가 범주변수라는 점이 다르고, 종속변수가 세 개 이상으로 분류된 경우에도 독립변수가 주는 영향력을 분석할 수 있다는 점이 로지스틱 회귀분석과 다르다.

3. 기본 원리

판별분석의 선형식(linear equation)은 다음과 같다.

$$Z = W_1X_1 + W_2X_2 + W_3X_3 + \cdots + W_KX_K$$

Z: 판별점수
W_K: 판별계수
X_K: 독립변수

판별분석의 등식은 회귀등식과 동일하며 판별점수와 판별계수가 다를 뿐이다. 판별함수를 통해 각 집단에 속한 개인의 판별점수를 산출하며, 개인의 점수를 평균한 것이 각 집단의 평균, 즉 **센트로이드**(centroid: 선형 조합에 의한 집단의 가중치 평균)가 된다. 종속변수의 집단이 두 개이면 두 개의 센트로이드를 구할 수 있다. 판별분석은 각 집단의 센트로이드에 차이가 있는지를 검정하는 것이며, 그 차이는 판별계수에 의해 결정된다. 판별계수는 집단간 차이를 극대화하고 집단내 분산을 최소화하는 원리에 의해 추정된다. 이렇게 추정된 판별계수는 개별 독립변수의 상대적 중요도를 나타낸다. 즉, 판별계수가 높으면 해당 독립변수가 집단을 구분하는 데 영향을 많이 주는 변수라고 해석할 수 있다. 만일, 집단내 분산에 비해 집단간 분산이 상대적으로 크다면 판별함수가 집단을 잘 판별해 준다고 할 수 있다.

4. 분석 실행

예 제

사회부적응 학생을 판별하기 위한 검사도구의 하위요인(외로움, 자존감, 불안, 우울, 수줍음)들이 학생들의 집단 특성(인기집단, 논쟁집단, 보통집단, 무시집단, 거부집단)을 타당하게 구별할 수 있는가?

1) 판별분석 대화상자 열기

분석(A) ▷ 분류분석(F) ▷ 판별분석(D) ...

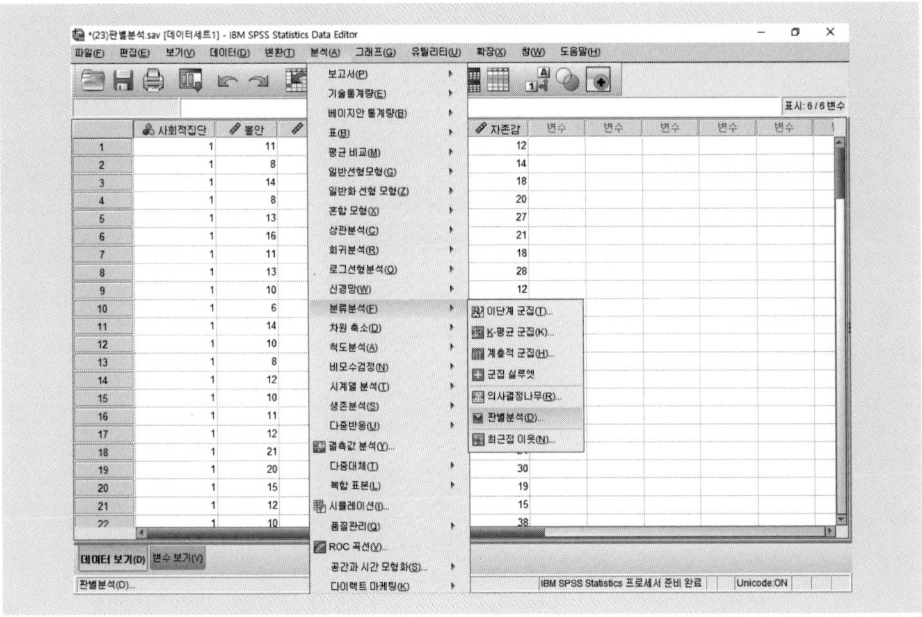

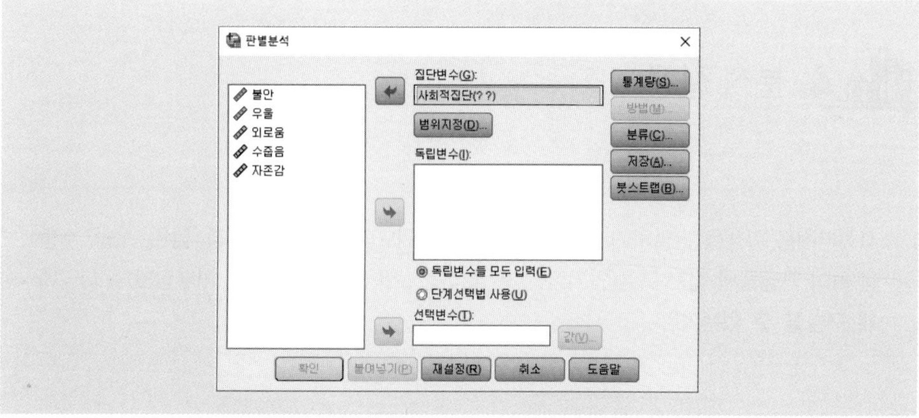

판별분석 대화상자가 열리면 집단변수(G)에 종속변수를 옮긴 후 [범위지정(D)...] 을 클릭하여 집단변수의 범위를 지정해 준다.

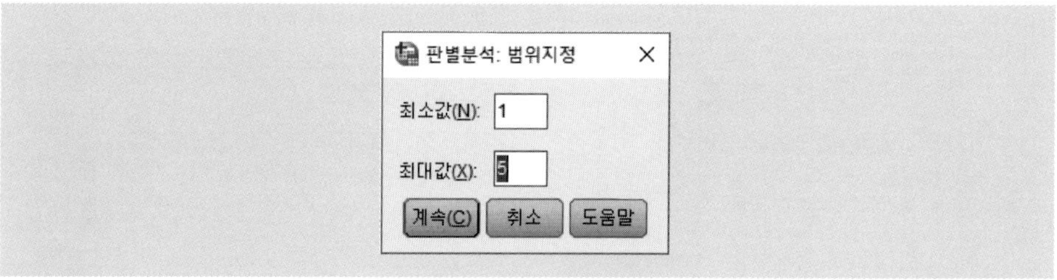

집단변수의 최소값과 최대값을 입력한 후, [계속(C)]을 클릭한다.

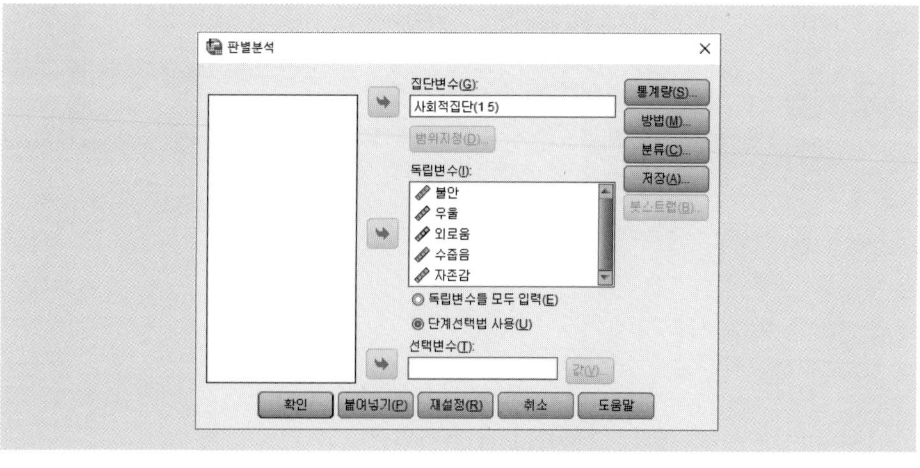

판별분석 대화상자에서 독립변수(I)에 독립변수를 옮긴다.

I 독립변수들 모두 입력(E) I 독립변수 모두 동시에 입력
I 단계선택법 사용(U) I 단계선택 분석을 사용하여 변수 입력 및 제거

2) 통계량 대화상자 열기

판별분석 대화상자에서 [통계량(S)...]을 클릭한다.

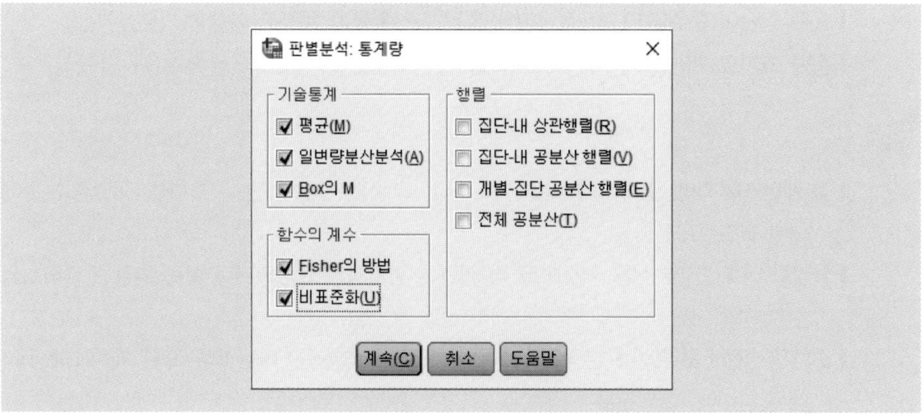

기술통계

I 평균(M) I 각 독립변수의 평균과 표준편차 제시
I 일변량분산분석(A) I 각 독립변수의 집단평균 차이 검정
I Box의 M I 각 집단의 공분산 행렬의 동질성 검정

함수의 계수

I Fisher의 방법 I 각 집단별로 분류함수 생성. 분류에 직접 사용할 수 있는 Fisher의 분류함수 계수 표시. 각 케이스는 판별점수가 가장 큰 집단에 할당됨
I 비표준화(U) I 표준화하지 않은 판별함수 계수 표시

3) 분류 대화상자 열기

판별분석 대화상자에서 [분류(C)...]를 클릭한다.

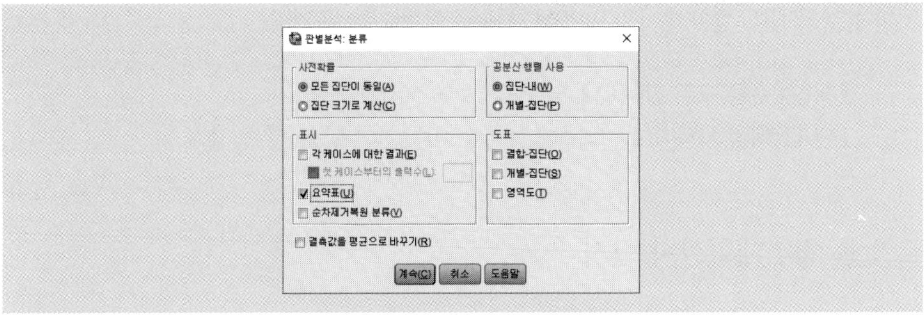

사전확률

▌모든 집단이 동일(A)▐ 각 집단에 소속될 사전확률이 같다고 가정함(기본설정값)

▌집단 크기로 계산(C)▐ 사전확률이 각 집단의 표본 케이스 비율에 따라 달라짐

출력

▌각 케이스에 대한 결과(E)▐ 각 케이스마다 실제집단, 예측집단, 사후확률, 판별점수 등에 대한 코드 표시

▌요약표(U)▐ 판별분석을 기준으로 각 집단에 정확하게 할당되거나 잘못 할당된 케이스의 수 제시

▌순차제거복원 분류(V)▐ 분석의 각 케이스가 해당 케이스가 아닌 다른 모든 케이스에서 파생된 함수에 따라 분류

결측값을 평균으로 바꾸기(R)

결측값은 평균으로 대체하여 입력

4) 방법 대화상자 열기

판별분석 대화상자에서 [방법(M)...]을 클릭한다.

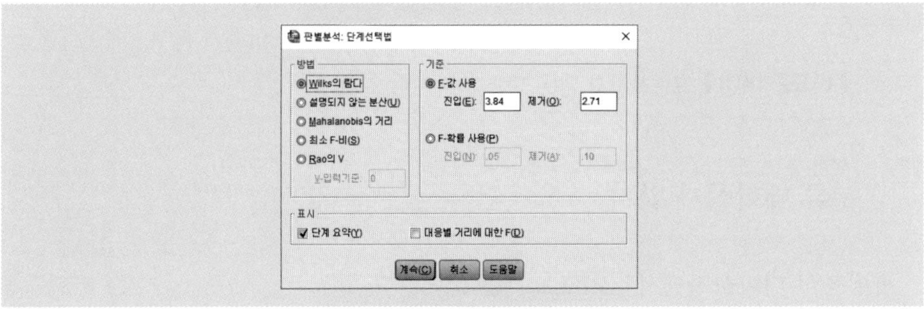

방법

- **Wilks의 람다** 각 단계에서 전체 Wilks의 람다를 최소화할 변수 입력
- **설명되지 않는 분산(U)** 각 단계에서 집단간 설명되지 않은 변화량 합계를 최소화하는 변수 입력
- **Mahalanobis의 거리** 독립변수의 케이스 값이 전체 케이스 평균과 얼마나 달라지는지에 대한 측도. Mahalanobis의 거리가 크면 케이스가 독립변수 하나 이상에 대해 극단값을 갖는 것으로 식별
- **최소 F-비(S)** 집단간 Mahalanobis의 거리에서 계산한 F-비를 최대화하는 단계별 분석의 변수 선택 방법
- **Rao의 V** 집단 평균 간 차이에 대한 측도. 각 단계에서 Rao의 V의 증가를 최대화하는 변수 입력

표시

- **단계 요약(Y)** 각 단계 다음에 모든 변수에 대한 통계량 표시
- **대응별 거리에 대한 F(D)** 각 대응 집단에 대한 대응별 F-비 행렬 표시

5) 저장 대화상자 열기

판별분석 대화상자에서 [저장(A)...]을 클릭한다.

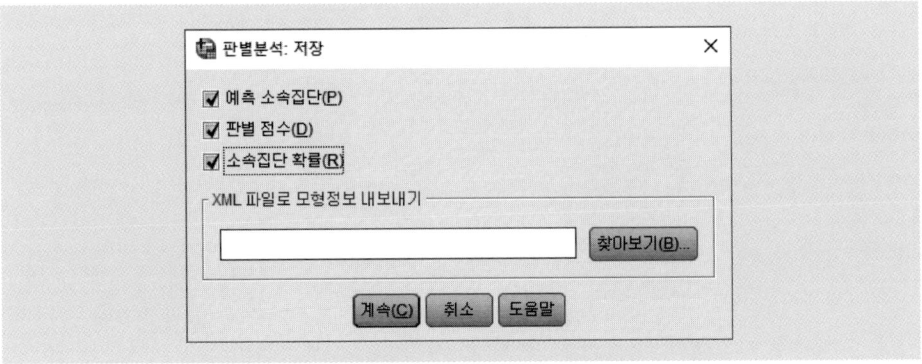

- **예측 소속집단(P)** 분류함수로 계산한 결과 소속될 것이라 예측되는 집단 표시
- **판별 점수(D)** 각 케이스의 값들을 비표준화 판별식에 입력하여 계산된 값
- **소속집단 확률(R)** 예측집단에 소속될 확률 표시

앞의 내용을 선택하면 데이터편집기 파일에 새로운 변수로 저장된다.

계속(C)을 클릭한 다음 판별분석 대화상자에서 확인을 클릭하면 SPSS 뷰어에 결과가 출력된다.

5. 분석 결과

분석 결과 1. 기술통계량

집단통계량

사회적집단		평균	표준화 편차	유효 N(목록별) 가중되지 않음	유효 N(목록별) 가중됨
인기집단	불안	11.74	3.239	35	35.000
	우울	12.06	3.597	35	35.000
	외로움	11.49	4.273	35	35.000
	수줍음	15.54	4.623	35	35.000
	자존감	21.06	6.338	35	35.000
논쟁집단	불안	15.15	3.913	13	13.000
	우울	14.85	4.879	13	13.000
	외로움	11.69	2.869	13	13.000
	수줍음	16.23	3.876	13	13.000
	자존감	20.69	4.906	13	13.000
보통집단	불안	13.00	3.327	16	16.000
	우울	16.31	4.868	16	16.000
	외로움	12.88	4.965	16	16.000
	수줍음	18.13	5.524	16	16.000
	자존감	21.44	3.915	16	16.000
무시집단	불안	12.59	4.135	34	34.000
	우울	17.15	3.986	34	34.000
	외로움	18.32	4.630	34	34.000
	수줍음	18.00	5.657	34	34.000
	자존감	22.79	6.222	34	34.000
거부집단	불안	20.21	3.706	19	19.000
	우울	24.05	4.564	19	19.000
	외로움	24.53	5.316	19	19.000
	수줍음	26.00	5.088	19	19.000
	자존감	30.84	4.193	19	19.000
전체	불안	13.91	4.669	117	117.000
	우울	16.38	5.726	117	117.000
	외로움	15.80	6.550	117	117.000
	수줍음	18.38	6.115	117	117.000
	자존감	23.16	6.490	117	117.000

분석 결과 2. 공분산 행렬의 등분산 검정

검정 결과

Box의 M		26.885
F	근사법	1.040
	자유도1	24
	자유도2	13532.792
	유의확률	.408

모집단 공분산 행렬이 동일하다는 영가설을 검정합니다.

분석 결과 3. 진입/제거된 변수와 분석할 변수

입력/제거된 변수[a,b,c,d]

		Wilks의 람다											
						정확한 F				근사 F			
단계	입력된	통계량	자유도1	자유도2	자유도3	통계량	자유도1	자유도2	유의확률	통계량	자유도1	자유도2	유의확률
1	외로움	.463	1	4	112.000	32.440	4	112.000	.000				
2	불안	.334	2	4	112.000	20.301	8	222.000	.000				
3	우울	.284	3	4	112.000					14.766	12	291.324	.000

각 단계에서 전체 Wilks의 람다를 최소화하는 변수가 입력됩니다.

a. 최대 단계 수는 10입니다.

b. 입력에 대한 최소 부분 F는 3.84입니다.

c. 제거에 대한 최대 부분 F는 2.71입니다.

d. F 수준, 공차 또는 VIN 부족으로 계산을 더 수행할 수 없습니다.

분석에 사용된 변수

단계		공차	제거에 대한 F	Wilks의 람다
1	외로움	1.000	32.440	
2	외로움	.973	22.182	.600
	불안	.973	10.796	.463
3	외로움	.932	12.769	.417
	불안	.812	6.694	.354
	우울	.781	4.739	.334

분석 결과 4. 고유값 및 Wilks의 람다

고유값

함수	고유값	분산의 %	누적 %	정준 상관
1	1.678[a]	84.8	84.8	.792
2	.252[a]	12.7	97.6	.448
3	.048[a]	2.4	100.0	.215

a. 첫 번째 3 정준 판별함수가 분석에 사용되었습니다.

Wilks의 람다

함수의 검정	Wilks의 람다	카이제곱	자유도	유의확률
1 - 3	.284	140.791	12	.000
2 - 3	.762	30.444	6	.000
3	.954	5.297	2	.071

판별함수의 수는 종속변수의 수준에서 하나를 뺀 값(집단의 수-1)과 판별변수(독립변수)의 수 중, 작은 값보다 같거나 작아야 한다. 앞의 예에서 사회적 집단의 수는 5이므로 판별함수의 수는 네 개까지 가능하다. 판별함수는 집단을 판별하는 데 기여도가 가장 큰 것부터 순서대로 도출되므로 고유값의 비율, 정준상관계수, Wilks의 람다 함수의 검정 등을 기초로 하여 그 수를 결정한다.

앞의 예에서는 세 개의 판별함수가 도출되었는데, 판별함수의 설명력인 고유값 분산의 비율은 각각 84.8, 12.7, 2.4로서 판별함수 1의 설명력이 매우 높다.

정준상관계수는 판별점수와 집단간의 상관의 정도를 나타내는 것으로, 함수 1에 의해 집단 판별이 대부분 예측된다고 볼 수 있다. 앞의 예에서 각 판별함수의 정준상관은 .792, .448, .215이다.

Wilks의 **람다함수**의 **검정**은 이미 도출된 판별함수에 의하여 반영되지 못한 정보의 양이 얼마나 통계적으로 유의한지를 검정하는 방법이다. 검정결과가 유의하면 잔여 정보의 설명력이 유의하지 않다는 영가설을 기각하므로 판별함수를 더 도출할 필요가 있으며, 유의하지 않으면 판별함수를 더 도출할 필요가 없다. 유의성 검정결과, 판별함수 1에서 판별함수 3을 도출하는 경우 람다값은 .284, 카이제곱(Wilks의 람다에 자유도를 고려하여 계산한 것)의 값은 140.791로서, 이때 유의확률은 .000이므로 유의수준 .05에서 유의하므로 추가적인 판별함수의 도출을 필요로 한다. 동일하게 판별함수 2에서 판별함수 3을 도출하는 경우에도 람다에 대한 카이제곱 검정결과가 유의수준 .05에서 통계적으로 유의하여 추가적인 판별함수의 도출을 필요로 한다. 마지막으로 판별함수 3 이상의 판별함수의 도출에 대한 유의성 검정 결과, 유의확률은 .071로서 영가설을 기각하지 못하므로 그 이상의 판별함수의 도출이 필요하지 않다고 판단할 수 있다.

분석 결과 5. 표준화 정준판별함수 계수와 구조 행렬

표준화 정준 판별함수 계수

	함수		
	1	2	3
불안	.233	.993	.438
우울	.463	-.175	-1.018
외로움	.658	-.502	.622

구조행렬

	함수		
	1	2	3
외로움	.814*	-.384	.436
우울	.730*	.125	-.672
수줍음[b]	.325*	.145	.022
자존감[b]	.215*	.054	.082
불안	.540	.835*	.102

판별변수와 표준화 정준 판별함수 간의 집단-내 통합 상관행렬. 변수는 함수내 상관행렬의 절대값 크기순으로 정렬되어 있습니다.

*. 각 변수와 임의의 판별함수 간의 가장 큰 절대 상관행렬

b. 이 변수는 분석에 사용되지 않습니다.

구조행렬에 제시되고 있는 구조계수는 판별함수와 독립변수 간의 상관을 나타내는 것으로, 값이 클수록 판별기능이 높음을 나타낸다.

분석 결과 6. 정준판별함수 계수와 중심값

정준 판별함수 계수

	함수		
	1	2	3
불안	.063	.270	.119
우울	.110	-.042	-.242
외로움	.145	-.111	.137
(상수)	-4.977	-1.322	.141

비표준화 계수

함수의 집단 중심값

	함수		
사회적집단	1	2	3
인기집단	-1.240	.072	.195
논쟁집단	-.686	.853	-.046
보통집단	-.490	.080	-.495
무시집단	.367	-.669	.001
거부집단	2.510	.413	.087

표준화하지 않은 정준 판별함수가 집단 평균에 대해 계산되었습니다.

산출된 비표준화 판별함수계수에 의해 사회적 지위 집단을 예측하는 판별함수는 다음과 같이 구성할 수 있다.

- 판별함수 1
  $Z = -4.977 + .063(\text{불안}) + .110(\text{우울}) + .145(\text{외로움})$
- 판별함수 2
  $Z = -1.322 + .270(\text{불안}) - .042(\text{우울}) - .111(\text{외로움})$
- 판별함수 3
  $Z = .141 + .119(\text{불안}) - .242(\text{우울}) + .137(\text{외로움})$

분석 결과 7. 분류함수

분류 함수 계수

	사회적집단				
	인기집단	논쟁집단	보통집단	무시집단	거부집단
불안	.619	.836	.587	.498	.936
우울	.341	.427	.590	.595	.765
외로움	.395	.356	.409	.684	.887
(상수)	-9.568	-13.199	-12.865	-16.112	-31.145

Fisher의 선형 판별함수

분류함수계수는 각 독립변수에 의해 개인이 속할 집단을 분류하는 데 사용된다. 분류함수계수에 의해 개인의 집단별 분류점수는 다음과 같이 계산되며, 각 개인은 산출된 분류점수에서 가장 큰 값을 나타내는 집단으로 분류된다.

- 인기집단 = - 9.568 + .619(불안) + .341(우울) + .395(외로움)
- 논쟁집단 = - 13.199 + .836(불안) + .427(우울) + .356(외로움)
- 보통집단 = - 12.865 + .587(불안) + .590(우울) + .409(외로움)
- 무시집단 = - 16.112 + .498(불안) + .595(우울) + .684(외로움)
- 거부집단 = - 31.145 + .936(불안) + .765(우울) + .887(외로움)

분석 결과 8. 분류결과

분류 결과[a]

			예측 소속집단					
		사회적집단	인기집단	논쟁집단	보통집단	무시집단	거부집단	전체
원래값	빈도	인기집단	22	4	4	5	0	35
		논쟁집단	2	7	3	0	1	13
		보통집단	6	1	4	3	2	16
		무시집단	2	3	6	19	4	34
		거부집단	0	2	0	1	16	19
	%	인기집단	62.9	11.4	11.4	14.3	.0	100.0
		논쟁집단	15.4	53.8	23.1	.0	7.7	100.0
		보통집단	37.5	6.3	25.0	18.8	12.5	100.0
		무시집단	5.9	8.8	17.6	55.9	11.8	100.0
		거부집단	.0	10.5	.0	5.3	84.2	100.0

a. 원래의 집단 케이스 중 58.1%이(가) 올바로 분류되었습니다.

분류결과는 판별분석의 정확도를 나타낸다. 앞의 표는 앞에서 도출한 판별함수에 의해 실제로 얼마나 정확하게 집단을 판별할 수 있는지에 대한 정보를 제공한다. 분석 결과 인기집단은 22명, 논쟁집단은 7명, 보통집단은 4명, 무시집단은 19명, 거부집단은 16명이 정확히 분류되어 각각 62.9%, 53.8%, 25.0%, 55.9%, 84.2%의 정확성을 나타내 전체의 58.1%를 정확히 판별할 수 있다.

6. 분석 결과 보고

사회부적응 학생을 판별하기 위한 검사도구의 하위요인(외로움, 자존감, 불안, 우울, 수줍음)이 학생들의 집단 특성(인기집단, 논쟁집단, 보통집단, 무시집단, 거부집단)을 타당하게 구별할 수 있는지 검정하기 위하여 각 하위요인을 독립변수로 하고, 집단 특성을 종속변수로 하여 판별분석을 실시하였다. 즉, 학생들의 집단 특성을 가장 잘 판별할 수 있는 판별함수를 도출하고, 독립변수의 상대적 기여도를 파악하기 위하여 Wilks의 람다가 최소가 되게 하는 단계적 판별분석방법을 선택하였다. 분석 결과는 〈표 20-1〉과 같다.

〈표 20-1〉 사회부적응성이 학생집단 특성을 구별하는 기능에 대한 단계적 판별분석 결과

독립변수	투입단계	Wilks의 람다(p)	η^2	판별함수와 독립변수와의 상관		
				1	2	3
외로움	1	.417(.000)	.583	.814	-.384	.436
불안	2	.354(.000)	.646	.540	.835	.102
우울	3	.334(.000)	.666	.730	.125	-.672
수줍음				.325	.145	.022
자존감				.215	.054	.082
고유값				1.678	.252	.048
설명분산				84.8	12.7	2.4
Rc(Rc^2)				.792(.627)	.448(.201)	.215(.046)
Wilks의 람다(p)				.284(.000)	.762(.000)	.954(.071)

단계적 판별분석은 독립변수의 우선순위를 파악하거나 집단을 분류하기 위한 판별모형을 가설적으로 만들고자 할 때 유용하게 사용되는 방법이다. 이 단계적 판별분석을 적용한 결과, 수줍음과 자존감 요인을 제외한 나머지 독립변수가 모두 판별식에 투입되었으며, 외로움, 불안, 우울의 순으로 투입되고 있다. Wilks의 람다는 전체 분산 중에서 집단내 분산(오차분산)이 차지하는 비율로서 람다값이 0에 가까우면 집단내 분산의 비율이 작고 집단간 분산이 커지는 것을 의미한다. 〈표 20-1〉을 보면 독립변수의 수가 추가됨에 따라 단계별 Wilks의 람다의 값은 점차 감소하고 있어 판별의 기능이 더욱 향상되고 있음을 알 수 있다. 이는 모형의 예측력을 나타내는 η^2 (1-Wilks의 람다)의 값을 통해서도 알 수 있는데, 외로움 요인만 포함되었을 때 모형의 예측력은 .583였으며, 단계별로 불안, 우울 요인이 추가되면서 .646, .666으로 모형의 예측력이 이전 단계에 비해 각각 6.3%, 2.0% 정도 더 향상되었다. 따라서 외로움 요인이 집단을 판별하는 데 가장 많은 기여를 하고 있으며, 그다음은 불안, 우울 요인의 순으로 영향을 미치고 있음을 알 수 있다.

판별함수는 총 세 개가 도출되었으며, 판별함수의 통계적 유의성을 나타내는 Wilks의 람다에 의하면 유의수준 .05에서 모두 통계적으로 의미가 있는 함수들이다. 그러나 각 판별함수의 고유값을 살펴보면 1.678, .252, .048로서 가장 먼저 도출된 판별함수의 고유값이 가장 크다. 고유값은 집단내 분산에 대한 집단간 분산의 크

기를 나타내는 것으로서 이 값이 크면 클수록 도출된 판별함수가 집단을 구분하기에 좋은 판별함수라는 것을 의미한다. 판별함수의 설명분산을 보더라도 첫 번째 판별함수에 의해 전체분산의 84.8%가 설명되고 있다.

정준상관계수 Rc는 판별함수와 집단간의 상관을 의미하며 정준상관계수의 제곱값인 Rc^2는 판별함수와 집단간에 공유되는 분산의 비율을 의미한다. 첫 번째 판별함수와 집단간의 상관은 .792, 공유분산의 비율은 62.7%로서 첫 번째 판별함수가 집단 구분에 가장 많은 기여를 하고 있음을 알 수 있다.

이상의 여러 통계값에 근거할 때 함수 1이 집단을 가장 정확히 예측할 수 있다고 하겠다. 첫 번째 판별함수와 각 독립변수와의 상관계수를 보면 외로움, 우울, 불안 요인과 높은 상관을 보이고 있다. 이것은 이러한 요인들이 집단을 판별하는 데 있어 매우 중요한 요인이 될 수 있음을 의미한다.

모형에 포함된 독립변수들에 의해 학생들의 사회적 지위가 어느 정도 정확하게 분류될 수 있는지 분석한 결과는 〈표 20-2〉와 같다.

〈표 20-2〉 사회적 지위 분류의 정확도 단위: 명(%)

		예측 소속집단					전체
	집단	인기집단	논쟁집단	보통집단	무시집단	거부집단	
원래소속집단	인기집단	22 (62.9)	4 (11.4)	4 (11.4)	5 (14.3)	0 (0)	35 (100)
	논쟁집단	2 (15.4)	7 (53.8)	3 (23.1)	0 (0)	1 (7.7)	13 (100)
	보통집단	6 (37.5)	1 (6.3)	4 (25.0)	3 (18.8)	2 (12.5)	16 (100)
	무시집단	2 (5.9)	3 (8.8)	6 (17.6)	19 (55.9)	4 (11.8)	34 (100)
	거부집단	0 (0)	2 (10.5)	0 (0)	1 (5.3)	16 (84.2)	19 (100)

전체의 정확분류비율: 58.1%

도출된 판별함수에 의해 인기집단의 경우 62.9%, 논쟁집단의 경우 53.8%, 보통집단의 경우 25.0%, 무시집단의 경우 55.9%, 거부집단의 경우 84.2%의 학생들이 정확하게 분류되어 전체적으로는 58.1%의 정확도를 나타내고 있다. 따라서 따돌림 피해 학생을 판별하기 위한 검사도구는 따돌림을 받는 학생들 혹은 따돌림을 받을 가능성이 있는 학생들을 제대로 구별할 수 있는 예측력이 높은 검사라고 할 수 있다.

연 • 습 • 문 • 제

연령과 월소득이 선호주택 유형(오피스텔, 아파트, 단독주택)을 판별하는 데 타당한가? (학지사 홈페이지에서 『알기 쉬운 통계분석(3판)』을 검색, 도서자료에서 '부록자료' 중 '데이터 파일'의 '20장.SAV'를 사용하여 분석하시오.)

일련번호	주택 유형	연령	월소득	일련번호	주택 유형	연령	월소득
1	1	25	250	51	2	25	430
2	1	21	190	52	2	27	370
3	1	21	210	53	2	21	190
4	1	21	150	54	2	21	190
5	1	39	390	55	2	31	250
6	1	23	210	56	2	21	370
7	1	25	210	57	2	29	270
8	1	21	170	58	2	21	270
9	1	21	170	59	3	45	330
10	1	21	150	60	3	41	310
11	1	43	330	61	3	37	370
12	1	37	170	62	3	45	210
13	1	21	170	63	3	37	250
14	1	25	290	64	3	55	350
15	1	39	250	65	3	61	430
16	1	21	290	66	3	47	250
17	1	31	350	67	3	49	390
18	1	33	290	68	3	41	350
19	1	39	290	69	3	37	330
20	1	33	270	70	3	55	470
21	1	21	170	71	3	37	330
22	1	57	290	72	3	61	390
23	1	25	270	73	3	55	470
24	1	35	370	74	3	43	310
25	1	23	190	75	3	47	230
26	1	27	330	76	3	41	490
27	1	21	210	77	3	41	230
28	1	29	250	78	3	39	350
29	1	25	210	79	3	37	310
30	1	33	310	80	3	41	430
31	1	37	330	81	3	43	350
32	1	21	410	82	3	37	290
33	1	23	270	83	3	35	290
34	2	27	330	84	3	21	490
35	2	33	530	85	3	31	370
36	2	21	230	86	3	33	370
37	2	29	270	87	3	67	470
38	2	31	250	88	3	61	570
39	2	23	470	89	3	45	510
40	2	37	290	90	3	39	570
41	2	33	250	91	3	59	670
42	2	29	270	92	3	61	410
43	2	27	350	93	3	41	550
44	2	21	230	94	3	55	530
45	2	41	330	95	3	33	310
46	2	41	370	96	3	35	450
47	2	29	410	97	3	57	550
48	2	29	210	98	3	49	570
49	2	37	450	99	3	61	510
50	2	53	450	100	3	57	450

제6부

모형추정

제21장 경로분석

경로분석(path analysis)은 측정변수로 구성된 여러 변수 간의 인과관계를 분석하기 위한 통계적 방법으로서 회귀분석과 달리 종속변수들 간의 인과관계를 분석할 수 있는 장점을 지니고 있다. 즉, 경로분석에서는 다수의 회귀모형을 동시에 검정할 수 있다. 회귀분석은 이러한 경로분석의 특수한 형태라 할 수 있다.

1. 기본 가정

경로분석을 위한 기본 가정은 다음과 같다(Pedhazur, 1982).

- 독립변수와 종속변수의 관계는 선형적(linear)이고 합산적(additive)이다.
- 경로도형 내에서 변수들 간의 관계는 일방적이다. 즉, 변수들끼리 상호관계를 가지지 않는다.
- 변수의 측정은 완벽하므로 측정의 오차가 없다.
- 잔차들 간의 상관은 0이다.
- 변수들은 최소한 등간척도 이상의 척도에서 측정되어야 한다.

2. 사용 목적

경로분석이란 변수가 세 개 이상일 때 변수들 간의 공분산이나 상관관계에 기초하여 인과관계를 분석하는 통계적 방법이다. 종속변수에 영향을 주는 독립변수를 밝혀내고 현상을 설명하는 최적의 모형을 찾아내려는 목적은 중다회귀분석과 동일하다. 다만, 중다회귀분석에서는 독립변수들의 종속변수에 대한 직접 효과만을 고려하는 반면, 경로분석에서는 직접 효과뿐 아니라 간접 효과와 제3변수 효과도 분석할 수 있다.

앞에서 **직접 효과**는 독립변수가 종속변수의 변화에 직접 영향을 미치는 경우를 나타내며, **간접 효과**는 하나 이상의 중간 변수를 거쳐 영향을 미치는 것을 의미한다. 또한 **제3변수 효과**는 두 변수가 제3변수에 의해 동시에 영향을 받는 것을 의미한다.

3. 기본 원리

경로분석을 통하여 밝힐 수 있는 변수들 사이의 관계를 예를 들어 나타내면 다음과 같다.

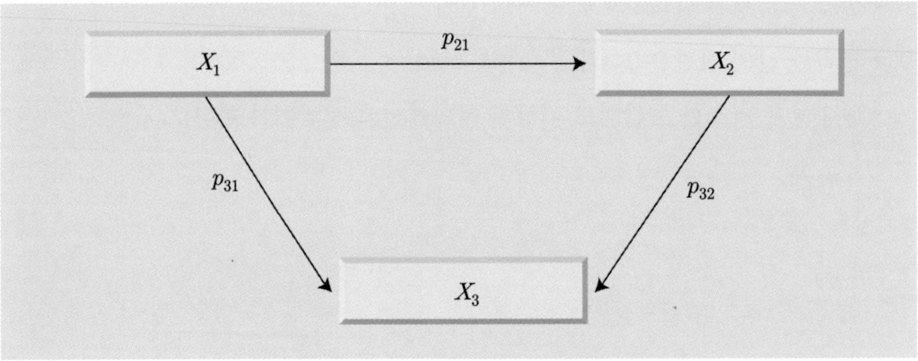

[그림 21-1] 변수들 간의 관계

	X_1X_2	X_1X_3	X_2X_3
직접 효과	p_{21}	p_{31}	p_{32}
간접 효과		$p_{21} \times p_{32}$	
제3변수 효과			$p_{21} \times p_{31} = r_{32} - p_{32}$
전체 효과	$p_{21} = r_{21}$	$p_{31} + (p_{21} \times p_{32}) = r_{31}$	$p_{32} + (p_{21} \times p_{31}) = r_{32}$

경로분석을 실시하기 위한 절차는 다음과 같다.

- 연구의 관심이 되는 변수들 간의 인과관계를 가정하여 모형을 설정한다.
- 변수들을 타당하고 신뢰롭게 측정한다.
- 변수들 간의 상관계수를 추정한다.
- 수집한 자료가 설정한 모형과 일치하는지를 분석한다.
- 수집한 자료와 모형이 일치하지 않으면 인과관계 모형을 수정한다.
- 수집한 자료와 수정한 모형이 일치하는지를 검정한다.

4. 분석 실행

경로분석을 실시하기 위해서는 AMOS(Analysis of MOment Structure) 프로그램을 사용해야 한다. AMOS는 Arbuckle과 Werner에 의해 개발되고, SPSS사에서 제공하는 구조방정식 분석용 패키지로, 회귀분석 또는 요인분석보다 복잡한 분석인 경로모형, 구조방정식모형과 같은 **공분산구조분석**(analysis of covariance structure)과 **인과모형**(causal modeling)**분석**에 활용된다. AMOS 패키지는 그림 도구상자를 이용하여 연구자의 이론 모형을 손쉽게 설계, 편집, 분석할 수 있으므로 통계에 대한 기초 지식이 부족한 초보자들도 널리 사용하고 있다.

예 제

교육적 열망에 영향을 미치는 요인으로 학생의 정신능력, 사회경제적 지위, 학문적 수행능력, 타인에 대한 영향력을 선정하고, 3,500명의 학생을 대상으로 각 특성에 대해 측정하였다. 학생들의 교육적 열망과 관련된 변수들 간의 관계는 어떠한가?

1) 연구모형 설정하기

이론적 배경에 근거하여 관심 변수들의 관계를 연구모형으로 도식화한다.

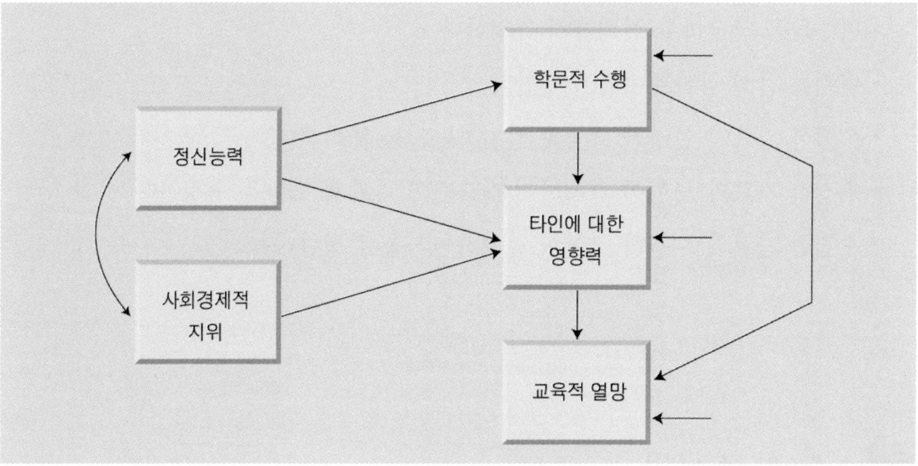

[그림 21-2] 연구모형의 설정

2) SPSS에 자료입력

AMOS 프로그램 실행을 위해서는 분석에 사용할 데이터를 지정해야 한다. 데이터는 제3장에서 소개한 자료입력 방법에 따라 작성된 SPSS 데이터 파일을 그대로 사용하거나 사용자가 SPSS 데이터 파일로 상관분석을 실행하여 상관계수 행렬을 구하고 이를 입력하여 별도의 데이터 파일을 작성할 수 있다. SPSS 데이터 파일을 그대로 사용하면 AMOS 프로그램이 자동으로 공분산 행렬로 변환하여 분석하므로 편리하지만, 데이터 파일에 결측값이 포함되어 있는 경우 추정 과정에서 문제가 발생할 수 있다. 그러나 상관계수 행렬을 사용하면 이러한 문제를 방지할 수 있다. 상관계수 행렬을 사용할 때 주의할 점은 AMOS 프로그램은 분석시 공분산 행렬을 사용하므로 표준편차도 함께 입력하여야 한다는 것이다. 이는 상관계수가 공분산을 표준편차로 나누어 표준화한 값이기 때문이다.

상관계수 행렬을 사용하기 위해서는 먼저 SPSS에서 기술통계분석과 상관분석을 실행한다. 분석 결과 산출된 표준편차와 상관계수를 경로분석에 사용할 데이터 파일로 작성하기 위하여 SPSS 명령문 편집기를 사용한다.

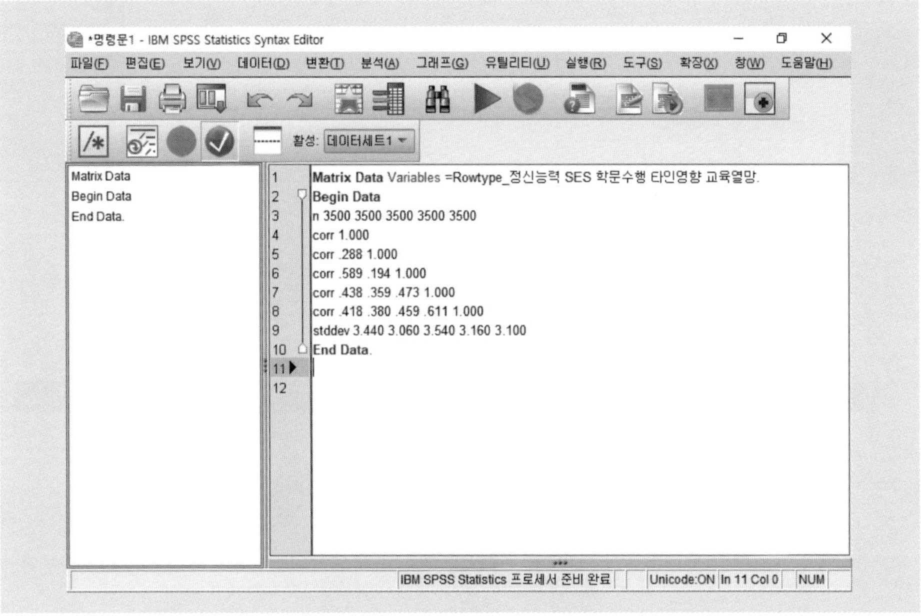

SPSS 명령문 편집기에 명령문을 작성하여 명령문을 실행하면 다음과 같은 데이터 파일이 생성된다.

	rowtype_	varname_	정신능력	ses	학문수행	타인영향	교육열망
1	n		3500.000	3500.000	3500.000	3500.000	3500.000
2	corr	정신능력	1.000	.288	.589	.438	.418
3	corr	SES	.288	1.000	.194	.359	.380
4	corr	학문수행	.589	.194	1.000	.473	.459
5	corr	타인영향	.438	.359	.473	1.000	.611
6	corr	교육열망	.418	.380	.459	.611	1.000
7	stddev		3.440	3.060	3.540	3.160	3.100

3) AMOS 프로그램 시작

시작 ▷ 모든 프로그램 ▷ IBM SPSS Statistics ▷ IBM SPSS Amos 25 Graphics

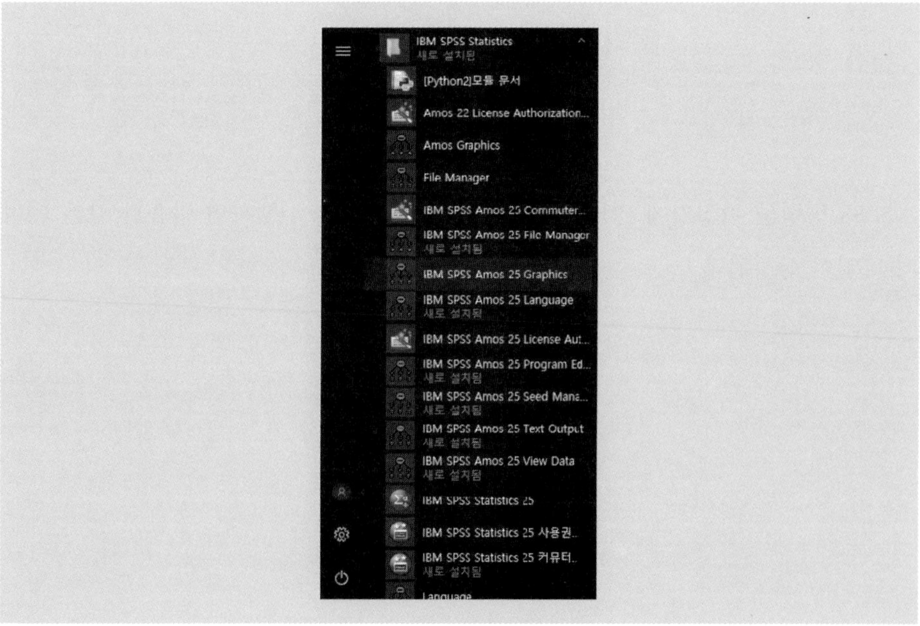

AMOS Graphics가 올바르게 실행되면 다음과 같은 화면을 얻을 수 있다.

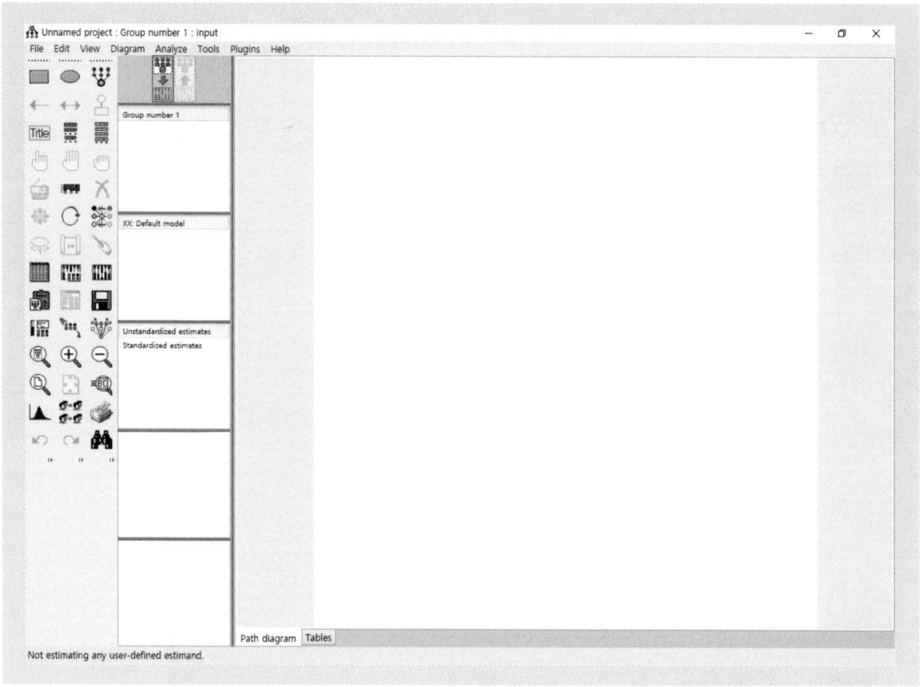

AMOS 25 Graphics 창은 도구모음, 상태표시, 작업시트로 구성되어 있다. 도구모음은 편리한 분석 실행을 돕는 아이콘들을 모아 놓은 부분이고, 상태표시는 분석집단, 분석모형, 분석 결과 등이 표시되는 부분이며, 작업시트는 실제 사용자가 모형을 그림으로 표시하는 부분이다.

도구모음의 아이콘과 그 기능은 〈표 21-1〉과 같다.

〈표 21-1〉 AMOS 25 Graphics 창의 도구모음 아이콘

아이콘	기능
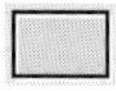	측정변수(observed variable) 그리기
	잠재변수(latent variable) 그리기
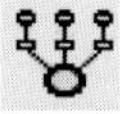	측정모형 그리기. 클릭할 때마다 측정변수 생성
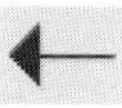	경로 그리기

	상관관계 그리기
	오차 그리기. 클릭할 때마다 시계방향으로 회전
	모형의 제목 입력
	모형 내 변수 목록 제시
	데이터의 변수 목록 제시. 목록을 선택하여 도형에 끌어다 놓으면 자동으로 변수 이름 입력
	특정 도형 선택
	전체 도형 선택
	도형 선택 해제
	도형 복사
	도형 이동
	도형 삭제
	도형의 크기 조정
	도형 회전
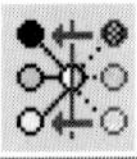	잠재변수에 연결된 측정변수 대칭 이동. 클릭할 때마다 측정변수 회전
	모수 이동
	화면상의 경로도 위치 이동
	경로 혹은 상관관계 표시선의 위치를 중간으로 조정
	데이터 파일 지정
	분석 옵션 설정

	분석 실행
	클립보드에 모형 복사
	분석 결과 열기
	저장
	도형 및 경로의 특성 지정
	도형 및 경로의 특성을 다른 도형 및 경로로 복사
	모형 내 도형의 대칭 정렬
	모형의 특정 부분만 확대
	전체 모형 확대
	전체 모형 축소
	전체 화면 보기
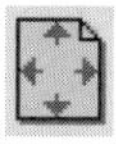	전체 모형이 한 화면에 보이도록 조정
	확대보기(돋보기)
	베이지안 추정
	다집단 분석
	출력
	이전 실행 취소
	실행취소 한 내용 재실행
	모형 옵션 설정

4) AMOS 25 프로그램에 연구모형 그리기

도구상자의 아이콘을 사용하여 연구모형을 작업시트에 그린다.

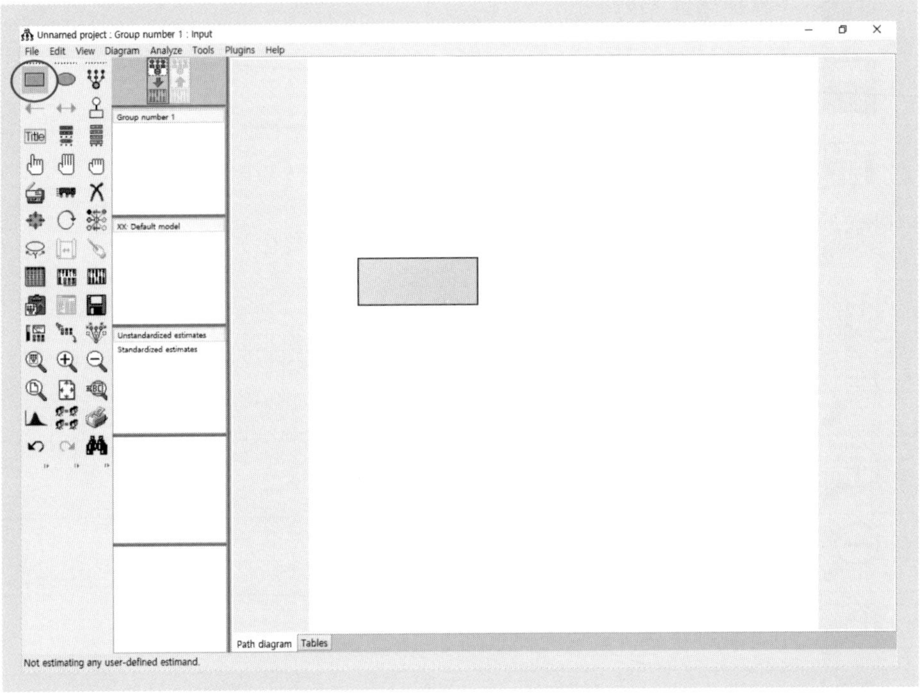

측정변수를 모두 그리고 난 후, ← 경로를 표시한다.

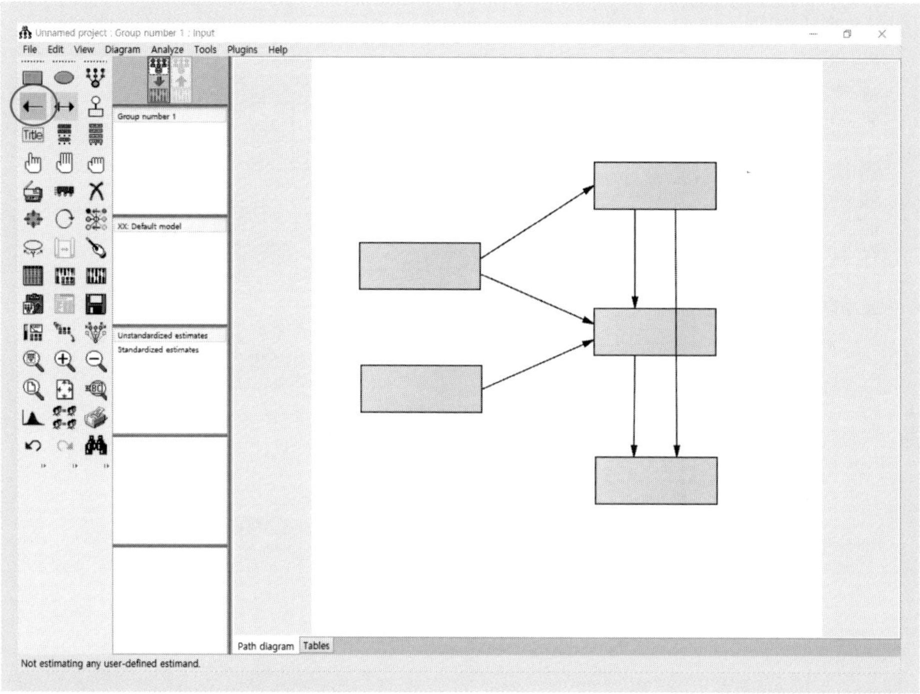

각 경로도형에 변수를 정의해 주기 위해 도형을 더블클릭하여 Object Properties (개체 속성) 대화상자를 열고 Variable name에 SPSS 자료 파일에 입력된 변수 이름과 동일한 해당 변수 이름을 입력한다. 만일 데이터 파일의 경로를 이전에 지정하였다면 아이콘을 클릭하여 변수 이름을 도형으로 끌어온다.

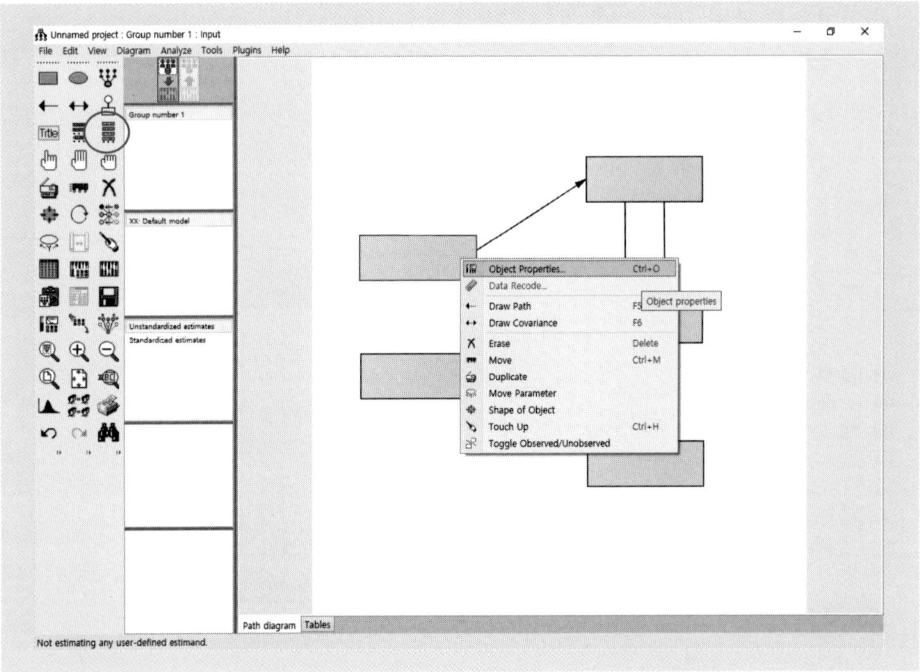

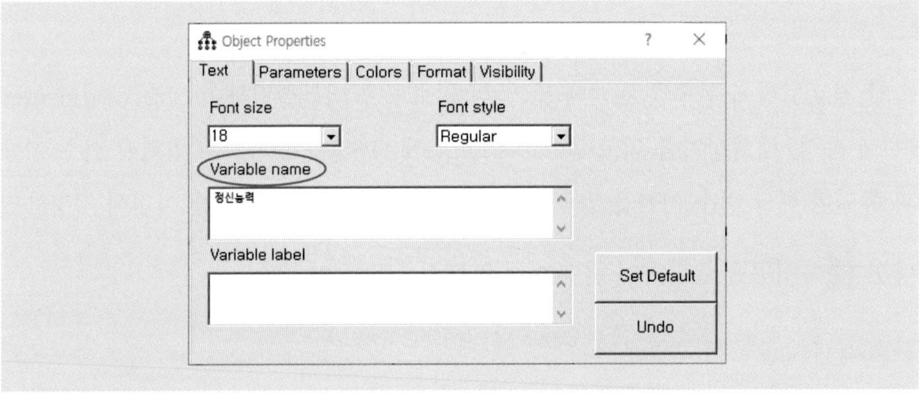

AMOS의 장점 중 하나는 측정변수에 오차항을 설정하여 특정 오차와 무작위 측정오차를 통제할 수 있다는 것이다. 이를 위해 오차가 존재할 것으로 가정되는 변수에 오차항을 삽입한다. 오차항 역시 도구상자에 존재하는 데 도구상자의 오차항 아이콘을 클릭한 뒤 오차항이 생성되기 원하는 경로도형을 선택하여 클릭하면 간단히 오차항을 삽입할 수 있다. AMOS 프로그램에서 오차항의 경로계수는 자동으로 '1'을 갖는다. 오차항 역시 개체 속성창을 열어 변수 이름을 지정해 준다(e1, e2, e3).

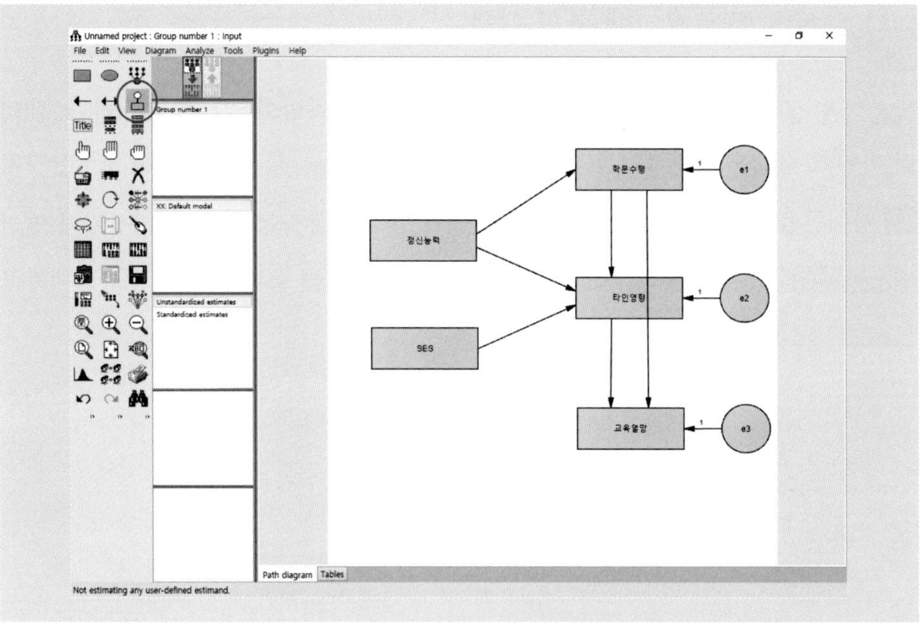

↔을 사용하여 정신능력과 SES 변수 간의 상관관계가 있음을 지정해 준다.

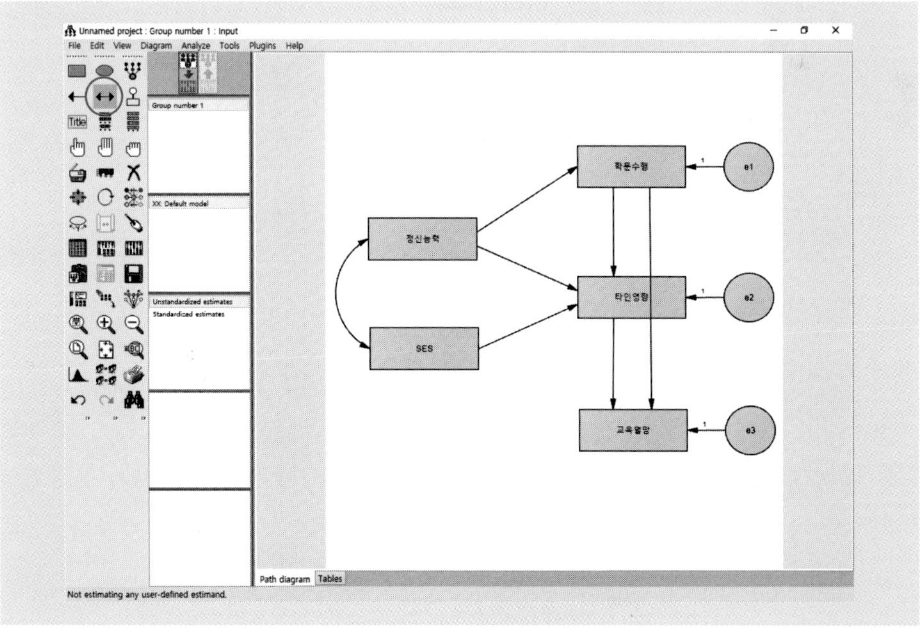

5) AMOS 25 프로그램 분석 실행

분석을 실행하기 위해 우선 미리 생성해 둔 데이터 파일의 경로를 지정한다. 데이터 파일의 경로를 지정하기 위해 File ▷ Data Files 를 선택하거나 도구상자의 아이콘을 클릭하여 데이터 파일 지정을 위한 대화상자를 연다. 대화상자가 열리면 File Name 을 클릭해 해당 데이터 파일이 존재하는 폴더에서 파일을 선택하고 OK 버튼을 클릭하여 대화상자를 닫는다.

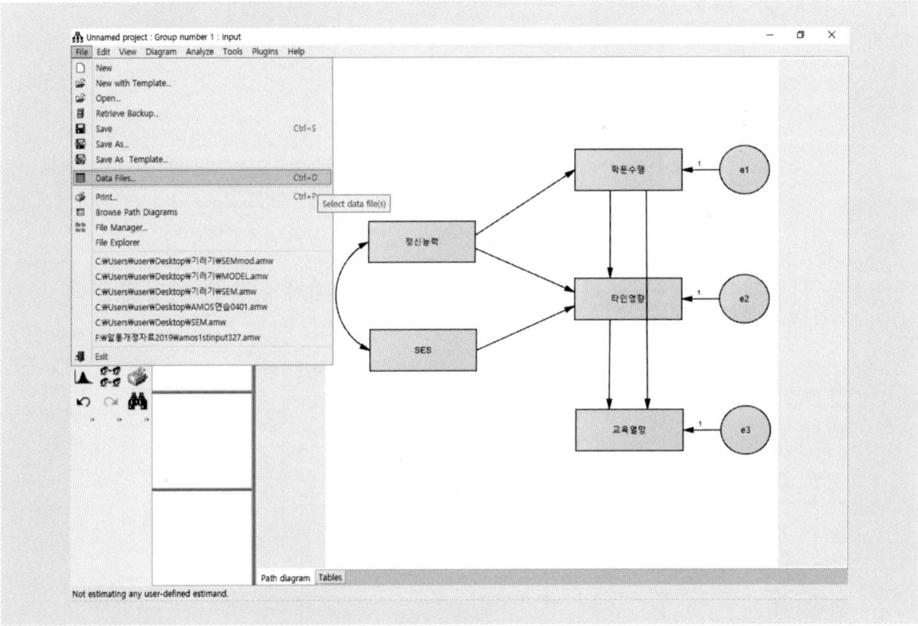

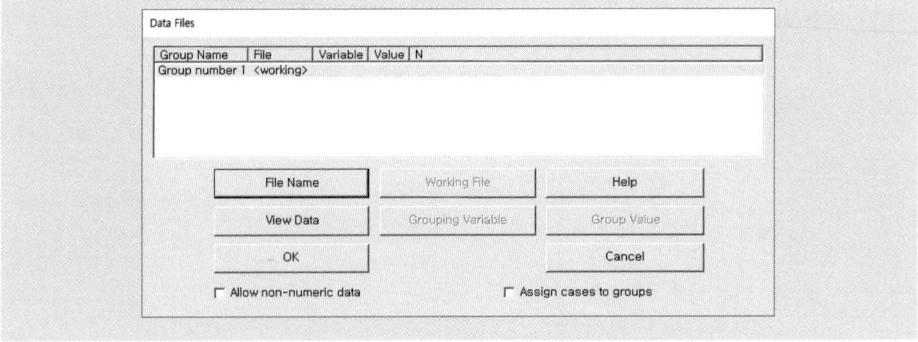

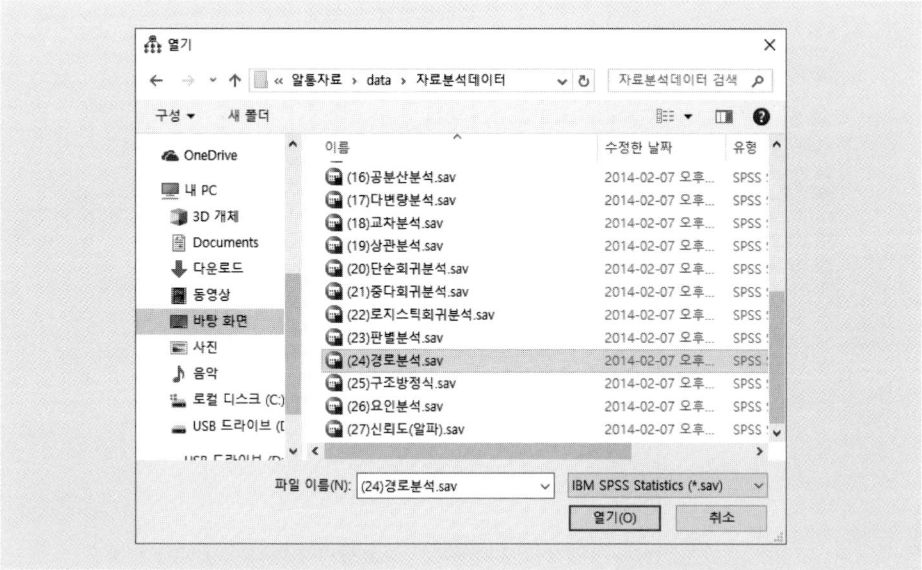

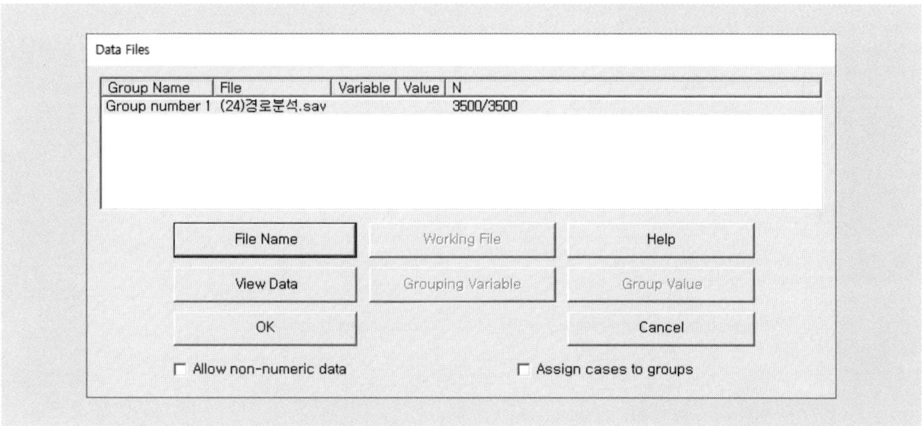

데이터 파일 지정을 마치면 [View] ▷ [Analysis properties] ▷ [Output]에서 결과 출력물 선택창을 열어 출력 결과물의 내용을 선택한다.

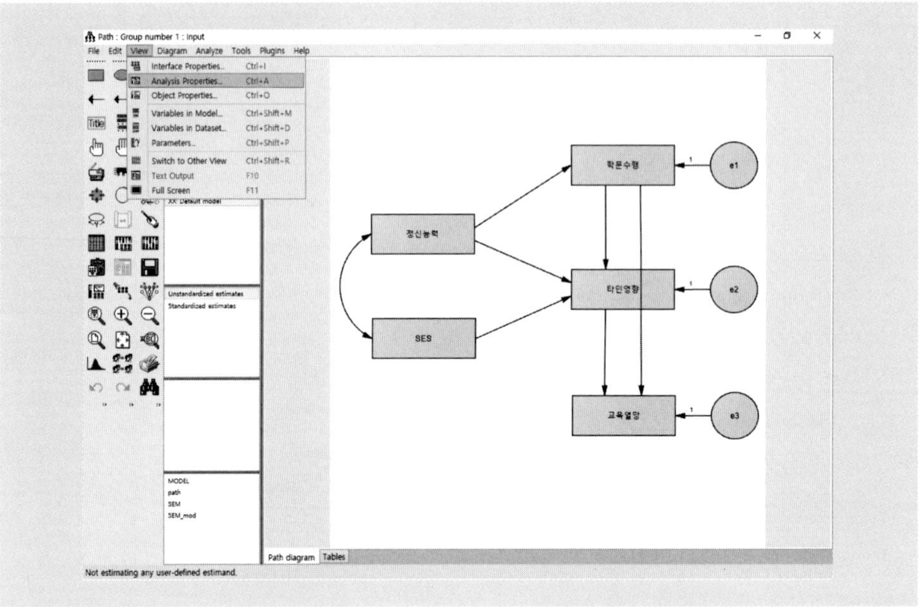
Path : Group number 1 : Input
File Edit View Diagram Analyze Tools Plugins Help
Interface Properties... Ctrl+I
Analysis Properties... Ctrl+A
Object Properties... Ctrl+O
Variables in Model... Ctrl+Shift+M
Variables in Dataset... Ctrl+Shift+D
Parameters... Ctrl+Shift+P
Switch to Other View Ctrl+Shift+R
Text Output F10
Full Screen F11
Unstandardized estimates
Standardized estimates
MODEL
path
SEM
SEM_mod
Path diagram
Tables
Not estimating any user-defined estimand.
SES
e1
e2
e3

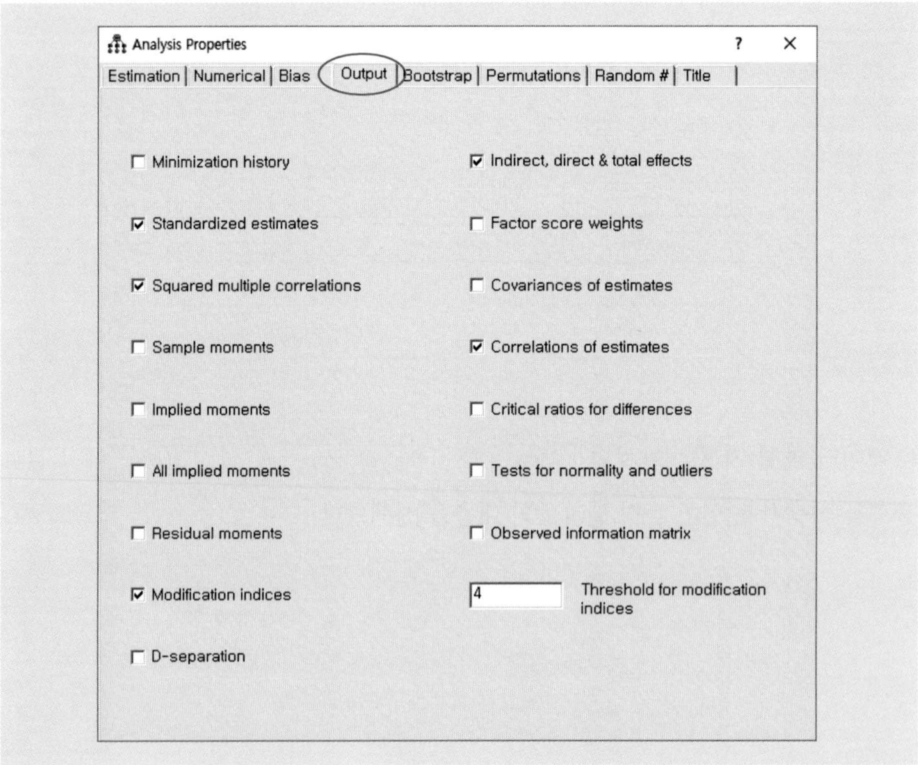
Analysis Properties
Estimation | Numerical | Bias | Output | Bootstrap | Permutations | Random # | Title
Minimization history
Standardized estimates
Squared multiple correlations
Sample moments
Implied moments
All implied moments
Residual moments
Modification indices
D-separation
Indirect, direct & total effects
Factor score weights
Covariances of estimates
Correlations of estimates
Critical ratios for differences
Tests for normality and outliers
Observed information matrix
4
Threshold for modification indices

결과 출력물의 키워드에 대한 설명은 〈표 21-2〉와 같다.

〈표 21-2〉 출력물 선택 키워드

선택 키워드	내 용
Minimization history	데이터와 모형 간 불일치 정도의 과정을 요약
Standardized estimates	표준화된 회귀계수
Squared multiple Correlations	다중상관치. 내생변수가 외생변수에 의해 설명되는 부분
Sample moments	표본의 평균
Implied moments	관찰변수의 공분산, 평균
All implied moments	모든 변수의 공분산, 평균
Residual moments	표본공분산 행렬과 공분산 행렬의 차이
Modification indices	모형의 적합도를 개선하기 위한 수정 지수
Indirect, direct & total effects	간접 효과, 직접 효과, 총 효과
Factor score weights	요인 점수
Covariance of estimates	추정치의 공분산 행렬
Correlations of estimates	추정치의 상관행렬
Critical ratios for differences	모수의 t 통계량
Test for normality and outliers	정규분포성과 이상치 검정
Observed information matrix	관측정보 행렬
Threshold for modification indices	수정지수의 기준값

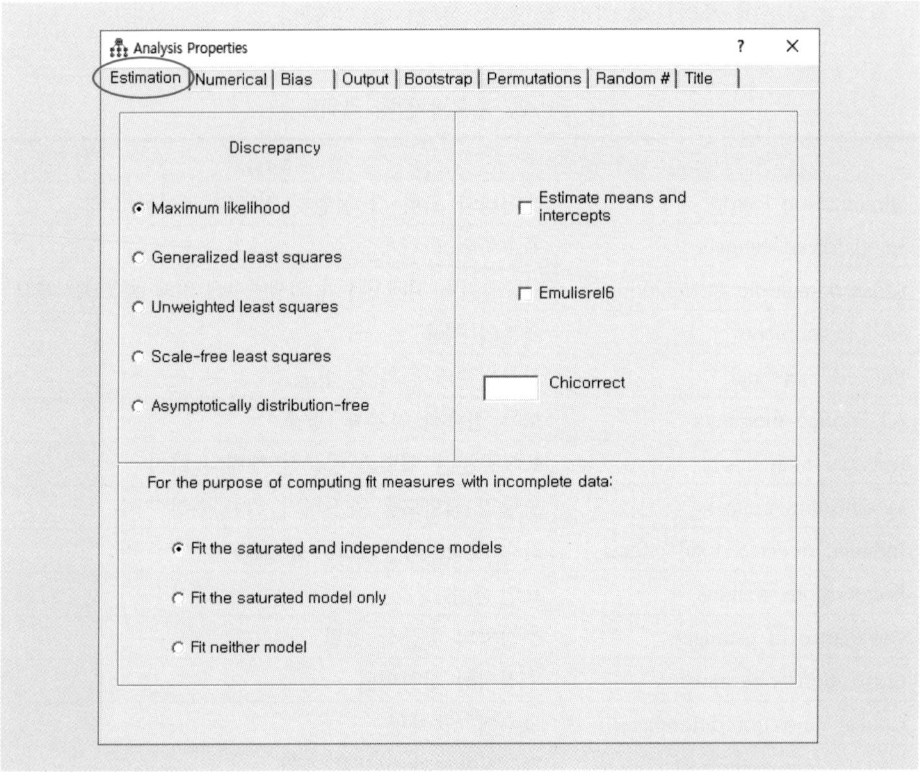

출력물 선택까지 마쳤으면 도구상자의 아이콘이나 Analyze ▷ Calculate Estimates 를 선택하여 분석을 실행한다.

만일 AMOS 프로그램 실행시 결측값을 포함하는 데이터 파일을 사용할 경우 View ▷ Analysis Properties ▷ Estimation 에서 Estimate means and intercepts를 선택하여 완전정보 최대우도추정(Full information maximum likelihood estimation)을 적용하여야 한다.

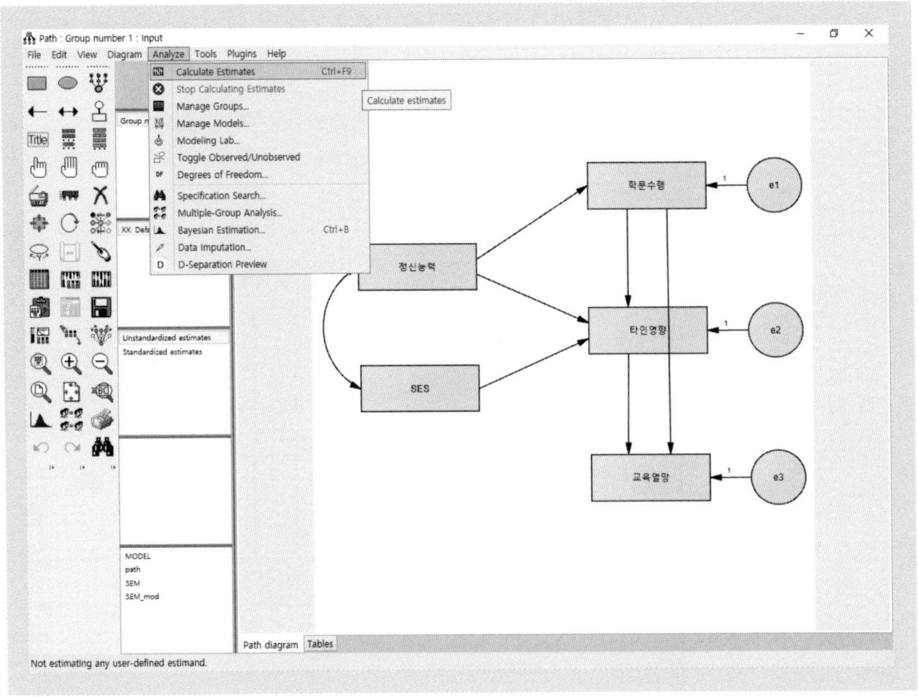
Path : Group number 1 : Input
File Edit View Diagram Analyze Tools Plugins Help
Calculate Estimates Ctrl+F9
Stop Calculating Estimates
Manage Groups...
Manage Models...
Modeling Lab...
Toggle Observed/Unobserved
Degrees of Freedom...
Specification Search...
Multiple-Group Analysis...
Bayesian Estimation... Ctrl+B
Data Imputation...
D-Separation Preview
Calculate estimates
Unstandardized estimates
Standardized estimates
MODEL
path
SEM
SEM_mod
학문수행
정신능력
타인영향
SES
교육열망
e1
e2
e3
Path diagram
Tables
Not estimating any user-defined estimand.

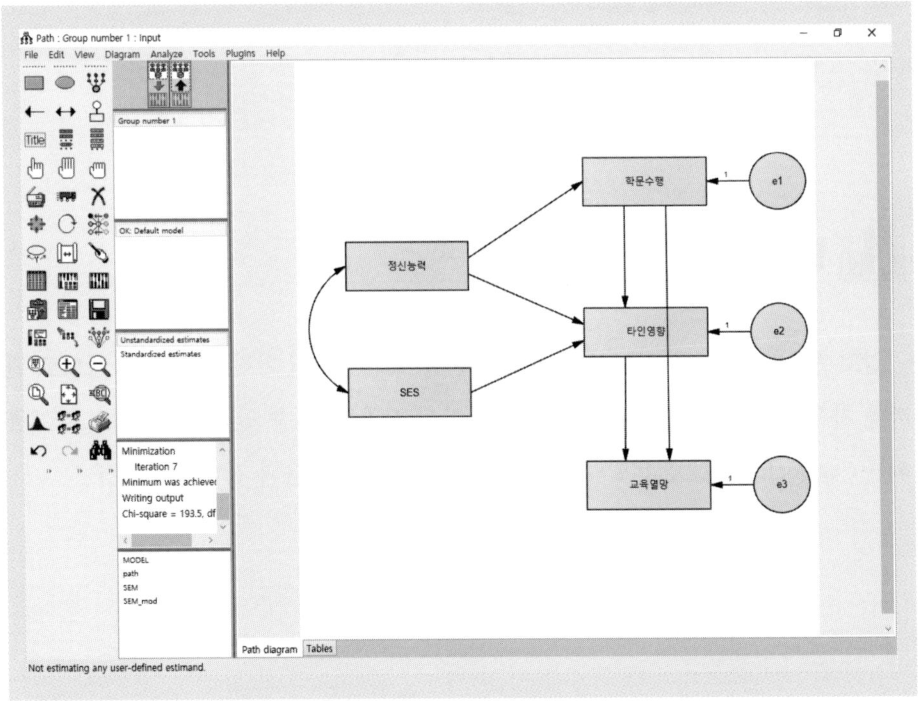
Path : Group number 1 : Input
File Edit View Diagram Analyze Tools Plugins Help
Group number 1
OK: Default model
Unstandardized estimates
Standardized estimates
Minimization
Iteration 7
Minimum was achievec
Writing output
Chi-square = 193.5, df
MODEL
path
SEM
SEM_mod
학문수행
정신능력
타인영향
SES
교육열망
e1
e2
e3
Path diagram
Tables
Not estimating any user-defined estimand.

분석 결과는 도구상자의 [icon]이나 View ▷ Text Output 에서 확인할 수 있다.

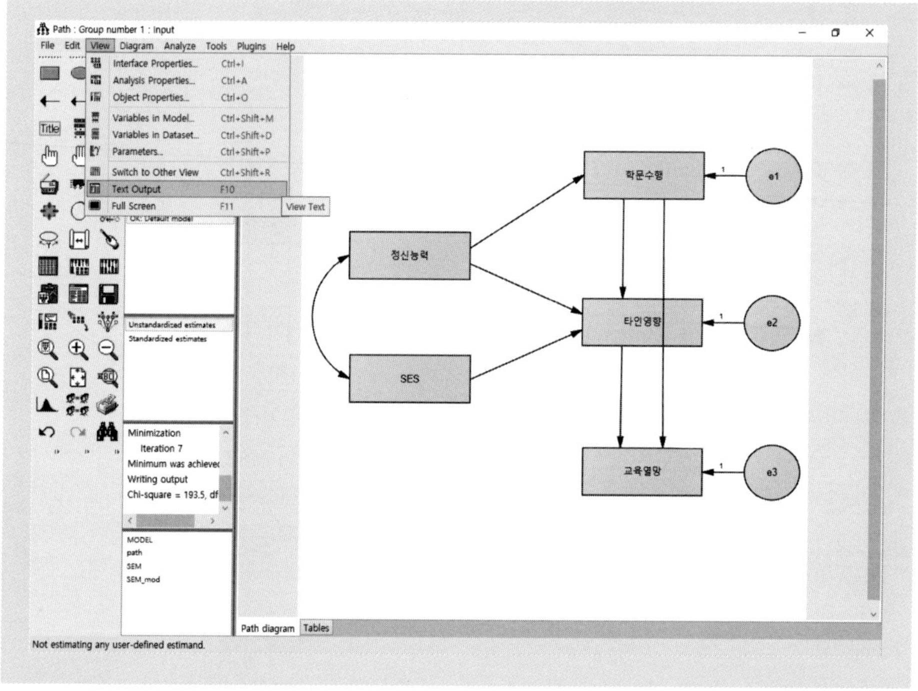

5. 분석 결과

경로분석의 경우 변수들 간 경로계수를 알아보는 것이 가장 큰 관심사이므로 결과물 가운데 'Estimates' 부분을 중심으로 분석 결과를 알 수 있다. 표 형식으로 제공되는 Output으로 'Estimates'의 분석 결과를 살펴보면 다음과 같다.

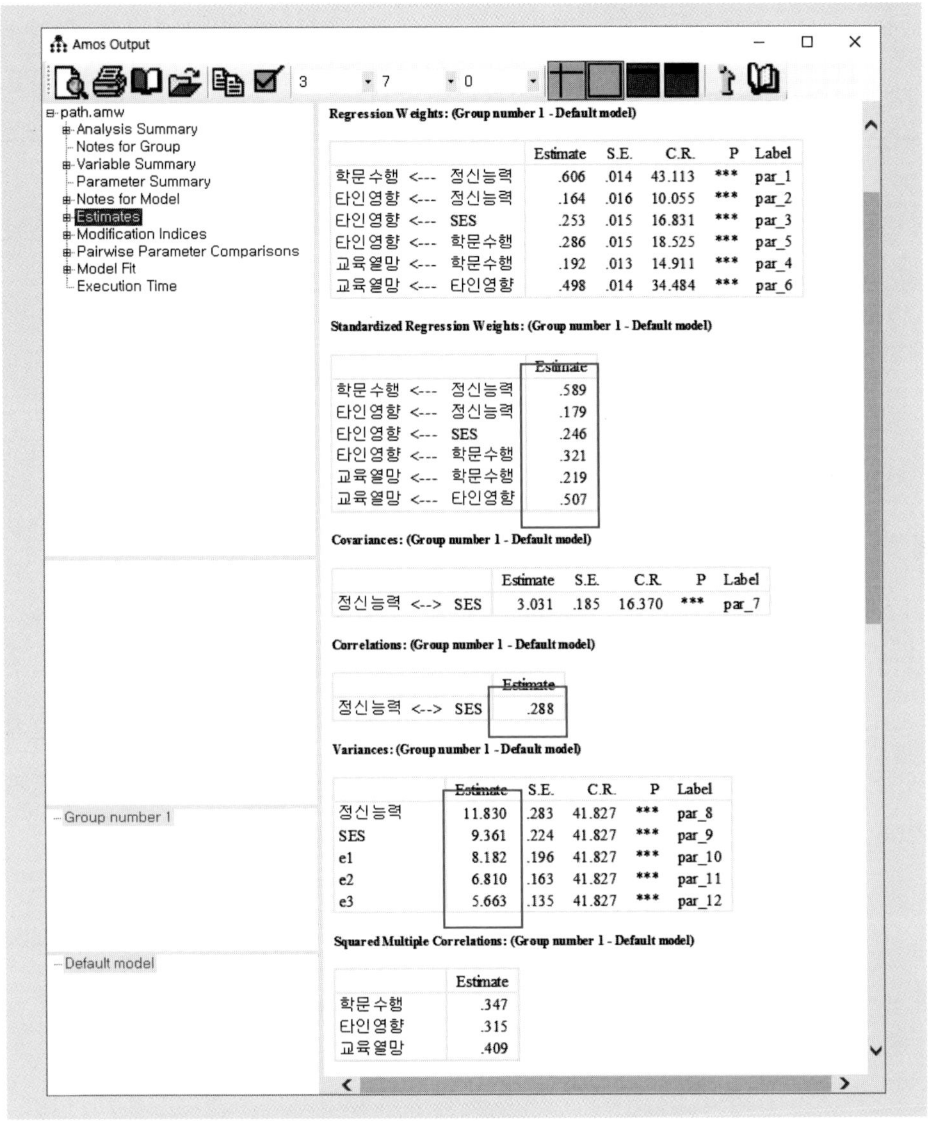

Regression Weights: (Group number 1 - Default model)

			Estimate	S.E.	C.R.	P	Label
학문수행	<---	정신능력	.606	.014	43.113	***	par_1
타인영향	<---	정신능력	.164	.016	10.055	***	par_2
타인영향	<---	SES	.253	.015	16.831	***	par_3
타인영향	<---	학문수행	.286	.015	18.525	***	par_5
교육열망	<---	학문수행	.192	.013	14.911	***	par_4
교육열망	<---	타인영향	.498	.014	34.484	***	par_6

Standardized Regression Weights: (Group number 1 - Default model)

			Estimate
학문수행	<---	정신능력	.589
타인영향	<---	정신능력	.179
타인영향	<---	SES	.246
타인영향	<---	학문수행	.321
교육열망	<---	학문수행	.219
교육열망	<---	타인영향	.507

Covariances: (Group number 1 - Default model)

			Estimate	S.E.	C.R.	P	Label
정신능력	<-->	SES	3.031	.185	16.370	***	par_7

Correlations: (Group number 1 - Default model)

			Estimate
정신능력	<-->	SES	.288

Variances: (Group number 1 - Default model)

	Estimate	S.E.	C.R.	P	Label
정신능력	11.830	.283	41.827	***	par_8
SES	9.361	.224	41.827	***	par_9
e1	8.182	.196	41.827	***	par_10
e2	6.810	.163	41.827	***	par_11
e3	5.663	.135	41.827	***	par_12

Squared Multiple Correlations: (Group number 1 - Default model)

	Estimate
학문수행	.347
타인영향	.315
교육열망	.409

'Estimates'의 구성을 살펴보면 다음과 같다.

〈표 21-3〉 경로모형 분석 결과: 추정치(Estimates)

구 분	내 용	활 용
Regression Weights	비표준화된 회귀계수	변수 간 실제 관련 정도
Standardized Regression Weights	표준화된 회귀계수	변수 간 상대적 영향력 판단

Variance	분산	오차항의 분산은 오차 정도를 의미
Squared Multiple Correlations	다중상관치	내생변수가 외생변수에 의해 설명되는 양

'Regression Weights'와 'Variance'의 경우 추정치에 대한 통계적 유의도 검정결과가 함께 제시되는데, 각각이 의미하는 바는 다음과 같다.

〈표 21-4〉 경로모형 분석 결과: 추정치의 유의도 검정

구 분	내 용
Estimate	추정치
S.E.	Standard Error=표준오차
C.R.	Critical Ratio=Estimate/S.E.
P	유의확률

이를 토대로 본 예시의 분석 결과를 살펴보면, 연구모형에서 설정한 모든 경로계수들은 P=.000으로 유의수준 .05에서 통계적으로 유의함을 알 수 있다. 분석 결과 얻은 경로계수를 연구모형에 제시하면 다음과 같은 경로도를 얻을 수 있다.

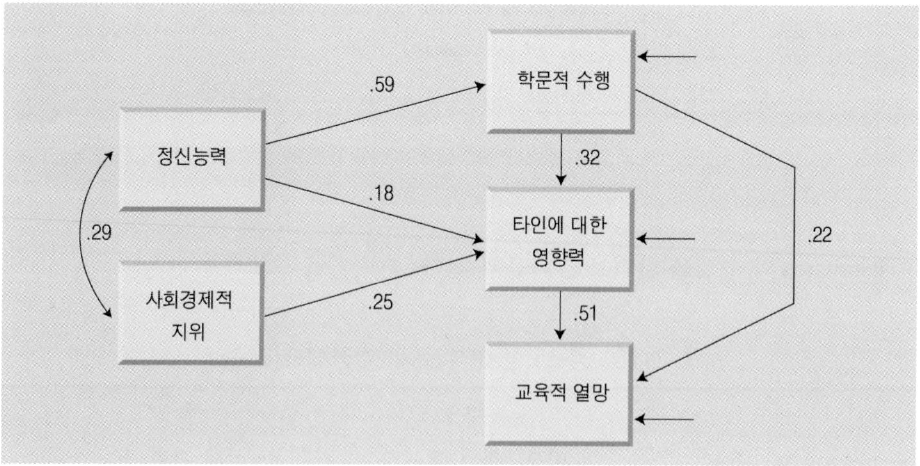

[그림 21-3] 경로도

경로도에서 각 변수의 직접 효과, 간접 효과, 전체 효과는 Output의 'Estimates' 부분에서 확인할 수 있고, 각각 표준화된 효과 부분을 해석한다.

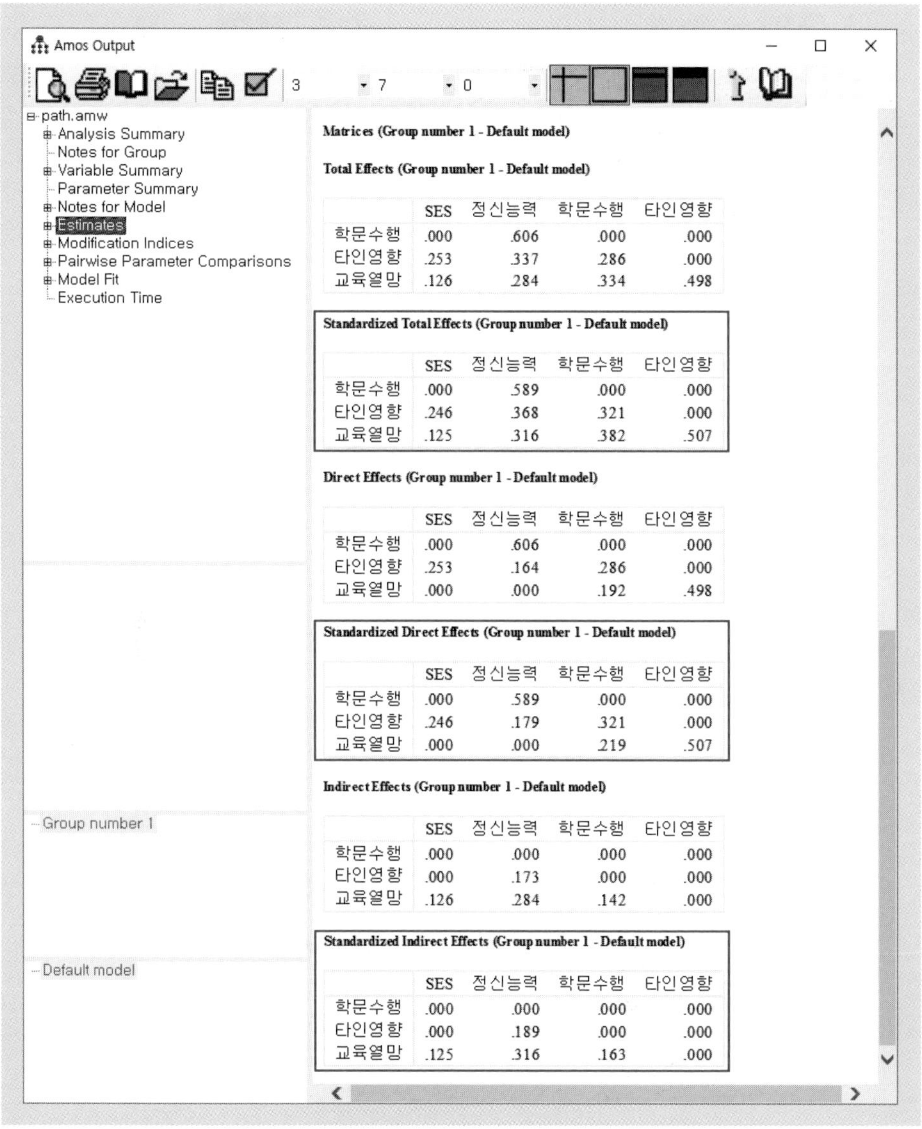

Matrices (Group number 1 - Default model)

Total Effects (Group number 1 - Default model)

	SES	정신능력	학문수행	타인영향
학문수행	.000	.606	.000	.000
타인영향	.253	.337	.286	.000
교육열망	.126	.284	.334	.498

Standardized Total Effects (Group number 1 - Default model)

	SES	정신능력	학문수행	타인영향
학문수행	.000	.589	.000	.000
타인영향	.246	.368	.321	.000
교육열망	.125	.316	.382	.507

Direct Effects (Group number 1 - Default model)

	SES	정신능력	학문수행	타인영향
학문수행	.000	.606	.000	.000
타인영향	.253	.164	.286	.000
교육열망	.000	.000	.192	.498

Standardized Direct Effects (Group number 1 - Default model)

	SES	정신능력	학문수행	타인영향
학문수행	.000	.589	.000	.000
타인영향	.246	.179	.321	.000
교육열망	.000	.000	.219	.507

Indirect Effects (Group number 1 - Default model)

	SES	정신능력	학문수행	타인영향
학문수행	.000	.000	.000	.000
타인영향	.000	.173	.000	.000
교육열망	.126	.284	.142	.000

Standardized Indirect Effects (Group number 1 - Default model)

	SES	정신능력	학문수행	타인영향
학문수행	.000	.000	.000	.000
타인영향	.000	.189	.000	.000
교육열망	.125	.316	.163	.000

연구모형의 적합도는 Output의 'Model fit' 부분에서 확인할 수 있다.

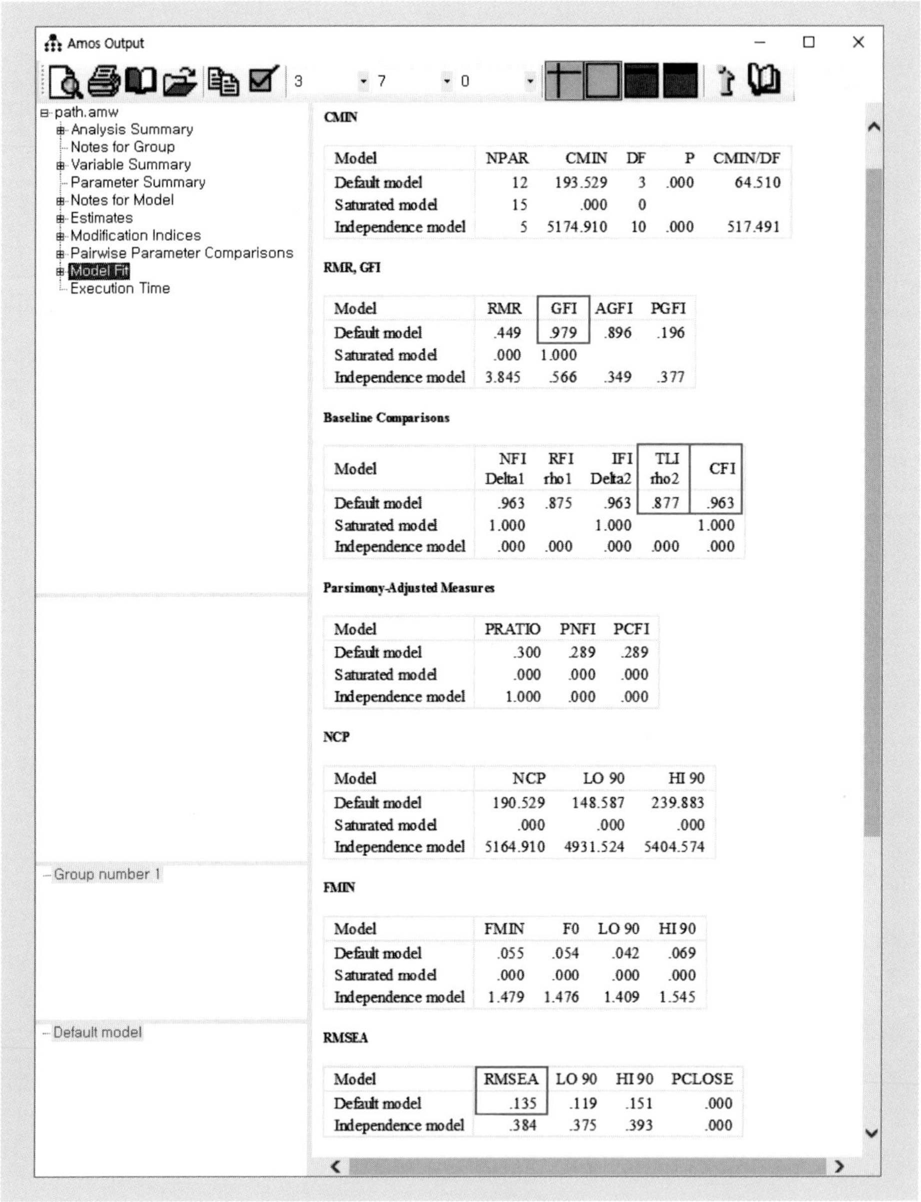

CMIN

Model	NPAR	CMIN	DF	P	CMIN/DF
Default model	12	193.529	3	.000	64.510
Saturated model	15	.000	0		
Independence model	5	5174.910	10	.000	517.491

RMR, GFI

Model	RMR	GFI	AGFI	PGFI
Default model	.449	.979	.896	.196
Saturated model	.000	1.000		
Independence model	3.845	.566	.349	.377

Baseline Comparisons

Model	NFI Delta1	RFI rho1	IFI Delta2	TLI rho2	CFI
Default model	.963	.875	.963	.877	.963
Saturated model	1.000		1.000		1.000
Independence model	.000	.000	.000	.000	.000

Parsimony-Adjusted Measures

Model	PRATIO	PNFI	PCFI
Default model	.300	.289	.289
Saturated model	.000	.000	.000
Independence model	1.000	.000	.000

NCP

Model	NCP	LO 90	HI 90
Default model	190.529	148.587	239.883
Saturated model	.000	.000	.000
Independence model	5164.910	4931.524	5404.574

FMIN

Model	FMIN	F0	LO 90	HI 90
Default model	.055	.054	.042	.069
Saturated model	.000	.000	.000	.000
Independence model	1.479	1.476	1.409	1.545

RMSEA

Model	RMSEA	LO 90	HI 90	PCLOSE
Default model	.135	.119	.151	.000
Independence model	.384	.375	.393	.000

6. 분석 결과 보고

학생들의 교육적 열망과 관련된 변수들 간의 관계를 알아보기 위하여 교육적 열망에 영향을 미치는 요인으로 학생의 정신능력, 사회경제적 지위, 학문적 수행능력, 타인에 대한 영향력을 선정하고, 3,500명의 학생을 대상으로 각 특성에 대해 측정하였다. 예측변수인 정신능력, 사회경제적 지위, 학문적 수행능력, 타인에 대한 영향력과 종속변수인 교육적 열망 간의 상관계수 행렬은 〈표 21-5〉와 같다.

〈표 21-5〉 교육적 열망과 관련된 변수들 간의 상관계수 행렬

	정신능력	사회경제적 지위	학문적 수행능력	타인에 대한 영향력
사회경제적 지위	.29			
학문적 수행능력	.59	.19		
타인에 대한 영향력	.44	.36	.47	
교육적 열망	.42	.38	.46	.61

변수들 간의 관계를 검정하기 위하여 [그림 21-2]와 같은 모형을 설정하고, AMOS 프로그램을 이용하여 모형의 적합도 및 경로계수의 값을 추정하였다. 연구모형의 적합도는 〈표 21-6〉과 같다.

〈표 21-6〉 모형의 적합도

	χ^2(p)	자유도	RMSEA	TLI(NNFI)	GFI	CFI
연구모형	193.53(.000)	3	.14	.88	.98	.96
수용기준	p>.05		.05 이하	.9 이상	.9 이상	.9 이상

연구자가 설정한 모형이 수집한 자료의 특성을 잘 반영할 수 있는지에 대해 검정한 결과, χ^2값은 193.53, 유의확률은 .000으로서 유의수준 .05에서 모형과 자료가 일치한다는 영가설이 기각되었다. 그러나 χ^2검정은 표본의 크기에 매우 민감하게 영향을 받는다는 단점이 있으므로 다른 적합도 지수들을 함께 고려하여 모형의 적

합도에 대해 평가할 필요가 있다. 일반적으로 사용되는 적합도 지수는 〈표 21-7〉과 같다(홍세희, 2001).

〈표 21-7〉 적합도 지수

적합도 지수		개발자	기준값	표본크기	간명도
상대 적합도 지수	NFI (Normed Fit Index)	Bentler & Bonett, 1980	>.90	민감	비고려
	NNFI (Non Normed Fit Index) = TLI(Tucker-Lewis Index)	Bentler & Bonett, 1980	>.90	덜 민감	고려
	CFI (Comparative Fit Index)	Bentler, 1990	>.90	덜 민감	비고려
절대 적합도 지수	GFI (Goodness of Fit Index)	Joreskog & Sorbom, 1984	>.90	민감	비고려
	AGFI (Adjusted Goodness of Fit Index)	Joreskog & Sorbom, 1984	없음	민감	고려
	RMSEA (Root Mean Square Error of Approximation)	Steiger & Lind, 1980	<.05	덜 민감	고려

상대 적합도 지수(relative fit index, incremental fit index)는 독립모형과 비교하여 모형의 적합도를 평가하는 지수로서 이론 모형이 독립모형에 비해 자료를 얼마나 잘 설명하는지 나타내 준다. 독립모형은 변수들 간에 관계가 없음을 가정하지 않은 모형을 의미한다. 상대 적합도 지수에는 NFI, NNFI(TLI), CFI 등이 있다. 반면, 절대 적합도 지수(absolute fit index)는 이론 모형의 적합도를 독립모형의 적합도와 비교하지 않고, 이론 모형이 자료와 얼마나 합치하는지 절대적으로 평가한다. 절대 적합도 지수에는 GFI, AGFI, RMSEA 등이 있다.

적합도 지수를 선택할 때에는 표본 크기에 민감하지 않고, 모형의 간명성을 고려하는 적합도 지수를 선택하는 것이 바람직하다. 좋은 이론이란 동일한 현상을 가장 간단하게 설명할 수 있는 것이므로 간명한 모형을 지지할 수 있는 적합도가 가장 좋은 것이라 할 수 있다. 이러한 기준에 비추어 볼 때 NNFI(TLI)와 RMSEA가 가장 추천할 만하다.

표본 크기에 영향을 받지 않는 적합도 지수는 RMSEA, NNFI(TLI), CFI로서 연구모형의 RMSEA는 .14, NNFI는 .88로서 수용할 수 있는 기준값(〈표 21-5〉 참고)과 비교할 때 다소 낮은 적합도를 보인다. 그러나 GFI와 CFI는 각각 .98과 .96으로 기준치보다 높은 적합도를 나타내고 있어 대체로 양호한 모형이라고 평가할 수 있다.

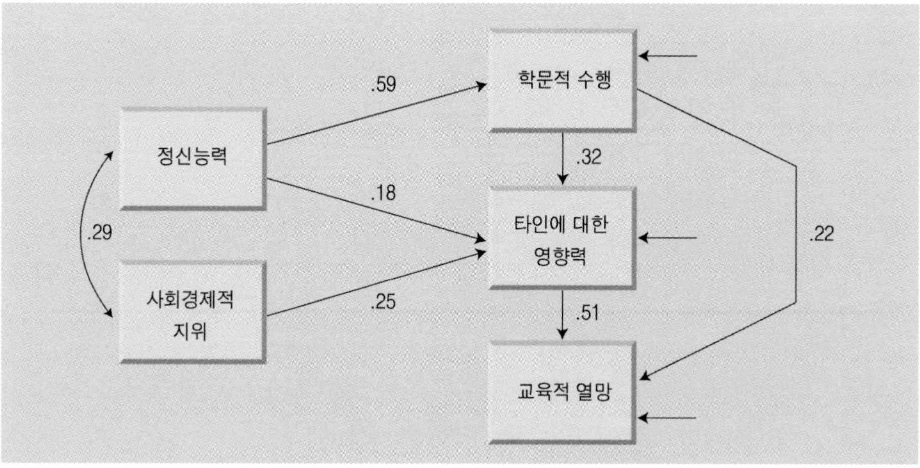

[그림 21-4] 교육적 열망에 대한 경로모형

연구모형에서 추정된 경로계수의 값을 살펴보면 정신능력 → 학문적 수행능력의 경로계수는 .59, 정신능력 → 타인에 대한 영향력의 경로계수는 .18, 학문적 수행능력 → 타인에 대한 영향력의 경로계수는 .32, 타인에 대한 영향력 → 교육적 열망의 경로계수는 .51로서 모두 유의수준 .05에서 유의한 값을 나타내고 있다. 정신능력과 사회경제적 지위의 상관관계는 .29이다.

교육적 열망에 대한 연구모형의 효과계수는 〈표 21-8〉과 같다. 학문적 수행능력 → 교육적 열망의 전체 효과는 직접 효과 .22와 간접 효과(.32 × .51)의 합으로 구성되므로 .38이다. 이와 같이 경로분석에서는 직접적인 인과관계만을 다루는 회귀분석과 달리 매개변수에 의한 간접 효과까지 파악할 수 있다는 장점이 있다.

〈표 21-8〉 연구모형의 효과계수

		사회경제적 지위	정신 능력	학문적 수행	타인에 대한 영향력
학문적 수행	직접 효과	-	.59	-	-
	간접 효과	-	-	-	-
	전체 효과	-	.59	-	-
타인에 대한 영향력	직접 효과	.25	.18	.32	-
	간접 효과	-	.19	-	-
	전체 효과	.25	.37	.32	-
교육적 열망	직접 효과	-	-	.22	.51
	간접 효과	.13	.32	.16	-
	전체 효과	.13	.32	.38	.51

연 • 습 • 문 • 제

최근 학교폭력이 중요한 사회문제로 떠오르는 가운데 부모 불화가 청소년의 공격성에 영향을 미치는 원인으로 대두되었다. 따라서 전국에서 중학생 1,000명을 표집하여 부모 불화가 청소년의 공격성에 미치는 영향에 대해 살펴보고자 한다. 이 과정에서 문헌연구를 통해 부모 불화가 자기신뢰와 우울증을 매개로 하여 공격성에 영향을 미친다는 가설을 수립하였다. 앞에서 논의된 개념을 바탕으로 청소년의 공격성 발현 원인에 대한 경로분석을 실시하시오.
(학지사 홈페이지에서 『알기 쉬운 통계분석(3판)』을 검색, 도서자료에서 '부록자료' 중 '데이터 파일'의 '21장.SAV'를 사용하여 분석하시오.)

제22장 구조방정식모형

구조방정식모형(Structural Equation Modeling: SEM)은 **다수의 회귀모형을 동시에 검정**할 수 있을 뿐 아니라 관찰변수 간의 인과관계를 다루는 경로분석과 달리, 관찰되지 않는 잠재적 요인들의 인과관계까지도 검정할 수 있는 장점을 가지고 있는 통계적 방법이다.

1. 기본 가정

구조방정식모형을 적용하기 위해서는 다음과 같은 **가정**을 충족하여야 한다.

- 표본 크기는 최소한 200 이상이어야 한다.
- 측정치들이 다변량 정상성을 따라야 한다.
- 잔차와 잠재변수 간의 상관은 0이다.

2. 사용 목적

구조방정식모형은 경로분석보다 더 발전된 형태의 통계적 방법으로 측정모형과 잠재변수모형(구조모형)을 통해 변수 간의 인과관계를 파악하기 위한 것이다. 최근 심리학, 교육학, 사회학, 경영학 등의 분야에서 가장 많이 사용되는 분석방법 중의

하나인데, 그 이유는 다음과 같다(김수영, 2018; 홍세희, 2001).

- 회귀분석과 비교해 볼 때 매개변수의 사용이 가능하다. 회귀분석에서는 직접적인 인과관계만 분석할 수 있지만 구조방정식모형에서는 여러 변수 간의 복합적인 인과관계를 동시에 검증할 수 있다.
- 경로분석과 비교해 볼 때 측정의 오차를 통제할 수 있다. 경로분석을 통하여 매개변수의 영향을 파악할 수는 있지만 경로분석에서는 잠재변수가 아닌 측정변수가 사용되기 때문에 측정의 오차를 통제할 수 없다. 반면, 구조방정식모형에서는 여러 개의 측정변수에서 추출된 공통분산을 잠재변수로 사용하므로 측정의 오차가 통제된 추정치를 얻을 수 있다. 따라서 구조방정식모형에 기초하여 산출된 값들은 측정변수에 기초하여 산출된 값들에 비해 더 정확하다고 할 수 있다.
- 이론 모형에 대한 통계적 평가가 가능하다. χ^2검정 및 다양한 적합도 지수를 적용하여 연구자가 개발한 이론적 모형이 실제 자료와 얼마나 부합되는지 평가할 수 있으며, 이를 기초로 연구자는 자신이 설정한 모형을 받아들이거나 수정할 수 있다.

3. 기본 원리

구조방정식모형은 잠재변수모형(구조모형)과 측정모형의 두 부분으로 구성된다. 잠재변수모형은 잠재변수 간의 인과관계 및 상관관계를 나타내는 부분으로서 경로분석과 회귀분석의 형태를 나타낸다. 잠재변수는 직접적으로 관찰하거나 측정할 수 없으므로 여러 개의 측정문항을 통해 이론적으로 구성되는 변수다. 잠재변수모형은 외생잠재변수와 내생잠재변수 및 오차변수로 구성된다. **외생잠재변수**(exogenous latent variable: ξ로 표시)는 독립변수의 역할을 하는 변수며, **내생잠재변수**(endogenous latent variable: η로 표시)는 종속변수의 역할을 한다. **오차변수**는 잠재변수모형을 구성하는 각각의 방정식에서 내생잠재변수(η)에 영향을 주지만 방정식에 포함되지 않은 잠재변수들의 영향을 나타낸다. 즉, 외생변수에 의해 설명되지 않는 나머지 부분으로 이를 설명오차(ζ로 표시)라 한다.

한편, 측정모형은 잠재변수와 관찰변수 간의 인과관계를 나타내는 부분으로 잠재변수와 관찰변수 및 오차변수로 구성된다. 측정모형은 요인분석과 유사하나 요인분석에서는 많은 관찰변수가 적은 수의 요인으로 축약되는 것에 초점을 두지만 측정모형에서는 잠재변수가 어떤 관찰변수를 통해 가시적으로 드러나는가에 초점을 둔다. 각 측정변수에서 잠재변수에 의해 설명되지 않은 나머지를 측정오차(x에 대한 측정오차는 δ로, y에 대한 측정오차는 ϵ으로 표시)라 한다.

잠재변수모형과 측정모형으로 구성된 구조방정식모형의 예는 [그림 22-1]과 같다.

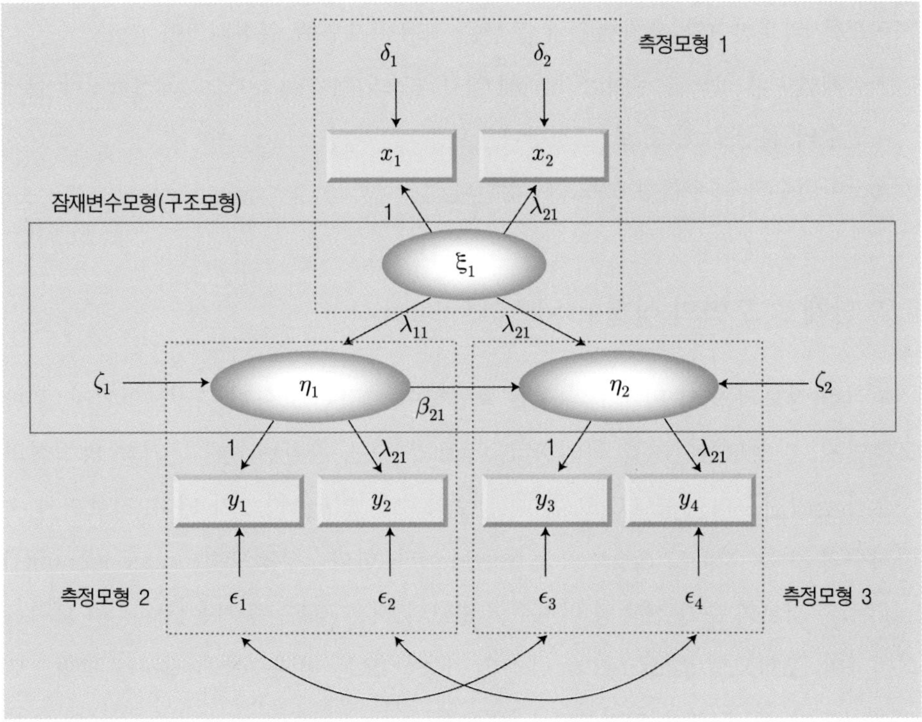

[그림 22-1] 구조방정식모형의 예

[그림 22-1]에서 보는 바와 같이 구조방정식모형은 회귀분석, 경로분석, 요인분석을 결합한 모형으로서 다른 통계적 방법에 비해 변수들 간의 인과관계를 명확하게 규명할 수 있다.

구조방정식 모형의 주요 분석 절차는 다음과 같다.

1) 단계 1: 이론 모형 또는 가설모형의 개발

문헌연구에 기초하여 각 잠재변수를 설명하는 측정변수와 잠재변수들 간의 관계를 경로도로 나타낸다.

구조방정식 모형을 설정할 때 다음과 같은 점을 고려해야 한다.

- 외생변수에 대해서만 공분산을 자유미지수로 설정할 수 있다.
- 모든 내생변수에 대해 오차변수를 설정해야 한다. 반면, 외생변수에 대해서는 오차변수를 설정하지 않는다.
- 모든 외생변수와 오차변수의 분산은 자유미지수로 설정되어야 한다.
- 잠재변수의 척도를 부여하기 위해 하나의 요인계수를 1.0으로 고정하거나 잠재변수의 분산을 1.0으로 고정한다.
- 오차변수의 계수를 1.0으로 고정한다.

2) 단계 2: **모형의 식별**(model identification)

주어진 정보의 수와 미지수의 수를 확인하여 설정된 모형이 부정모형인지, 포화모형인지, 간명모형인지를 확인한다. 정보의 수는 관찰변수에 근거한 방정식의 수로서 관찰변수의 수를 k라고 할 때 정보의 수는 $k(k+1)/2$가 되며, 정보의 수−미지수의 수를 자유도(degree of freedom)라 한다. **부정모형**(under identified model)은 정보의 수가 산출될 미지수의 수보다 적은 경우, 즉 자유도 < 0인 모형을 의미하며, **포화모형**(saturated model)은 가능한 모든 미지수를 추정하는 모형으로서 자유도가 0인 모형을 의미한다. **간명모형**(over identified model)은 정보의 수가 산출될 미지수의 수보다 많은 경우, 즉 자유도 > 0인 모형을 의미한다. 부정모형은 미지수가 고유값을 갖지 못하기 때문에 해석할 수 없으며, 포화모형은 전혀 간명성이 없으므로 통계적 검정이 불가능하고 분석의 의미도 없게 된다. 따라서 모형이 합리적으로 파악될 수 있는 조건은 간명모형의 경우로서 적은 미지수로 적합도가 좋은 모형을 산출하는 것이 연구의 주요 목적이 된다.

3) 단계 3: 미지수의 추정(parameter estimation)

AMOS, EQS, LISREL과 같은 프로그램을 이용하여 각 미지수의 값을 추정함으로써 이론 모형이 실제 자료와 어떤 관계에 있는지를 분석한다.

4) 단계 4: 모형평가(assessment of model fit)

이론 모형이 실제 자료와 얼마나 합치하는지 χ^2검정과 여러 가지 적합도 지수를 이용하여 평가한다. χ^2검정은 구조방정식모형이 개발된 초기에 모형의 적합도를 판단하기 위해 가장 많이 사용되었던 방법으로, 영가설은 '모형을 통해 재생된 공분산 행렬과 원자료의 공분산 행렬 사이에 차이가 없다.'이다. 그러나 가설이 너무 엄격해서 쉽게 기각되는 경향이 있으며, 표본 크기에 민감하다는 단점이 있다. 이러한 문제점을 해결하기 위해 많은 적합도 지수가 개발되었는데, 일반적으로 사용되는 적합도 지수는 제21장 〈표 21-7〉에 제시되어 있다.

5) 단계 5: 모형의 수정 및 재평가(model modification and cross validation)

이론 모형과 실제 자료가 잘 맞지 않으면 모형을 수정하여 다시 평가하게 된다. 이때 단순히 자료에 의존해서 모형을 설정하는 것이 아니라, 이론적으로 의미가 있어야 하며, 최종 선택된 모형은 다른 표본 혹은 다른 자료에도 적용하여 교차타당도를 확인하여야 한다.

모형을 평가하는 방법에는 단일모형 평가방법과 경쟁모형 평가방법이 있다. 단일모형 평가방법은 하나의 이론 모형만을 제시하고, 모형의 적합도가 좋으면 그 모형을 선택하고, 적합도가 좋지 않으면 수정지수를 이용하여 모형을 수정한 후 적합도가 좋으면 최종모형으로 선택하는 것을 의미한다. 반면, 경쟁모형 평가방법은 이론적으로 가능한 여러 모형을 제시하고 모형 간의 비교를 통해 해석이 용이하고 자료와 잘 맞는 모형을 최종모형으로 선택하는 방법이다. 단일모형 평가방법은 모형의 적합도가 좋게 나타날 경우 더 나은 모형을 선택할 가능성이 없으며, 적합도가 좋지 않을 경우 특정 자료에서 산출된 수정지수를 이용하여 모형을 수정하게 되므로 수정된 모형을 일반화하는 데 문제가 있다. 따라서 이론적으로 설명 가능한 경쟁모형을 설정할 수 있다면 경쟁모형 평가방법을 사용하는 것이 바람직하다.

경쟁모형을 평가할 때는 비교하는 두 모형이 서로 포함관계에 있는지, 아닌지에 따라 평가방법이 달라진다. 모형 A에서 추정하고자 하는 모든 미지수가 모형 B에서 추정하고자 하는 미지수에 모두 포함되었을 때 모형 A와 모형 B는 포함관계에 있다고 한다. 이와 같이 한 모형이 다른 모형에 포함된 경우에는 χ^2 차이 검정을 이용하여 최종모형을 선택한다. 이때 영가설이 기각되면 자료를 설명하는 정도에서 두 모형 간에 유의한 차이가 있음을 의미하므로 더 복잡한 모형, 즉 자유도가 작은 모형을 선택하며, 기각되지 않으면 더 간단한 모형, 즉 자유도가 큰 모형을 선택한다. 한편, 한 모형이 다른 모형에 포함되지 않은 경우에는 χ^2 차이 검정 대신 적합도 지수를 이용하여 더 좋은 적합도 지수를 보이는 모형을 선택한다. 경쟁모형의 자유도가 다를 때는 모형의 적합도와 간명성을 동시에 고려하는 적합도 지수, 즉 TLI(NNFI)나 RMSEA 등을 이용하여야 한다. 두 모형의 자유도가 다를 때 모형의 간명성을 고려하지 않고 적합도만 고려하게 되면, 모형의 비교가 공정하지 않기 때문이다.

4. 분석 실행

예 제

가정 특성 요인을 구성하는 하위요인으로 부모의 기대수준과 가정 분위기를 설정하였고, 개인 특성 요인을 구성하는 하위요인으로 자아존중감과 지적 능력을 설정하였으며, 학습의욕을 구성하는 하위요인으로 자신감과 자주적 학습태도를 설정하였다. 가정 특성 요인과 개인 특성 요인 및 학습의욕 요인 간의 관계는 어떠한가?

1) 연구모형 설정하기

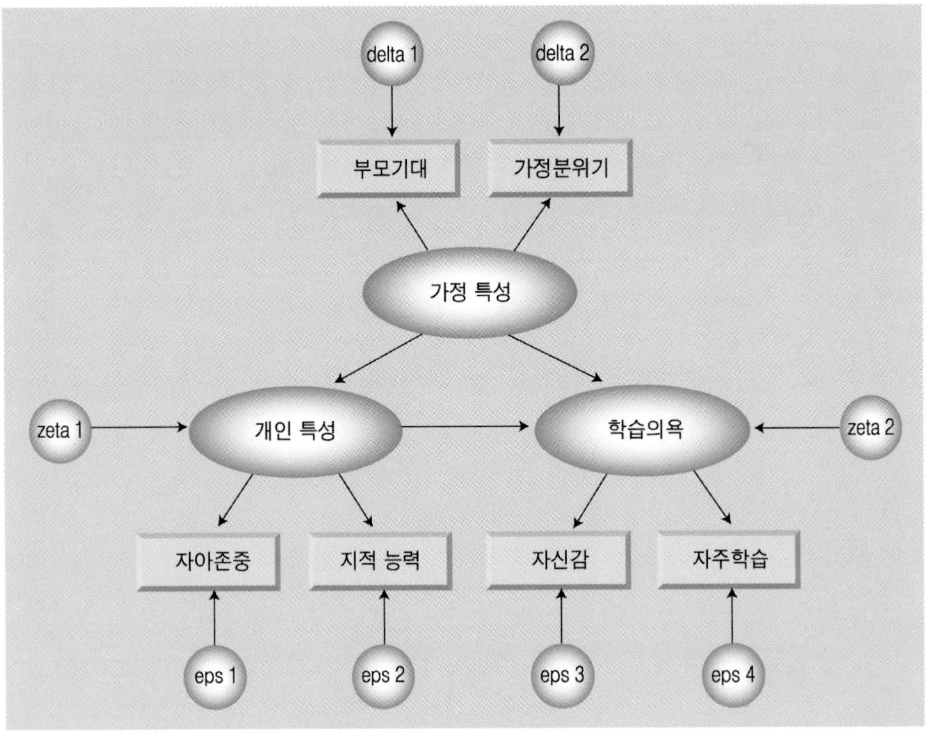

[그림 22-2] 연구모형 설정

2) SPSS에 자료입력

연구모형에 포함되어 있는 변수의 자료를 SPSS 데이터 파일로 입력한다.

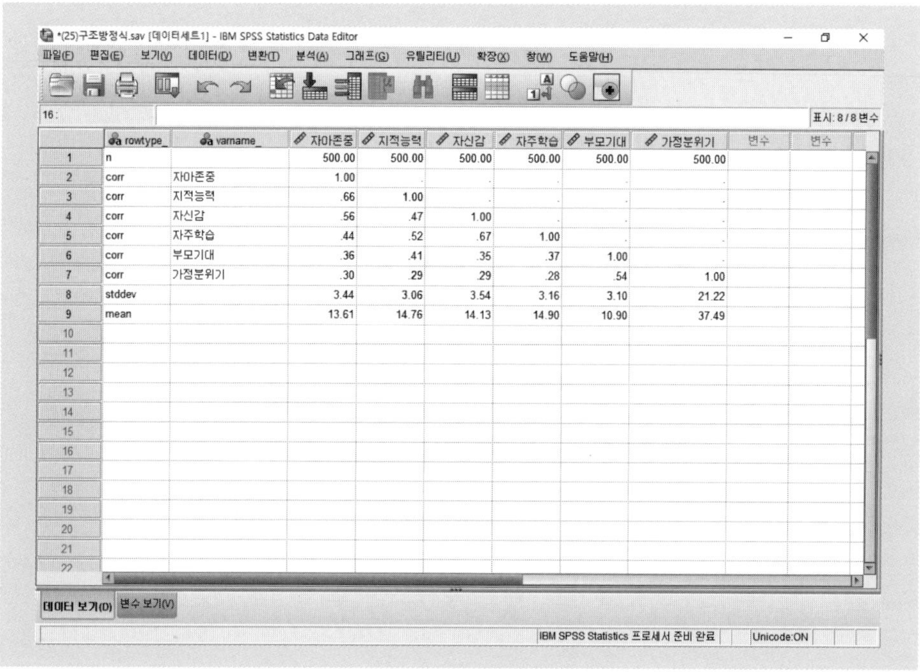

	rowtype_	varname_	자아존중	지적능력	자신감	자주학습	부모기대	가정분위기	변수	변수
1	n		500.00	500.00	500.00	500.00	500.00	500.00		
2	corr	자아존중	1.00	.	.	.	.	.		
3	corr	지적능력	.66	1.00	.	.	.	.		
4	corr	자신감	.56	.47	1.00	.	.	.		
5	corr	자주학습	.44	.52	.67	1.00	.	.		
6	corr	부모기대	.36	.41	.35	.37	1.00	.		
7	corr	가정분위기	.30	.29	.29	.28	.54	1.00		
8	stddev		3.44	3.06	3.54	3.16	3.10	21.22		
9	mean		13.61	14.76	14.13	14.90	10.90	37.49		

3) AMOS 프로그램 시작

시작 ▷ 모든 프로그램 ▷ IBM SPSS Statistics ▷ IBM SPSS Amos 25 Graphics

작업시트를 열고 도구상자를 이용해 연구모형을 그린다.

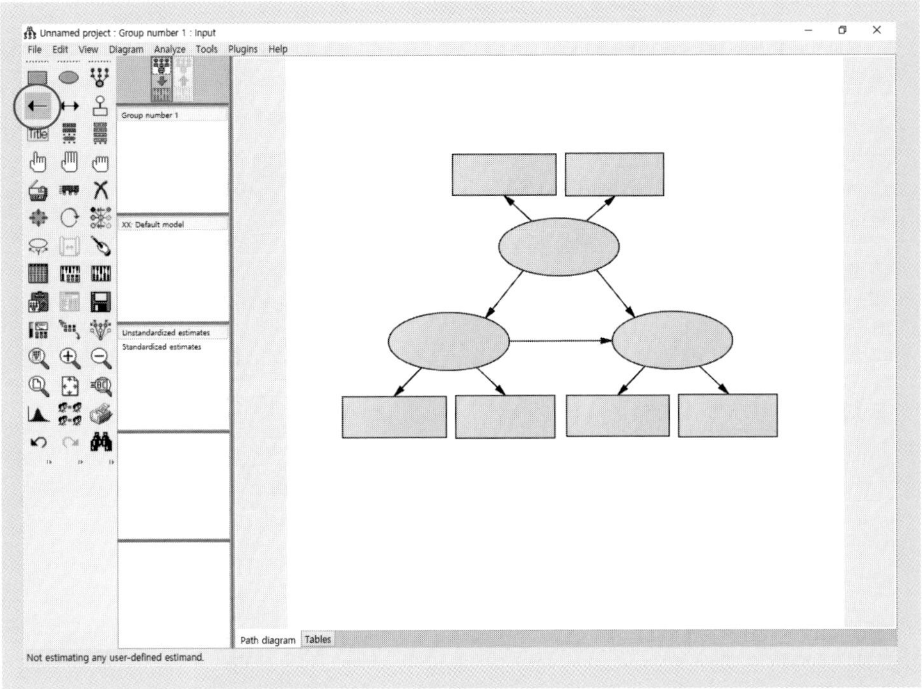
Unnamed project : Group number 1 : Input
File Edit View Diagram Analyze Tools Plugins Help
Group number 1
XX: Default model
Unstandardized estimates
Standardized estimates
Path diagram
Tables
Not estimating any user-defined estimand.

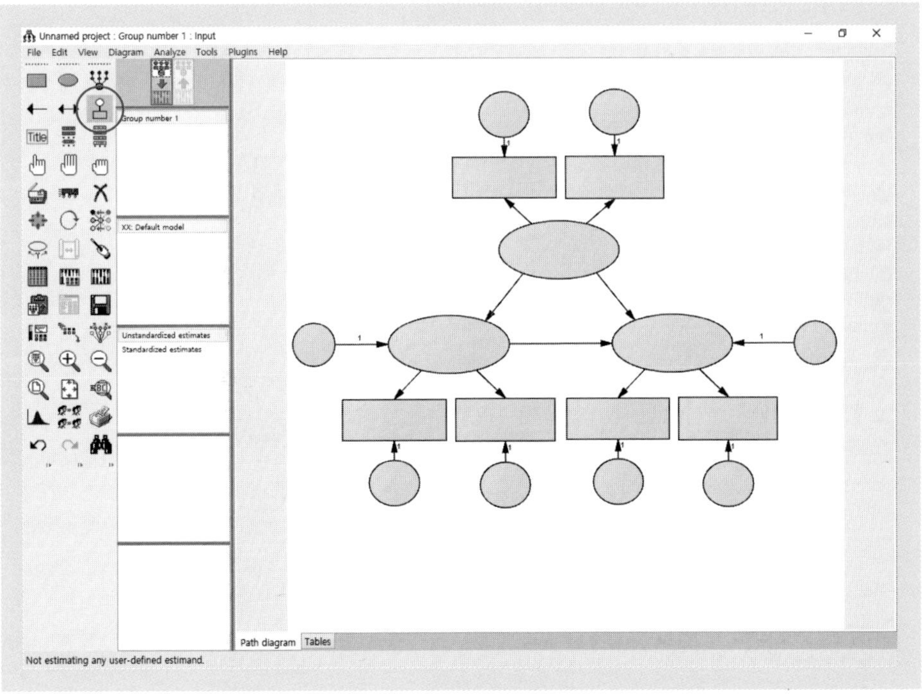
Unnamed project : Group number 1 : Input
File Edit View Diagram Analyze Tools Plugins Help
Group number 1
XX: Default model
Unstandardized estimates
Standardized estimates
Path diagram
Tables
Not estimating any user-defined estimand.

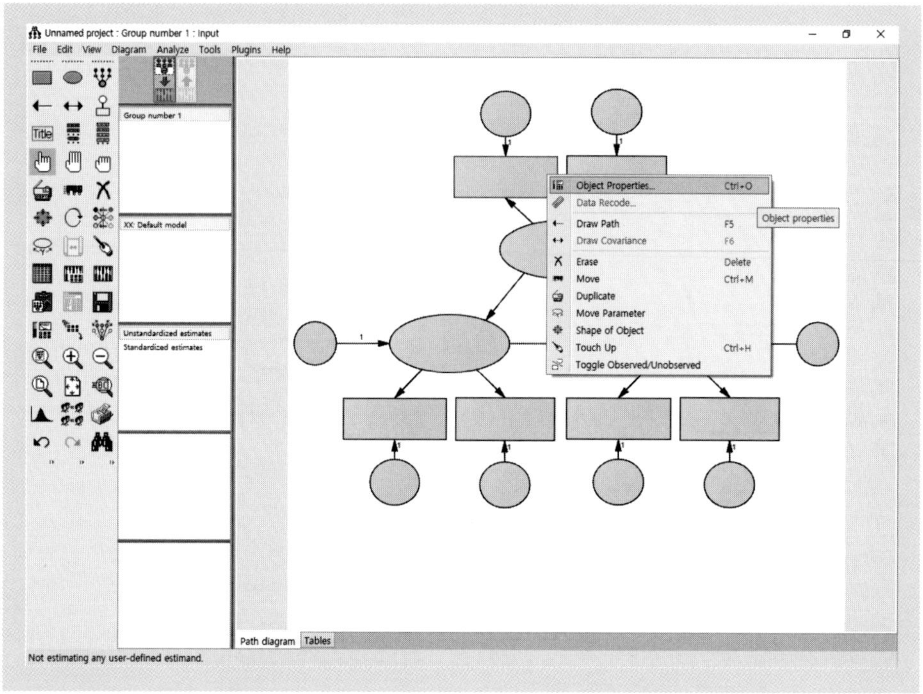
Unnamed project : Group number 1 : Input
File Edit View Diagram Analyze Tools Plugins Help
Group number 1
XX: Default model
Unstandardized estimates
Standardized estimates
Object Properties... Ctrl+O
Data Recode...
Draw Path F5
Draw Covariance F6
Erase Delete
Move Ctrl+M
Duplicate
Move Parameter
Shape of Object
Touch Up Ctrl+H
Toggle Observed/Unobserved
Object properties
Path diagram
Tables
Not estimating any user-defined estimand.

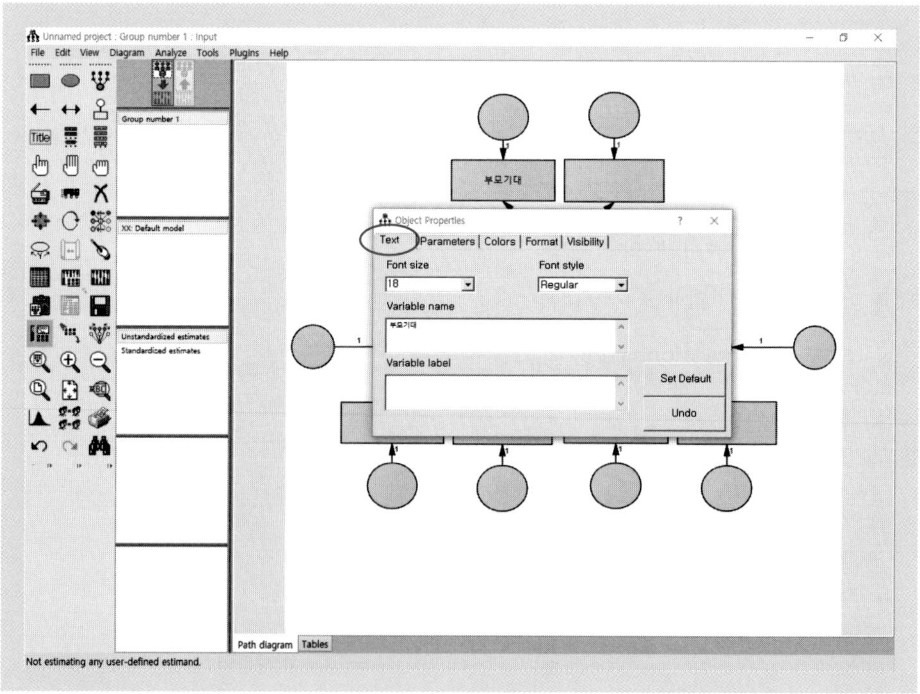
Unnamed project : Group number 1 : Input
File Edit View Diagram Analyze Tools Plugins Help
Group number 1
XX: Default model
Unstandardized estimates
Standardized estimates
부모기대
Object Properties
Text
Parameters
Colors
Format
Visibility
Font size
18
Font style
Regular
Variable name
부모기대
Variable label
Set Default
Undo
Path diagram
Tables
Not estimating any user-defined estimand.

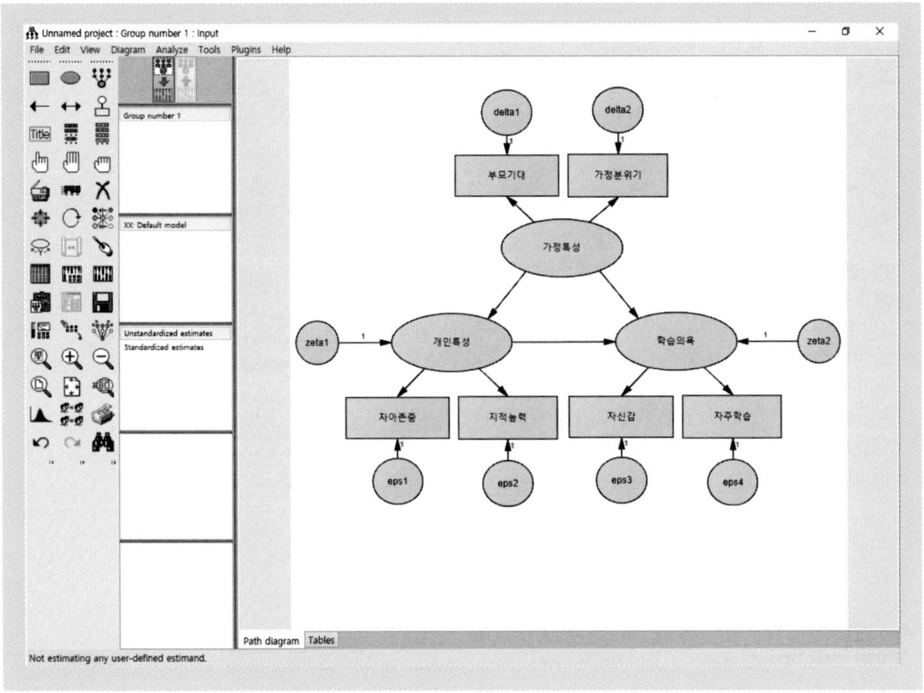

구조방정식모형의 경우 경로모형과 다르게 ⬭으로 표현되는 잠재변수를 포함한다. 잠재요인은 직접 관찰할 수 있는 변수가 아니므로 측정단위를 가지고 있지 않다. 이러한 임의성에 제약을 주기 위해 각 행렬 중 하나의 열 계수를 '1'로 설정한다. 즉, 잠재요인에 적재되는 측정변수 중 한 변수의 계수를 '1'로 설정하여 개념 간의 상대적 비교를 가능하게 하는 것이다. 값을 부여하기 원하는 경로계수에 마우스를 대고 더블클릭하여 Object Properties(개체 속성) 대화상자를 불러온 후, Parameter 상자를 선택하고 Regression weight에 '1'을 입력한다.

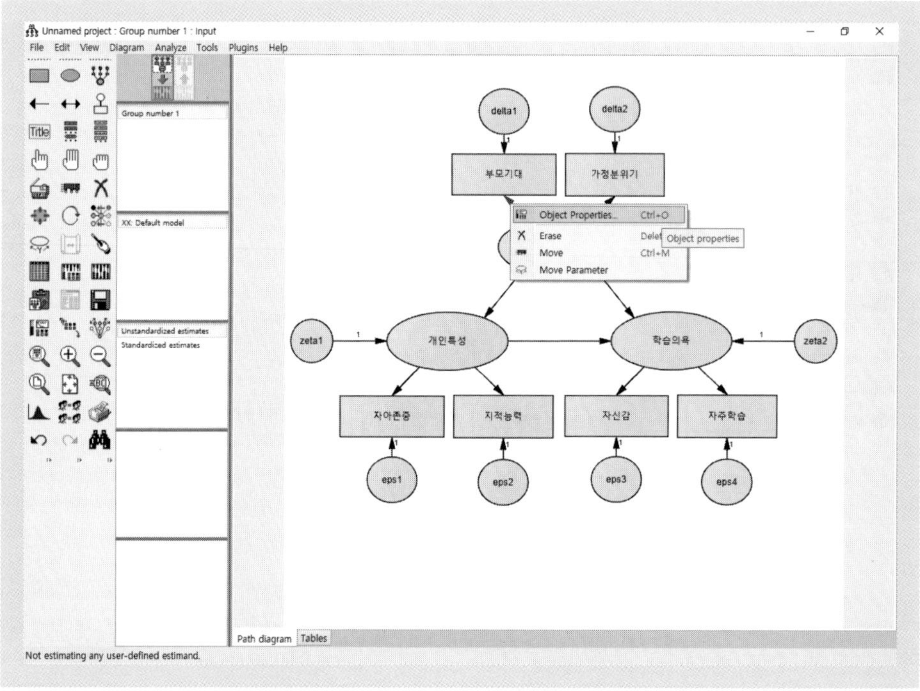

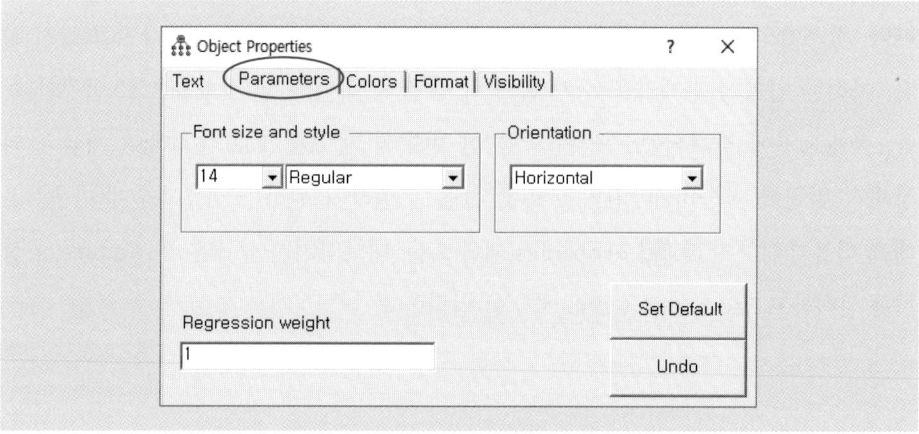

이와 같이 임의성을 지니는 모든 잠재변수에 제약을 가하면 다음과 같은 모형을 얻을 수 있다.

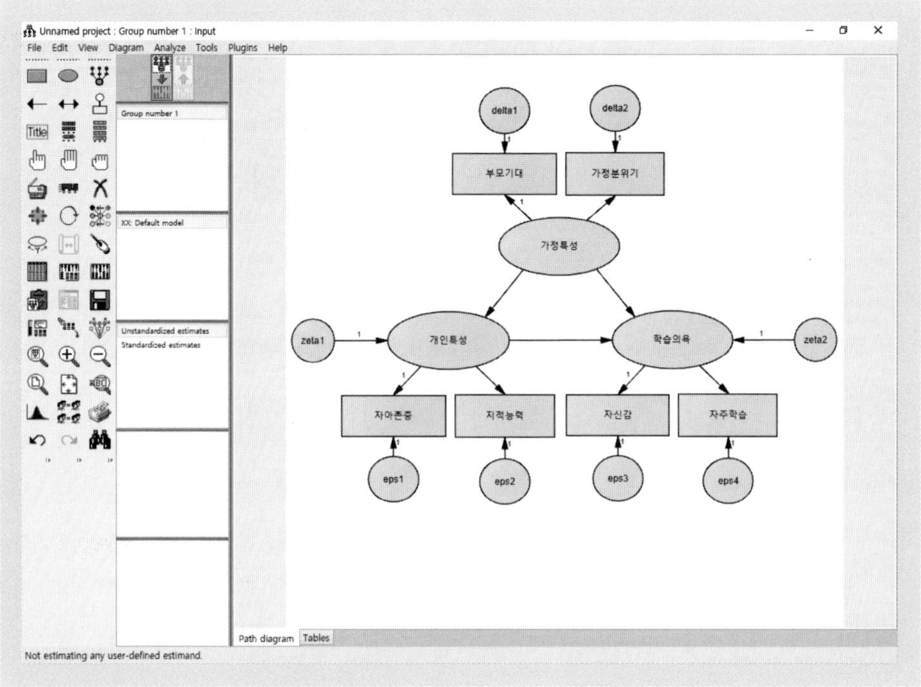

4) AMOS 프로그램 분석 실행

연구모형 설정을 마치면 분석을 실행하기 위해 미리 생성해 둔 데이터 파일의 경로를 지정한다. 데이터 파일의 경로를 지정하기 위해 File ▷ Data Files를 선택하거나 도구상자의 아이콘을 클릭하여 데이터 파일 지정을 위한 대화상자를 연다. 대화상자가 열리면 File Name을 클릭해 해당 데이터 파일이 존재하는 폴더에서 파일을 선택하고 OK 버튼을 클릭하여 대화상자를 닫는다.

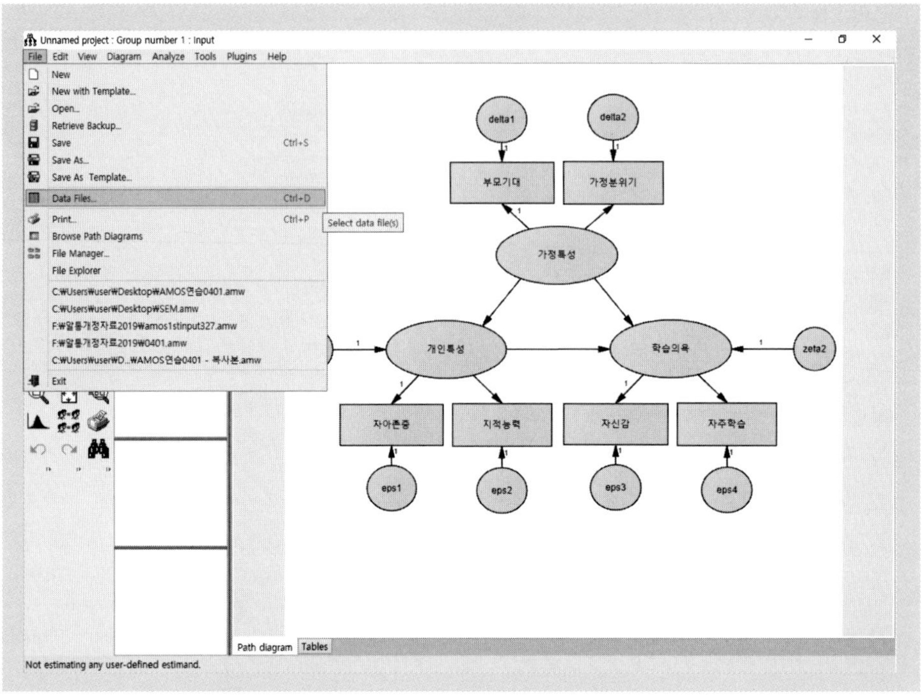
Unnamed project : Group number 1 : Input
File Edit View Diagram Analyze Tools Plugins Help
New
New with Template...
Open...
Retrieve Backup...
Save Ctrl+S
Save As...
Save As Template...
Data Files... Ctrl+D
Print... Ctrl+P
Select data file(s)
Browse Path Diagrams
File Manager...
File Explorer
Exit
delta1
delta2
부모기대
가정분위기
가정특성
개인특성
학습의욕
zeta2
자아존중
지적능력
자신감
자주학습
eps1
eps2
eps3
eps4
Path diagram
Tables
Not estimating any user-defined estimand.

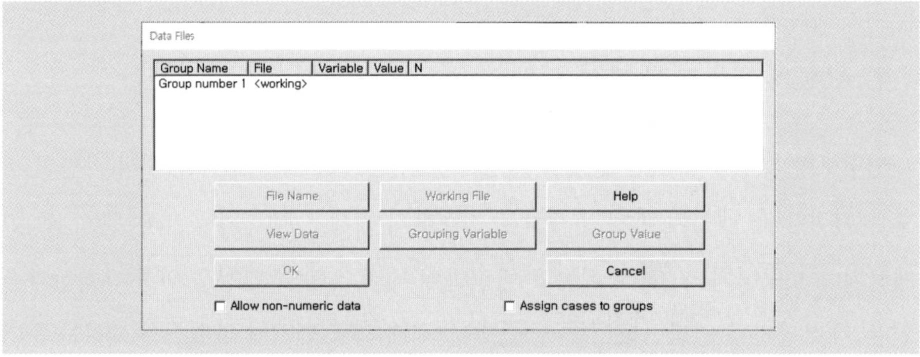
Data Files
Group Name
File
Variable
Value
N
Group number 1
<working>
File Name
Working File
Help
View Data
Grouping Variable
Group Value
OK
Cancel
Allow non-numeric data
Assign cases to groups

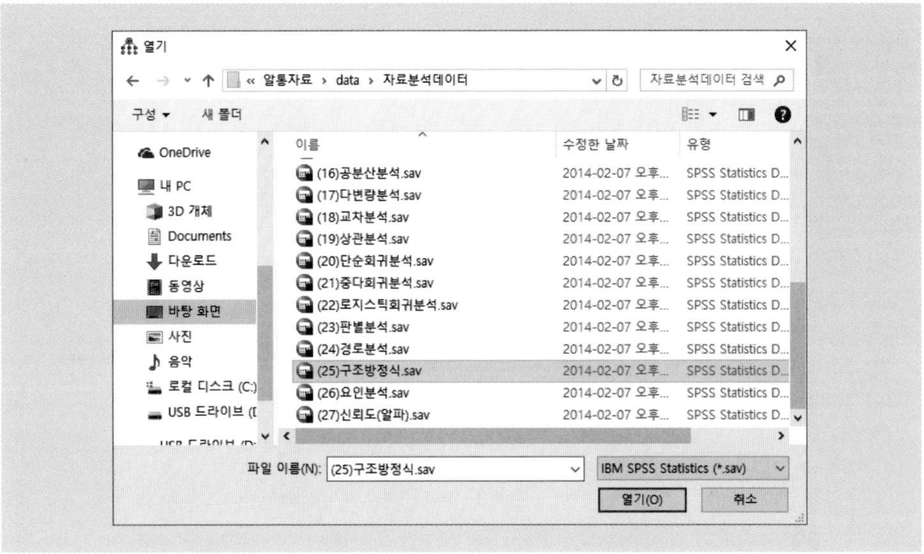

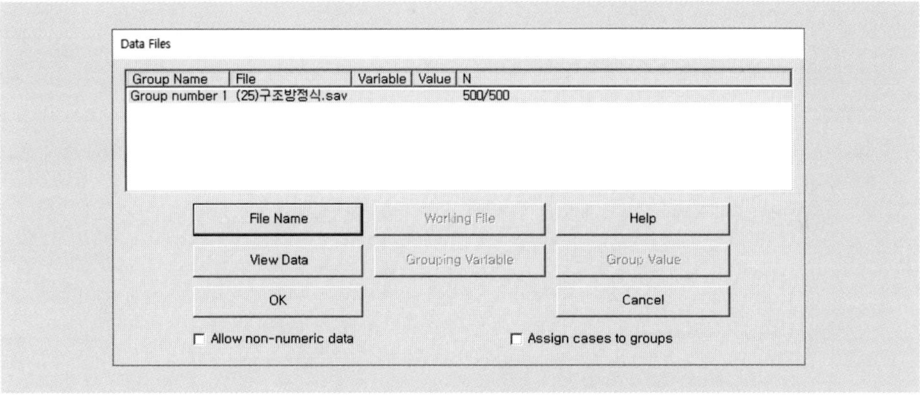

데이터 파일 지정을 마치면 View ▷ Analysis Properties ▷ Estimation 에서 추정방법을 지정한다.

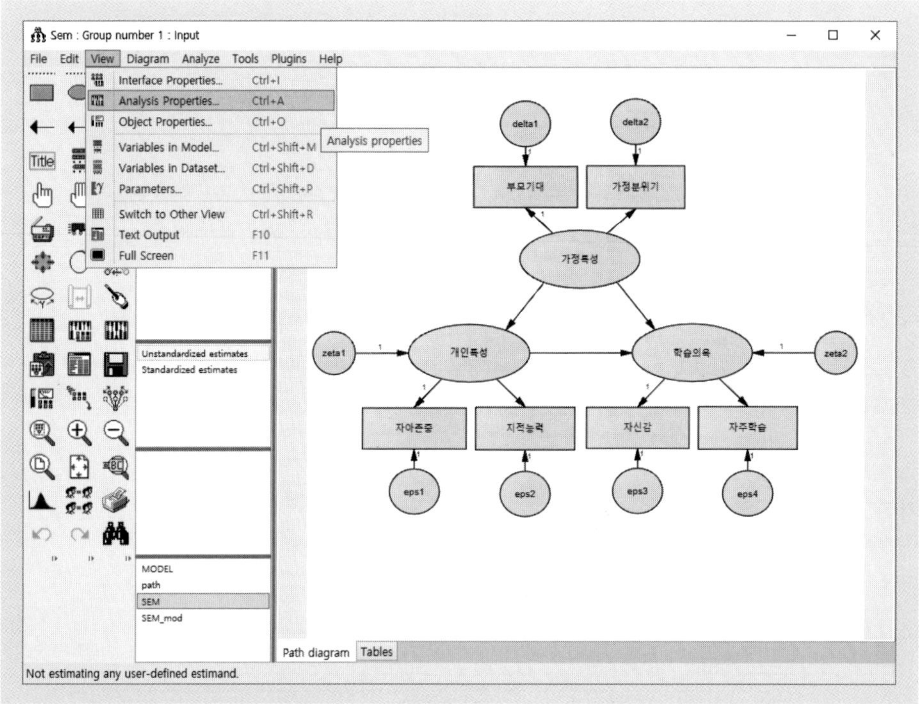
Sem : Group number 1 : Input
File Edit View Diagram Analyze Tools Plugins Help
Interface Properties... Ctrl+I
Analysis Properties... Ctrl+A
Object Properties... Ctrl+O
Variables in Model... Ctrl+Shift+M
Variables in Dataset... Ctrl+Shift+D
Parameters... Ctrl+Shift+P
Switch to Other View Ctrl+Shift+R
Text Output F10
Full Screen F11
Analysis properties
Unstandardized estimates
Standardized estimates
MODEL
path
SEM
SEM_mod
Path diagram
Tables
Not estimating any user-defined estimand.
delta1
delta2
부모기대
가정분위기
가정특성
zeta1
개인특성
학습의욕
zeta2
자아존중
지적능력
자신감
자주학습
eps1
eps2
eps3
eps4

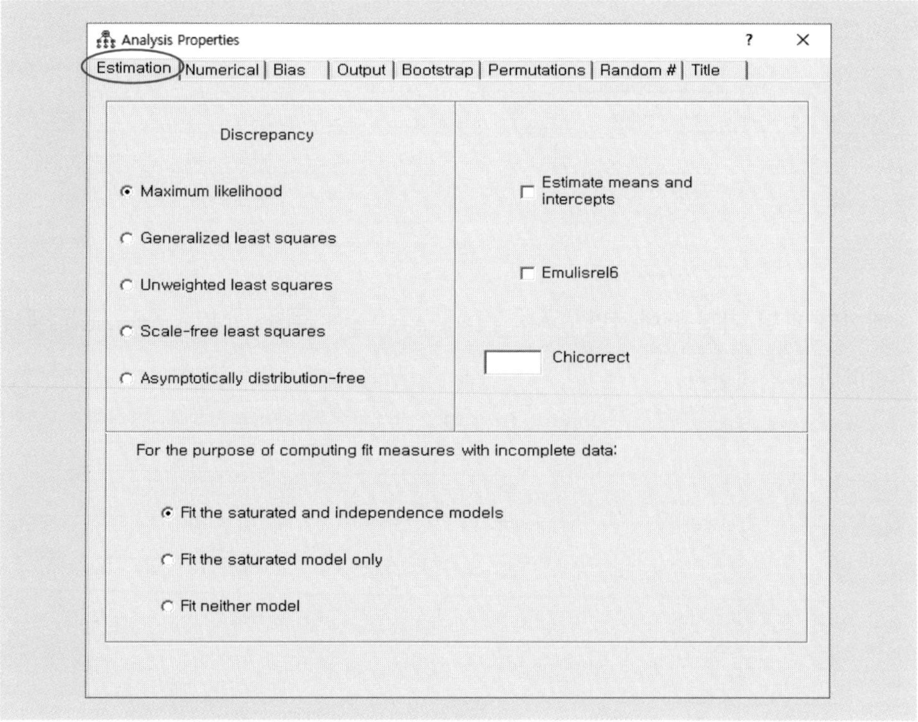
Analysis Properties
Estimation
Numerical
Bias
Output
Bootstrap
Permutations
Random #
Title
Discrepancy
Maximum likelihood
Generalized least squares
Unweighted least squares
Scale-free least squares
Asymptotically distribution-free
Estimate means and intercepts
Emulisrel6
Chicorrect
For the purpose of computing fit measures with incomplete data:
Fit the saturated and independence models
Fit the saturated model only
Fit neither model

AMOS에서 제공하는 추정방법에 대한 설명은 〈표 22-1〉과 같다.

〈표 22-1〉 AMOS에서 제공하는 추정방법

	선택 키워드	내 용
Discrepancy (불일치 정도)	Maximum likelihood	최대우도법
	Generalized least squares	일반화 최소화법
	Unweighted least squares	회귀분석에서의 최소자승법
	Scale-free least squares	척도와 무관한 최소자승법
	Asympototically distribution-free	점근적인 분포와 무관한 최소자승법
기타	Estimate means and intercepts	각 변수의 평균
	Emulisrel6	불일치 함수의 계산방법을 변형시킨 방법
	Chicorrect	평균과 절편이 높은 값이 나올 때 제약
For the purpose of computing fit measures with incomplete data (적합도 지수 표시방법)	Fit the saturated and independence models	포화모형과 독립모형 제시
	Fit the saturated model only	포화모형만 제시
	Fit neither model	어느 모형도 나타내지 않음

View ▷ Analysis Properties ▷ Output 에서 출력 결과물 내용을 지정한다.

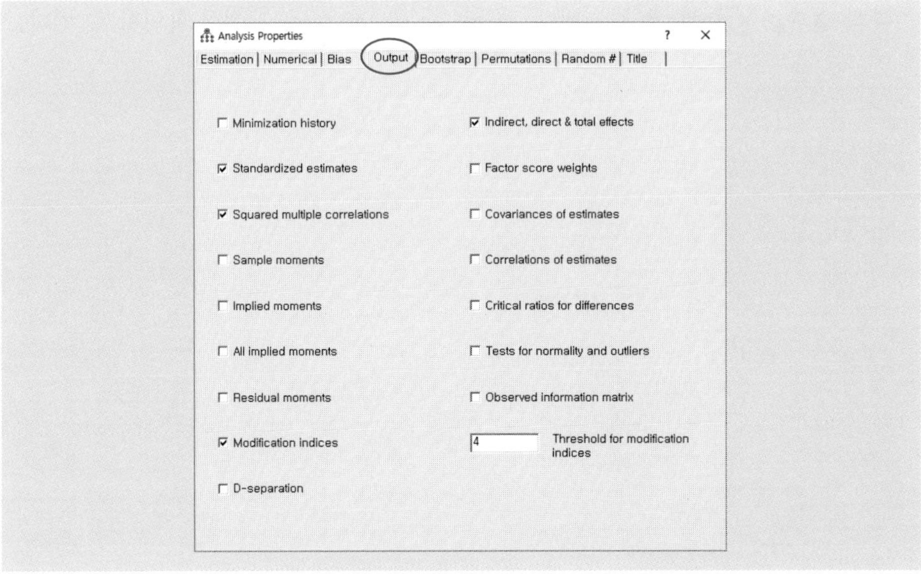

출력물 선택까지 마쳤으면 도구상자의 아이콘이나 Analyze ▷ Calculate Estimates 를 선택하여 분석을 실행시킨다.

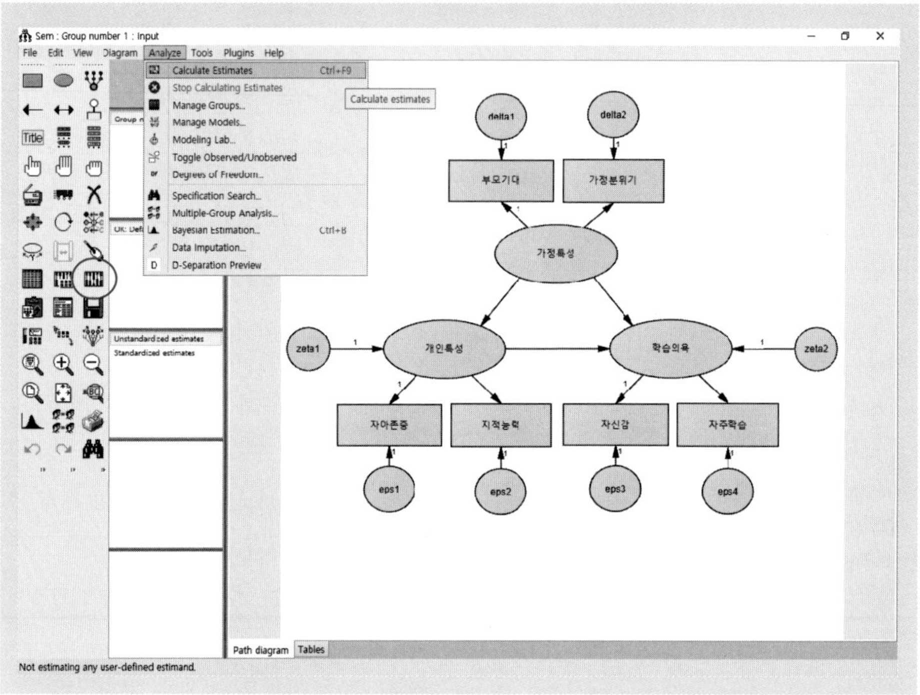

분석 결과는 버튼을 누르거나 View ▷ Text Output 에서 확인할 수 있다.

5. 분석 결과

구조방정식모형의 경우 일반적으로 변수들 간 경로계수와 모형의 적합도를 알아보는 것이 가장 큰 관심사이므로 결과물 가운데 '**추정치**(Estimates)' 부분과 '**수정지수**(Modification Indices)', '**적합도**(Fit Measures)'를 중심으로 분석 결과를 살펴볼 수 있다. 표 형식으로 제공되는 Output으로 분석 결과를 살펴보면 다음과 같다.

1) 추정치

연구모형에서 설정한 변수들 간 경로계수 및 추정된 경로계수의 통계적 유의도를 확인할 수 있다. 'Regression Weights'에서 모든 경로계수의 유의확률 p가 .05보다 작으므로 유의수준 .05에서 모든 경로계수는 통계적으로 유의하다고 할 수 있다.

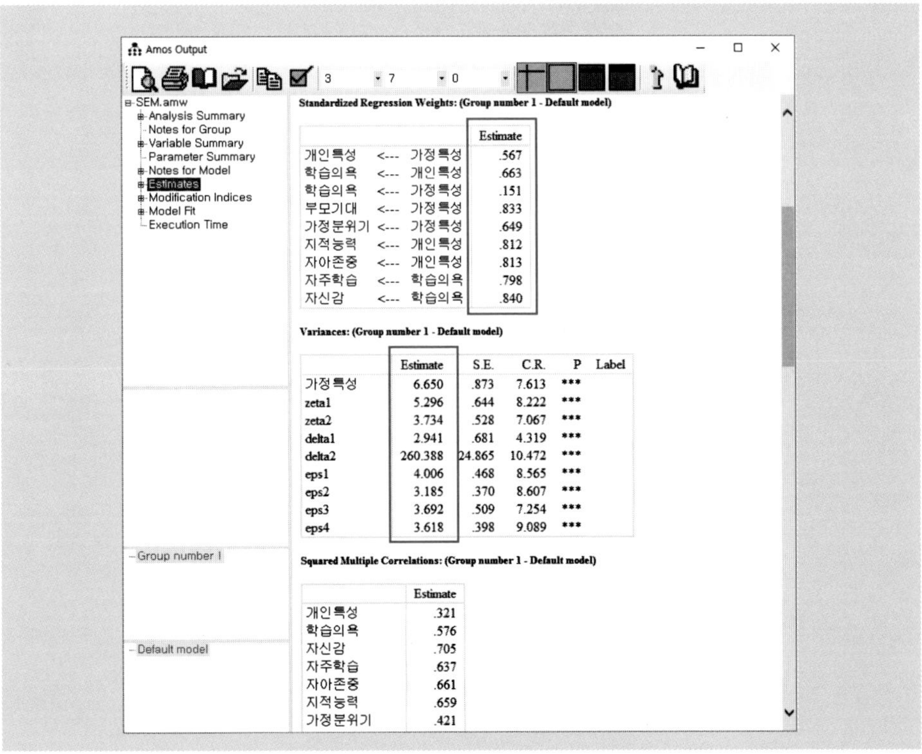

Standardized Regression Weights: (Group number 1 - Default model)

			Estimate
개인특성	<---	가정특성	.567
학습의욕	<---	개인특성	.663
학습의욕	<---	가정특성	.151
부모기대	<---	가정특성	.833
가정분위기	<---	가정특성	.649
지적능력	<---	개인특성	.812
자아존중	<---	개인특성	.813
자주학습	<---	학습의욕	.798
자신감	<---	학습의욕	.840

Variances: (Group number 1 - Default model)

	Estimate	S.E.	C.R.	P	Label
가정특성	6.650	.873	7.613	***	
zeta1	5.296	.644	8.222	***	
zeta2	3.734	.528	7.067	***	
delta1	2.941	.681	4.319	***	
delta2	260.388	24.865	10.472	***	
eps1	4.006	.468	8.565	***	
eps2	3.185	.370	8.607	***	
eps3	3.692	.509	7.254	***	
eps4	3.618	.398	9.089	***	

Squared Multiple Correlations: (Group number 1 - Default model)

	Estimate
개인특성	.321
학습의욕	.576
자신감	.705
자주학습	.637
자아존중	.661
지적능력	.659
가정분위기	.421

2) 적합도와 수정지수

적합도(Model fit)에서는 연구모형의 적합도를, 수정지수(Modification Indices)에서는 현재 설정된 연구모형의 적합도를 높이는 데 기여할 수 있는 수정지수 분석 결과를 확인할 수 있다.

연구모형의 적합도는 다음 '적합도'에서 알아볼 수 있다. AMOS의 Model fit에서는 다양한 적합도 지수가 제공되지만, 이 가운데 RMSEA, TLI(NNFI), CFI, GFI의 네 가지 적합도 지수를 중심으로 모형의 적합도를 판단할 수 있다.

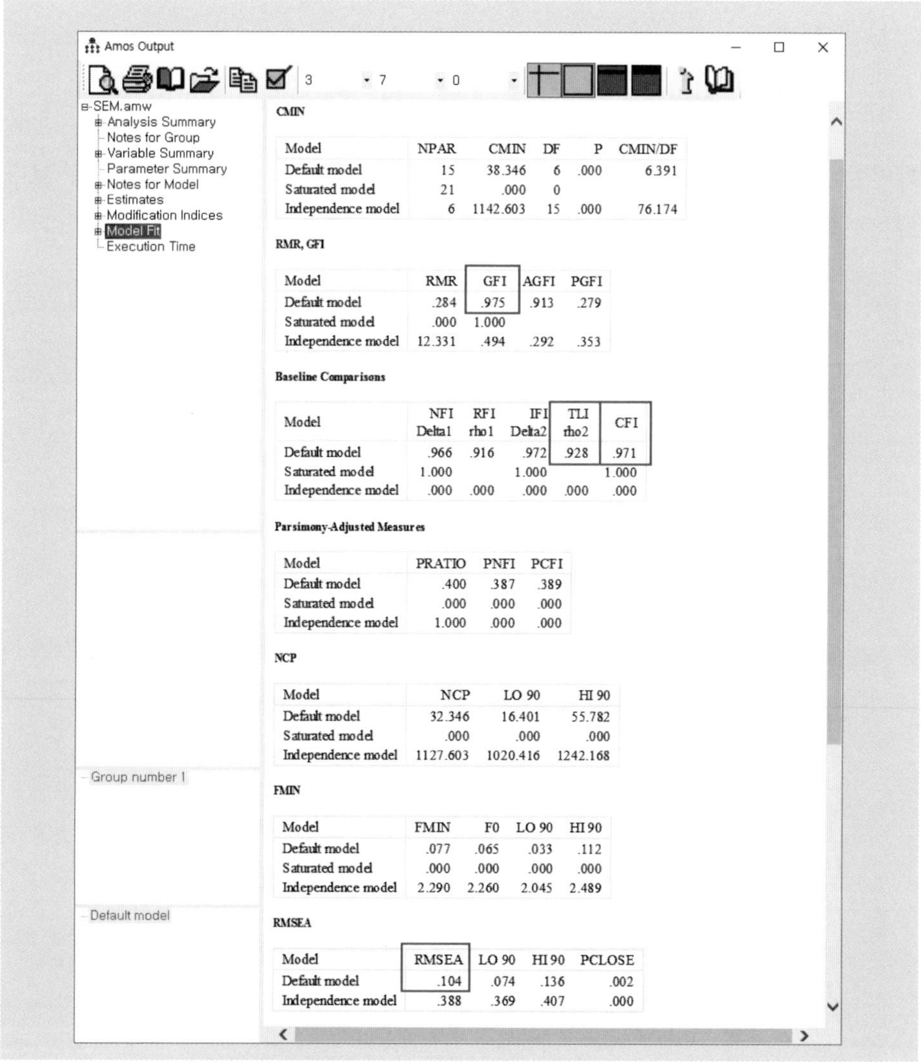

CMIN

Model	NPAR	CMIN	DF	P	CMIN/DF
Default model	15	38.346	6	.000	6.391
Saturated model	21	.000	0		
Independence model	6	1142.603	15	.000	76.174

RMR, GFI

Model	RMR	GFI	AGFI	PGFI
Default model	.284	.975	.913	.279
Saturated model	.000	1.000		
Independence model	12.331	.494	.292	.353

Baseline Comparisons

Model	NFI Delta1	RFI rho1	IFI Delta2	TLI rho2	CFI
Default model	.966	.916	.972	.928	.971
Saturated model	1.000		1.000		1.000
Independence model	.000	.000	.000	.000	.000

Parsimony-Adjusted Measures

Model	PRATIO	PNFI	PCFI
Default model	.400	.387	.389
Saturated model	.000	.000	.000
Independence model	1.000	.000	.000

NCP

Model	NCP	LO 90	HI 90
Default model	32.346	16.401	55.782
Saturated model	.000	.000	.000
Independence model	1127.603	1020.416	1242.168

FMIN

Model	FMIN	F0	LO 90	HI 90
Default model	.077	.065	.033	.112
Saturated model	.000	.000	.000	.000
Independence model	2.290	2.260	2.045	2.489

RMSEA

Model	RMSEA	LO 90	HI 90	PCLOSE
Default model	.104	.074	.136	.002
Independence model	.388	.369	.407	.000

연구모형은 TLI(NNFI), CFI, GFI의 세 가지 적합도 지수 판정결과 모두 수용기준인 .90 이상으로 높은 수준의 적합도를 확보하는 것으로 나타났으나, RMSEA 적합도 지수 판정에서는 수용기준인 .05 이하에 미치지 못하는 .10으로 나타나 연구모형에 수정이 요구됨을 암시하고 있다.

연구모형의 수정을 위한 수정지수는 'Modification indices'에서 확인할 수 있다. 수정지수가 클수록 수정이 요구되는 항목임을 나타낸다. 따라서 'Modification indices'에 나타난 여러 항목 중 수정지수가 큰 것부터 순차적으로 수정해 가면서 모형의 적합도를 살펴볼 필요가 있다.

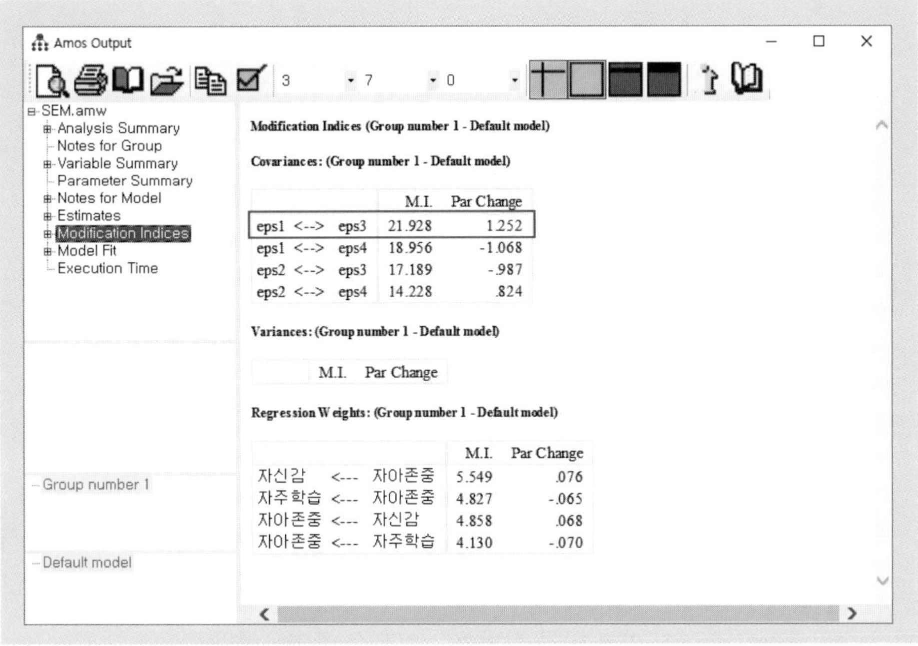

Modification Indices (Group number 1 - Default model)

Covariances: (Group number 1 - Default model)

			M.I.	Par Change
eps1	<-->	eps3	21.928	1.252
eps1	<-->	eps4	18.956	-1.068
eps2	<-->	eps3	17.189	-.987
eps2	<-->	eps4	14.228	.824

Variances: (Group number 1 - Default model)

	M.I.	Par Change

Regression Weights: (Group number 1 - Default model)

			M.I.	Par Change
자신감	<---	자아존중	5.549	.076
자주학습	<---	자아존중	4.827	-.065
자아존중	<---	자신감	4.858	.068
자아존중	<---	자주학습	4.130	-.070

수정지수 분석 결과 연구모형에 '자아존중'의 오차항인 'eps 1'과 '자신감'의 오차항인 'eps 3' 사이에 상관을 설정하는 수정을 가하는 경우 적합도가 가장 크게 상승할 것임을 알 수 있다.

3) 연구모형의 수정

수정지수 분석 결과에 따라 '자아존중'의 오차항인 'eps 1'과 '자신감'의 오차항인 'eps 3' 사이에 상관을 설정하는 수정모형을 설계하여 재분석을 실시하였다.

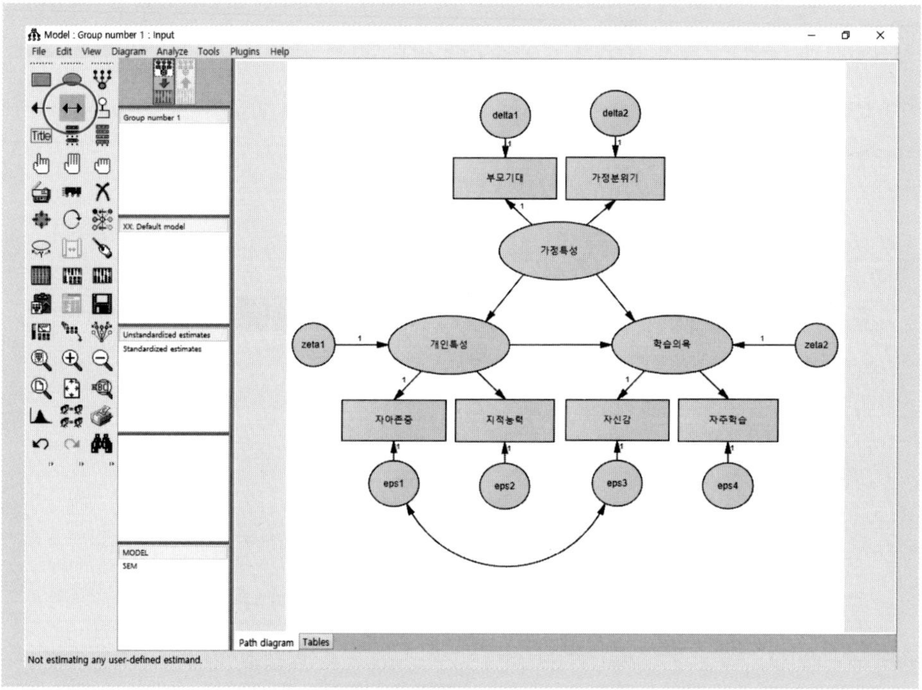

수정모형의 적합도 지수를 확인한 결과, RMSEA, TLI(NNFI), CFI, GFI의 네 가지 적합도 지수 모두가 수용기준에 합당한 수준으로 높은 적합도를 지니는 것으로 나타나 수정모형이 주어진 자료를 잘 설명하고 있음을 증명하였다.

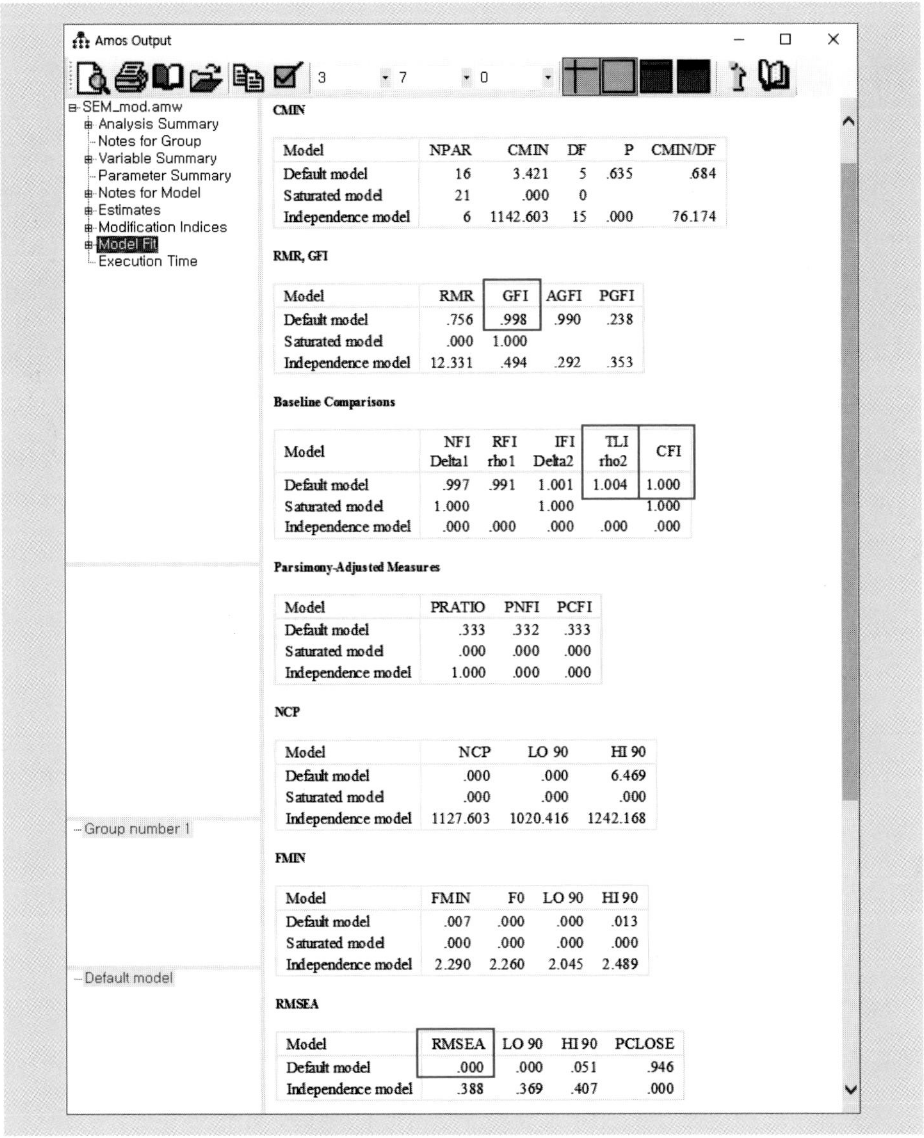

CMIN

Model	NPAR	CMIN	DF	P	CMIN/DF
Default model	16	3.421	5	.635	.684
Saturated model	21	.000	0		
Independence model	6	1142.603	15	.000	76.174

RMR, GFI

Model	RMR	GFI	AGFI	PGFI
Default model	.756	.998	.990	.238
Saturated model	.000	1.000		
Independence model	12.331	.494	.292	.353

Baseline Comparisons

Model	NFI Delta1	RFI rho1	IFI Delta2	TLI rho2	CFI
Default model	.997	.991	1.001	1.004	1.000
Saturated model	1.000		1.000		1.000
Independence model	.000	.000	.000	.000	.000

Parsimony-Adjusted Measures

Model	PRATIO	PNFI	PCFI
Default model	.333	.332	.333
Saturated model	.000	.000	.000
Independence model	1.000	.000	.000

NCP

Model	NCP	LO 90	HI 90
Default model	.000	.000	6.469
Saturated model	.000	.000	.000
Independence model	1127.603	1020.416	1242.168

FMIN

Model	FMIN	F0	LO 90	HI 90
Default model	.007	.000	.000	.013
Saturated model	.000	.000	.000	.000
Independence model	2.290	2.260	2.045	2.489

RMSEA

Model	RMSEA	LO 90	HI 90	PCLOSE
Default model	.000	.000	.051	.946
Independence model	.388	.369	.407	.000

6. 분석 결과 보고

가정 특성 요인과 개인 특성 요인 및 학습의욕 요인 간의 관계를 알아보기 위하여 [그림 22-3]과 같은 연구모형을 설정하였다. 가정 특성 요인을 구성하는 하위요인으로 부모의 기대수준과 가정 분위기를 설정하였고, 개인 특성 요인을 구성하는 하위요인으로 자아존중감과 지적 능력을 설정하였으며, 학습의욕을 구성하는 하위요인으로 자신감과 자주적 학습태도를 설정하였다. 500명의 중학교 학생을 대상으로 각 특성에 대해 측정하였으며, 산출된 변수들 간의 상관계수 행렬은 〈표 22-2〉와 같다.

〈표 22-2〉 학습의욕과 관련된 변수들 간의 상관계수 행렬

	자아존중	지적 능력	자신감	자주적 학습	부모기대
지적 능력	.66				
자신감	.56	.47			
자주적 학습	.44	.52	.67		
부모기대	.36	.41	.35	.37	
가정분위기	.30	.29	.29	.28	.54

AMOS 프로그램에 의해 연구모형의 적합도 지수 및 각 변수의 분산과 공분산, 잠재요인과 관찰변수 간의 관계를 나타내는 요인계수, 잠재변수 간의 관계를 나타내는 경로계수를 추정하였다. 연구모형의 추정치는 [그림 22-3]에 제시하였다.

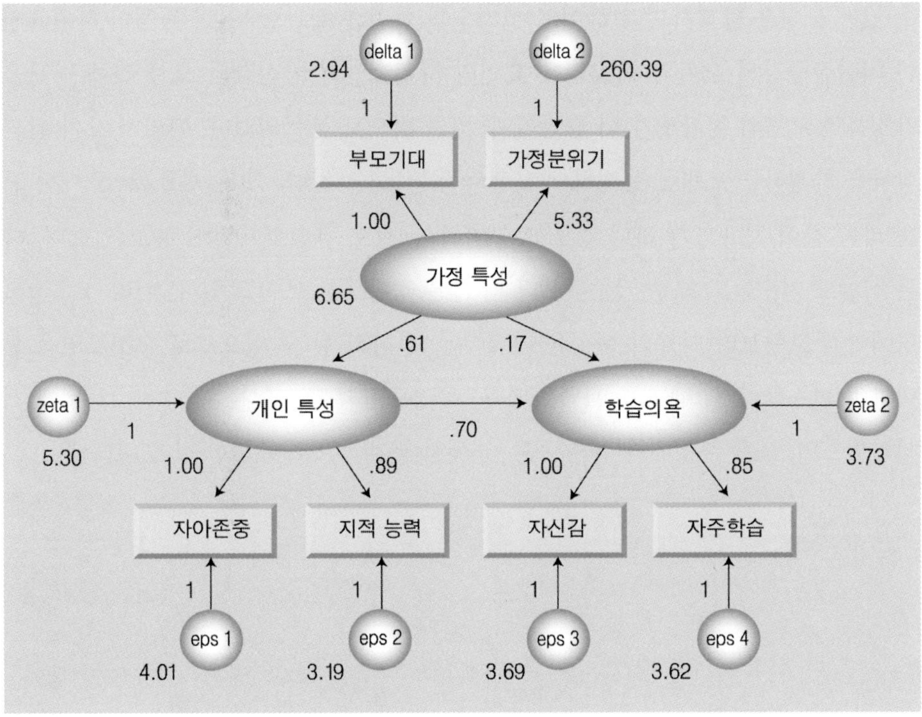

[그림 22-3] 연구모형: 오차 간의 상관을 가정하지 않은 모형

연구모형의 적합도 지수 및 수정지수를 검토하여 연구모형에 '자아존중'의 오차항인 'eps 1'과 '자신감'의 오차항인 'eps 3' 사이에 상관을 설정하는 수정을 가한 수정모형을 설정하였으며, 연구모형과 수정모형에 대한 적합도 분석 결과를 비교해 보면 〈표 22-3〉과 같다.

〈표 22-3〉 연구모형과 수정모형의 적합도

	χ^2(p)	자유도	RMSEA	TLI(NNFI)	CFI	GFI
연구모형	38.35(.00)	6	.10	.93	.97	.98
수정모형	3.42(.64)	5	.00	1.00	1.00	1.00
수용기준	p>.05		.05 이하	.9 이상	.9 이상	.9 이상

연구자가 설정한 연구모형에 대한 적합도 검정결과, 유의수준 .05에서 모형이 자료와 합치된다는 영가설이 기각되었으며($\chi^2=38.35$, $p=.00$), RMSEA에 의한 적합도도 기준값보다 적합도가 낮은 것으로 나타났다. 그러나 이를 제외한 TLI, CFI, GFI의 값은 기준값보다 높은 적합도를 나타내고 있다. 자료의 특성을 더 잘 반영할

수 있는 모형을 탐색하기 위하여 수정지수를 살펴본 결과, 개인적 특성의 하위요인인 자아존중감의 오차와 학습의욕 요인의 하위요인인 자신감의 오차 간에 상관을 가정하면 모형의 적합도가 더 향상될 수 있는 것으로 분석되었다. 따라서 오차 간의 상관을 가정하는 모형을 설정하여 모형의 적합도를 추정하였다. 〈표 22-3〉에서 보는 바와 같이 자유도가 하나 감소함에 따라 χ^2값도 유의하게 감소하고 있으며, 다른 적합도 지수들도 모두 기준값보다 더 나은 적합도를 보이고 있다. 따라서 수정모형이 연구모형보다 자료의 속성을 더 잘 반영한다고 할 수 있으므로 수정모형을 선택하여 변수들 간의 관계를 파악하였다. 수정모형의 추정치들은 [그림 22-4]에 제시하였으며, 모든 추정치가 유의수준 .05에서 통계적으로 유의한 값을 나타냈다.

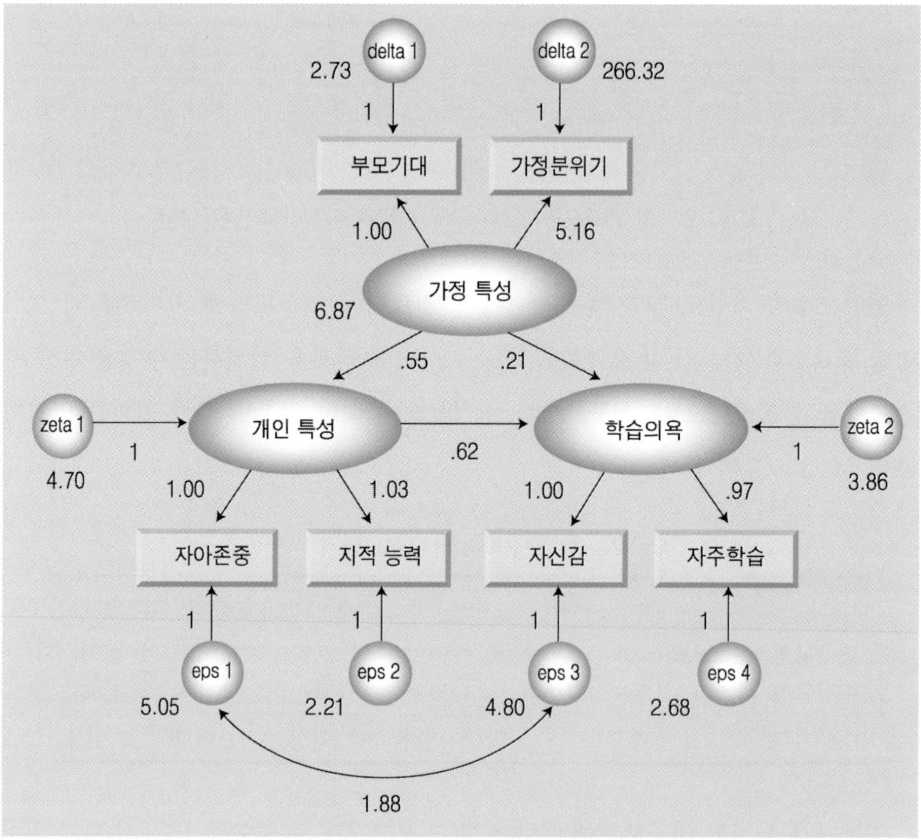

[그림 22-4] 수정모형: 오차 간의 상관을 가정한 모형

연 • 습 • 문 • 제

우리나라 고등학생의 직업 성숙도에 학생의 주변인과의 관계와 자아개념이 어떠한 영향을 미치는지 알아보고자 한다. 학생의 주변인과의 관계를 구성하는 하위요인으로 부모와의 관계, 교사와의 관계, 친구와의 관계를 설정하고, 자아개념을 구성하는 하위요인으로 자아존중, 자기믿음, 자기통제를 설정하였다. 학생의 직업 성숙도는 총 6개 문항으로 측정하여 상관이 높은 2문항을 짝지어 성숙 1, 성숙 2, 성숙 3 요인으로 구성하였다.
연구자는 문헌연구를 통해 주변인과의 관계가 자아개념에 영향을 미치고, 주변인과의 관계와 자아개념이 직업 성숙도에 영향을 미친다는 연구모형을 설정하였다. 학생의 주변인과의 관계와 자아개념, 직업 성숙도의 관계에 대하여 구조방정식모형을 이용하여 분석하시오.
(학지사 홈페이지에서 『알기 쉬운 통계분석(3판)』을 검색, 도서자료에서 '부록자료' 중 '데이터 자료'의 '22장.SAV'를 사용하여 분석하시오.)

제23장 다층모형분석

다층모형은 특정 수준에서 측정된 변수가 상위수준에 내재되어 있는 위계적 구조를 가진 자료의 분석을 위한 통계적 방법이다. 다층모형 내에서 개인수준 변수와 집단수준 변수 간의 분산을 구분하는 것이 가능하며, 각 수준에서 종속변수에 대한 독립변수의 설명력과 예측력, 상호작용을 확인할 수 있다. 또한 종단자료(longitudinal data)나 반복 측정된 자료의 분석에도 적용할 수 있다.

1. 기본 가정

다층모형은 다음 다섯 가지 **가정**을 가지며, 1수준과 2수준 모두에서 만족되어야 한다.

① 1수준의 잔차는 상호 독립적이고, 평균은 0이며, 정규분포를 갖는다.
② 1수준 독립변수는 1수준의 잔차와 독립적이어야 한다.
③ 2수준 잔차의 평균은 0이고, 각 집단의 분산-공분산은 다변량 정규분포를 갖는다.
④ 2수준 독립변수는 2수준의 잔차와 독립적이어야 한다.
⑤ 1수준의 잔차와 2수준의 잔차는 서로 독립적이어야 한다.

2. 사용 목적

다층 자료를 분석할 때, 자료의 구조가 고려되지 않는 통계 방법으로 분석할 경우 다음과 같은 **문제점**을 갖는다(Raudenbush & Bryke, 2002).

첫째, 분석의 단위(unit of analysis) 문제다. 다층자료를 단층자료 분석 방법으로 분석할 경우 연구자는 하나의 수준으로 분석의 단위를 선택해야 하기 때문에 자료를 분해(disaggregation)하거나 통합(aggregation)해야 한다. 집단수준 변수를 개인수준으로 분해할 경우 상관관계를 간과하여 관찰단위의 독립성을 어기게 되고, 사례수를 부적절하게 증가시킴에 따라 표준오차가 과소 추정된다. 반면 자료를 통합하여 집단수준으로 분석할 경우 사례수가 줄어들면서 개별 학생 특성 간의 영향 관계를 파악할 수 없다.

둘째, 집단별 회귀계수의 비동일성 및 층위 간 상호작용(Cross-Level Interaction)**과 관련된** 문제다. 단층분석은 각 독립변수가 개인의 특성에 미치는 영향력의 크기가 모두 동일하다고 가정하기 때문에, 이때 추정되는 모수들은 고정효과 모수다. 그러나 개인이 속한 집단에 따라 종속변수에 미치는 독립변수의 영향력은 달라질 수 있다. 또한 집단이 개인에게 미치는 영향은 집단과 개인에 따라 다를 수 있으며, 이것은 집단수준 변수와 개인수준 변수 간의 층위 간 상호작용 여부에 의한다. 따라서 독립변수의 영향력이나 집단수준 변수의 효과가 모든 개인에게 동일하지 않을 때, 단층자료 분석은 자료의 특성을 반영하지 못한다.

셋째, 공상관 요인(Confounding Factors)**과 신뢰도 추정** 문제다. 공상관 요인은 집단수준 변수와 개인수준 변수가 모두 종속변수와 관련을 가지는 경우 두 수준 모두에서 존재한다. 예를 들어, 학교의 평균적 사회적 · 경제적 지위와 각 학생의 사회적 · 경제적 지위는 모두 학업성취도에 영향을 줄 수 있다. 이러한 경우 개인수준의 변수와 집단수준의 변수 모두를 모형에 포함하여 통제해야 한다. 또한 신뢰도는 각 분석수준별로 추정되어야 하므로 다층자료의 신뢰도는 개인수준과 집단수준 모두에서 측정되어야 한다.

다층모형을 적용할 경우 다층자료를 단층모형으로 분석하는 데에 따른 문제점을 해결함과 동시에 각 집단들의 평균 차이, 각 집단들의 기울기 차이, 개인수준 변수와 집단수준 변수 간의 상호작용 효과 등을 확인할 수 있다.

3. 기본 원리

각 수준별로 하나의 예측변수가 투입된 **다층모형**은 다음과 같다.

$$1\text{수준}\quad Y_{ij} = \beta_{0j} + \beta_{1j}X_{ij} + e_{ij}$$

$$2\text{수준}\quad \beta_{oj} = \gamma_{00} + \gamma_{01}W_j + u_{0j}$$

$$\beta_{1j} = \gamma_{10} + \gamma_{11}W_j + u_{1j}$$

1수준 모형에서, Y_{ij}는 집단 j에서의 개인 i의 측정치로 모형의 종속변수에 해당한다. X_{ij}는 집단 j에서의 개인 i의 특성변수로 종속변수를 예측 또는 설명하기 위한 독립변수다. β_{0j}와 β_{1j}는 **1수준의 계수**(level-1 coefficients)로 각각 평균과 X_{ij}의 영향력에 대한 회귀계수다. e_{ij}는 1수준의 무선효과(level-1 random effect)로 집단 j에서의 개인 i의 측정치에 대하여, 독립변수에 의해 설명되지 않는 부분인 잔차(residual), 즉 무선오차를 의미한다.

2수준 모형은 1수준의 계수인 β_{0j}와 β_{1j}를 예측 또는 설명하기 위한 모형이다. 1수준의 절편과 기울기를 예측하기 위한 2수준 독립변수 W_j는 집단 j의 특성변수다. 또, γ_{00}와 γ_{10}, γ_{01}, γ_{11}는 **2수준의 계수**(level-2 coefficients)로 γ_{00}와 γ_{10}는 2수준 모형의 절편을, γ_{01}는 2수준 독립변수 W_j의 효과를, 그리고 γ_{11}는 1수준 독립변수와 2수준 독립변수의 상호작용 효과를 의미한다. u_{0j}와 u_{1j}는 2수준의 무선효과(level-2 random effect)로 집단수준의 독립변수가 설명하지 못한 각 집단별 잔차다. 앞의 모형에서 γ_{00}, γ_{10}, γ_{01}, γ_{11}는 고정효과(fixed effects) 모수이고, e_{ij}, u_{0j}, u_{1j}는 무선효과(random effects) 모수를 의미한다.

이와 더불어 종속변수의 분산을 1수준과 2수준으로 나누어 추정한 후, 전체 분산

중 집단수준의 분산이 차지한 비율, 즉 **집단내 상관계수**(intraclass correlation: ICC)를 구할 수 있다. 이를 식으로 표현하면 다음과 같다.

$$\text{ICC} = \frac{\sigma_{u0}^2}{\sigma_{u0}^2 + \sigma_e^2}$$

σ_{u0}^2: 집단간 분산
σ_e^2: 집단내 분산

2수준 무선효과(u_{0j}, u_{1j})의 통계적 유의성과 함께, 기초모형(null model)에서 산출한 ICC 역시 2수준 다층모형 적용이 적절한지에 대하여 판단하는 근거가 된다.

4. 분석 실행

다층모형 분석을 실시하기 위해서는 HLM(Hierarchical Linear and Nonlinear Modeling) 프로그램을 사용한다. HLM은 Raudenbush와 Bryk에 의해 개발된 다층모형분석용 패키지다. 최근에 출시된 HLM 7.01 버전에서는 4수준 모형은 물론 다양한 형태의 다층모형을 분석할 수 있다.

예 제

영어 성적에 영향을 미치는 요인으로 학생수준 변수는 성별과 방과후 학교 참여 여부를, 그리고 학교수준 변수는 학교의 설립 유형과 저소득층 학생 비율, 공학 여부를 선정하였다. 50개 학교와 이에 속한 10,000명의 학생을 대상으로 각 특성에 대해 측정하였을 때, 다음 질문에 답하라.

- 50개 학교의 평균 영어 성적은 어떠한가?
- 영어 성적과 관련된 변수들 간의 관계는 어떠한가?
- 평균 영어 성적은 학교에 따라 차이가 있는가?
- 영어 성적과 관련 변수들 간의 관계는 학교에 따라 차이가 있는가?
- 학교 간 차이로 발생하는 영어 성적 분산의 비율은 어떠한가?

1) SPSS에 자료 입력

연구 모형에 포함되어 있는 변수의 자료를 SPSS 데이터 파일로 입력한다. 다층모형분석에서는 각 수준별로 데이터를 생성한다. 다음과 같이 1수준 데이터에는 10,000명의 영어 성적, 성별, 방과후 학교 참여 여부 변수가 있으며, 2수준인 학교의 ID가 포함되어 있다.

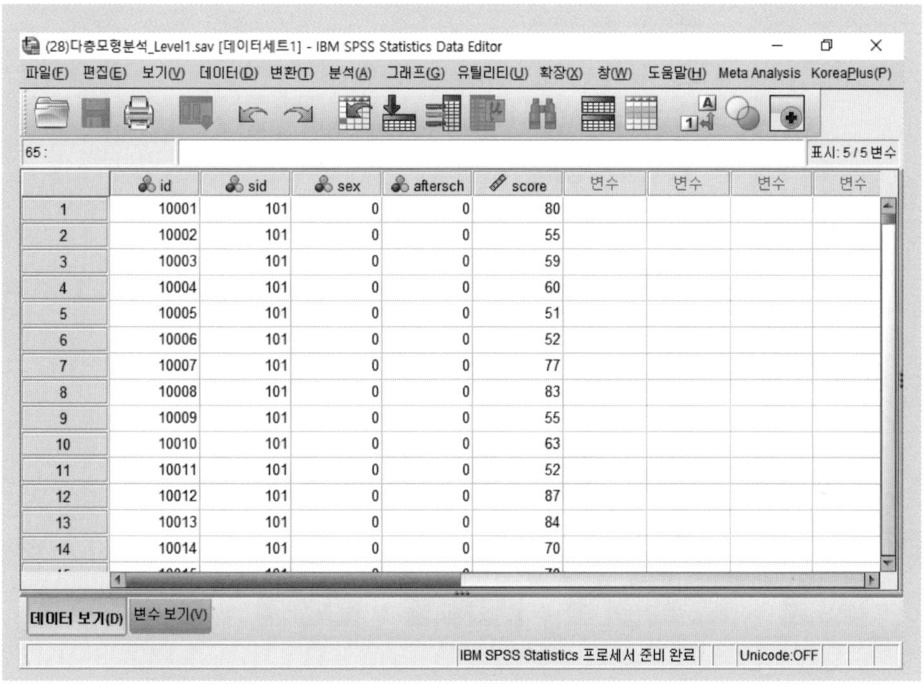

2수준 데이터에는 50개 학교에 대한 학교수준 독립변수가 학교 ID와 함께 포함되어 있다.

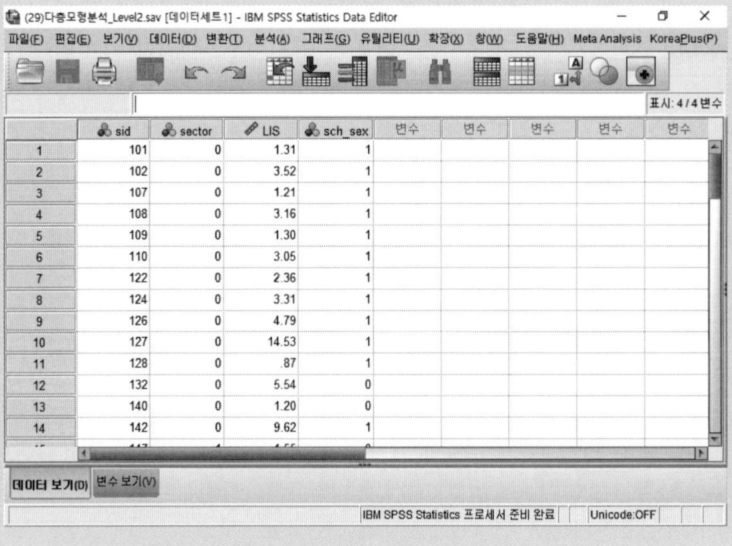

2) HLM 프로그램 시작

시작 ▷ 모든 프로그램 ▷ SSI, Inc ▷ HLM 7

HLM이 올바르게 실행되면 다음과 같은 화면을 볼 수 있다.

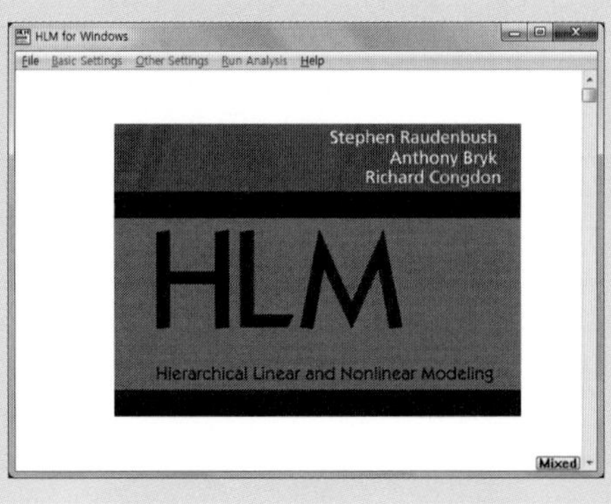

File ▷ Make new MDM file ▷ Stat package input

우선 HLM 분석에 사용할 MDM 파일을 만들어야 하는데, SPSS 데이터를 이용할 경우 Stat package input 을 클릭한 후 Select MDM type 대화상자에서 분석모형을 선택한다.

ASCII input ASCII 파일(텍스트 파일 등) 형식의 데이터를 불러 올 경우

Stat package input 통계 패키지(SPSS, SAS, SYSTAT, STATA 등)의 데이터를 불러 올 경우

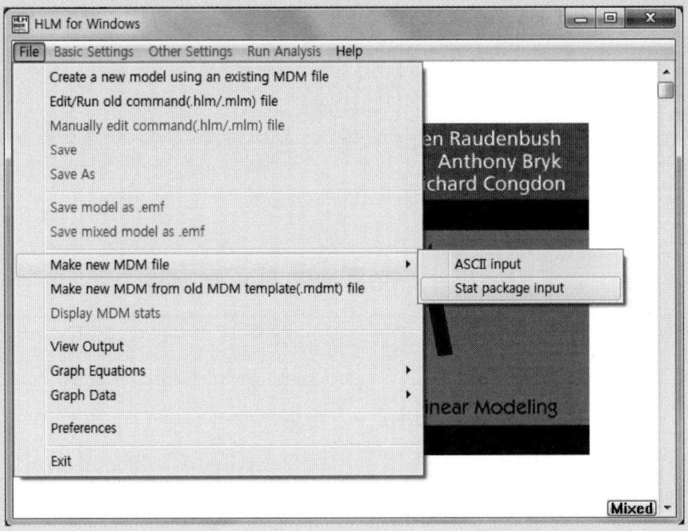

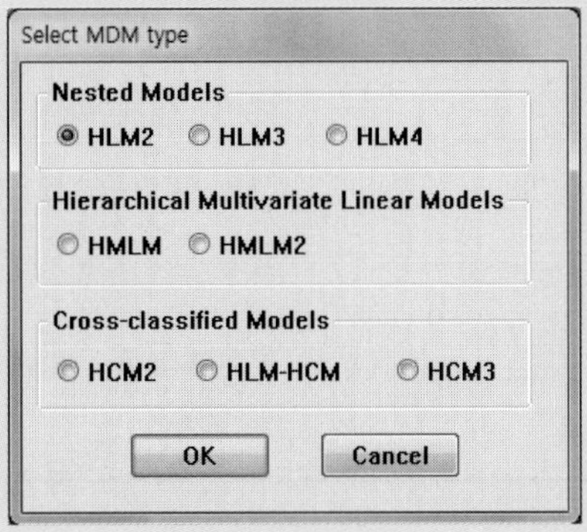

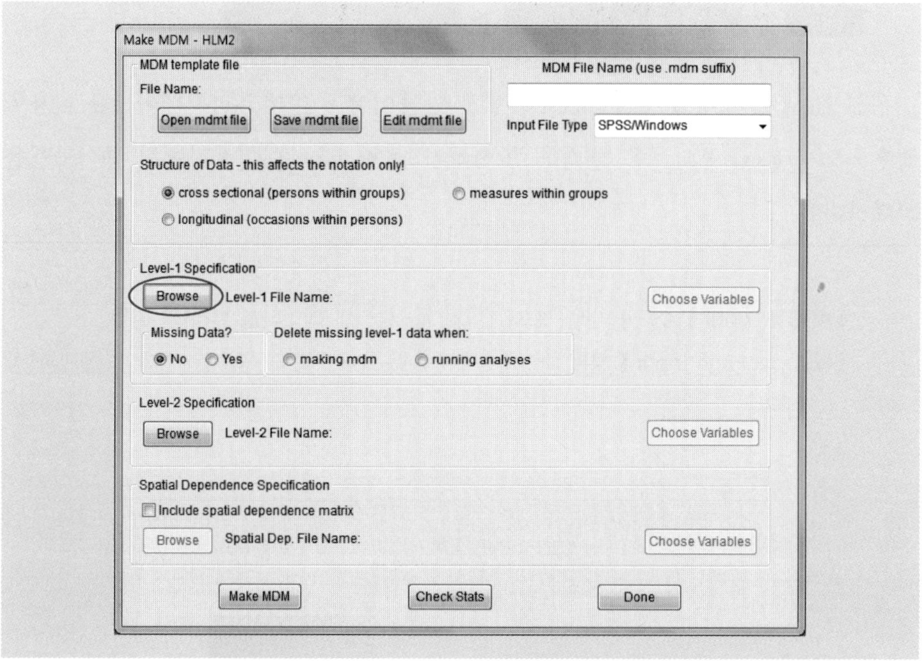

〈표 23-1〉 MDM 파일 생성 시 옵션

옵션		내용
Structure of Data	cross sectional (person within groups)	1수준 데이터가 횡단적일 때, 조직 효과 연구에 적용
	longitudinal (occasions within person)	1수준 데이터가 시점에 따라 반복 측정되었을 때, 개인의 변화에 관한 연구에 적용
	measures within groups	1수준 데이터가 여러 측정치를 가질 때, 잠재변수 연구에 적용
Missing Data?	No	데이터에 결측이 없을 때
	Yes	데이터에 결측이 있을 때
Delete missing level-1 data when	making mdm	mdm 파일을 만들 때 결측값을 처리하는 경우
	running analysis	분석을 실행할 때 결측값을 처리하는 경우
Spatial Dependence Specification	Include spatial dependence matrix	공간종속성을 고려한 공간회귀분석을 시행하는 경우

Make MDM-HLM2 대화상자의 Level-1 Specification에서 Browse 를 클릭하여 1수준의 데이터 파일을 선택하고,

이어서 Level-2 Specification에서 Browse 를 클릭하여 2수준의 데이터 파일을 선택한다.

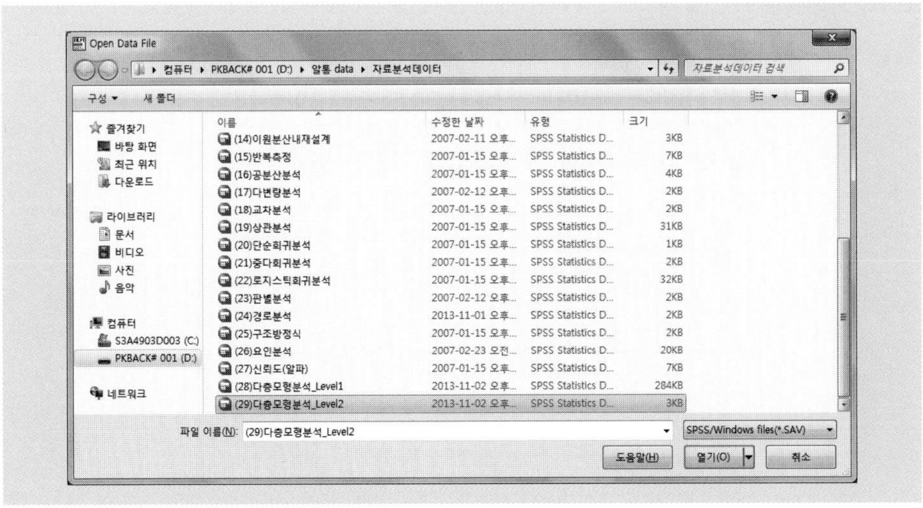

각 수준의 Choose Variables 을 클릭하여 분석에서 사용할 변수를 선정한다. 이때 두 수준 데이터 모두에 포함되어 있는 2수준 식별자인 'SID'를 1수준과 2수준을 연계하는 ID로 체크한다. MDM 파일에 포함하고자 하는 종속변수와 독립변수를 선택한 후 OK 버튼을 누른다.

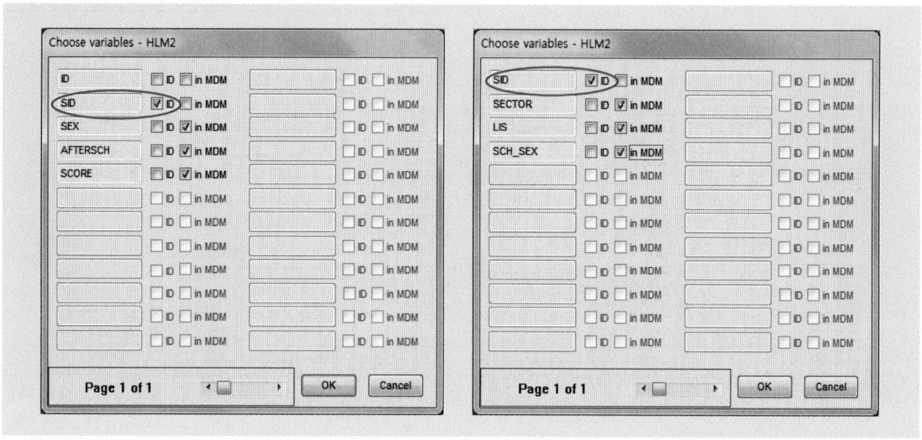

MDM File Name에 파일명.mdm을 입력하고 MDM template file의 Save mdmt file 를 누른다. Save AS MDM Template File의 창에서 원하는 저장 경로와 파일 이름을 입력한 뒤 저장(S) 버튼을 누르면 MDM 파일을 만들기 위해 선택한 사항들이 저장되어 있는 템플릿 파일인 mdmt 파일을 생성할 수 있다.

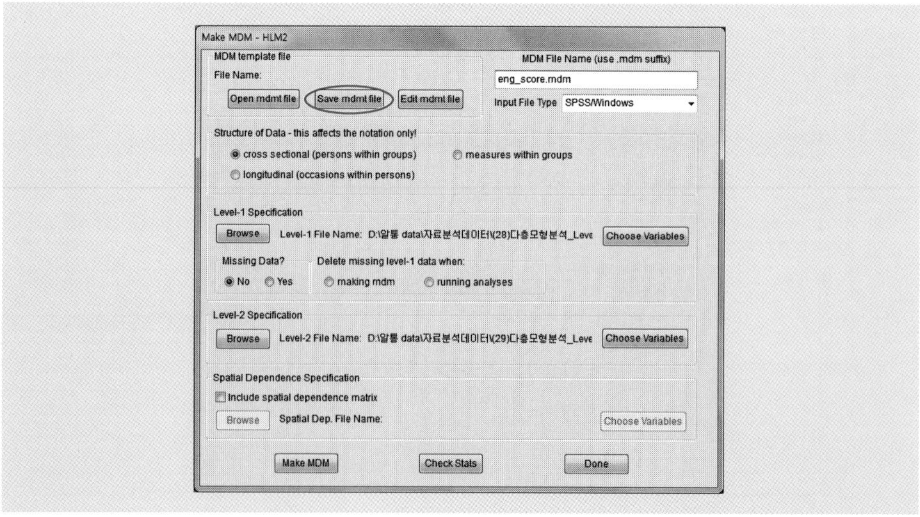

자료에 결측이 포함된 경우 Missing Data?에서 Yes를 클릭하고 Delete missing level-1 data when에서 making mdm 또는 running analyses를 선택한 후 Make MDM 을 누른다. 이렇게 MDM 파일이 저장되고 나면 각 변수에 대한 기술통계창(*.STS 파일 생성)이 나타나게 되고 Done 을 누르면 Make MDM-HLM2 대화상자가 사라지고 WHLM 창이 나타난다.

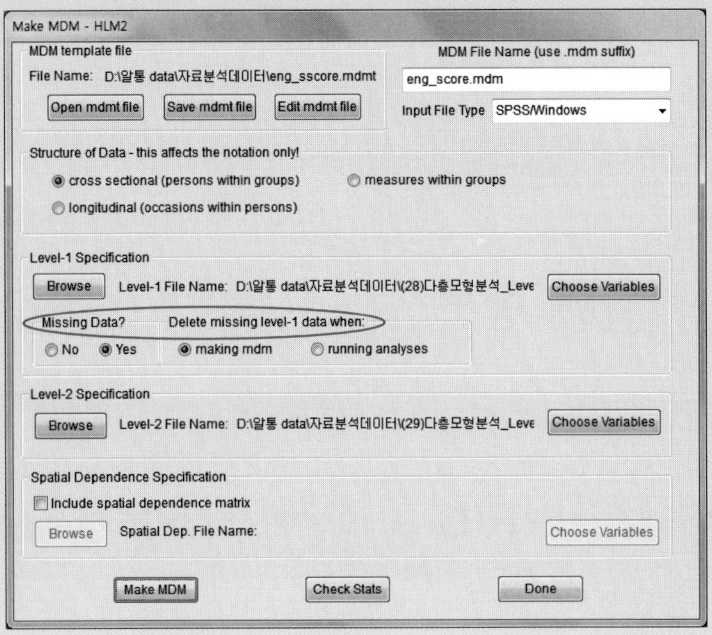

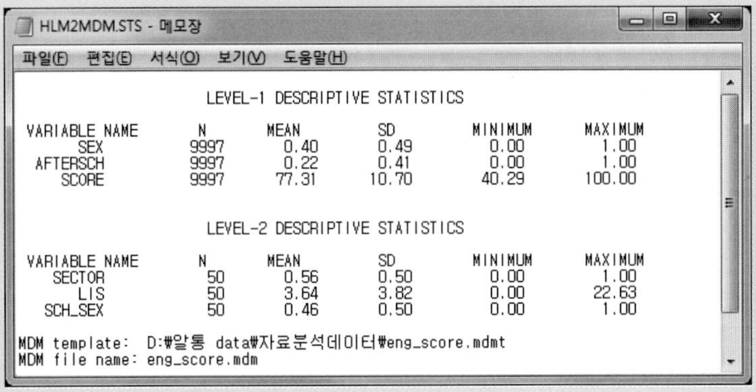

LEVEL-1 DESCRIPTIVE STATISTICS

VARIABLE NAME	N	MEAN	SD	MINIMUM	MAXIMUM
SEX	9997	0.40	0.49	0.00	1.00
AFTERSCH	9997	0.22	0.41	0.00	1.00
SCORE	9997	77.31	10.70	40.29	100.00

LEVEL-2 DESCRIPTIVE STATISTICS

VARIABLE NAME	N	MEAN	SD	MINIMUM	MAXIMUM
SECTOR	50	0.56	0.50	0.00	1.00
LIS	50	3.64	3.82	0.00	22.63
SCH_SEX	50	0.46	0.50	0.00	1.00

MDM template: D:₩알통 data₩자료분석데이터₩eng_score.mdmt
MDM file name: eng_score.mdm

Level-1에서 종속변수를 Outcome variable로 지정하면 어떠한 독립변수도 투입하지 않은 기초모형(null model)이 설정된다.

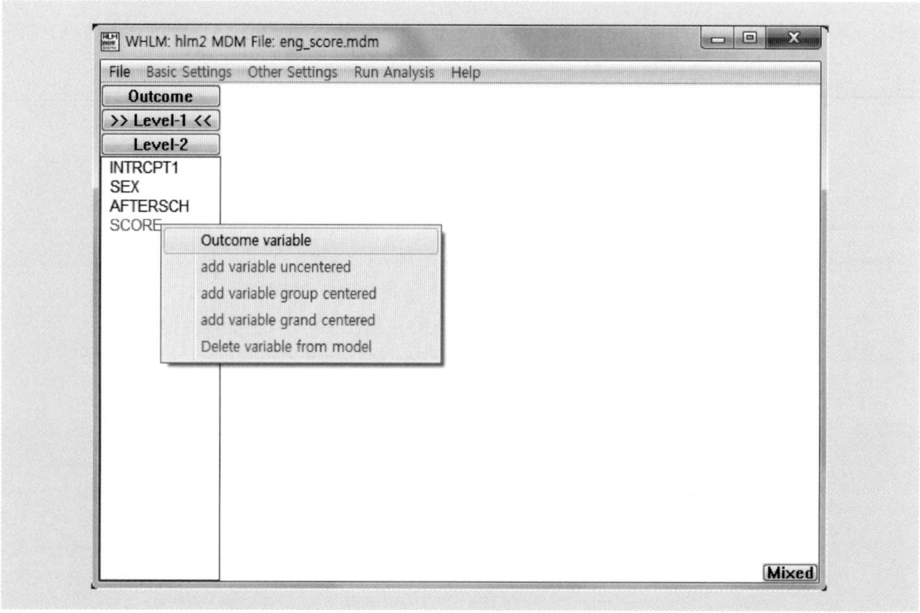

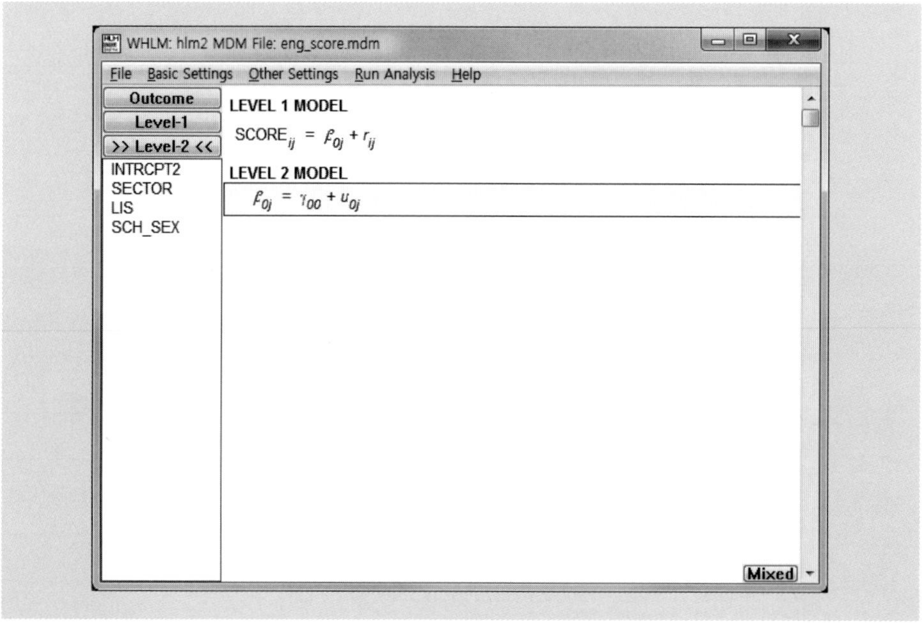

메뉴의 Basic Settings 를 클릭하거나 좌측상단의 Outcome 을 누르면 Basic Model Specifications 대화상자가 생긴다. 여기에서 종속변수의 분포, 잔차 파일 생성여부, output 파일의 이름과 위치를 설정할 수 있다.

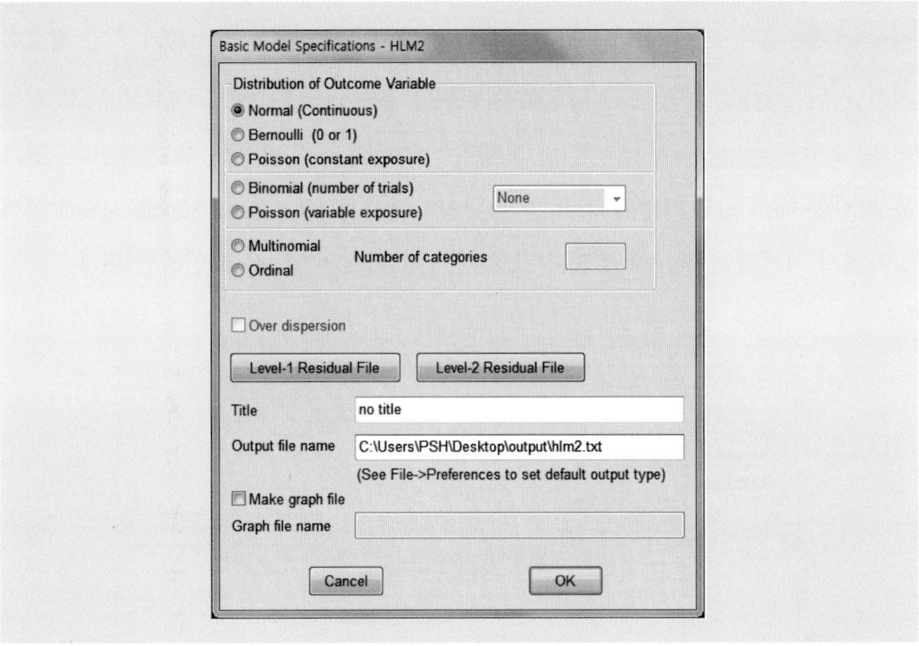

〈표 23-2〉 기본 모형 설명의 옵션

옵션		내용
Distribution of Outcome Variable	Normal(Continuous)	연속변수를 다룰 때
	Bernoulli(0 or 1)	이분변수를 다룰 때(1회 시행)
	Poisson(constant exposure)	빈도변수를 다룰 때(기간이 일정할 때)
	Binomial(number of trials)	이분변수를 다룰 때(1회 초과 시행)
	Poisson(variable exposure)	빈도변수를 다룰 때(기간이 일정하지 않을 때)
	Multinomial	다항변수를 다룰 때
	Ordinal	서열변수를 다룰 때
Over dispersion		이항 분포나 포아송 분포 이용시 과대산포를 교정하고 싶을 때
Make grape file		그래프를 얻고 싶을 때

Output file name에 저장 경로를 지정하고 파일명을 입력한다. 텍스트 파일로 output을 저장하고 싶을 때는 파일명.txt로 입력한 후 [OK]를 누른다. 만약 그래프를 얻고 싶다면 Make grape file에 체크하고 원하는 저장 경로와 파일명을 입력한다.

원래 창으로 돌아온 후 [Run Analysis]를 클릭하면 다음과 같은 창이 나타난다. [Save as and Run]을 누르면 새이름으로 저장하는 창이 뜨고, 모형의 이름과 저장 경로를 지정한 뒤 [저장(S)]을 누르면 모형이 실행된다. [Run the model shown]을 누르면 바로 실행이 되고, [Save and run]을 누르면 현재 모형을 *.hlm 파일로 저장한 후 실행된다. 결과를 확인할 때는 팝업되는 output 창을 확인하거나 Basic Model Specifications 대화상자에서 지정했던 output 저장 경로로 가서 'hlm2.txt'파일을 확인하면 된다.

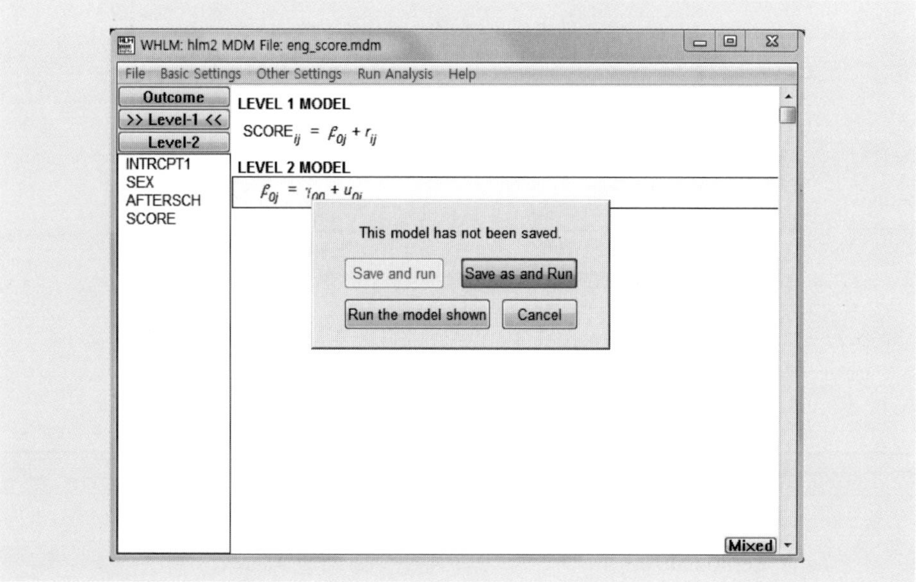

이어서 1수준에 관심 있는 변수(sex: 성별, aftersch: 방과후 학교 참여 여부)를 클릭하여 add variable uncentered를 누르면 모형에 변수가 추가 된다. 센터링(centering)이 필요한 경우는 변수를 클릭하면 생기는 창에서 적합한 센터링 방법을 선택한다.

▌add variable uncentered▐ 중심적 교정을 하지 않음

▌add variable group centered▐ 집단 평균으로 중심적 교정

▌add variable grand centered▐ 전체 평균으로 중심적 교정

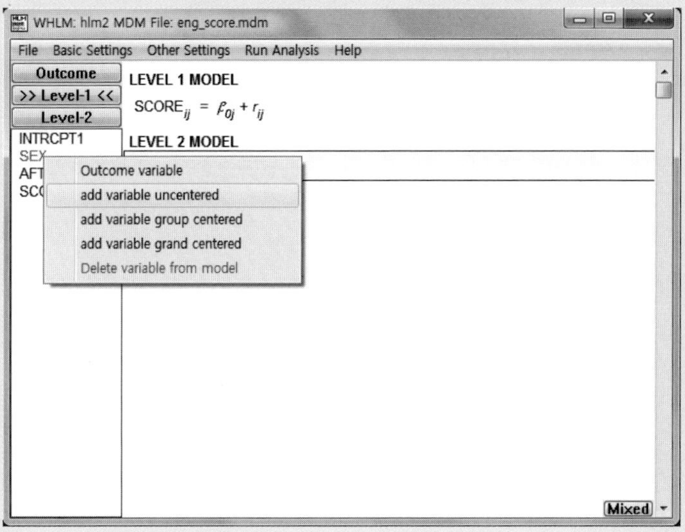

기울기 잔차(u_{1j}, u_{2j})의 분산을 추정하고 그 유의성을 알아보고자 한다면 Level-2 Model의 활성화되지 않은 u_{1j}, u_{2j}를 클릭하여 활성화한다.

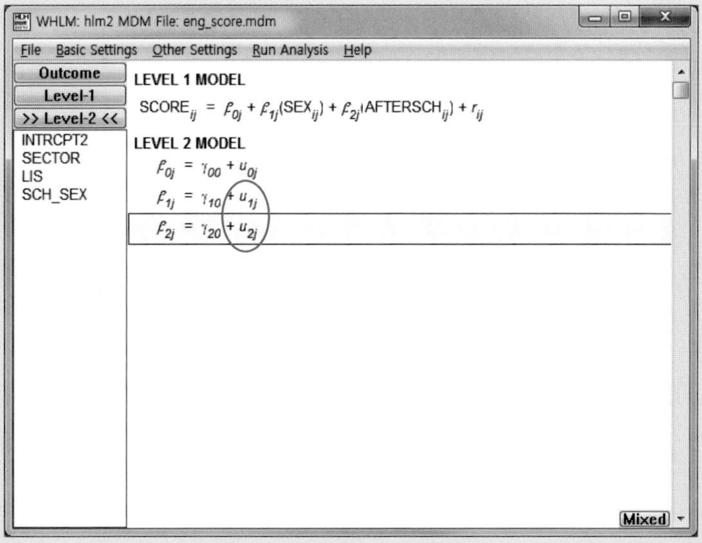

다음으로 2수준 변수(sector: 학교 설립 유형, LIS: 저소득층 학생 비율, sch_sex: 공학 여부)를 투입한다.

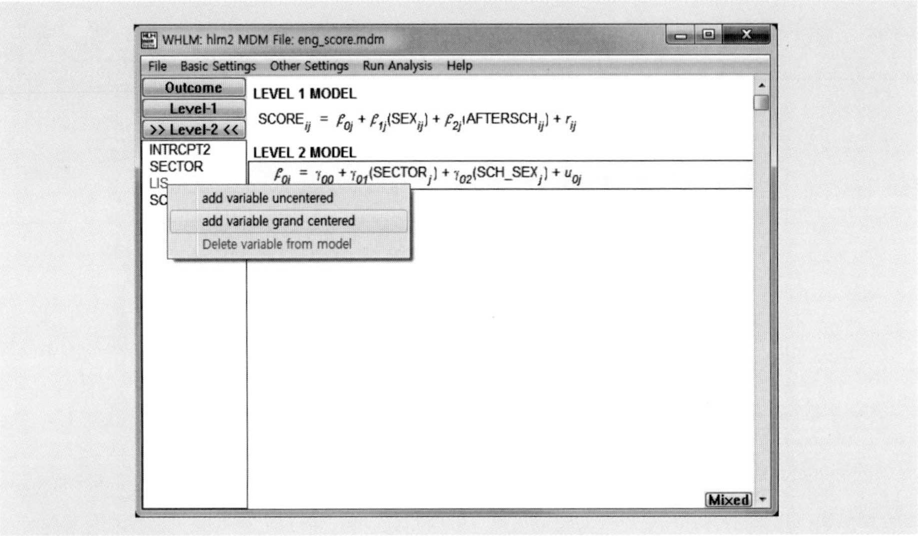

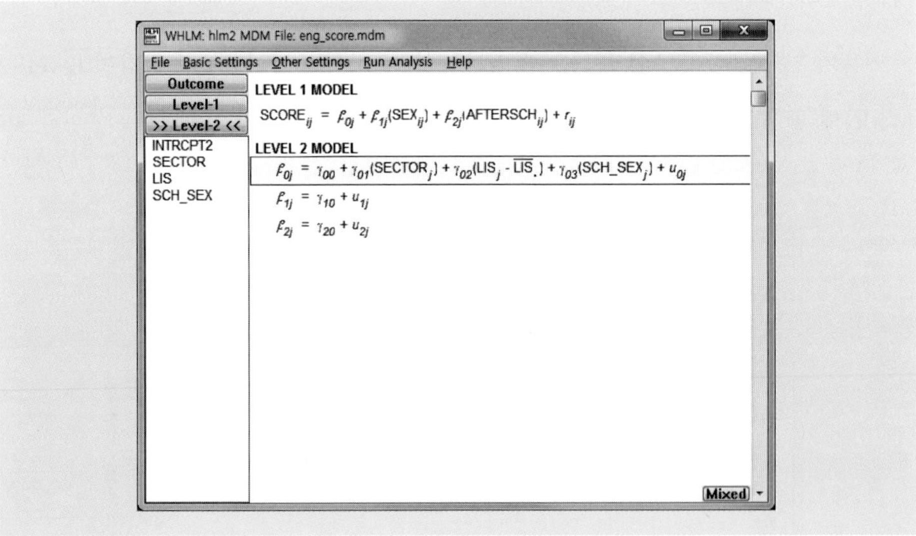

모형을 설정한 후 기초 모형과 마찬가지로 Run Analysis 를 클릭하여 분석을 실행한다.

5. 분석 결과

1) 기초 모형의 분석 결과

분석 결과 1. 분산성분 추정, 신뢰도

```
sigma^2 =      94.98639

tau
 INTRCPT1,B0      23.57738

 ----------------------------------------------------
  Random level-1 coefficient   Reliability estimate
 ----------------------------------------------------
  INTRCPT1, G0                        0.978
 ----------------------------------------------------
```

집단 내 변량을 나타내는 1수준 분산(σ^2)의 값은 94.986이며, 집단 간 변량을 나타내는 2수준 분산(τ_{00})은 23.577이다. 이를 바탕으로 한 집단 내 상관계수(ICC)는 23.577 / (23.577 + 94.986) = 0.199로서, 종속변수인 영어 성적의 분산 중 약 19.9%가 학교 간 차이에서 기인했음을 의미한다. 신뢰도(Reliability estimate)는 전체 분산 중 모수치 분산이 차지하는 비율로서 이를 통해 표본 평균이 모수치를 얼마나 잘 대표하는지를 알 수 있다.

분석 결과 2. 추정 결과

```
The value of the log-likelihood function at iteration 3 = -3.704295E+004
♀ The outcome variable is     SCORE

 Final estimation of fixed effects:
 ----------------------------------------------------------------------------
                                          Standard              Approx.
    Fixed Effect          Coefficient    Error       T-ratio    d.f.     P-value
 ----------------------------------------------------------------------------
 For       INTRCPT1, B0
    INTRCPT2, G00           77.164772   0.694256    111.147        49     0.000
 ----------------------------------------------------------------------------
```

```
The outcome variable is     SCORE

Final estimation of fixed effects
(with robust standard errors)
----------------------------------------------------------------------------
                                     Standard                Approx.
    Fixed Effect         Coefficient  Error       T-ratio    d.f.      P-value
----------------------------------------------------------------------------
For       INTRCPT1, B0
    INTRCPT2, G00          77.164772   0.687253   112.280        49     0.000
----------------------------------------------------------------------------


Final estimation of variance components:
-----------------------------------------------------------------------------
Random Effect           Standard      Variance      df    Chi-square  P-value
                        Deviation     Component
-----------------------------------------------------------------------------
INTRCPT1,       u0        4.85565      23.57738     49    2108.53602    0.000
 level-1,       r         9.74610      94.98639
-----------------------------------------------------------------------------
```

두 가지로 추정되는 고정효과의 결과 중 처음 결과는 최대우도법을 이용한 추정이고 두 번째는 로버스트 표준오차를 이용한 추정이다. 만약 두 결과 간 표준오차의 차이가 크다면 분석 데이터가 다층모형분석의 가정을 만족하는지 점검해야 한다.

추정된 고정효과의 결과는 다음과 같다.

절편의 회귀계수는 77.165(0.694)이며, t 통계값은 '$\gamma_{00} = 0$'이라는 영가설에 대한 검정 결과로 111.147($p = .000$)이며, 유의수준 .05에서 영가설이 기각된다. 마지막 부분의 무선효과 분석 결과는 '분석 결과 1'의 분산성분 추정치와 같고 영어 성적의 학교별 평균에 유의한 차이가 있음을 알 수 있다.

분석 결과 3. 적합도

```
Statistics for current covariance components model
--------------------------------------------------
Deviance                       = 74085.894821
Number of estimated parameters = 2
```

Deviance값은 최대우도값에 -2를 곱한 값(-2LL)으로 모형의 적합도를 비교하는 데 활용하며, Deviance값이 작을수록 적합한 모형이다.

2) 연구모형의 분석 결과

분석 결과 1. 분산요소 추정, 신뢰도

```
sigma^2 =      90.55673

tau
 INTRCPT1,B0      25.78715       -5.04502        -8.06099
      SEX,B1      -5.04502        4.48726         1.44701
AFTERSCH,B2       -8.06099        1.44701         3.66286

tau (as correlations)
 INTRCPT1,B0  1.000 -0.469 -0.829
      SEX,B1 -0.469  1.000  0.357
AFTERSCH,B2  -0.829  0.357  1.000

----------------------------------------------------
 Random level-1 coefficient   Reliability estimate
----------------------------------------------------
 INTRCPT1, G0                          0.957
      SEX, G1                          0.653
 AFTERSCH, G2                          0.455
----------------------------------------------------
```

기초 모형에서와 마찬가지로 σ^2은 집단 내 분산을 나타낸다. τ는 2수준 잔차(u_{oj}, u_{1j}, u_{2j})의 분산-공분산 행렬이며, τ(as correlations)는 2수준 잔차(u_{oj}, u_{1j}, u_{2j}) 간의 상관관계를 나타낸다.

분석 결과 2. 추정 결과

```
The value of the log-likelihood function at iteration 31 = -3.681850E+004
? The outcome variable is     SCORE

 Final estimation of fixed effects:
 ----------------------------------------------------------------------------
                                          Standard              Approx.
    Fixed Effect           Coefficient   Error       T-ratio    d.f.     P-value
 ----------------------------------------------------------------------------
 For       INTRCPT1, B0
    INTRCPT2, G00           71.648767    1.684445     42.536       46     0.000
      SECTOR, G01            4.086555    1.567301      2.607       46     0.012
         LIS, G02           -0.367566    0.154740     -2.375       46     0.022
     SCH_SEX, G03            1.499791    1.620485      0.926       46     0.360
 For       SEX slope, B1
    INTRCPT2, G10            4.158834    0.497629      8.357       49     0.000
 For AFTERSCH slope, B2
    INTRCPT2, G20            2.634633    0.376516      6.997       49     0.000
 ----------------------------------------------------------------------------
```

The outcome variable is SCORE

Final estimation of fixed effects
(with robust standard errors)

Fixed Effect	Coefficient	Standard Error	T-ratio	Approx. d.f.	P-value
For INTRCPT1, B0					
INTRCPT2, G00	71.648767	1.326138	54.028	46	0.000
SECTOR, G01	4.086555	1.285892	3.178	46	0.003
LIS, G02	-0.367566	0.138440	-2.655	46	0.011
SCH_SEX, G03	1.499791	1.467707	1.022	46	0.312
For SEX slope, B1					
INTRCPT2, G10	4.158834	0.492224	8.449	49	0.000
For AFTERSCH slope, B2					
INTRCPT2, G20	2.634633	0.370633	7.108	49	0.000

Final estimation of variance components:

Random Effect		Standard Deviation	Variance Component	df	Chi-square	P-value
INTRCPT1,	u0	5.07811	25.78715	20	488.38359	0.000
SEX slope,	u1	2.11831	4.48726	23	85.38013	0.000
AFTERSCH slope,	u2	1.91386	3.66286	23	37.46028	0.029
level-1,	r	9.51613	90.55673			

학생수준 변수인 성별과 방과후 학교 참여 여부의 t 통계값은 각각 8.357(p=.000)과 6.997(p=.000)로 영어 성적과 유의한 관계가 있다. 학교수준 변수인 학교 설립 유형과 저소득층 학생 비율 역시 t 통계값 2.607(p=.012)과 −2.375(p=.022)로 각각의 회귀계수가 통계적으로 유의하였고, 저소득층 학생 비율은 영어 성적과 부적인 관계가 있었다. 반면, 공학 여부는 유의하지 않았다. 무선효과인 2수준의 분산성분은 25.787, 1수준은 90.557로서 이를 기초모형의 분산성분과 비교해 보면 독립변수의 설명력을 파악할 수 있다.

분석 결과 3. 적합도

Statistics for current covariance components model

Deviance	= 73636.995221
Number of estimated parameters	= 7

기초모형과 비교할 때, 연구모형의 Deviance값의 감소가 있다. 이는 연구모형이 학생들의 영어 성적을 설명하는데 보다 적합함을 의미한다. 또한 Deviance값의 차이가 통계적으로 유의한지 확인하고 싶다면 χ^2 검정을 이용할 수 있다.

6. 분석 결과 보고

분석에서 사용된 변인들의 기술통계 결과와 변수값은 〈표 23-3〉과 같다.

〈표 23-3〉 기술통계 결과 및 변수값

		평균	표준편차	변수값
종속변수	영어 성적	77.31	10.70	연속변수
학생수준	성별	0.40	0.49	남0, 여1
	방과후 학교 참여 여부	0.22	0.41	비참여0, 참여1
학교수준	학교 설립 유형	0.56	0.50	국·공립0, 사립1
	저소득층 학생 비율	3.64	3.82	연속변수
	공학 여부	0.46	0.50	별학0, 공학1

영어 성적에 대한 다층모형분석 결과는 〈표 23-4〉와 같다.

〈표 23-4〉 영어 성적에 대한 다층모형분석 결과

		회귀계수	표준오차
교정평균		71.649***	1.684
학생수준	성별	4.159***	0.498
	방과후 학교 참여 여부	2.635***	0.377
학교수준	학교 설립 유형	4.087*	1.567
	저소득층 학생 비율	−0.368*	0.155
	공학 여부	1.500	1.620
학교내 분산		90.557	
학교간 분산	상수	25.787***	
	성별 기울기	4.487***	
	방과후 학교 참여 기울기	3.663*	
Deviance(−2LL)		73637.00	

*$p<0.05$, **$p<0.01$, ***$p<0.001$

다층모형분석 결과, 저소득층 학생 비율이 평균수준인 국·공립별 학교의 영어 성적 평균은 약 71.649임을 알 수 있다. 저소득층 학생 비율을 고정시킨 후에도, 사립학교가 국·공립학교보다 영어 성적이 평균적으로 약 4.087($t=2.607$, $p<.05$)점 높은 것으로 나타났다. 학교 설립 유형과 공학 여부가 통제되었을 때, 저소득층 학생 비율이 1% 증가함에 따라 평균적으로 영어 성적은 약 0.368($t=-2.375$, $p<.05$)점 유의하게 감소한다. 마지막으로, 학교 설립 유형과 저소득층 학생 비율을 고정한 후의 공학 여부에 따른 평균 차이는 유의하지 않다.

학생의 성별 및 방과후 학교 참여 여부와 영어 성적 간에는 유의한 상관이 있다. 즉, 다른 변수의 조건이 동일할 때, 남학생에 비하여 여학생의 영어 성적이 평균 4.159 ($t=8.357$, $p<.001$)점 높고, 방과후 학교를 참여한 학생이 평균 2.635($t=6.997$, $p<.001$)점 영어 성적이 높다.

다음으로 무선효과를 보면, 학교평균의 학교간 분산은 25.787로 유의하다. 즉, 영어 성적의 학교별 평균에는 유의한 차이가 있음을 알 수 있다. 성별 기울기 분산은 4.487, 방과후 학교 참여 여부 기울기의 분산은 3.663으로 역시 유의하다. 따라서 학생의 성별 및 방과후 학교 참여 여부와 영어 성적 간의 관계는 학교마다 다르다는 것을 알 수 있다. 기초모형에서의 학교내 분산과 학교간 분산을 바탕으로 구한 집단내 상관계수(ICC)는 0.199로, 이는 종속변수인 영어 성적의 분산 중 약 19.9%가 학교 간 차이에서 기인했음을 의미한다. 즉, 학교간 분산의 유의성과 ICC를 통하여 다층모형분석이 필요한 자료임을 알 수 있다.

연 • 습 • 문 • 제

우리나라 고등학생의 수학 성적에 영향을 미치는 요인을 파악하고, 수학 성적이 학교별로 다른지 확인하고자 한다. 이를 위해 50개 학교의 9,800명을 대상으로, 학생수준 변수로는 학생의 성별, 하루 사교육 참여 정도를 선정하였고, 학교수준 변수로는 학교 설립 유형과 공학 여부를 조사하였다. 이때 다음 질문에 답하기 위한 다층모형을 설정하고 분석하시오.
(학지사 홈페이지에서 『알기 쉬운 통계분석(3판)』을 검색, 도서자료에서 '부록자료' 중 '데이터 자료'의 '23장_level1.SAV', '23장_level2.SAV'를 사용하여 분석하시오.)

① 50개 학교의 평균 수학성적은 얼마인가?

② 수학 성적과 관련된 변수들 간의 관계는 어떠한가?

③ 평균 수학 성적은 학교에 따라 차이가 있는가?

제7부

타당도와 신뢰도

제24장 타당도

자료를 수집하기 위하여 질문지를 사용하며, 질문지는 문항으로 구성된다. 특히 조사연구에서 연구대상의 지각이나 느낌을 묻기 위하여 질문지를 사용하며, 이 질문지는 측정하고자 하는 내용을 측정하여야 한다. 만약, 질문지의 내용이 측정하고자 하는 내용과 부합하지 않으면 수집한 자료는 타당하지 않은 자료이므로 분석할 필요가 없게 된다. 그러므로 자료를 분석하기 전에 수집한 자료에 대한 타당도를 검증하여야 한다.

1. 정의와 개념

키를 측정하기 위하여 자를, 그리고 무게를 달기 위해서는 저울을 사용하는 것이 타당하듯이 인간의 잠재적 특성인 지능을 측정하기 위하여 지능검사를, 적성을 측정하기 위하여 적성검사를, 인성을 측정하기 위하여 인성검사를 사용하는 것이 타당하다. **타당도**(validity)는 검사도구가 측정하고자 하는 것을 얼마나 충실히 측정하였는가를 의미한다. 타당도에 대한 개념에도 변화가 있어 타당도는 검사가 가지는 고유한 속성이라기보다 검사에서 얻는 결과를 가지고 검사의 타당성의 근거를 제시하는 것이 최근 견해로서 타당도를 타당성의 근거를 수집하는 과정으로 본다.

AERA, APA, NCME에서 1999년과 2014년에 개정한 『*Standards for Educational and Psychological Testing*』에서는 검사 내용에 기초한 근거, 반응 과정에 기초한 근거, 내적 구조에 기초한 근거, 다른 변수와의 관계에 기초한 근거, 검사결과에 기초한 근거로 분류하였으며, 다른 변수와의 관계에 기초한 근거에 수렴 및 판별근거, 검사-준거 관련성, 타당도 일반화가 있다. 이 장에서는 검사-준거 관련성에 속하는 공인타당도와 예측타당도, 내적 구조에 기초한 근거(구인타당도)에 대하여 설명한다.

2. 종류

1) 검사-준거 관련성: 공인근거(공인타당도)

공인근거(concurrent evidence)는 검사-준거 관련성의 한 종류로서 검사점수와 준거로 타당성을 입증받고 있는 기존의 검사로부터 얻은 점수와의 관계에 의해 검정하는 타당도다. 새로운 검사를 제작하였을 때 새로 제작한 검사의 타당성을 검정하기 위하여 타당성을 보장받고 있는 기존의 검사와의 유사성 혹은 연관성에 의하여 타당성을 검정한다. 예를 들어, 연구자가 본인의 연구에 부합하는 인성검사를 제작하였을 때 그 인성검사의 공인근거를 검정하기 위하여 MMPI(Minnesota Multiple Personality Inventory) 검사와의 관계를 검정하여 새로 제작한 검사의 타당성을 판정한다.

공인타당도는 새로 제작한 검사에 의한 점수와 준거점수로 타당성을 인정받고 있는 검사의 점수 간 상관계수에 의하여 검정되므로 계량화된다. 상관계수를 분석하는 SPSS 실행을 위한 절차와 분석 결과는 제17장의 상관분석과 동일하다.

2) 검사-준거 관련성: 예측근거(예측타당도)

예측근거(predictive evidence)는 검사-준거 관련성의 한 종류로서, 제작된 검사에서 얻은 점수와 준거로서 미래의 어떤 행위와의 관계로 추정되는 타당도다. 즉, 검사점수가 미래의 행위를 얼마나 잘 예측할 수 있느냐는 문제다. 예를 들어, 비행사 적성검사를 보았을 때 그 적성시험에서 높은 점수를 받은 비행사가 안전운행 기록이 높다면 그 검사의 예측근거가 높다고 할 수 있다.

일반적으로 적성검사가 예측근거를 중요시하는 경향이 있으며, 임상심리에서 사용되는 심리검사 등에도 자주 이용된다. 대학입시제도에서 시행되는 대학수학능력시험도 예측근거가 중요시된다. 즉, 대학수학능력시험에서 높은 점수를 획득한 학생이 대학에서 성공적으로 학업을 수행할 때, 다시 말해 학점이 높을 때 대학수학능력시험의 예측근거는 높다고 할 수 있다. 예측근거 역시 검사점수와 미래의 행동 간의 관계에 의해 추정되므로 계량화되는 특징을 지니고 있다. 상관계수에 의하여 예측타당도를 분석하는 SPSS의 실행 절차는 제17장의 상관분석과 동일하다.

3) 내적 구조에 기초한 근거(구인타당도)

내적 구조에 기초한 근거(evidence based on internal structure)란 조작적으로 정의되지 않은 인간의 심리적 특성이나 성질을 심리적 구인으로 분석하여 조작적 정의를 부여한 후, 검사점수가 조작적 정의에서 규명한 심리적 구인을 제대로 측정하였는가를 검정하는 방법이다. 즉, 검사점수를 관심 있는 심리적 속성의 측정자로 보는 데 주안점을 두고 있다. 예를 들어, 창의력을 측정할 때 창의력은 민감성, 이해성, 도전성, 개방성, 자발성, 그리고 자신감의 구인으로 구성되어 있다는 조작적 정의에 근거하여 검사를 제작, 실시한 뒤 그 검사도구가 이 같은 구인을 측정하고 있다고 판단되면 그 검사는 내적 구조에 기초한 근거를 지니고 있다고 한다. 만약, 검사 결과가 조작적으로 규정한 어떤 심리적 특성의 구인을 제대로 측정하고 있지 못하거나 다른 구인을 측정한다면 이는 내적 구조에 기초한 근거가 결여되어 있는 것이다.

구인(構因, construct)이란 심리적 특성이나 행동 양상을 설명하기 위하여 존재를 가정하는 심리적 요인을 말한다. 창의력검사의 예에서 민감성, 이해성, 도전성 등을 구인이라 할 수 있다. 지능검사에서는 Thurstone이 제안한 일곱 가지 기본 정신능력, 즉 어휘력, 수리력, 추리력, 공간력, 지각력, 기억력, 언어 유창성이 구인이다.

내적 구조에 기초한 근거(evidence based on internal structure)는 문항과 검사 구성 요소와의 관계가 구인에 어느 정도 합치되는가를 분석한다. 검사가 측정하고자 하는 구인을 측정할 수 있도록 구성되어 있는가의 문제로서 문항들의 관계가 검사구조의 가정을 지지하는 정도를 말한다. 예를 들어, 건강에 대한 지각을 묻는 검사가 신체적 건강지수와 정신적 건강지수를 측정한다면 검사는 두 구인에 의하여 측정이 적합하도록 구조화되어야 한다.

검사는 단일한 영역을 측정하거나 동질성을 지닌 여러 요소를 측정한다. 검사의 일차원성이 지켜지지 않은 검사일 경우에는 내적 구조에 기초한 타당도의 증거를 찾아보기 어렵다. 그러므로 내적 구조에 기초한 근거를 확인하기 위하여 종전의 구인타당도를 검정하는 방법으로 사용되는 요인분석을 사용할 수 있다.

3. 요인분석

요인분석(factor analysis)은 많은 측정변수를 공통적인 요인으로 묶어 자료의 복잡성을 줄이고 측정된 변수들이 동일한 구성 개념을 측정하고 있는지를 파악하기 위한 방법이다. 따라서 검사나 측정척도의 개발 과정에서 측정도구의 타당성을 파악하기 위해 많이 사용한다. 요인분석을 통해 적절히 요인으로 묶이지 않는 문항은 해당 요인을 측정하는 데 타당하지 못한 것으로 간주되어 검사문항에서 제외하거나 수정한다. 또한 어떤 심리적 특성을 구성하는 구인 중 심리적 특성을 설명하지 못하는 구인도 요인분석을 통하여 제거한다.

1) 기본 가정

- **사례 수:** 타당한 요인분석을 위해 일반적으로 100개에서 200개 이상의 사례를 사용할 것을 권장하고 있다. 변수와 표본수의 비율은 1 : 5 정도는 되어야 한다. 세 문항으로 하나의 구인을 설명할 수도 있으나 일반적으로 하나의 구인을 설명하기 위하여 다섯 개 이상의 문항이 요구된다.
- **다변량 정상성:** 잠재적인 요인 수에 대한 통계적 추론을 하고자 하는 경우에는 모든 변수의 가능한 선형조합이 정상분포를 이루어야 한다. 이는 잔차 plot을

통해 확인할 수 있다.

- **변수들 간의 선형성**: 요인분석은 변수들 간의 Pearson 적률상관에 기초하고 있기 때문에 변수들 간의 선형적 관계를 가정한다. 일반적으로 다변량 정상성은 모든 변수쌍의 관계가 선형적이라는 것을 의미하기 때문에 정상성 가정이 충족되면 변수들 간의 관계가 직선적이라고 판단할 수 있다.
- **다중공선성**: 요인분석은 변수들 간의 상관을 기초로 분석되기 때문에 다중공선성 문제의 제약을 덜 받는 편이다. 그러나 역행렬을 필요로 하지 않는 주성분분석을 제외한 대부분의 요인분석 방법에서 지나친 다중공선성이 발견되거나 변수 특성이 완전히 일치하는 경우 이들 변수는 중복된 정보를 갖는 것을 의미하므로 분석에서 제외하여야 한다. 일반적으로 산출된 공통분이 1.0에 가깝거나 요인의 고유값이 0에 근접하면 다중공선성의 문제가 있다고 판단할 수 있다.
- **표본 상관행렬의 적절성 검정**
  - **상관행렬의 크기**: 변수들의 절반 이상은 ±.3을 초과하여야 요인분석이 가능하다.
  - **부분 상관계수**: 변수들이 공통요인을 가지고 있다면 다른 변수들의 효과를 통제한 변수쌍의 부분 상관계수는 0에 가까워진다. SPSS에서는 부분 상관계수에 음수를 취한 반영 상관계수를 제공해 준다.
  - **표본 적절성 측정치(KMO)**: KMO 값이 작다는 것은 변수쌍의 상관이 다른 변수에 의해 설명되지 않는다는 것을 의미한다. KMO 값이 1에 가까울수록 요인을 분석하기에 적합함을 의미한다.
  - **개별 변수에 대한 표본의 적절성 검정(MSA)**: 반영 상관행렬의 대각선에 제시되는 값으로 클수록 요인분석하기에 적합함을 나타낸다.
  - **Bartlett의 구형성 검정**: 변수들 간의 상관이 0인지를 검정하는 것으로서 구형성 검정 통계치가 크고 그에 따른 유의확률이 작을수록($p < .05$) 요인분석하기에 적합함을 나타낸다. 그러나 이 통계치는 다변량 정상성을 엄격히 따르고 표본 크기에 의존하기 때문에 상관이 낮을 경우에도 유의미한 통계치를 나타내므로 변수와 사례 수의 비율이 1 : 5 이하인 경우에 유용하다.
  - **변수들 간의 상관**: 요인분석될 변수들 간의 상관이 지나치게 낮거나 높을 경우 요인분석에 적합하지 않다.

2) 사용 목적

요인분석은 다음과 같은 목적으로 사용할 수 있다.

- **잠재적인 요인의 수 파악**: 요인분석을 통해 관찰된 자료에서 신뢰할 만하고 해석 가능한 요인이 몇 개나 있는지를 파악할 수 있다.
- **잠재요인의 본질 파악**: 요인분석을 통하여 공통적인 특성을 가지고 있는 몇 개의 문항이 하나의 요인에 높게 부하되었다면 이들 문항들은 잠재적으로 어떤 요인에 대한 개념을 가지고 있다고 판단할 수 있다.
- **잠재요인의 상대적 중요도 파악**: 각 요인의 설명분산으로 요인분석을 통해 산출된 요인들의 상대적 중요도를 파악할 수 있다.
- **가설적 이론의 검정**: 연구자는 사전에 이론적 배경에 의해 기대되는 요인의 수와 요인의 본질에 관한 가설을 설정하고 이를 검정할 수 있다.
- **추후연구를 위한 요인점수의 산출**: 요인분석을 통해 산출된 요인점수는 중다회귀분석이나 판별분석과 같은 다른 목적을 위한 분석에 사용할 수 있다.

3) 기본 원리

요인분석의 기본 개념을 **수학적 모형**으로 나타내면 다음과 같다.

$$\sigma_x^2 = h^2 + s^2 + \epsilon^2$$

σ_x^2 : 변수 x의 전체 분산
h^2 : 공통요인의 분산(공통분)
s^2 : 특수요인의 분산
ϵ^2 : 오차분산
$s^2 + \epsilon^2 = u^2$: 고유분산

요인분석의 목적은 일반적으로 **공통요인 분산**인 h^2의 탐색에 있다. 이를 위한 요인방정식은 다음과 같이 전개할 수 있다.

$$Z_j = a_{j1}F_1 + a_{j2}F_2 + \cdots\cdots + a_{jk}F_k + U_j$$

Z_j : j번째 변수의 표준점수
a_{jk} : j번째 변수의 요인 $k(F_k)$에 대한 가중치(계수)
U_j : j번째 변수의 고유분산

요인분석은 연구에서 다루는 변수에 대한 관찰치를 기초로 이들 변수의 수보다 적은 수의 $F_1, F_2, \cdots\cdots F_k$ 요인들이 갖는 가중치 계수 $a_1, a_2, \cdots\cdots a_k$를 수학적 방법에 의해 찾아내려는 것이다.

4) 절 차

요인분석은 다음의 **절차**에 의해 이루어진다.

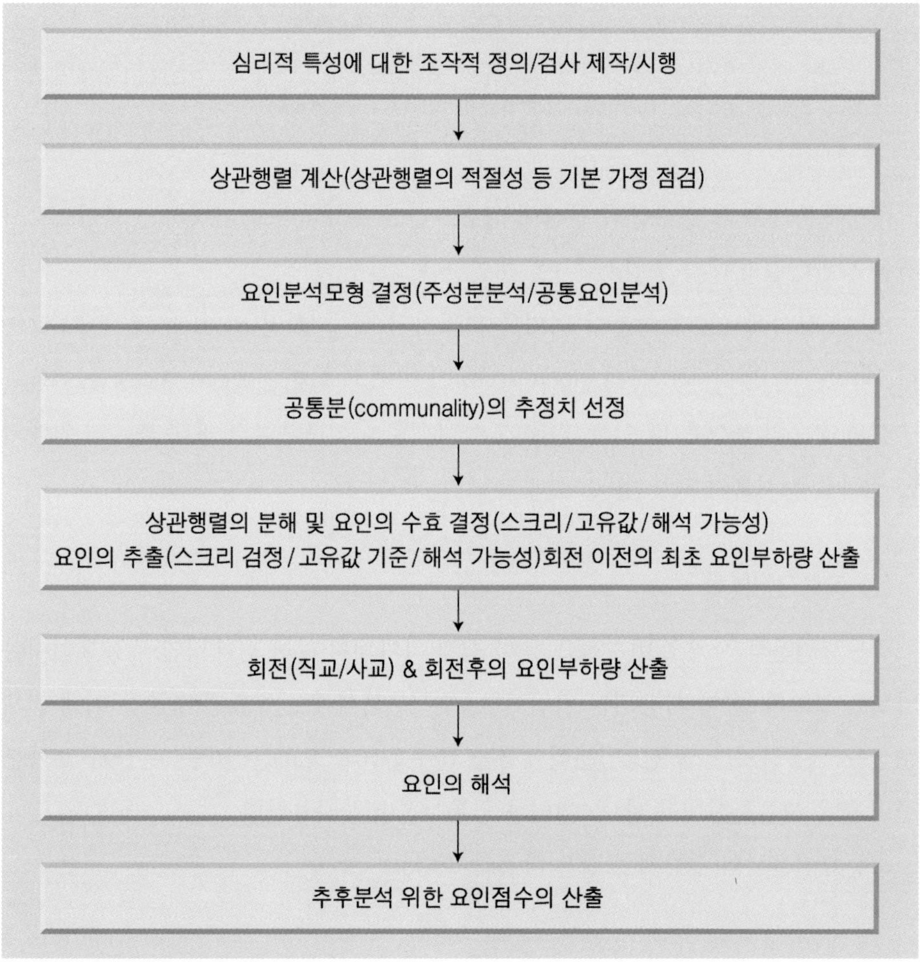

5) 모 형

(1) 주성분분석

주성분분석(principal component analysis)은 서로 상관관계가 높은 변수들을 조합해서 그 변수들의 정보를 가능한 많이 함축하고 있는 새로운 인위적인 변수를 만들어 내기 위한 기법으로 많은 양의 자료를 단순화하고 요약·정리하기 때문에 '**자료축약기법**'이라고도 한다.

주성분분석의 수학적 모형은 다음과 같다.

$$z_j = a_{j1}F_1 + a_{j2}F_2 + \cdots\cdots + a_{jk}F_k$$

주성분분석은 각 변수들의 분산이 공통요인만 존재한다고 가정하는 모형으로서 관찰 상관행렬의 대각선 원소에 1을 대입한다.

주성분분석에서는 주성분의 의미를 파악하기 위해 '**회전**(rotation)'을 하지 않는다. 회전을 하면 각 주성분의 eigen vector가 바뀌고 회전한 eigen vector를 이용한 주성분 점수의 분산은 더 이상 '최대'가 아니므로 주성분분석의 원래 목적에 위배되는 결과를 가져오기 때문이다.

(2) 공통요인분석

공통요인분석은 최초 변수들을 통해 쉽게 파악되지 않는 잠재적인 공통요인이나 차원을 알고자 할 때 사용되는 기법이다. 주성분분석에서는 요인 추출을 위해 전체 분산을 사용하지만 공통요인분석에서는 특수분산과 오차분산(특수분산과 오차분산의 합을 고유분산이라 함)을 제외한 공통분산만을 사용한다.

공통요인분석의 수학적 모형은 다음과 같다.

$$z_j = a_{j1}F_1 + a_{j2}F_2 + \cdots\cdots + a_{jk}F_k + d_nU_n$$

6) 기초 구조 추출방법

(1) 공통분의 추정치 선정

- 다중상관제곱치: 각 변수를 종속변수로 하고 나머지 모든 변수를 예측변수로 하는 회귀식에서 종속변수에 대한 R^2을 구하는 방법(단일주축분해시 사용)
- 재분해를 통한 반복추정: 분석될 축소 상관행렬이 여러 차례 분석되면서 공통분의 적절한 추정치가 구해지는 방식(반복주축분해시 사용)
- 상관계수들의 절대치 중 최대값: 해당 변수가 다른 변수들과 가지는 상관계수들의 절대치 중 최대값을 사용하는 방법으로 원 상관행렬이 역을 가지지 못할 경우에 유용하다.

(2) 상관행렬의 분해

- 주성분분석: 주축분해법에 의해 원 상관행렬 분해
- 공통요인분석: 주축분해법 또는 최대우도법에 의해 축소된 상관행렬 분해

주축분해방식은 연구자가 사전에 요인의 개수에 대해 분명한 선택을 할 것을 요구한다. 따라서 이론적인 검토와 기존 연구들을 토대로 사전에 요인의 개수에 대한 많은 정보를 가져야 한다. 최대우도방식은 측정변수들이 다변량 정규분포를 따른다는 가정하에 요인 수효의 가설에 대한 검정을 해 준다는 장점이 있다. 그러나 사례 수가 많으면 χ^2 검정에 의한 요인 개수의 결정은 이론적으로 무의미한 요인을 필요 이상으로 많이 추출하게 될 가능성이 높다는 것을 유의하여야 한다.

(3) 요인의 수효 결정

- 스크리 검사: 고유값(eigen value)의 차이를 기준으로 급격한 차이 및 평준화가 나타나기 직전까지를 가능한 요인의 수로 해석한다.
- 누적분산퍼센트 기준: 요인이 추가될 때의 누적분산퍼센트를 기준으로 하여 전체 공통분산의 60% 이상 설명될 수 있는 요인 수를 기준으로 한다.
- 해석 가능성: 이론적 근거를 토대로 한 해석 가능성을 검토한다. 공통요인분석에서는 최종 요인 구조를 해석할 때 적어도 3개 이상의 변수를 기초로 해야 의

미 있는 요인이 될 수 있다.

7) 요인의 회전

요인 회전은 최초의 요인부하들로부터 명확히 설명되지 않는 요인을 '단순구조'로 전환하는 목적을 가지고 있다. 단순구조로 회전하면 각 문항(변수)은 한 요인에만 높게 부하되고 다른 요인에는 상대적으로 낮게 부하되어 '요인적으로 순수한' 요인구조가 된다. 요인구조가 단순화되면 최초의 요인부하로 설명되지 않던 요인구조가 유의미하게 해석되고 요인의 유용성이 개선된다.

요인의 회전은 크게 직교회전과 사교회전으로 구분된다. 최초의 요인부하량들이 두 요인축상에 산재해 있을 때는 요인을 해석하는 것이 용이하지 않기 때문에 해석을 위해 직각을 유지하면서 요인축을 회전하는 것($\cos\theta = 90°$, 요인 간 상관=0)이 **직교회전**이고, 직각을 유지하지 않은 채 요인부하들의 중심을 통과하도록 축을 회전하는 것($\cos\theta \neq 90°$, 요인 간 상관≠0)이 **사교회전**이다.

8) 분석 실행

예 제

사회부적응성 측정도구는 외로움, 자존감, 불안, 우울, 수줍음의 5가지 하위척도로 구성되어 있으며, 각 하위척도는 여덟 개의 문항으로 구성되어 있다. 사회부적응성 측정도구는 타당한가?

(1) 요인분석 대화상자 열기

분석(A) ▷ 차원 축소(D) ▷ 요인분석(F) ...

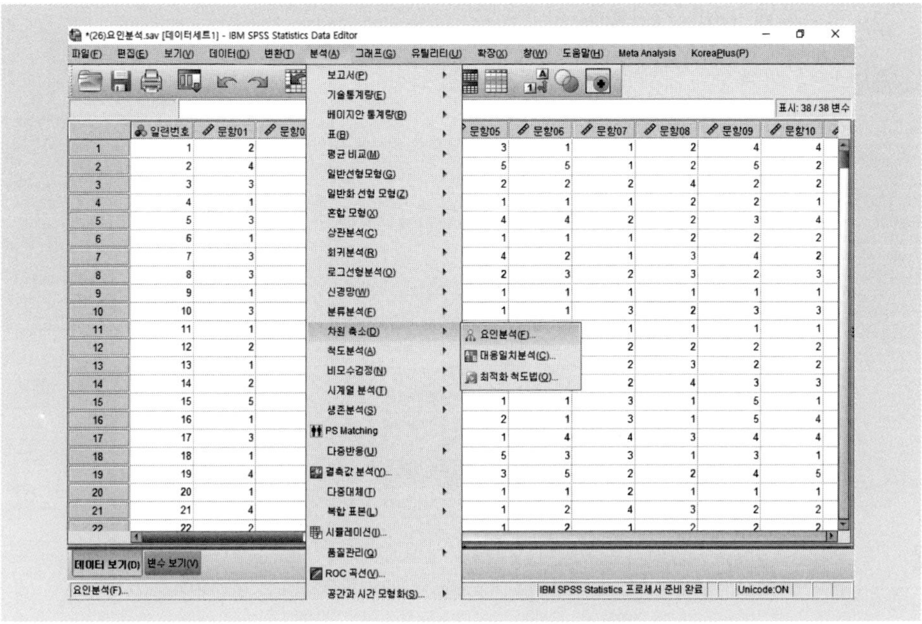

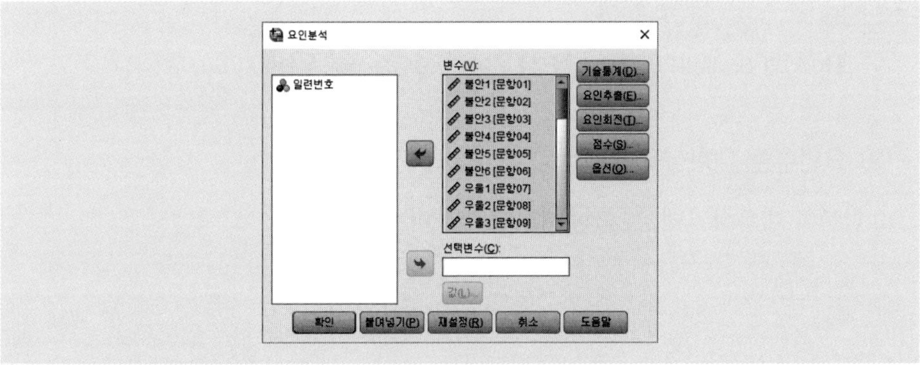

요인분석을 수행하고자 하는 문항들을 변수(V)로 옮긴다.

(2) 기술통계 대화상자 열기

요인분석 대화상자에서 [기술통계(D)...]를 클릭한다.

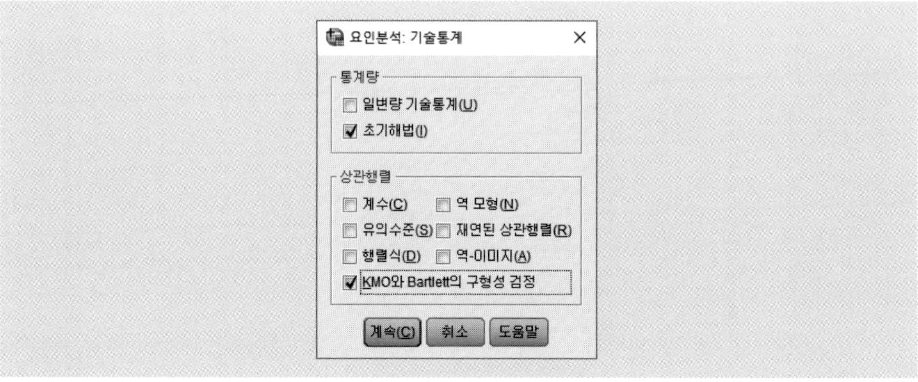

통계량

I 초기해법(I) I 초기 공통성, 고유값, 설명된 분산의 퍼센트 등을 제시

상관행렬

I KMO와 Bartlett의 구형성 검정 I 자료가 요인분석에 적합한지 여부를 검정

(3) 요인추출 대화상자 열기

요인분석 대화상자에서 [요인추출(E)...]을 클릭한다.

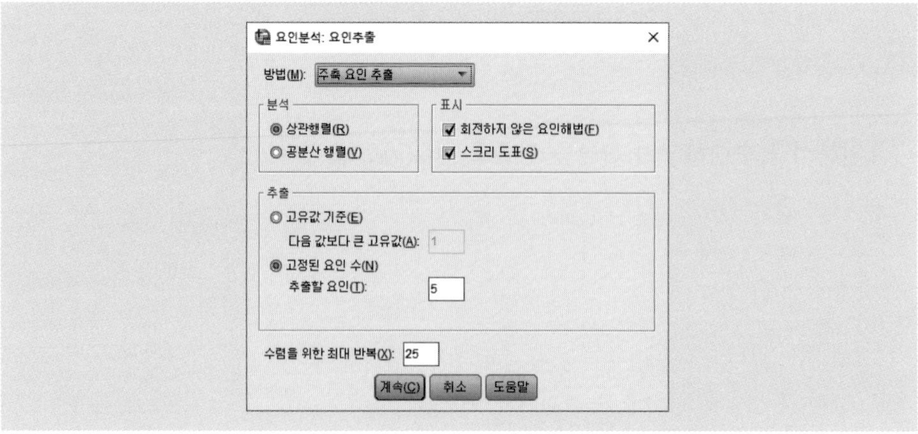

방법(M)

▌주성분▐ 관측된 변수의 상관되지 않은 선형조합 형성. 초기 요인해법을 구할 수 있으며 상관행렬이 단순할 때 사용(기본설정값)

공통요인분석

▌가중되지 않은 최소제곱법▐ 대각선을 무시하는 관측 상관행렬과 재연된 상관행렬 간의 차이 제곱합 최소화

▌일반화 최소제곱법▐ 관측된 상관행렬과 재연된 상관행렬 간의 차이 제곱합 최소화

▌최대우도▐ 표본이 다변량 정규분포에서 추출된 경우 관측 상관행렬을 생성할 것 같은 모수 추정값 생성

▌주축 요인 추출▐ 공통성의 초기 추정값으로서 대각으로 배치된 제곱 다중 계수를 사용하여 원래의 상관행렬로부터 요인 추출. 대각으로 위치하는 기존의 공통성 추정값을 대신하는 새로운 공통성 추정

▌알파 요인 추출▐ 변수를 잠재적 변수의 모집단에서 추출된 표본으로 간주

▌이미지 요인 추출▐ 편 이미지라고 하는 변수의 공통 부분은 가정요인의 함수보다는 남아 있는 변수에서 선형회귀분석으로 정의

표시

▌회전하지 않은 요인해법(F)▐ 요인해법에 대한 회전하지 않은 요인적재값, 공통성, 고유값 등 표시(기본설정값)

▌스크리 도표(S)▐ 요인의 수가 증가할수록 고유치가 점점 작아지다가 일정 수준에 이르면 완만해진다. 갑자기 완만해지기 직전의 요인까지 추출

추출

▌고유값 기준(E)▐ 가장 많이 사용. SPSS에서는 고유치가 1 이상인 것을 추출(기본설정값: 1)

▌고정된 요인 수(N)▐ 고유값과 관계 없이 지정한 요인의 수에 따라 요인 추출

요인분석에서 연구자가 요인 수에 이론적 배경을 강하게 구성한 검사라면 요인 수를 지정하는 **확인적 요인분석**(confirmatory factor analysis)을 실시하며, 요인 수를 모를 때는 **탐색적 요인분석**(exploratory factor analysis)을 사용한다.

수렴을 위한 최대 반복(X)

요인 추출을 위한 최대반복계산 수(기본설정값: 25)

자료분석 실행에서는 연구자의 이론적 배경에 의하여 요인수가 5개임을 설정한 도구를 개발하였기에 확인적 요인분석으로 요인수를 5개로 하였다.

(4) 요인회전 대화상자 열기

요인분석 대화상자에서 [요인회전(T)...]을 클릭한다.

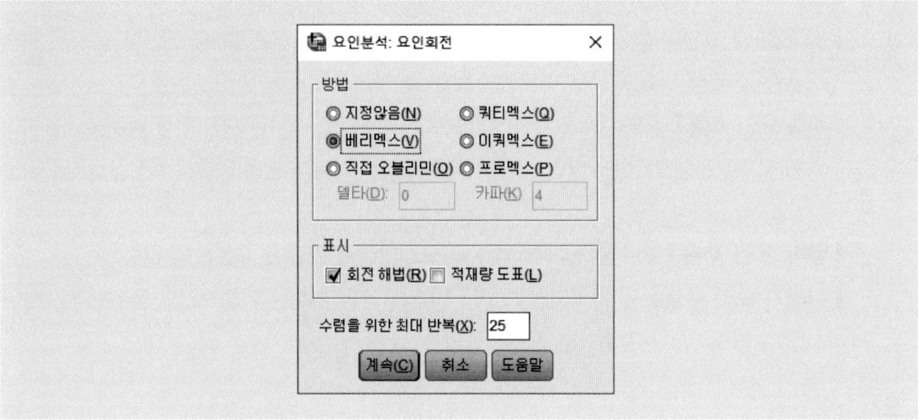

방법

직교회전

▎베리멕스(V) ▎ 각 요인의 적재값이 높은 변수의 수를 최소화, 단순화

▎쿼티멕스(Q) ▎ 각 변수를 설명하는 데 필요한 요인 수를 최소화

▎이쿼멕스(E) ▎ 베리멕스 방법과 쿼터멕스 방법의 절충방법. 요인에 읽어들인 변수의 수와 변수 설명에 사용할 요인 수를 최소화

사교회전

▎직접 오블리민(O) ▎ 델타가 음수에 가까워질수록 요인의 기울기가 평평해짐

▎프로멕스(P) ▎ 회전요인이 상관되도록 하는 오블리크 회전. 직접 오블리민 회전보다 좀 더 빨리 계산되므로 큰 데이터 파일에 유용

표시

▎회전 해법(R) ▎ 선택한 회전방법에 따른 회전해법 제시. 직교회전에 대해 회전패턴행렬과 요인변환행렬, 오블리크 회전의 경우에는 패턴, 구조, 요인 상관행렬 표시

▎적재량 도표(L) ▎ 3요인의 경우 3차원 요인적재량 도표, 2요인의 경우 2차원 요인적재량 도표 제시

(5) 요인점수 대화상자 열기

요인분석 대화상자에서 [점수(S)...]를 클릭한다.

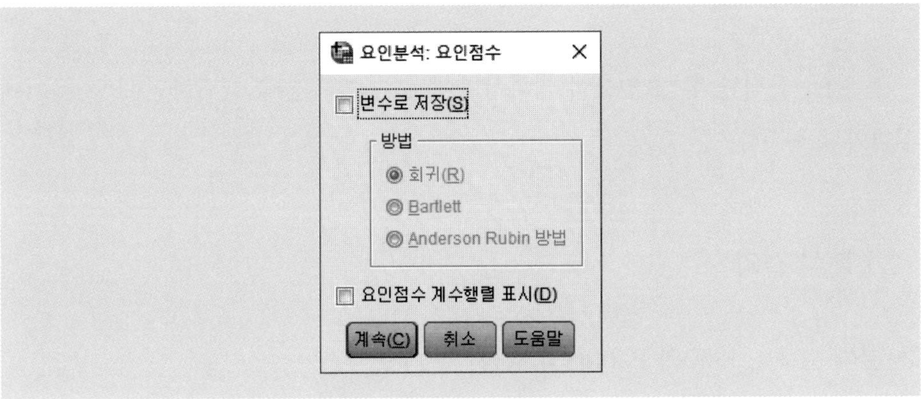

| 변수로 저장(S) | 회귀분석이나 판별분석, 군집분석 등 후속분석을 위해 요인점수를 저장
| 요인점수 계수행렬 표시(D) | 요인 간의 상관행렬 출력

(6) 옵션 대화상자 열기

요인분석 대화상자에서 [옵션(O)...]을 클릭한다.

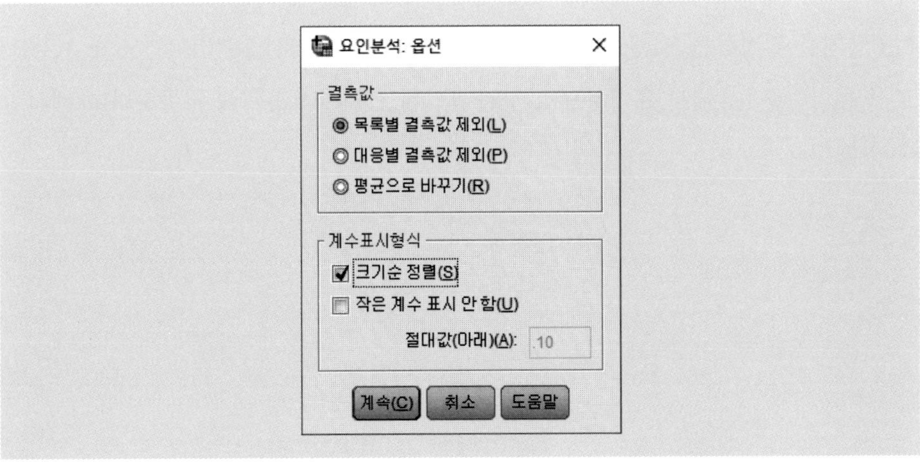

계수출력형식

- **크기순 정렬(S)** 요인부하량의 크기 순서로 출력
- **작은 계수 표시 안 함(U)** 특정값 이하의 요인부하량을 갖는 경우, 출력을 원하지 않는 요인부하량 지정(기본설정값: .10)

[계속(C)]을 클릭한 후, 요인분석 대화상자에서 [확인]을 클릭하면 SPSS 뷰어에 결과가 출력된다.

9) 분석 결과

분석 결과 1. KMO와 Bartlett의 검정

KMO와 Bartlett의 검정

표본 적절성의 Kaiser-Meyer-Olkin 측도.		.933
Bartlett의 구형성 검정	근사 카이제곱	7644.887
	자유도	666
	유의확률	.000

표본의 적절성을 측정하는 KMO 값이 .933으로서 1에 가깝고 변인들 간의 상관이 0인지를 검정하는 Bartlett의 구형성 검정 통계값이 7644.887(df=666, p=.000)로서 유의수준 .01에서 유의하므로 상관행렬이 요인분석하기에 적합하다고 해석할 수 있다.

분석 결과 2. 공통성

공통성

	초기	추출
불안1	.399	.369
불안2	.461	.456
불안3	.437	.493
불안4	.547	.514
불안5	.377	.348
불안6	.532	.551
우울1	.425	.359
우울2	.436	.417
우울3	.469	.516
우울4	.470	.488
우울5	.454	.426
우울6	.441	.391
우울7	.448	.417
외로1	.637	.568
외로2	.607	.587
외로3	.687	.675
외로4	.663	.627
외로5	.650	.630
외로6	.632	.606
외로7	.647	.590
외로8	.644	.570
자존1	.495	.464
자존2	.407	.363
자존3	.554	.588
자존4	.557	.585
자존5	.484	.484
자존6	.496	.424
자존7	.511	.437
자존8	.400	.341
수줍1	.580	.577
수줍2	.642	.631
수줍3	.550	.559
수줍4	.595	.597
수줍5	.569	.539
수줍6	.515	.432
수줍7	.438	.352
수줍8	.443	.413

추출 방법: 주축요인추출.

공통분은 추출된 요인들에 의해 설명되는 각 관찰변수들의 분산비율을 나타낸다.

분석 결과 3. 설명된 총분산

설명된 총분산

요인	초기 고유값			추출 제곱합 적재량			회전 제곱합 적재량		
	전체	% 분산	누적 %	전체	% 분산	누적 %	전체	% 분산	누적 %
1	12.294	33.227	33.227	11.806	31.908	31.908	5.175	13.985	13.985
2	3.292	8.898	42.126	2.819	7.618	39.526	4.161	11.247	25.232
3	2.151	5.814	47.940	1.692	4.572	44.098	3.670	9.918	35.151
4	1.763	4.766	52.706	1.236	3.341	47.439	2.960	8.000	43.150
5	1.335	3.609	56.315	.831	2.246	49.685	2.418	6.534	49.685
6	1.005	2.717	59.032						
7	.945	2.554	61.586						
8	.892	2.410	63.996						
9	.820	2.217	66.212						
10	.773	2.090	68.303						
11	.748	2.023	70.325						
12	.736	1.990	72.315						
13	.673	1.818	74.133						
14	.645	1.744	75.877						
15	.615	1.663	77.540						
16	.585	1.580	79.120						
17	.579	1.566	80.686						
18	.561	1.516	82.202						
19	.524	1.417	83.619						
20	.487	1.315	84.933						
21	.462	1.248	86.181						
22	.449	1.214	87.395						
23	.447	1.208	88.603						
24	.414	1.119	89.722						
25	.405	1.093	90.815						
26	.374	1.010	91.826						
27	.354	.958	92.784						
28	.346	.935	93.719						
29	.325	.879	94.598						
30	.306	.828	95.426						
31	.293	.792	96.218						
32	.281	.760	96.977						
33	.254	.685	97.662						
34	.245	.661	98.323						
35	.228	.616	98.940						
36	.210	.567	99.507						
37	.183	.493	100.000						

추출 방법: 주축요인추출.

요인 수를 결정할 때는 일반적으로 **고유값**(eigen value)이 1 이상인 요인들이 요인 수에 포함되므로 6개의 요인이 존재하나 탐색적 요인분석으로 요인 수를 5개로 제한하였기에 앞의 분석결과에 의하면 요인 수는 다섯 개이며, 요인 1은 전체 분산의 13.985%를, 요인 2는 전체 분산의 11.247%를, 요인 3은 전체 분산의 9.918%를,

요인 4는 전체 분산의 8.000%를, 요인 5는 전체 분산의 6.534%를 설명하고 있다. 따라서 다섯 개 요인은 전체 분산의 49.685%를 설명해 준다.

분석 결과 4. 스크리 도표

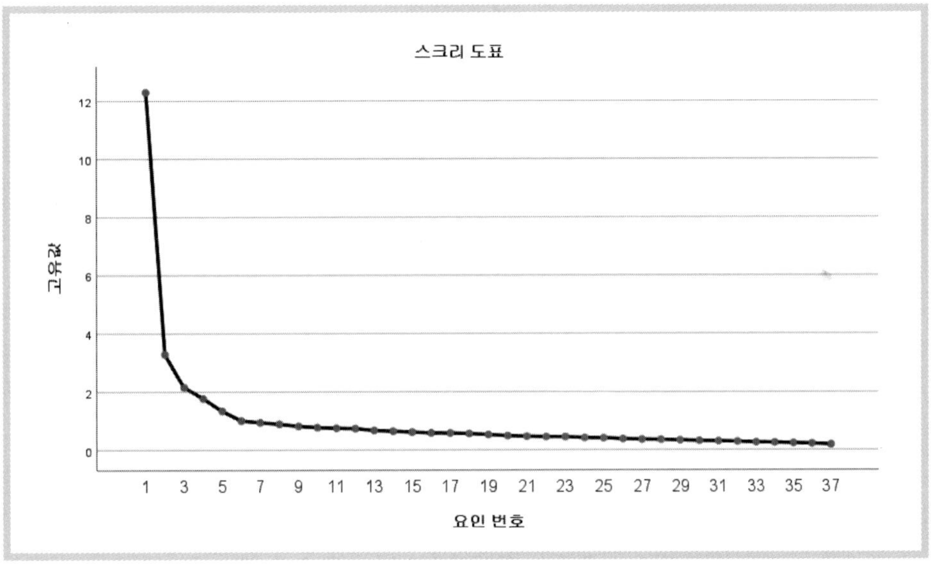

스크리 도표를 볼 때 요인의 수가 다섯 개인 지점부터 경사가 완만해지므로 추출될 요인의 수는 다섯 개가 적당함을 알 수 있다. 요인 수를 결정함은 연구자의 주관적 판단이 적용될 수 있다. 주관적 판단이란 임의적 판단이 아니라 이론적 혹은 경험적 배경에 의한 것이다.

분석 결과 5. 회전된 요인행렬

회전된 요인행렬[a]

	요인 1	2	3	4	5
외로3	.725	.162	.259	.168	.168
외로6	.720	.138	.115	.171	.161
외로1	.715	.127	.156	.104	.071
외로2	.706	.122	.195	.166	.092
외로4	.700	.186	.201	.154	.197
외로5	.655	.184	.248	.151	.287
외로7	.644	.164	.189	.315	.114
외로8	.618	.170	.196	.338	.083
수줍2	.037	.778	.029	.147	.033
수줍3	.007	.732	.088	.055	.116
수줍4	.194	.721	.073	.181	.032
수줍1	.105	.721	-.008	.209	-.047
수줍5	.161	.604	.109	.368	.004
수줍7	.131	.558	.128	-.058	.063
수줍6	.271	.530	.236	.010	.147
수줍8	.286	.511	.046	.231	.120
자존3	.182	.090	.720	.145	.089
자존4	.152	.076	.709	.180	.144
자존5	.204	.105	.641	.121	.079
자존2	.058	.017	.547	.020	.244
자존7	.244	.204	.531	.152	.177
자존8	.198	.079	.507	.116	.158
자존6	.339	.109	.451	.229	.204
자존1	.422	.179	.427	.132	.231
우울3	.162	.031	.160	.655	.185
우울4	.151	.245	.166	.597	.144
우울6	.265	.156	.138	.487	.201
우울5	.206	.335	.134	.487	.127
우울7	.230	.088	.200	.486	.282
우울2	.301	.217	.202	.477	.103
우울1	.271	.327	.075	.388	.150
불안3	.136	.056	.174	.097	.657
불안6	.197	.054	.205	.259	.633
불안2	.203	.154	.289	.192	.521
불안4	.392	.050	.243	.233	.495
불안5	.118	-.022	.371	.164	.410
불안1	.137	.228	.258	.256	.407

추출 방법: 주축 요인추출.
회전 방법: 카이저 정규화가 있는 베리멕스.
a. 6 반복계산에서 요인회전이 수렴되었습니다.

요인행렬의 **요인부하량**(factor loading)은 각 변수 혹은 문항의 요인에 대한 가중치(각 관찰변수를 종속변수로 하고 각 요인을 독립변수로 하여 구성한 중다회귀식의 표준화된 회귀계수)를 나타내는 것으로서 요인 간 상관이 없다고 가정할 때 각 변수 혹은 문항과 요인 간의 상관관계로 해석한다. 일반적으로 ±.3 이상이면 해당 요인과의 상관이 높다고 해석한다. 외로 3, 6, 1, 2, 4, 5, 7, 8 문항이 요인 1을 설명하고 있으며, 불안 3, 6, 2, 4, 5, 1 문항이 다섯 번째 요인을 설명하고 있다. 만약, 어떤 문항이 모든 요인에 대해 유사한 요인부하량을 나타낸다면 그 문항은 특정 요인과 관계가 없으므로 적합한 문항이라 할 수 없다.

분석 결과 6. 요인 변환행렬

요인 변환행렬

요인	1	2	3	4	5
1	.586	.408	.446	.416	.344
2	-.180	.855	-.391	.067	-.282
3	-.760	.183	.541	.058	.304
4	.206	.212	.493	-.740	-.348
5	.066	.154	-.335	-.521	.767

추출 방법: 주축 요인추출.
회전 방법: 카이저 정규화가 있는 베리멕스.

10) 보고서 작성

요인분석의 결과를 보고할 때 다음의 사항들에 대해 제시하여야 한다.

- 원 상관행렬, 표본 크기
- 요인분석모형 및 기초 구조추출방법, 변수의 공통분 추정방법, 요인수효 결정방법
- 고유치, 설명분산, 기초 구조에 대한 회전방법
- 최종 요인행렬 및 요인 간 상관행렬(사각구조인 경우), 최종 구조에서의 요인해석 방침

11) 분석 결과 보고

검사에 포함되어 있는 문항들이 이론에서 가정하고 있는 요인 구조를 타당하게 반영하고 있는지 알아보기 위해 확인적 요인분석을 실시하였으며, 분석 결과는 〈표 24-1〉과 같다.

〈표 24-1〉 사회적 부적응성 측정도구에 대한 요인분석 결과

	요인 1 외로움	요인 2 수줍음	요인 3 자존감	요인 4 우울	요인 5 불안	공통분
외로3	.725	.162	.259	.168	.168	.675
외로6	.720	.138	.115	.171	.161	.606
외로1	.715	.127	.156	.104	.071	.568
외로2	.706	.122	.195	.166	.092	.587
외로4	.700	.186	.201	.154	.197	.627
외로5	.655	.184	.248	.151	.287	.630
외로7	.644	.164	.189	.315	.114	.590
외로8	.618	.170	.196	.338	.083	.570
수줍2	.037	.778	.029	.147	.033	.631
수줍3	.007	.732	.088	.055	.116	.559
수줍4	.194	.721	.073	.181	.032	.597
수줍1	.105	.721	-.008	.209	-.047	.577
수줍5	.161	.604	.109	.368	.004	.539
수줍7	.131	.558	.128	-.058	.063	.352
수줍6	.271	.530	.236	.010	.147	.432
수줍8	.286	.511	.046	.231	.120	.413
자존3	.182	.090	.720	.145	.089	.588
자존4	.152	.076	.709	.180	.144	.585
자존5	.204	.105	.641	.121	.079	.484
자존2	.058	.017	.547	.020	.244	.363
자존7	.244	.204	.531	.152	.177	.437
자존8	.198	.079	.507	.116	.158	.341
자존6	.339	.109	.451	.229	.204	.424
자존1	.422	.179	.427	.132	.231	.464
우울3	.162	.031	.160	.655	.185	.516
우울4	.151	.245	.166	.597	.144	.488
우울6	.265	.156	.138	.487	.201	.391
우울5	.206	.335	.134	.487	.127	.426
우울7	.230	.088	.200	.486	.282	.417
우울2	.301	.217	.202	.477	.103	.417
우울1	.271	.327	.075	.388	.150	.359
불안3	.136	.056	.174	.097	.657	.493
불안6	.197	.054	.205	.259	.633	.551
불안2	.203	.154	.289	.192	.521	.456
불안4	.392	.050	.243	.233	.495	.514
불안5	.118	-.022	.371	.164	.410	.348
불안1	.137	.228	.258	.256	.407	.369
고유값	5.175	4.161	3.670	2.960	2.418	
설명분산	13.985	11.247	9.918	8.000	6.534	
누적분산	13.985	25.232	35.151	43.150	49.685	
문항 수	8	8	8	7	6	37

** 반복주축분해법과 직교회전에 의한 분석 결과

다섯 개의 요인을 추출한 결과, 전체 분산의 49.69%가 설명되고 있으며 .3 이상의 요인부하량을 나타내는 문항을 해당 요인에 포함되는 것으로 판단할 때 첫 번째 요인은 외로움, 두 번째 요인은 수줍음, 세 번째 요인은 자존감, 네 번째 요인은 우울, 다섯 번째 요인은 불안으로 분류할 수 있다. 따라서 총 37개 문항으로 구성된 사회적 부적응성 측정도구는 다섯 개의 요인으로 구성되어 있다고 볼 수 있다.

연 • 습 • 문 • 제

학지사 홈페이지에서 『알기 쉬운 통계분석(3판)』을 검색, 도서자료에서 '부록자료' 중 '데이터 자료'의 '24장.SAV' 자료파일을 이용하여 요인분석을 실시하고 그 결과를 해석하시오(다음의 문항 내용 참조. '예'는 -1, '아니요'는 1로 코딩됨).

범죄척도	자기도피척도
① 수단방법을 가리지 않고 돈을 많이 벌면 결국 사람들이 알아 줄 것이다.	⑧ 나의 존재는 육체 이외의 아무것도 아니다.
② 습관적으로 담배를 피우거나 술을 마신다.	⑨ 가족을 책임지겠다는 것은 허황된 자만심일 뿐이다.
③ 나는 남이 싸움을 걸어오면 참지 못한다.	⑩ 과거에 대한 기억은 대부분 다시는 생각하기 싫은 것들이다.
④ 나는 학창시절 거칠고 반항적인 친구들과 어울려 지내왔다.	⑪ 내가 자살해도 다른 사람은 별 영향을 받지 않을 것이다.
⑤ 스릴을 느끼려고 위험한 일을 한 적이 있다.	⑫ 모든 문제를 부정적으로만 생각한다.
⑥ 학교 다닐 때 수업시간을 빼먹고 친구들과 어울려 논 적이 있다.	⑬ 한판 승부로 인생을 결정하고 싶다.
⑦ 이따금 지저분한 농담을 즐긴다.	⑭ 나는 모든 일에 있어서 피해자이므로 그것에 대한 책임이 없다.
	⑮ 세상은 변하므로 내가 애써 지켜야 할 가치란 없다.

제25장 신뢰도

수집한 자료가 타당하다면 이어서 신뢰로운지를 확인하여야 한다. 측정한 자료가 오차 없이 정확하게 측정하였느냐와 같이 질문지에 의하여 수집된 자료가 오차 없이 측정한 신뢰할 만한 자료인지를 검정하여야 하므로 신뢰도를 설명한다.

1. 정의와 개념

신뢰도(reliability)는 측정하려는 것을 어느 정도 일관성 있고 정확하게 재고 있느냐와 관련된 것으로서 측정의 정확성을 의미한다. 즉, 측정오차 없이 정확히 측정하였느냐의 문제다. **관찰점수**는 **진점수**와 **오차점수**로 합성되어 있다. 만약, 오차점수가 0이라면 관찰점수와 진점수가 같으므로 신뢰도는 1이 된다. 그러므로 신뢰도는 관찰점수의 분산 중에 진점수가 차지하는 비율을 나타낸다.

2. 종 류

신뢰도 계수의 추정방법에는 재검사신뢰도와 동형검사신뢰도, 반분검사신뢰도, 문항내적일관성신뢰도가 있다.

1) 재검사신뢰도

재검사신뢰도(test-retest reliability)는 동일한 검사를 동일한 피험자 집단에 일정 시간 간격을 두고 두 번 실시하여 두 검사 점수의 상관계수로 신뢰도를 검정하는 방법이다. 추정은 간단하지만 검사를 두 번 실시해야 하는 번거로움과 기억 및 성장 효과 때문에 시험 간격에 따라 신뢰도 계수가 변화하는 문제를 지니고 있다. 따라서 이 방법에 의해 추정한 신뢰도 계수를 제시할 때는 시험 간격을 언급해야 한다. 재검사신뢰도는 두 검사의 상관계수를 추정하여 보고한다. 재검사신뢰도 추정을 위한 SPSS 실행 절차는 제17장 상관분석을 위한 SPSS 실행 절차와 동일하다.

2) 동형검사신뢰도

동형검사신뢰도(parallel-farm reliability)는 동형의 검사를 제작한 뒤 동일 피험자 집단에게 실시하여 두 검사 점수의 상관계수로 신뢰도를 검정하는 방법이다. 그러나 동형검사 제작이 쉽지 않다는 문제점을 지니고 있다. 동형검사신뢰도는 두 검사의 상관계수를 추정하여 보고한다. 동형검사신뢰도 추정을 위한 SPSS 실행 절차는 제17장 상관분석을 위한 SPSS 실행 절차와 동일하다.

3) 반분검사신뢰도

반분검사신뢰도(split-half reliability)는 검사를 두 부분으로 나누어 두 부분 간 점수의 상관계수를 계산한 후, Spearman과 Brown이 제안한 공식 $r_{XX'} = 2r_{YY'}/(1+r_{YY'})$에 의하여 신뢰도를 검정하는 방법이다. 한 번의 검사로 신뢰도를 추정할 수 있는 장점이 있으나 검사를 양분하는 방법에 따라 신뢰도 계수가 변화하는 단점이 있다. 특히, 속도검사에서 반분검사신뢰도를 사용할 때 주의가 필요하다.

4) 문항내적일관성신뢰도

문항내적일관성신뢰도(internal consistency reliability)는 검사를 구성하고 있는 문항 간의 일관성을 측정하는 것으로서 **KR−20, KR−21, Hoyt 신뢰도, Cronbach α** 등이 있다. KR−20은 이분문항, KR−21은 다분문항에 적용되며 Hoyt 신뢰도와 Cronbach α은 이분문항이나 다분문항으로 구성된 접사의 신뢰도를 추정한다. 일반적으로 Cronbach α가 많이 사용되며, 공식은 다음과 같다.

$$\alpha = \frac{n}{n-1}(1 - \frac{\sum s_i^2}{s_x^2})$$

n : 문항 수
s_i^2 : 문항 점수 분산
s_x^2 : 총점의 분산

신뢰도 계수에 영향을 주는 요인은 다음과 같다.

- 문항 수: (양질의) 문항이 많을수록 측정의 오차를 줄일 수 있다.
- 문항난이도: 검사가 너무 어렵거나 쉬우면 검사불안과 부주의가 발생하여 신뢰도가 낮아진다.
- 문항변별도: 문항이 피험자를 능력에 따라 구분할 수 있어야 신뢰도가 높아진다.
- 측정 내용의 범위: 검사 내용의 범위가 좁을 때 문항 간의 동질성을 유지하기가 쉽다.
- 검사시간: 충분한 시간이 부여될 때 응답의 안전성을 보장받을 수 있다.

3. 문항내적일관성신뢰도(Cronbachα)

1) 분석 실행

예 제

대학생의 대학생활에 대한 만족도를 측정하기 위하여 29개 문항으로 구성된 대학생활 만족도 검사를 제작하였다. 이 검사를 신뢰할 수 있는가?

(1) 신뢰도 분석 대화상자 열기

분석(A) ▷ **척도분석(A)** ▷ **신뢰도 분석(R) ...**

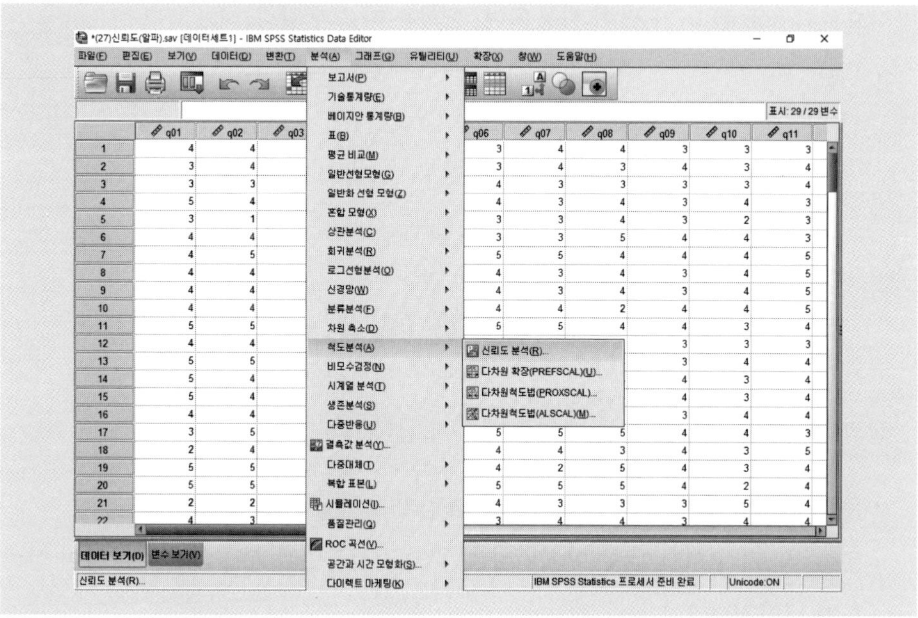

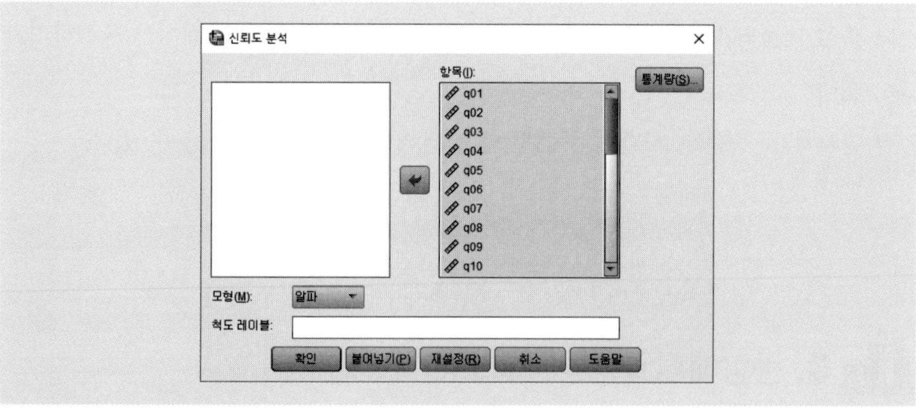

모형(M)

▎알파▐ Cronbach α 및 표준화된 Cronbach α값을 계산(기본설정값)

▎반분계수▐ 반분법에 의한 의한 신뢰도 계수 산출. 문항이 짝수 개인 경우 전후법에 의해 반분하며, 홀수 개인 경우 처음 부분에 하나의 문항을 더 포함하여 반분한다.

▎GUTTMAN▐ 신뢰도 계수에 대한 Guttman의 하한값을 계산

| 동형 | 각 문항이 같은 분산을 갖는다는 가정하에 최대우도 추정량을 계산

| 절대동형 | 각 문항이 같은 분산과 평균을 갖는다는 가정하에 최대우도 추정량을 계산

※ 반분검사신뢰도를 추정하기 위해서는 모형에서 반분계수를 선택하면 되지만 양분하는 방법에 따라서 신뢰도 계수가 변하므로 자주 사용하지는 않는다.

(2) 통계량 대화상자 열기

신뢰도 분석 대화상자에서 [통계량(S)...]을 클릭한다.

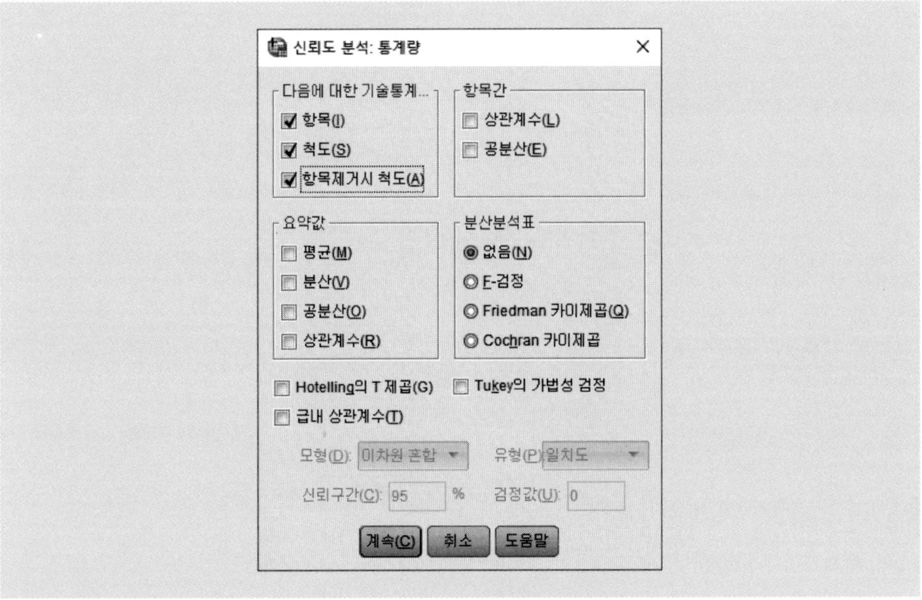

다음에 대한 기술통계량

| 항목(I) | 각각의 문항에 대한 기술통계

| 척도(S) | 전체 문항의 합에 대한 기술통계

| 항목제거시 척도(A) | 각 문항 제거 시 척도 평균, 분산, 알파값

원하는 통계량을 선택하고 [계속(C)]을 클릭한 다음 신뢰도 분석 대화상자에서 [확인]을 클릭하면 SPSS 뷰어에 결과가 출력된다.

2) 분석 결과

분석 결과 1. 기술통계

항목 통계량

	평균	표준화 편차	N
q01	3.99	.822	158
q02	3.91	.901	158
q03	3.65	.938	158
q04	4.12	.862	158
q05	4.27	.771	158
q06	3.80	1.008	158
q07	3.68	1.036	158
q08	3.75	.949	158
q09	3.35	1.003	158
q10	3.73	1.006	158
q11	3.95	.929	158
q12	3.58	1.101	158
q13	3.46	.914	158
q14	3.82	.873	158
q15	4.30	.763	158
q16	4.15	.797	158
q17	4.04	.824	158
q18	3.54	.857	158
q19	3.68	.965	158
q20	3.73	.872	158
q21	3.68	.985	158
q22	4.04	.847	158
q23	3.53	.995	158
q24	3.16	1.093	158
q25	3.14	.967	158
q26	2.86	.981	158
q27	3.84	.821	158
q28	3.53	.803	158
q29	3.65	.830	158

분석 결과 2. 신뢰도 계수

신뢰도 통계량

Cronbach의 알파	항목 수
.945	29

분석 결과 3. 항목 총계 통계량

항목 총계 통계량

	항목이 삭제된 경우 척도 평균	항목이 삭제된 경우 척도 분산	수정된 항목-전체 상관계수	항목이 삭제된 경우 Cronbach 알파
q01	103.94	263.283	.596	.943
q02	104.02	260.337	.643	.943
q03	104.28	260.151	.622	.943
q04	103.80	260.643	.663	.943
q05	103.65	267.095	.482	.944
q06	104.13	255.589	.721	.942
q07	104.25	256.162	.682	.942
q08	104.17	260.780	.593	.943
q09	104.58	257.876	.651	.943
q10	104.19	259.505	.596	.943
q11	103.97	260.827	.605	.943
q12	104.34	259.462	.540	.944
q13	104.47	260.391	.631	.943
q14	104.11	263.676	.543	.944
q15	103.62	264.938	.577	.943
q16	103.78	263.804	.595	.943
q17	103.88	264.603	.543	.944
q18	104.39	260.137	.686	.942
q19	104.24	257.534	.690	.942
q20	104.20	260.210	.671	.942
q21	104.24	256.146	.721	.942
q22	103.88	261.368	.648	.943
q23	104.39	259.756	.596	.943
q24	104.76	265.190	.378	.946
q25	104.78	266.858	.381	.946
q26	105.06	264.340	.456	.945
q27	104.09	266.514	.472	.944
q28	104.39	262.138	.656	.943
q29	104.28	260.890	.681	.942

항목이 삭제된 경우 Cronbach α는 해당 문항이 제거되었을 때의 신뢰도 계수를 나타낸다. 따라서 해당 문항을 제거하였을 때 검사도구 전체의 신뢰도보다 높아지는 경우, 검사도구의 신뢰도를 떨어뜨리는 문항이므로 2문항은 수정하거나 삭제한다.

분석 결과 4. 척도 통계량

척도 통계량

평균	분산	표준화 편차	항목 수
107.92	279.841	16.728	29

검사도구 전체의 기술통계량을 제시한다.

3) 분석 결과 보고

대학생의 대학생활에 대한 만족도를 측정하기 위하여 29개 문항으로 구성된 대학생활 만족도 검사를 제작하였다. 이 검사의 신뢰도(문항내적일관성신뢰도)는 .945로 매우 높게 나타났다.

연 • 습 • 문 • 제

다음은 4문항으로 구성된 검사지를 5명이 응답하여 얻은 문항점수다.

	문항 1	문항 2	문항 3	문항 4
A	4	3	5	4
B	3	3	4	4
C	5	5	4	5
D	2	1	3	2
E	3	2	4	3

이 응답 결과를 바탕으로 신뢰도를 실시하고, 그 결과를 해석하시오.

연습문제 해답

제 3 장 | 자료파일

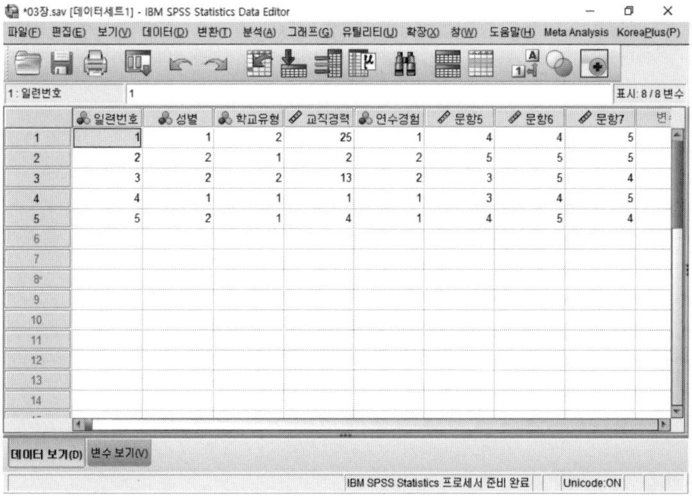

제 5 장 | 빈도분석

〈대학별 백분율〉

전공대학	빈도	백분율
인문대학	30	15.0
자연대학	80	40.0
체육대학	20	10.0
사범대학	30	15.0
법정대학	10	5.0
가정대학	15	7.5
기타	10	5.0
무응답	5	2.5

〈막대도표〉

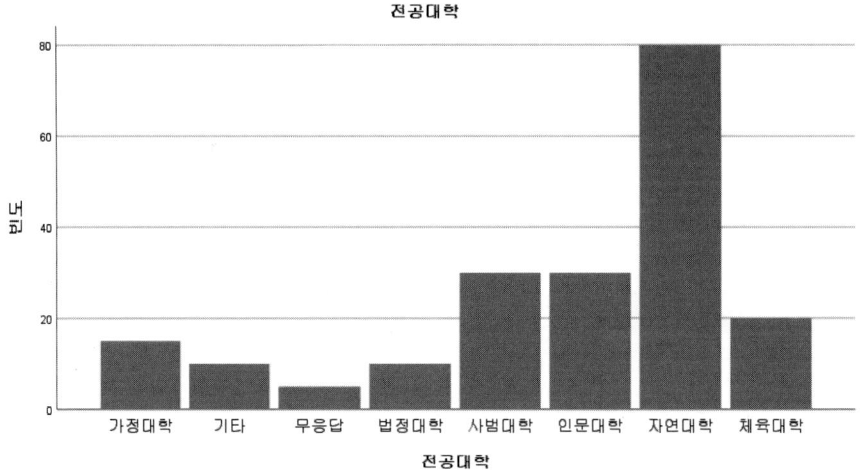

제 6 장 | 기술통계분석

① 100점 환산점수

78.0	70.0	89.0	64.0	58.0	47.0	95.5	63.0	60.0	55.0
70.0	53.0	47.5	39.5	42.0	81.5	46.0	53.5	39.0	44.5
64.5	80.0	75.0	51.5	38.0	46.0	72.5	57.5	43.0	58.0
30.0	64.5	70.0	49.5	39.5	60.0	45.5	36.5	78.0	38.5
81.0	59.5	45.5	74.5	51.5	45.5	35.0	66.0	65.0	49.5

② 100점 환산 점수의 범위, 평균, 중위수, 최빈값

범위	65.5
평균	57.34
중위수	56.25
최빈값	45.5

③ 100점 환산 점수의 사분위수

25	45.50
50	56.25
75	70.00

④ 도표

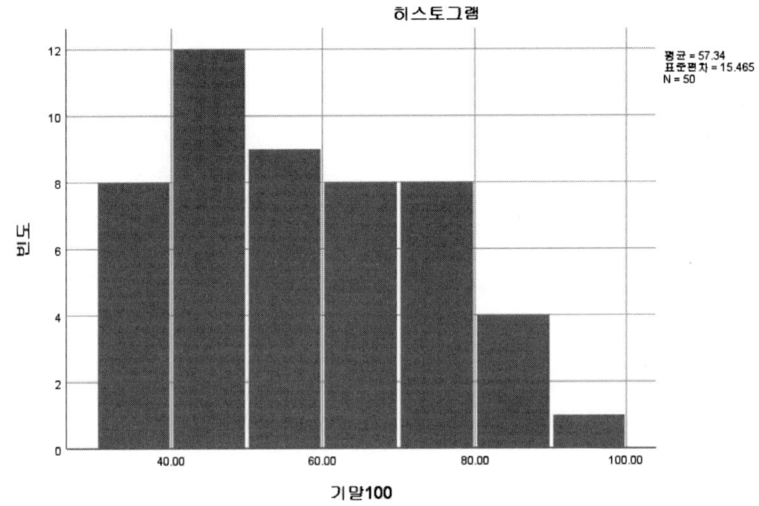

⑤ 환산점수의 Z점수

1.34	.82	.46	−1.77	1.53	.82	−.28	1.47	.46	.14
2.05	−.64	1.14	.82	−.77	.43	−1.15	−.38	−.51	1.11
.04	−.99	−1.25	−1.15	−.38	−.67	1.56	−.73	.17	−.77
2.47	−.73	.98	−.77	−1.44	.37	−.25	.01	−1.35	.56
.17	−1.19	−.93	1.34	.50	−.15	−.83	.04	−1.22	−.51

⑥ Z점수의 평균은 .00이고 표준편차는 1.00이다.

제 7 장 | 다중반응분석

1. ○○컴퓨터사의 최신형 컴퓨터를 구매하게 된 이유를 알아보기 위하여, 제시된 세 가지 내용 중 자신의 구매 이유를 모두 선택하도록 설문한 응답 결과는 다음 표와 같다.

〈최신형 컴퓨터 구매 이유〉

	빈도	케이스 퍼센트
가격	15	51.7
품질	17	58.6
인지도	17	58.6
전체	49	169.0

전체 응답자 30명 중 품질과 인지도 때문에 구매하였다는 응답이 각각 58.6%였고,

가격 때문에 구매하였다는 응답은 51.7%로 품질과 인지도보다는 적었다.

2. 성별에 따른 ○○컴퓨터사의 최신형 컴퓨터를 구매하게 된 이유를 알아보기 위하여, 제시된 세 가지 중 자신의 구매 이유를 모두 선택하도록 설문한 응답을 성별에 따라 분석한 결과는 다음 표와 같다.

〈성별에 따른 최신형 컴퓨터 구매 이유〉

	가격		품질		인지도		전체	
	빈도	(%)	빈도	(%)	빈도	(%)	빈도	(%)
남성	9	(60.0)	9	(60.0)	9	(60.0)	15	(51.7)
여성	6	(42.9)	8	(57.1)	8	(57.1)	14	(48.3)
전체	15	(51.7)	17	(58.6)	17	(58.6)	29	(100.0)

남성은 가격, 품질, 인지도에서 모두 60%로 같은 비율의 응답을 하였고, 여성은 품질과 인지도라는 응답이 57.1%로 가격이라는 응답보다 많았다.

제10장 | t검정

1. ① 사전검사 점수의 단일(일)표본 t 검정 결과는 다음 표와 같다.

〈사전검사 점수에 대한 단일표본 t 검정 결과〉

사례 수	평균	표준편차	t	유의확률
5	4.00	.71	1.58	.189

컴퓨터 보조학습의 효과 유무를 알기 위해서 5명에게 사전검사를 실시한 결과, 평균은 4.00, 표준편차는 .71이며, 통계값은 1.58이고, 이에 따른 유의확률은 .189로 유의수준 .05에서 '사전검사의 평균은 4.5이다.'라는 영가설을 기각시키지 못한다. 따라서 '사전검사 점수의 평균은 4.5이다.'라고 결론을 내릴 수 있다.

② 컴퓨터 보조학습의 효과에 대한 두 종속(대응)표본 t 검정 결과는 다음 표와 같다.

〈컴퓨터 보조학습의 효과에 대한 두 종속(대응)표본 t 검정 결과〉

	사전검사	사후검사
평균	4.00	5.60
표준편차	.71	.55
사례 수	5	5
t	−4.00	
유의확률	.016	

사전검사의 평균은 4.00, 표준편차는 .71이며, 사후검사의 평균은 5.60, 표준편차는 .55이다. 사전검사와 사후검사의 차이에 대한 통계적 유의성을 검정한 결과, t 통계값은 −4.00, 유의확률은 .016으로서 유의수준 .05에서 '컴퓨터 보조학습의 효과는 없다.'는 영가설을 기각하므로 '유의수준 .05에서 사전검사와 사후검사에 차이가 있다.'고 결론을 내릴 수 있다.

2. 음주 유무에 따라 반응시간에 차이가 있는지를 알아보기 위하여 두 독립표본 t 검정을 실시한 결과는 다음 표와 같다.

〈음주 유무에 따른 반응시간의 차이에 대한 두 독립표본 t 검정 결과〉

음주 유무	음주집단	비음주집단
평균	8.80	4.00
표준편차	2.17	.82
사례 수	5	4
t 통계값	4.15	
유의확률	.004	

음주집단의 반응시간의 평균은 8.80, 표준편차는 2.17이며, 비음주 집단의 반응시간의 평균은 4.00, 표준편차는 .82이다. 음주 유무에 대한 몸의 반응시간에 차이가 있는지는 Levene의 등분산 검정결과 F 통계값이 5.727 그리고 유의확률이 .048이므로 유의수준 .01에서 등분산 가정이 충족되어 두 독립표본 t 검정을 실시한다. t 통계값은 4.15, 유의확률은 .004로서 유의수준 .01에서 '음주 유무에 따라 반응 시간의 차이가 없다'라는 영가설을 기각하여 유의한 차이가 있는 것으로 분석한다. 만약 등분산 가정을 유의수준 .05에서 실시한다면 등분산 가정이 충족되지 않아 Welch-Aspin 검정 결과로 t 통계값은 4.56 그리고 유의확률은 .005를 보고하여야 한다.

제 11 장 | 일원분산분석

① 교수법에 따른 수학점수에 대한 기술통계는 다음 표와 같다.

〈교수법에 따른 수학점수에 대한 기술통계〉

	전통적 교수법	시청각 교수법	개인 교수법	합계
평균	2.50	4.75	7.00	4.92
표준편차	1.73	1.71	2.00	2.57
사례 수	4	4	5	13

수학점수의 전체 평균은 4.92, 표준편차는 2.57점이다. 전통적 교수법에 의한 수학점수의 평균은 2.50, 표준편차는 1.73이고, 시청각 교수법에 의한 수학점수의 평균은 4.75, 표준편차는 1.71이며, 개인 교수법에 의한 수학점수의 평균은 7.00, 표준편차는 2.00이다.

〈교수법에 따른 수학점수에 대한 일원분산분석 결과〉

	제곱합	자유도	평균제곱	F	유의확률
교수법	45.17	2	22.59	6.69	.014
오차	33.75	10	3.38		
합계	78.92	12			

세 집단의 평균 차이에 대한 F통계값은 6.69, 유의확률은 .014로서 유의수준 .05에서 교수법에 따라 학생들의 수학 성취수준에 유의한 차이가 있다.

② 교수법에 따른 수학점수에 대한 일원분산분석 결과, 교수법에 따라 수학점수에 차이가 있는 것으로 나타났으며, 그 이유를 파악하고자 사후비교분석을 실시한 결과는 다음 표와 같다.

〈교수법에 따른 수학점수의 사후비교분석〉

교수법	평균차	표준오차	유의확률
전통 VS 시청각	−2.25	1.30	.27
전통 VS 개인교수	−4.50	1.23	.01
시청각 VS 개인교수	−2.25	1.23	.24

교수법에 따른 사후수학검사점수의 사후비교분석 결과, 전통적 교수법과 시청각 교수법에 의한 사후수학점수의 평균차는 −2.25이고 유의확률은 .27로 영가설을 기각하지 못하므로 유의한 차이가 없으나 전통적 교수법과 개인교수법에 의한 사후수학점수의 평균차는 −4.50이고 유의확률은 .01로 영가설을 기각하므로 유의수준 .05에서 유

의한 차이가 있다. 또한 시청각 교수법과 개인교수법에 의한 사후수학점수의 평균차는 −2.25이고 유의확률은 .24로 영가설을 기각하지 못하므로 유의한 차이가 없다.

제 12 장 | 이원분산분석

① 교수법과 보상방법에 따른 학업성취도검사 점수의 평균, 표준편차, 사례 수는 다음 표와 같다.

〈교수법과 보상방법에 따른 학업성취도 검사점수의 기술통계〉

		사탕	칭찬	합계
전통적 교수법	평균	7.33	8.67	8.00
	표준편차	.58	1.15	1.10
	사례 수	3	3	6
시청각 교수법	평균	7.67	9.00	8.33
	표준편차	.58	1.00	1.03
	사례 수	3	3	6
개인 교수법	평균	8.33	14.33	11.33
	표준편차	.58	2.08	3.56
	사례 수	3	3	6
합계	평균	7.78	10.67	9.22
	표준편차	.67	3.04	2.60
	사례 수	9	9	18

전통적 교수법에 의한 학업성취도의 평균과 표준편차는 8.00, 1.10이고, 시청각 교수법에 의한 학업성취도의 평균과 표준편차는 8.33, 1.03이며, 개인 교수법에 의한 평균과 표준편차는 11.33, 3.56이다. 한편, 사탕에 의한 보상을 받은 집단의 학업성취도의 평균과 표준편차는 7.78, .67이고, 칭찬에 의한 보상을 받은 집단의 학업성취도의 평균과 표준편차는 10.67, 3.04였다. 학업성취도 점수가 가장 높은 집단은 개인 교수를 받으면서 칭찬에 의한 보상을 받는 집단으로 평균과 표준편차가 14.33, 2.08로 나타났으며, 학업성취도 점수가 가장 낮은 집단은 전통적 교수법에 의한 수업을 받으면서 사탕에 의한 보상을 받는 집단으로 평균과 표준편차가 7.33, .58로 나타났다.

교수법의 효과, 보상방법의 효과, 교수법과 보상방법의 상호작용 효과에 대한 통계적 유의성을 검정한 분산분석 결과는 다음 표와 같다.

〈교수법과 보상방법에 따른 학업성취도검사 점수의 분산분석 결과〉

분산원	제곱합	자유도	평균제곱	F	유의확률
교수법	40.444	2	20.22	15.83	.000
보상	37.556	1	37.56	29.39	.000
교수법×보상	21.778	2	10.89	8.52	.005
오차	15.333	12	1.28		
합계	115.111	17			

학업성취도 점수에 대한 교수법의 효과를 분석한 결과, F통계값이 15.83으로 유의수준 .05에서 교수법에 따라 학업성취도 점수에 차이가 있는 것으로 나타났다. 보상방법이 학업성취도 점수에 영향을 주는지에 대한 검정 결과, F통계값이 29.39로 유의수준 .05에서 보상방법에 따라 학업성취도 점수에 차이가 있는 것으로 나타났다. 한편, 교수법과 보상방법 간의 상호작용에 대한 F통계값은 8.52로 유의수준 .05에서 학업성취도에 대한 상호작용 효과가 유의한 것으로 나타났다.

② 각 보상방법에서 교수법에 따라 학업성취에 차이가 있는지를 검정한 결과는 다음 표와 같다.

〈보상방법 내 교수법 간의 차이에 대한 분산분석 결과〉

분산원	제곱합	자유도	평균제곱	F	유의확률
보상	37.56	1	37.56	29.39	.000
교수법에 따른 차이 in 보상방법					
교수법 in 사탕	1.56	2	.78	.61	.560
교수법 in 칭찬	60.67	2	30.33	23.74	.000
집단내	15.33	12	1.28		
합계	115.11	17	6.77		

사탕에 의한 보상방법에서의 교수법에 따른 학업성취도 차이에 대한 F통계값은 .61, 유의확률은 .560으로 나타나 교수법에 따른 학업성취도 차이가 존재하지 않았으나, 칭찬에 의한 보상방법에서의 교수법에 따른 학업성취도 차이에 대한 F통계값은 23.74, 유의확률은 .000으로 유의수준 .05에서 교수법에 따른 학업성취도 차이가 있는 것으로 나타났다.

③ 각 교수법에서 보상방법에 따라 학업성취에 차이가 있는지를 검정한 결과는 다음 표와 같다.

〈교수법 내 보상방법 간의 차이에 대한 분산분석 결과〉

분산원	제곱합	자유도	평균제곱	F	유의확률
교수법	40.44	2	20.22	15.83	.000
보상방법에 따른 차이 in 교수법					
보상 in 전통적 교수법	2.67	1	2.67	2.09	.174
보상 in 시청각 교수법	2.67	1	2.67	2.09	.174
보상 in 개인 교수법	54	1	54	42.26	.000
집단내	15.33	12	1.28		
합계	115.11	17	6.77		

전통적 교수법에서의 보상방법에 따른 학업성취도 차이에 대한 F통계값은 2.09, 유의확률은 .174, 시청각 교수법에서의 보상방법에 따른 학업성취도 차이에 대한 F통계값은 2.09, 유의확률은 .174로 나타나 전통적 교수법과 시청각 교수법에서는 보상방법에 따른 학업성취의 차이가 없었다. 그러나 개인 교수법에서의 보상방법에 따른 학업성취도 차이에 대한 F통계값은 42.26, 유의확률은 .000으로 나타나 유의수준 .05에서 보상방법에 따라 학업성취의 차이가 있는 것으로 나타났다.

제 13 장 | 반복설계

1. TV를 통한 선거운동을 진행하면서 특정 후보에 대한 지지도에 대한 기술통계는 다음 표와 같다.

〈지지도에 대한 기술통계(N=5)〉

	1주 후	2주 후	3주 후	한 달 후
평균	4.60	5.00	5.00	5.80
표준편차	2.07	2.55	1.73	1.79

5명이 TV를 통한 선거운동 진행 1주 후 특정 후보에 대한 지지도 평균은 4.60이고 표준편차는 2.07, 2주 후의 지지도 평균은 5.00이고 표준편차는 2.55이며, 3주 후의 지지도 평균은 5.00이고 표준편차는 1.73이며, 한 달 후의 지지도 평균은 5.80, 표준편차는 1.79이다.

TV를 통한 선거운동 진행에 따른 특정 후보에 대한 지지도 차이를 알아보기 위하여 반복설계에 의한 분산분석을 실시한 결과는 다음 표와 같다.

〈지지도에 대한 반복측정 분산분석 결과〉

분산원	제곱합	자유도	평균제곱	F	유의확률
개체 간	57.80	4	14.45		
개체 내	14.00	15			
지지도	3.80	3	1.27	1.49	.267
오차	10.20	12	.85		
전체	71.80	19			

개체 내에서 선거운동 진행시간에 따라 지지도의 차이에 대한 통계적 유의성 검정 결과, F통계값은 1.49, 유의확률은 .267로서 TV를 통한 선거운동 진행시간에 따른 특정 후보에 대한 지지도에는 유의한 차이가 없는 것으로 분석되었다.

2. 특정 후보에 대한 유권자들의 지지도를 지역에 따라 분석한 기술통계는 다음 표와 같다.

〈지역에 따른 지지도에 대한 기술통계〉

지역	지지도	1주 후	2주 후	3주 후	한 달 후
서울	평균	3.67	3.33	4.00	5.00
(3명)	표준편차	2.08	.59	.00	.00
지방	평균	6.00	7.50	6.50	7.00
(2명)	표준편차	1.41	2.12	2.12	2.83
합계	평균	4.60	5.00	5.00	5.80
(5명)	표준편차	2.07	2.56	1.73	1.79

특정 후보에 대한 유권자의 지지도를 지역에 따라 분석한 결과, TV선거운동 진행 1주 후 서울의 지지도 평균은 3.67, 표준편차는 2.08, 지방의 지지도 평균은 6.00, 표준편차는 1.41이고, 2주 후 서울의 지지도 평균은 3.33, 표준편차는 .59, 지방의 지지도 평균은 7.50, 표준편차는 2.12, 3주 후 서울의 지지도 평균은 4.00, 표준편차는 .00, 지방의 지지도 평균은 6.50, 표준편차는 2.12이다. 그리고 한 달 후 서울의 지지도 평균은 5.00, 표준편차는 .00, 지방의 지지도 평균은 7.00, 표준편차는 2.83이다.

지역을 구획변수로 하여 지지도가 지역에 따라 다르게 나타나는지 알아보기 위하여 1피험자간-1피험자내 설계에 의한 분산분석을 실시한 결과는 다음 표와 같다.

〈지역에 따른 지지도의 차이에 대한 분산분석 결과〉

분산원	제곱합	자유도	평균제곱	F	유의확률
유권자간	57.80	4			
지역	36.30	1	36.30	5.07	.110
오차	21.50	3	7.17		
유권자내	13.57	15			
진행 기간	3.37	3	1.12	1.48	.285
진행 기간×지역	3.37	3	1.12	1.48	.285
오차	6.83	9	.76		
합계	71.37	19			

지역 차이에 대한 통계적 유의성 검정결과, F통계값은 5.07, 유의확률은 .110로서 지지도가 지역에 따라 차이가 없는 것으로 나타났다. 유권자 내에서 TV선거운동 진행 기간에 따른 특정 후보에 대한 지지도에 차이가 있는지에 대한 F통계값은 1.48, 유의확률은 .285로서 지지도가 TV선거운동 진행 기간에 따라 유의한 차이가 없었으며, 진행 기간과 지역의 상호작용 효과에 대한 F값은 1.48, 유의확률은 .285로 상호작용 효과가 없는 것으로 분석되었다.

제 14 장 | 공분산분석

각 처치에 따른 세 집단의 사례 수, 사전 태도, 실험 후 태도, 사전 태도를 통제한 교정점수의 평균과 표준편차는 다음 표와 같다.

〈처치에 따른 사전 태도, 실험 후 태도, 교정점수에 대한 기술통계〉

		A(비디오)	B(강의)	C(소개)	합계
사전 태도	평균	16.40	19.80	18.40	18.20
	표준편차	1.95	1.30	2.07	2.21
실험 후 태도	평균	32.40	19.40	24.20	25.33
	표준편차	1.82	3.05	1.64	5.94
교정점수	평균	32.50	19.31	24.19	25.33
	표준오차	1.25	1.21	1.06	0.61
사례 수		5	5	5	15

사전 태도를 통제한 교정점수 평균은 A집단은 32.50, B집단은 19.31, C집단은 24.19이다. 교정된 실험 후 태도가 각 처치에 따라 차이가 있는지에 대한 공분산분석 결과는 다음

표와 같다.

〈처치에 따른 교정된 실험 후 태도에 대한 공분산분석 결과〉

분산원	제곱합	자유도	평균제곱	F	유의확률
공분산(사전 태도)	176.90	1	176.90		
처치	255.36	2	127.68	23.00	.000
오차	61.08	11	5.55		
합계	493.33	14			

사전 태도 영향을 통제한 후의 교정된 실험 후 태도의 통계적 유의성을 검정한 결과, F통계값은 23.00, 유의확률은 .000으로서 '유의수준 .05에서 각 처치에 따라 교정된 실험 후 태도에 유의한 차이가 있다.'고 결론을 내릴 수 있다.

제 15 장 | 다변량분산분석

직급에 따른 각 집단의 사례 수와 직무능력을 구성하고 있는 하위요인들에 대한 평균과 표준편차는 다음 표와 같다.

〈직급에 따른 직무능력 하위요인에 대한 기술통계〉

직급	업무능력		대인관계		문제해결		사례수
	평균	표준편차	평균	표준편차	평균	표준편차	
대리	2.50	.93	4.25	.71	5.13	.84	8
과장	4.38	1.85	7.12	1.13	7.00	2.00	8
부장	5.75	1.49	7.25	1.04	8.50	1.14	8
합계	4.21	1.96	6.21	1.69	6.87	2.01	24

업무능력에 대한 대리급의 평균은 2.50, 과장급의 평균은 4.38, 부장급의 평균은 5.75이며, 대인관계에 대한 대리급의 평균은 4.25, 과장급의 평균은 7.12, 부장급의 평균은 7.25이다. 그리고 문제해결에 대한 대리급의 평균은 5.13, 과장급의 평균은 7.00, 부장급의 평균은 8.50이다. 업무능력, 대인관계, 문제해결로 구성된 회사 적응성이 직급에 따라 차이가 있는지 알아보기 위하여 다변량분산분석을 실시한 결과는 다음 표와 같다.

〈직급에 따른 직무능력의 차이에 대한 다변량분산분석 결과〉

독립 변수	종속 변수	Wilks의 람다	단변량F	자유도	유의 확률	η^2	단계적F	자유도	유의 확률
직급	업무능력	.18 (p=.00)	9.85	2/24	.00	.48	9.85	2/21	.00
	대인관계		24.35	2/24	.00	.70	12.59	2/20	.00
	문제해결		10.25	2/24	.00	.49	2.40	2/19	.12

업무능력, 대인관계, 문제해결로 구성된 회사 적응성 점수에 대한 집단의 효과를 분석한 결과, Wilks의 람다는 .18, 유의확률은 .00으로 유의수준 .05에서 회사원들의 집단 특성에 따라 직무능력에 차이가 있는 것으로 분석되었다.

각 종속변수에 대한 독립변수의 설명력을 나타내는 η^2에 의하면 업무능력은 총 변화량의 48%, 대인관계는 70%, 문제해결은 49% 정도가 직급에 의해 설명되고 있으며, 종속변수들 중 대인관계가 직급에 따른 회사 적응에 가장 많은 영향을 미치고 있다고 할 수 있다.

제 16 장 | χ^2 검정

1. 출산장려정책에 대한 성인 남녀의 찬반 여부를 조사한 결과는 다음 표와 같다.

〈출산장려정책에 대한 성인 남녀 간의 찬반 여부〉

단위: 명(%)

	남자	여자	전체
찬성	230 (46)	420 (70)	650 (59.1)
반대	270 (54)	180 (30)	450 (40.9)
전체	500 (100)	600 (100)	1100 (100)

χ^2=64.99 (df=1, p=.00)

남자 중에서 출산장려정책에 찬성이라고 응답한 사람은 46%인 230명이었고, 반대라고 응답한 사람은 54%인 270명이었다. 반면, 여자 중에서 출산장려정책에 찬성이라고 응답한 사람은 70%인 420명이었고, 반대라고 응답한 사람은 30%인 180명이었다.

성별에 따라 출산장려정책에 대한 찬반 의견에 유의한 차이가 있는지 알아보기 위해 χ^2 검정을 실시한 결과, χ^2 통계값은 64.99로서 유의수준 .05에서 성별에 따라 출산장려정책에 대한 찬반 여부에 유의한 차이가 있다고 할 수 있다.

2. 토지공개념에 대해 서울시에 거주하는 30세 성인 남녀의 찬반 여부를 조사한 결과는 다음 표와 같다.

〈토지공개념에 대한 성인 남녀 간의 찬반 여부〉

단위: 명(%)

	남자	여자	전체
찬성	40 (76.9)	38 (79.2)	78 (78)
반대	12 (23.1)	10 (20.8)	22 (22)
전체	52 (100)	48 (100)	100 (100)

χ^2=.07 (df=1, p=.79)

남자 중에서 토지공개념에 찬성이라고 응답한 사람은 76.9%인 40명이었고, 반대라고 응답한 사람은 23.1%인 12명이었다. 반면, 여자 중에서 토지공개념에 찬성이라고 응답한 사람은 79.2%인 38명이었고, 반대라고 응답한 사람은 20.8%인 10명이었다.

성별과 토지공개념에 대한 응답이 상관이 있는지 여부를 알아보기 위해 χ^2검정을 실시한 결과, χ^2통계값은 .07로서 성별과 토지공개념에 대한 응답은 상관이 없다고 할 수 있다.

제17장 | 상관분석

주당 학습시간과 학점 간의 상관분석 결과는 다음 표와 같다.

〈주당 학습시간과 학점 간의 상관계수 (n=15)〉

	주당 학습시간	학점
주당 학습시간	1	.66**
학점	.66**	1

** p<.01

주당 학습시간과 학점은 유의수준 .01에서 유의한 상관이 있으며, 상관계수는 .66으로 상관이 높다.

제 18 장 | 회귀분석

1. ① 공부 시간과 불어 점수의 산점도를 그리면 다음과 같다.

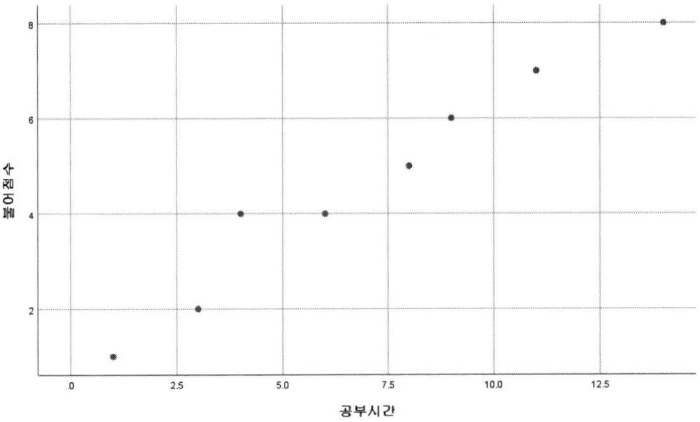

[공부 시간과 불어 점수의 산점도]

② 공부 시간과 불어 점수와의 관계를 나타내는 회귀식은 다음과 같다.

불어 점수 = 0.86 + 0.54 × 공부 시간

③ ①에서 구한 산점도에 회귀선을 그으면 다음과 같다.

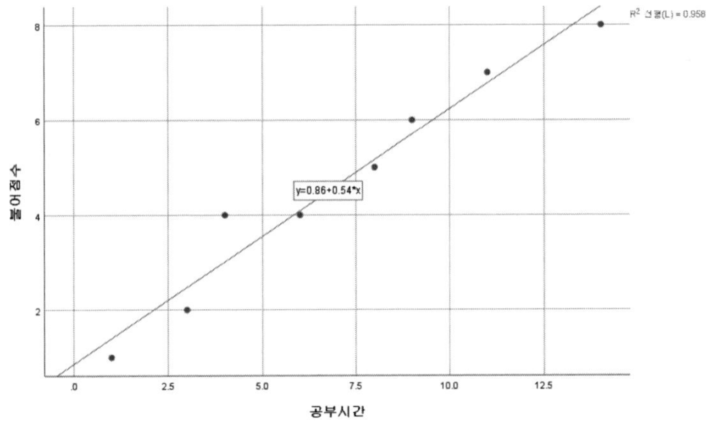

[공부 시간과 불어 점수의 회귀선]

④ 10시간 공부한 학생의 불어 점수를 계산하면 다음과 같다.

불어 점수 = 0.86 + 0.54 × 공부 시간 = 0.86 + 0.54 × 10 = 6.26

따라서 10시간 공부한 학생은 6.26점의 불어 점수를 받을 수 있다.

⑤ R^2값이 .96이므로 불어 점수의 전체 변화량의 96%가 공부 시간에 의해 설명된다.

2. 공부 시간과 영어 점수로 불어 시험점수를 예측하는 최적 모형을 구하기 위하여 '입력'

방법과 '단계선택' 방법으로 회귀분석을 실시한 결과, 입력방법의 R^2는 .959, 단계 선택방법의 경우 영어 점수는 유의하지 않아 제외되었고 공부 시간만 진입된 모형의 R^2는 .958이다. 따라서 적은 수의 독립변수로 종속변수를 잘 설명해 주는 간명한 모형인 '단계선택방법'에 의한 모형을 최적 모형으로 선택하였다.

공부 시간과 영어 점수로 불어 시험점수를 예측하는 최적모형에 대한 회귀분석의 분산분석 표는 다음과 같다.

〈회귀모형에 대한 분산분석(n=8)〉

	제곱합	자유도	평균제곱	F	유의확률
선형회귀분석	38.189	1	32.189	135.937	.000
잔차	1.686	6	.281		
합계	39.875	7			

R^2(adj. R^2)=.96(.95)

2개의 독립변수로 불어 시험점수를 측정하는 모형에 대한 통계적 유의성 검정결과, 영어 점수는 유의하지 않아 제외되었고, 공부 시간이 포함된 모형의 F통계값은 135.937, 유의확률은 .000으로 모형에 포함된 공부 시간은 유의 수준 .05에서 불어 시험점수를 유의하게 설명하고 있으며, 불어 시험점수 총 변화량의 96%(수정결정계수에 의하면 95%)가 모형에 포함된 영어시험에 의해 설명되고 있다.

〈불어 시험점수에 대한 회귀분석(n=8)〉

독립변수	비표준화 계수		표준화 계수	t	유의확률
	B	표준오차			
공부시간	.54	.05	.979	11.659	.000
(상수)	.86	.37		2.303	.061

개별 독립변수들의 종속변수에 대한 기여도와 통계적 유의성을 검정한 결과, 유의수준 .05에서 불어 시험점수에 공부 시간(t=11.659, p=.000)이 유의하게 영향을 미치며, 회귀계수는 .54(표준화 계수는 .979)이다.

제19장 | 로지스틱 회귀분석

직무적성검사와 직업의식검사의 기술통계는 다음 표와 같다.

〈직무적성검사와 직업의식검사의 기술통계〉

		직무적성검사	직업의식검사
합격	평균	49.96	43.06
(n=55)	표준편차	.14	.98
불합격	평균	49.55	40.86
(n=45)	표준편차	.75	4.05
전체	평균	49.77	42.07
(n=100)	표준편차	.55	3.00

합격자들의 직무적성검사의 평균과 표준편차는 49.96, .14이고, 직업의식검사의 평균과 표준편차는 43.06, .98이다. 한편, 불합격자들의 직무적성검사의 평균과 표준편차는 49.55, .75이고, 직업의식검사의 평균과 표준편차는 40.86, 4.05이다.

직무적성검사와 직업의식검사를 독립변수로 하는 모형에 대한 통계적 유의성 및 집단 분류의 정확도를 로지스틱 회귀분석으로 분석한 결과는 다음 표와 같다.

〈모형 검정 및 입사 여부 분류의 정확도〉

		예측치			정확도
		합격	불합격	전체	
관찰치	합격	46	9	55	83.6%
	불합격	15	30	45	66.7%
	전체	61	39	100	76.0%

−2LL=98.08,

χ^2(절편모형−이론모형)=39.55(df=2, p=.00), Nagelkerke R^2=.44

모형에 포함된 모든 독립변수의 회귀계수가 0인지에 대한 가설검정 결과, 절편만을 포함하고 있는 모형의 −2LL과 연구자가 설정한 이론모형의 −2LL의 차이를 나타내는 χ^2값은 39.55, 이에 따른 유의확률은 .00으로서 학교생활기록부, 수능시험 점수, 논술고사 점수에 의해 합격 여부를 예측하는 모형은 유의수준 .05에서 통계적으로 의미가 있으며, Nagelkerke R^2에 의하면 회귀모형에 의해 종속변수 변화량의 44% 정도가 설명된다. 합격자와 불합격자에 대한 관찰값과 예측값 간의 차이를 보면 합격자의 경우 83.6%, 불합격자의 경우 전체의 66.7%가 정확히 분류되어 전체적으로는 76.0%의 높은 정확도를 나타내고 있다.

합격 여부에 대한 개별 독립변수들의 통계적 유의성 및 상대적 기여도를 분석한 결과는 다음 표와 같다.

〈합격 여부에 대한 로지스틱 회귀분석 결과〉

	회귀계수	표준오차	Wald	자유도	유의확률	Exp(B)
직무적성	3.34	1.28	6.79	1	.01	28.26
직업의식	.93	.28	11.06	1	.00	2.53
상수	−205.77	65.86	9.76	1	.00	.00

직무적성(Wald=6.79, p=.01)과 직업의식(Wald=11.06, p=.00) 모두 유의수준 .05에서 합격 여부에 유의하게 영향을 미친다. 로지스틱 회귀분석에 의해 도출된 회귀식은 다음과 같다.

$$\text{Logit(합격)} = -205.77 + 3.34(\text{직무적성}) + .93(\text{직업의식})$$

로지스틱 회귀분석에서 회귀계수(B)는 다른 독립변수들의 값을 일정하게 하였을 때 독립변수의 값이 1단위 증가하면 기업에 입사할 확률이 합격하지 않을 확률보다 e^B만큼 증가함을 의미한다. 따라서 다른 독립변수들의 점수가 동일하다고 할 때 각 독립변수에서 1점 높은 점수를 받은 사람은 기업에 입사할 확률이 입사하지 않을 확률보다 직무적성에서는 $e^{3.34}$=28.26배, 직업의식에서는 $e^{.93}$=2.53배 정도 높아진다고 예측할 수 있다.

제 20 장 | 판별분석

연령과 월소득이 선호주택 유형(오피스텔, 아파트, 단독주택)을 타당하게 구별할 수 있는지 검증하기 위하여 연령과 월소득을 독립변수로 하고, 선호주택 유형을 종속변수로 하여 판별분석을 실시하였다. 선호주택 유형을 가장 잘 판별할 수 있는 판별함수를 도출하고, 독립변수들의 상대적 기여도를 파악하기 위하여 Wilks의 람다값이 최소가 되게 하는 단계적 판별분석방법을 선택하였다. 분석 결과는 다음 표와 같다.

〈연령과 월소득이 선호주택 유형을 구별하는 기능에 대한 단계적 판별분석 결과〉

독립변수	투입단계	Wilks의 람다(p)	η^2	판별함수와 독립변수와의 상관	
				1	2
연령	1	.689(.000)	.311	.947	−.321
월소득	2	.552(.000)	.448	.683	.731
고유값				.898	.060
설명분산				93.8	6.2
Rc (Rc2)				.688(.473)	.237(.056)
Wilks의 람다(p)				.497(.000)	.944(.018)

단계적 판별분석을 적용한 결과 독립변수들이 모두 판별식에 투입되었으며, 연령, 월소득의 순으로 투입되고 있다. 앞의 표를 보면 독립변수의 수가 추가됨에 따라 단계별 Wilks의 람다값은 감소하고 있어 판별의 기능이 더욱 향상되고 있음을 알 수 있다. 이는 모형의 예측력을 나타내는 η^2의 값을 통해서도 알 수 있는데, 연령만 포함되었을 때 모형의 예측력은 31.1%였으며, 월소득이 추가되면서 13.7% 정도 더 향상되었다. 따라서 연령이 유형을 판별하는 데 월소득보다 많은 기여를 하고 있음을 알 수 있다.

총 2개의 판별함수가 도출되었으며, 판별함수의 통계적 유의성을 나타내는 Wilks 람다값에 의하면 유의수준 .05에서 모두 통계적으로 의미가 있는 함수들이다. 그러나 각 판별함수의 고유값을 살펴보면, .898, .060으로서 먼저 도출된 판별함수의 고유값이 크다. 판별함수의 설명분산 역시 첫 번째 판별함수에 의해 전체 분산의 93.8%가 설명되고 있다. 첫 번째 판별함수와 유형 간의 상관은 .688, 공유분산의 비율은 47.3%로서 첫 번째 판별함수가 유형 구분에 가장 많은 기여를 하고 있음을 알 수 있다.

이상의 여러 통계값들에 근거할 때 함수 1에 의해 유형을 가장 정확히 예측할 수 있다고 하겠다.

모형에 포함된 독립변수들에 의해 선호주택 유형이 어느 정도 정확하게 분류될 수 있는지 분석한 결과는 다음 표와 같다.

〈선호주택 유형 분류의 정확도〉

단위: 명(%)

	예측 선호주택 유형				전체
	유형	오피스텔	아파트	단독주택	
원래 선호 주택 유형	오피스텔	22 (66.7)	8 (24.2)	3 (9.1)	33 (100)
	아파트	12 (48.0)	9 (36.0)	4 (16.0)	25 (100)
	단독주택	4 (9.5)	9 (21.4)	29 (69.0)	42 (100)

전체의 정확분류비율: 60.0%

도출된 판별함수에 의해 오피스텔의 경우 66.7%, 아파트의 경우 36.0%, 단독주택의 경우 69.0%의 사람들이 정확하게 분류되어 전체적으로는 60.0%의 정확도를 나타내고 있다.

제 21 장 | 경로분석

청소년의 공격성에 영향을 미치는 원인으로 부모불화, 자기신뢰, 우울증을 선정하고 1,000명의 중학생을 대상으로 각 특성에 대해 측정하였다. 예측변수인 부모불화, 자기신뢰, 우울증과 종속변수인 공격성 간의 상관계수 행렬은 다음 표와 같다.

〈공격성과 관련된 변수들 간의 상관관계 행렬〉

	부모불화	자기신뢰	우울증
자기신뢰	−.105		
우울증	.184	.017	
공격성	.135	.389	.365

변수들 간의 관계를 검증하기 위하여 다음 그림과 같은 모형을 설정하고, AMOS 프로그램을 이용하여 모형의 적합도 및 경로계수의 값을 추정하였다.

이론모형의 적합도는 다음 표와 같다.

〈모형의 적합도〉

	χ^2(p)	자유도	RMSEA	TLI	GFI	CFI
이론모형	1.380(.240)	1	.020	.994	.999	.999
수용기준	p>.05		.05 이하	.9 이상	.9 이상	.9 이상

연구자가 설정한 모형이 수집한 자료의 특성을 잘 반영할 수 있는지에 대해 검정한 결과, χ^2값은 1.380, 유의확률은 .240으로서 모형과 자료가 일치한다는 영가설이 채택되었다. χ^2 외에 일반적으로 사용되는 적합도 지수인 RMSEA, TLI , GFI, CFI를 고려하였을 때에도 역시 연구모형이 적합한 것으로 나타났다.

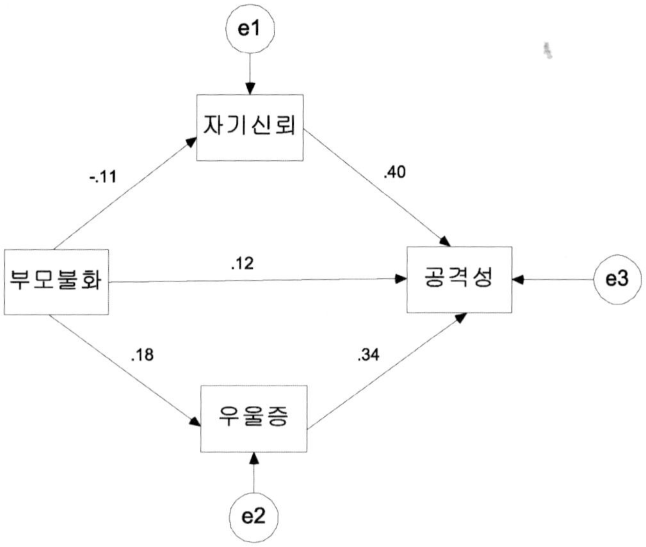

[공격성에 대한 경로모형]

연구모형에서 추정된 경로계수의 값을 살펴보면, 부모불화→공격성의 경로계수는 .12, 부모불화→자기신뢰에 대한 영향력의 경로계수는 −.11, 부모불화→우울증에 대한 영향력의 경로계수는 .18, 자기신뢰→공격성에 대한 영향력의 경로계수는 .40, 우울증→공격성의 경로계수는 .34로서 모두 유의수준 .05에서 유의한 값을 나타낸다.

제 22 장 | 구조방정식모형

우리나라 고등학생의 직업 성숙도에 학생의 주변인과의 관계와 자아개념이 어떠한 영향을 미치는지 알아보기 위하여 다음의 그림과 같은 연구모형을 설정하였다.

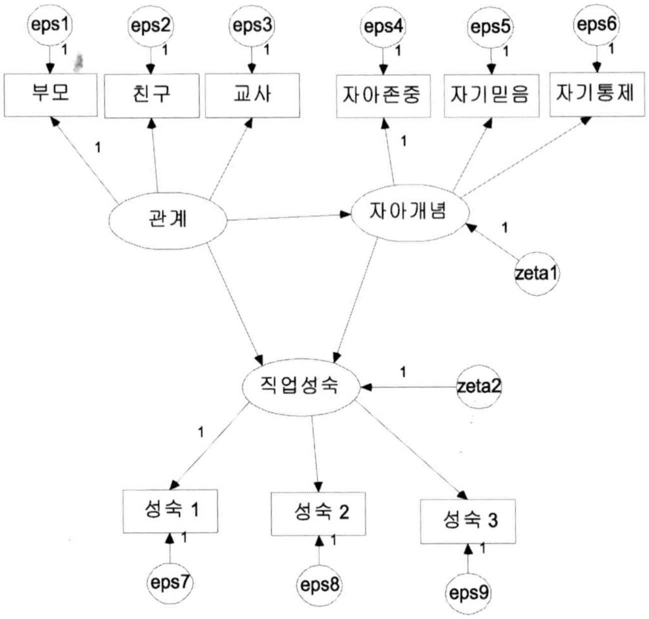

[직업 성숙도에 대한 연구모형]

주변인과의 관계를 구성하는 하위요인으로 부모와의 관계, 교사와의 관계, 친구와의 관계를 설정하였고, 자아개념을 구성하는 하위요인으로 자아존중감과 자기믿음, 자기통제를 설정하였다. 직업 성숙도는 총 6개의 문항으로 측정하여 상관이 높은 2문항을 짝지어 성숙 1, 성숙 2, 성숙 3 요인으로 구성하였다.

산출된 변수들 간의 상관계수 행렬은 다음 표와 같다.

〈직업 성숙도와 관련된 변수들 간의 상관계수 행렬〉

	부모	교사	친구	자아 존중	자기 믿음	자기 통제	성숙1	성숙2
교사	.288							
친구	.174	.070						
자아존중	.297	.22	.162					
자기믿음	.233	.184	.144	.468				
자기통제	.157	.123	.097	.222	.259			
성숙 1	.162	.146	.076	.242	.291	.049		
성숙 2	.030	.009	.012	.032	.062	−.029	.286	
성숙 3	.118	.071	.084	.116	.184	.065	.251	.307

이 연구모형으로 분석한 후 수정지수를 살펴본 결과 오차분산인 eps8과 eps9의 상관을 지정할 경우 적합도가 상승하는 것으로 나타났다. 따라서 연구모형에 두 오차분산의 상관을 지정하고 다시 분석한 결과는 다음 그림과 같다.

AMOS프로그램에 의해 연구모형의 적합도 지수 및 각 변수의 분산과 공분산, 잠재요인과 관찰변수 간의 관계를 나타내는 요인계수, 잠재변수 간의 관계를 나타내는 경로계수를 추정하였다. 연구모형의 추정치는 다음 그림에 제시되었다.

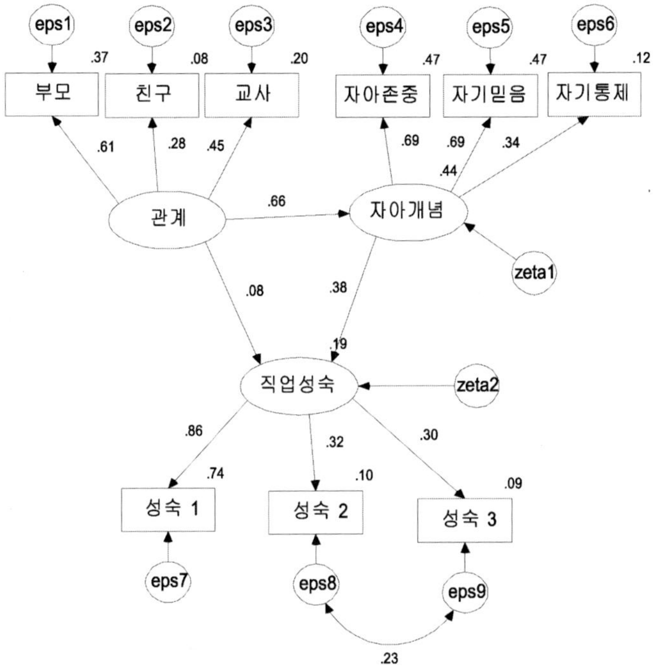

[직업 성숙도에 대한 수정모형]

수정모형에 대한 적합도 분석 결과는 다음 표와 같다.

〈수정모형의 적합도〉

	χ^2(p)	자유도	RMSEA	TLI	CFI	GFI
연구모형	54.7(.00)	23	.04	.95	.97	.99
수용기준	p>.05		.05 이하	.9 이상	.9 이상	.9 이상

χ^2에 의하면 수정모형이 적합하지 않다는 결론을 내릴 수 있으나 χ^2지수는 사례 수에 매우 민감한 지수이므로 RMSEA, TLI, CFI, GFI 등의 다른 여러 지수를 살펴보아야 한다. 연구모형의 경우 자료의 χ^2지수 이외의 다른 적합도 지수들은 기준값보다 높은 적합도를 나타내고 있으므로 이 연구모형은 적합하다고 할 수 있다. 연구모형의 추정치를 살펴보면 '관계 → 자아개념'과 '자아개념 → 직업성숙'에서의 추정치는 유의수준 .05에서 통계적으로 유의하였으나 '관계 → 직업성숙'에서의 추정치는 유의하지 않았다.

제 23 장 | 다층모형분석

우리나라 고등학생의 수학성적에 영향을 미치는 요인을 파악하고, 수학성적이 학교별로 다른지 확인하고자 50개 학교의 9800명을 대상으로, 학생의 성별, 하루 사교육 참여 정도, 학교의 설립 유형과 공학여부를 조사하였다. 다층모형에 의한 분석 결과는 다음과 같다.

〈다층모형분석 결과〉

		회귀계수	표준오차
교정평균		62.432***	1.649
학생수준	성별	4.345***	0.280
	하루 사교육 참여 정도	1.837***	0.060
학교수준	학교 설립 유형	4.905**	1.627
	공학여부	1.468	1.621
학교내 분산		84.490	
학교간 분산		15.329***	
Deviance(−2LL)		71460.13	

*p<0.05, **p<0.01, ***p<0.001

다층모형분석 결과, 국·공립 별학 학교 학생들의 평균 수학성적은 약 62.432점임을 알 수 있다. 별학 학교일 때, 사립학교가 국·공립학교보다 수학성적이 평균적으로 약 4.905(t =3.014, p <.01)점 높은 것으로 나타났으며, 국·공립학교일 때 공학여부에 따른 이 같은 평균차이는 유의하지 않다.

학생의 성별 및 하루 사교육 참여 정도와 수학성적 간에는 유의한 관련 있다. 즉 학교수준 변수의 조건이 동일할 때, 남학생에 비하여 여학생의 수학성적이 평균 4.345(t = 15.526, p <.001)점 높고, 하루 사교육 참여 정도가 클수록 평균 1.837(t =30.552, p <.001)점 수학성적이 증가한다. 다음으로 무선효과를 보면, 학교간 분산은 15.329로 통계적으로 유의하다. 즉, 학교의 차이에 따른 평균 수학성적에는 유의한 차이가 있음을 알 수 있다.

제 24 장 | 타당도

검사에 포함되어 있는 문항들이 이론에서 가정하고 있는 요인구조를 타당하게 반영하고 있는지 알아보기 위해 확인적 요인분석을 실시하였으며, 분석 결과는 다음 표와 같다.

〈요인분석 결과〉

	요인 1	요인 2	공통분
	범죄척도	자기도피척도	
자기도피척도4	.604	.102	.375
자기도피척도3	.588	−.012	.346
자기도피척도7	.581	.157	.362
자기도피척도8	.541	.034	.294
자기도피척도6	.497	−.037	.248
자기도피척도5	.490	.054	.243
자기도피척도2	.454	.083	.213
자기도피척도1	.418	.081	.181
범죄척도4	.094	.601	.371
범죄척도6	.018	.574	.330
범죄척도1	.034	.485	.237
범죄척도3	.121	.478	.243
범죄척도5	.066	.424	.184
범죄척도2	.022	.415	.173
범죄척도7	.017	.401	.161
고유값	2.23	1.72	
설명분산	14.92	11.48	
누적분산	14.92	26.40	
문항 수	7	8	

2개의 요인을 추출한 결과, 전체 분산의 26.40%가 설명되고 있으며 .3 이상의 요인 부하량을 나타내는 문항을 해당 요인에 포함되는 것으로 판단할 때 첫 번째 요인은 범죄척도, 두 번째 요인은 자기도피척도로 분류되었다. 따라서 총 15개 문항으로 구성된 측정도구는 2개의 요인이 추출되며, 전체 분산의 26.40%가 설명되고 있다. 각 요인에 해당하는 문항의 특성을 볼 때 전체적으로 해당 요인을 타당하게 측정하고 있다고 평가할 수 있다.

제 25 장 | 신뢰도

4개 문항으로 구성된 검사의 신뢰도 분석 결과 검사의 신뢰도(Cronbach α)는 .922로 매우 높게 나타났다.

참고문헌

김수영(2018). 구조방정식 모형의 기본과 확장: Mlpus 예제와 함께. 서울: 학지사.

성태제(2019). 현대기초통계학 – 이해와 적용(8판). 서울: 학지사.

장지영(2002). 집단따돌림 피해학생 판별도구 개발. 이화여자대학교 석사학위 논문.

홍세희(2001). 임상심리학 이론의 경험적 검증을 위한 최신 연구방법론: 구조 방정식 모형을 이용한 매개 모형과 잠재평균 모형의 분석. 한국 임상심리학회 Workshop 자료집.

Good. C. V. (1959). *Dictionary of education.* NY: McGraw-Hill Inc.

Hox, J. (2002). *Multilevel Analysis: Techniques and Applicaions.* Mahwah, NJ: Lawrence Erlbaum Associates.

Hoyle, R. H. & Panter, A. T. (1995). Writing About Structural Equation Models. In R. H. Hoyle (Ed.), *Structural Equation Modeling: Concepts, Issues, and Application.* Thousand Oaks, CA: Sage.

Kirk, R. E. (1982). *Experimental design: procedures for the behavioral sciences* (2nd ed.). Pacific Grove, CA: Brooks/Cole.

Marsh, H. W., Balla, J. R., & Hau, K. T. (1996). An evaluation of incremental fit indies: A clarification of mathematical and empirical properties. In G. A. Harcoulides, & R. E. Schumaker (Eds.), *Advanced structural equation modeling.* Mahwah, NJ: Erlbaum.

Pearson, K. (1896). Mathematical contribution to the theory of evolution: III. Regression, heredity and panmixa, *Philosophical Transactions,* 187, 253-318.

Pedhazur, E. J. (1982). *Multiple Regression in Behavioral Research: Explanation and Prediction* (2nd ed.). Holt, Rinehart and Winston Inc.

Raudenbush, S. W., & Bryk, A. S. (2002). *Hierarchical Linear Models: Applications and Data Analysis Methods, Second Edition.* Newbury Park, CA: Sage.

SPSS(2005). *SPSS Base 14.0 User's Guide,* SPSS.

SPSS(2012). *IBM SPSS Statistics 21 Core System User's Guide*, SPSS.

찾아보기

저자 소개

■ 성태제(Seong Taeje)

E-mail: tjseong@ewha.ac.kr
Homepage: http://home.ewha.ac.kr/~tjseong

고려대학교 사범대학 교육학과
Univ. of Wisconsin-Madison 대학원 M.S.
Univ. of Wisconsin-Madison 대학원 Ph.D.
Univ. of Wisconsin-Madison Laboratory of Experimental Design Consultant
이화여자대학교 교육학과 교수
이화여자대학교 사범대학 교육학과장
대학수학능력시험 평가부위원장
이화여자대학교 입학처장
입학처장협의회 회장
이화여자대학교 교무처장
한국교육평가학회 회장
정부업무평가위원
경제 · 인문사회연구회 기획평가위원장/연구기관 평가단장
MARQUIS 『Who's who』 세계인명사전 등재(2008~현재)
홍조근정 훈장 수훈
한국대학교육협의회 사무총장
한국교육과정평가원장

● 저서 및 역서

문항반응이론 입문(양서원, 1991; 학지사, 2019)
현대기초통계학의 이해와 적용
(양서원, 1995; 교육과학사, 2001, 2007; 학지사, 2011, 2014, 2019)
타당도와 신뢰도(학지사, 1995, 2002)
문항제작의 이론과 실제(학지사, 1996, 2004)
교육연구방법의 이해(학지사, 1998, 2005, 2015, 2016)
문항반응이론의 이해와 적용(교육과학사, 2001, 2016)
현대교육평가(학지사, 2002, 2005, 2010, 2014, 2019)
수행평가의 이론과 실제(이대출판부, 2003, 공저)
연구방법론(학지사, 2006, 2014, 공저)
알기 쉬운 통계분석(학지사, 2007, 2014)
최신교육학개론(학지사, 2007, 2012, 2018, 공저)
교육평가의 기초(학지사, 2009, 2012, 2019)
한국교육, 어디로 가야 하나?(푸른역사, 2010, 공저)
준거설정(학지사, 2011, 번역)
2020 한국 초 · 중등교육의 향방과 과제(학지사, 2013, 공저)
교육단상(학지사, 2015)
교수 · 학습과 하나되는 형성평가(학지사, 2015, 공저)
실험설계분석(학지사, 2018)

SPSS/AMOS/HLM을 이용한
알기 쉬운 통계분석(3판)
-기술통계에서 구조방정식모형까지-
An Easy Statistical Analysis:
From Descriptive Statistics To Structural Equation Model

2007년 8월 27일 1판 1쇄 발행
2013년 7월 30일 1판 13쇄 발행
2014년 3월 10일 2판 1쇄 발행
2019년 2월 19일 2판 11쇄 발행
2019년 8월 1일 3판 1쇄 발행
2022년 2월 10일 3판 5쇄 발행

지은이 • 성 태 제
펴낸이 • 김 진 환
펴낸곳 • (주) 학지사
04031 서울특별시 마포구 양화로 15길 20 마인드월드빌딩 5층
대표전화 • 02) 330-5114 팩스 • 02) 324-2345
등록번호 • 제313-2006-000265호
홈페이지 • http://www.hakjisa.co.kr
페이스북 • https://www.facebook.com/hakjisabook

ISBN 978-89-997-1865-6 93310

정가 20,000원

이 도서의 국립중앙도서관 출판시도서목록(CIP)은 서지정보유통지원시스템 홈페이지(http://seoji.nl.go.kr)와 국가자료공동목록시스템(http://www.nl.go.kr/kolisnet)에서 이용하실 수 있습니다.
(CIP제어번호: CIP2019027243)

자료분석 및 연습문제용 데이터 파일은 학지사 홈페이지 내
도서자료실에서 다운받아 사용하세요.